科学、技术与创新政策

Science, Technology and Innovation Policy

陈 劲 等◎编著

科 学 出 版 社
北 京

内 容 简 介

本书结合中国实施自主创新战略及建设创新型国家对推进科学、技术及创新发展的现实需求，通过阐述科学、技术与创新（STI）政策的起源、发展和演进，分析了STI政策的作用和地位，构建了STI政策的评价指标体系。进而分别对科学政策、技术政策和创新政策的内涵、理论基础、历史演变、主要内容、政策工具等进行了详尽地分析，并结合美国、日本、韩国、欧盟、中国等典型国家和组织的STI政策实践，对STI政策实施的要点进行了归纳与总结，为我国政府有关部门、高校、科研院所、企业开展相关工作提供借鉴。

本书适合科技创新政策教育和培训的理论和实际工作者阅读，也可供高校师生、科研机构、政府相关部门的研究者、管理者和决策者参考。

图书在版编目（CIP）数据

科学、技术与创新政策/陈劲等编著．—北京：科学出版社，2013

ISBN 978-7-03-037915-3

Ⅰ．①科…　Ⅱ．①陈…　Ⅲ．①科技政策-研究　Ⅳ．①G301

中国版本图书馆CIP数据核字（2013）第134002号

责任编辑：石　卉　郝　悦/责任校对：桂伟利

责任印制：赵　博/封面设计：无极书装

科学出版社出版

北京东黄城根北街16号

邮政编码：100717

http://www.sciencep.com

北京科印技术咨询服务有限公司数码印刷分部印刷

科学出版社发行　各地新华书店经销

*

2013年11月第　一　版　开本：720×1000　1/16

2025年 2 月第八次印刷　印张：28 1/2

字数：544 000

定价：138.00 元

（如有印装质量问题，我社负责调换）

前言

随着知识经济时代的到来，世界各国的经济和社会发展实力竞争日益聚焦在科技知识的生产、扩散和应用上，各国政府都在积极探索如何制定相关政策以更好地引导和推进科学、技术与创新活动，科技创新政策研究由此成为公共政策科学中最令人兴奋的领域之一。20 世纪 50 年代初，欧美国家开始兴起对公共政策的研究，随着科技、经济和社会的不断发展，这一研究领域获得了快速发展，涌现出大量有关如何发展科学技术，提高科学技术的经济贡献，提高国家、区域、产业和企业的创新能力率等方面的研究文献和报告。

大量的研究表明，政府如何制定有利于科学研究、技术开发和商业化、创新创业的政策，直接影响着一个国家或地区经济发展的质量与可持续性。以美国为例，美国新经济模式的成功在相当大程度上源于其自 20 世纪 80 年代开始实施的一系列推动科技与经济紧密结合的创新政策。科学政策、技术政策和创新政策关注着国家创新体系中的不同部分，所涉及的政策客体和实现工具也有很大差异。科学政策的重点是产生科学知识，关注的是创新的知识来源；技术政策的重点是产生技术知识的进步和商业化，关注的是产业技术进步和技术革新；创新政策的重点是经济中创新的总体绩效，关注的是如何创造好的环境和机制以使经济发展建立在基于科学技术的新生产函数上。在过去，中国的政策制定者往往不加区别地将科学政策、技术政策和创新政策统称为科技创新政策，这种概念上的混淆和相互交叉反映在具体的政策设计中，造成了资源的重复投资和低效配置，也带来了管理职能的冲突。从目前来看，在实践中将科学政策、技术政策与创新政策融合起来的研究还比较少，因此研究三类政策的协同发展显得十分重要。

当今世界，经济和科技的全球化趋势日益明显，创新驱动经济增长成为新的发展范式。发达国家纷纷推出加速科学、技术和创新活动的战略规划和政策，美国政府近年来相继推出“美国复兴与再投资计划”（2009 年）、《美国创新战略：推动可持续增长和高质量就业》（2009 年）和《美国创新战略：确保我们的经济增长与繁荣》（2011 年），强调继续加大对创新基础要素的投资，营造成熟的、有利于创新和创业的政策环境和竞争市场，加强美国在科技领域尤其是国家优先领域的全面领导地位。欧盟在继“里斯本战略”后着力推进“欧洲 2020 战略”，将科研与创新置于关键地位，把“实现以发展知识经济为主的智能增长”作为三大发展重点之一。2013 年达成协议的“地平线 2020”科研规划则首次将欧盟所有的研究和创新投资统一起来，重点是将科学突破转化为创新产品和服务。此外，德国的《至 2020 高技术战略》（2010 年）、英国的《以增长为目标的创新与研究战略》（2011 年）、日本的《创新 2025》（2007 年）》和第四期《科学技术基本计划》（2011 年）、芬兰的《国家研究与创新政策指南（2011—2015）》（2010 年）、俄罗斯的《2020 创新发展战略》（2011 年）和西班牙的《科学、技术与创新法》（2013 年），也无不把推进科研、技术创新和扩散、创新型人才培养等置于重中之重的地位。同时，一些新兴工业国家也力图通过鼓励科研和技术创新以加速实现经济赶超，如韩国的《第三次科学技术基本计划》（2013 年）、新加坡的“科学、技术和创业计划（2011—2015）”（2011 年）、印度在 2010 年设立国家创新理事会并设计“创新十年（2010—2020）”路线图，都表示将持续扩大在研发领域的投资规模，研发与产业的结合，发挥中长期的创新力量。

中国正走在通过自主创新提升国际竞争力的道路上，致力于在“2020 年成为创新型国家、2050 年成为世界科技强国”。要实现这一目标，提升科学与技术创新能力是基石。改革开放以来，中国的科研能力快速提升，在某些科学领域（如纳米科学）已成为全球引领者。然而，国家强大的研究能力与产业偏弱的创新能力形成了鲜明对比，在许多基础性行业（如集成电路、发动机、液晶面板、基础软件等），核心技术仍然依靠国外。因而在过去，中国习惯被称为“创新学习者”。可喜的是，中国政府已意识到上述问题。近年来，中国着力科技体制改革，力图为自主创新营造良好的宏观环境。2012 年的全国科技创新大会提出要“进一步推动发展更多依靠创新驱动”，将国家发展的指导方针从“科技推动经济发展方式转变”转向“创新驱动发展”。党的十八大也指出要“实施创新驱动发展战略”，“科技创新是提高社会生产力和综合国力的战略支撑，必须摆在国家发展全局的核心位置”，要进一步“深化科技体制改革，推动科技和经济紧密结合，加快建设国家创新体系，着力构建以企业为主体、市场为导向、产学研相结合的技术创新体系”。近年来，中国科技创新能力的提升速度令世界震惊。在欧洲工商管理学院（INSEAD）和世界知识产权组织（IPO）联合发布的《2013年全球创新指数报告》中，尽管中国在全球142个主要经济体中排名第35位（比2012年的排名下降1位），但中国的高校教学水平、高技术产品输出等多项指标排名靠前。以中国为代表的新兴经济体和发展中经济体，也正积极出台鼓励创新的政策。

本书结合中国实施自主创新战略及建设创新型国家对推进科学、技术及创新发展的现实需求，分别阐述和总结科学政策、技术政策及创新政策的内涵、理论基础、历史演变、主要内容、政策工具，分别介绍、归纳和总结了美国、日本、韩国、欧盟、中国在支持科学研究、技术开发和商业化、产业创新等方面的主要政策措施，以翔实的数据对中外科技创新政策发展的历史演变、最新趋势和动向进行了系统分析，为我国政府有关部门、高校、科研院所、企业把握国际创新态势、明确中国科技创新方向具有重要作用。

本书是集体智慧的结晶，全书由陈劲提出研究框架和内容设计，陈劲、何郁冰、伍蓓、朱凌、金珺、朱学彦等负责初稿写作，陈劲、何郁冰负责校对，陈劲负责全书的统稿。本书在写作过程中，引用了大量国内外相关学者对科技创新政策的思考和观点，限篇幅未能一一列出，在此对这些研究表示感谢。同时感谢科学出版社石卉老师在本书出版过程中的辛勤付出。

限于作者水平，书中不足之处在所难免，尚祈读者批评并不吝指正。

陈 劲

2013年9月于北京

目　录

中篇　技术政策

下篇 创新政策

绪 论

第一节　从科技政策到科学、技术与创新政策

作为国家政府颁布施行的行动准则，公共政策的研究自 20 世纪 50 年代初在欧美国家开始兴起，早期的研究主要关注对经济的公共政策制定和绩效评价，并逐渐形成了以规范理论（normative theory）和实证理论（positive theory）为特征的研究范式（尼古拉·阿克塞拉，2001）。经济政策（economic policy）就是政府为了增加社会福利，有计划地去处理各种经济问题的行为准则和具体措施，包括经济政策目标、政策工具、政策主体、作用对象等四大要素（袁国敏，2006）。由于科技与经济的关系越来越紧密，对科技的政策分析和设计在后期得到了更多的重视，其内容体系也不断拓展。

一、科学、技术与创新政策的差异

自 20 世纪 90 年代以来，信息技术、生物技术和纳米技术迅猛发展，科学技术进入了一个新的历史时期，并且以难以想象的方式影响着社会的方方面面。同时，随着科技与经济的发展，人们对科技与经济关系的认识不断深化，加上国家调控科技与创新活动的新方法的出现，推动着政策的重点从经济政策向科学、技术与创新（science、technology and innovation，STI）政策的演变（方新，2001），对科学、技术与创新的政策研究成为公共政策研究的一个亮点并在全球范围广泛开展。中国学者对 STI 政策的研究主要从四个方面展开：一是科技政策和创新政策的一般理论研究，包括科学、技术、创新政策的定义、内容、特征、制定、实施等基本问题；二是各项具体政策的实证研究，包括政府采购政策、财政政策和金融政策等对技术创新活动的影响；三是各国政策的比较研究，尤其包括中外科技创新政策的比较；四是政策的评估研究，包括科技政策与科技指标、科技创新政策评估的标准、理论和方法等（伍蓓等，2007）。但是在中国，科学政策（sicence policy）和技术政策（technology policy）常常被混为一谈，对科学、技术、创新政策的内涵、区别和实证研究较少。许多文献及政策文本中都将二者统称为科技政策（S&T policy）。科技政策是一个笼统的概念，忽视了科学和技术所具有的不同的发展规律。另外，一些研究将创新政策用科技创新政策表达，试图将科学、技术与创新的政策进行整合，但这样做的缺陷仍然是忽视三者的内在差异。

从政策功能的角度来看，Lundvall和Borras（2005）简要地将科学、技术及创新政策归纳为“为实现国家目标，政府能够而且已经施行的关于推进科学、技术知识的生产、扩散和应用的公共政策”。但是，尽管科学政策、技术政策和创新政策之间具有紧密的联系（源于人们对科学、技术与创新活动之间关系的理解，如经典的科技创新线性模型认为，“科学→技术→创新”是一个自前而后的发展过程），但由于科学、技术与创新三类活动存在本质的差异，三类政策的关注点也具有较大的差异（表0-1）。

表0-1 科学政策、技术政策与创新政策之间的区别

	科学政策	技术政策	创新政策
定义	反映国家根本目标，主要涉及基础科学的研究、科学经费的拨款、科研组织管理、科研成果的推广应用和国际科学交流与合作	规划和指导技术的发展方向、目标和任务，是一个领域技术发展和经济建设进行宏观管理的重要依据	一国政府为促进技术创新活动的产生和发展，规范创新主体行为而制定并运用各种直接或间接的政策和措施的总和
目标	提高一个国家创造新知识、吸收新知识的能力	通过适当地、有计划地研究和开发活动来提高现有技术能力、更新技术体系，最终增强工业竞争能力	提高企业的技术创新能力，创造良好的技术创新环境与条件，通过缩短技术创新过程中从发现到商业化应用的时滞，加快科学技术成果转化
主要特征	大学和政府实验室的研究；基础研究；集中于大问题上，如空间问题、核能问题等	对创造“战略性”和“通用性”技术的支持，如信息技术、生物技术等，以及对于新技术企业的鼓励等	资助技术扩散，鼓励科学转移，以中小型企业为重点

续表

	科学政策	技术政策	创新政策
研究内容	国民安全与纯科学，科学经济发展政策，科学服务政策，科学教育政策，科学发展政策	技术产业政策，技术贸易政策，技术进步与技术成果评价，技术信息和中介服务，技术环境政策	创新的需求政策，创新的供给政策，创新的环境政策
政策评价	科学发展方向/趋势，科研人员，研发费用，科研机构，科研计划，论文、著作、引文，获奖成果、学术影响力	技术引进(经费、转让情况，项目投入，国别/地区)、技术贸易(技术转让成交额/收入额/出口额，技术转让收益、成果转让收益/时间)，技术扩散(数量测度、经济测度和社会测度)	创新的财政拨款(收益平衡、贸易平衡、发明率、创新率、营销率)，创新的基础设施(就业、合约、合作方式、人才流动、传递渠道)，竞争和规则的条件(创新数目、专利/许可证平衡、创新倾向、公共投资产品的规模与本质)
政策工具	科学预测，科学规划，同行评议，项目评估、选择、验收，文献计量学，科学活动评价与分析	技术预测，技术预见，技术评价，技术发展蓝图	公共企业、科技、教育、信息、财政、税收、法制、政治、购买力、公共设施、商务、海外机构
研究趋势	基础研发，科学教育，选择性(前瞻性)科学领域，国际化	有针对性地研究，研究与开发合作，知识产权保护，管制，环境问题，优惠采购	创新地系统方法，网络建设，中间产品的开发，区域化/分散化，培育企业“能力”与“资源”

资料来源：综合 Rothwell(1983)、周寄中(1991)、盛世豪和赵奇军(1991)、罗伟等(1996)、Dodgson 和 Bessant(1996)、连燕华(1998)、王春法(1998)、柳卸林(2001)等整理而成

科学研究的目的是创造新知识、构建新的理论体系，为技术发明和应用提供理论基础，因此科学政策主要研究国家及各级政府发展科学的规模、科学经费的拨款、科研组织管理、科研成果的推广应用和国际科学交流与合作（周寄中，1991）。从本质上看，科学政策的主要问题是对不同的科学研究活动合理地分配资源，以保证所投入的资源被有效地利用并为社会福利作出贡献（Fagerberg et al.，2005）。科学政策的范围涉及自然科学、社会科学和技术，其实施过程及效果影响着科学研究的投资、体制结构、创造力和科学研究的应用。科学政策最重要的目标是繁荣科学和使科学推动技

术、经济与社会的发展，主要内容包括确定科学发展的优先领域（包括选择科学发展方向，即学科政策）、确定科学发展目标（如国防、经济发展、知识增长、公共服务等目标）、明确科学结构（不同类型、不同层次科学研究的合理配置）、繁荣科学的途径与措施。由于科学研究同高等教育关系密切，且从事科研的主体是知识分子，因此科学政策也涉及教育政策和人才政策。

技术政策，简单地讲就是指关注技术和产业发展的政策（Fagerberg et al.，2005）。与科学政策不同，技术政策旨在通过技术进步推动经济发展，主要关注如何促进技术发明和技术体系进化、经济活动中的技术应用等，因此其内涵通常包括确定技术发展目标、明确行业结构（即生产结构、产品结构和技术结构）、选择技术发展方向、促进技术进步的途径和措施。制定技术政策的步骤大致包括四个方面：①在把握世界技术发展趋势的基础上，结合国际经济发展需要，提出技术发展目标；②选取技术发展的战略与方向，明确发展什么技术、限制什么技术、淘汰什么技术；③根据各行业生产力现状、技术水平、发展能力和社会对其产品的需求，确定其技术结构；④制定促进技术进步的方针、路线和措施。

创新政策（innovation policy）的作用对象是一个特定过程，即科学技术成果由科学技术的生产部门向产业部门转移的过程。但相对科学、技术来说，创新的含义更为复杂。如美籍奥地利著名经济学家熊彼特在1912年的《经济发展理论》一书中，就将创新划分为产品创新、工艺创新、组织创新、供应链创新、市场创新。这些创新中，有些与科学技术有关，有些则是非技术（non-technology）层面的创新。也就是说，创新可以由科学技术的研究而来，也可以发生在科技领域之外。大量的研究表明，尽管创新活动在很大程度上源于科学创造与技术发明，但它在本质上是一个经济学概念，市场是否接受及接受程度是判断创新是否成功的标志，技术上的成功并不能保证创新的成功。许多非技术的创新（如商业模式的创新），对企业发展和社会进步的影响越来越大，如沃尔玛的供应链创新、戴尔（Dell）的直销模式等。因此，与科学政策和技术政策相比，创新政策更像是一类综合性政策（comprehensive policy）。Edquist（2000）认为，创新政策包括研发政策（R&D policy）、技术政策（technology policy）、基础设施政策（infrastructure policy）、地区政策（regional policy）和教育政策（education policy）。以至于在很多时候，创新政策常常被称为产业政策（industrial policy）。显然，将创新政策取代技术政策或将科学政策和技术政策等同于创新政策的思想是有害的，创新政策应该是经济政策（产业政策）和科学技术政策相互协调的产物。其本质是技术创新的政府激励，即政府通过对技术行为的影响来促进或影响技术创新过程，采用政策措施促进技术创新的产生及其扩散。其主要内容包括确定创新的资源配置，以保证短期的压力不至于威胁未来经济的发展；为创新创造良好的环境，包括开放市场，鼓励在公共和私有部门进行有风险的创新，支持中小企业创新推动技术扩散。创新政策常常与变革（change）、柔性（flexibility）、动态性（dynamic）和未来（future）相联系，它应该是创新活动的助产士。

总的来看，科学政策更加倾向于科学与研究方面，偏重于科学前沿、重大理论研究，旨在发展科学前沿领域，注重基础研究和大学、政府实验室科研研究，确保国家科学和经济处于领先地位。科学政策在三者中最偏向供给方导向，也是最间接的政策。而技术政策则倾向于应用技术和高技术方面，旨在发展通用技术和战略技术、促进技术进步、推动经济发展，偏重于技术的实际应用领域。技术政策是三者中最难给予确定性描述的，因为相对于单科研究，跨学科的商业创新研究与技术研究有很大的不同；创新政策旨在营造创新环境，建设国家创新体系，侧重于鼓励企业创新，支持创新者推动创新，使创新的产生和扩散过程的时间与成本最小化、创新收益最大化（王春法，1998）。创新政策是针对特定的新产品创意、生产过程或营销创意而实施的政策工具，在短时间内比较容易看见效果，至少可以为特定的产业赢得暂时的竞争优势。

二、科技创新政策研究对中国的意义

中国近年来的科学研究能力快速上升，在全球的地位越来越重要（如在纳米科学领域，中国已经取得了领先地位），但相对来看中国的专利申请、产业创新能力仍然滞后，科技研究与经济发展的“两张皮”现象仍然存在。这其中，既有科技资源过多集中于大学和研究机构，企业面向创新的战略转型过缓等原因，也有科学、技术与创新三类政策之间的衔接和互动不够紧密的原因。许多创新政策实际上是产业政策，缺乏与科学政策和技术政策的联结，而一些科学政策（如基础研究政策）也过于忽视对产业参与的激励。从 2006 年开始，中国将开展自主创新战略和建设创新型国家作为国家政策，这凸显了从政策上研究创新的必要性和重要性。因此，有必要对三类政策进行专门的研究，并在此基础上建立科学、技术与创新政策的系统体系。一是将传统的科技政策细分为科学政策和技术政策并进行单独研究。在过去，人们往往将有关基础研究的政策等同于科学政策，但事实证明科学政策的内涵远比基础研究政策更大，在未来，科学将在经济与社会发展中有独特的功能，因此，需要单独明确科学政策。二是需要单独研究创新政策。在过去，有关激励的创新的政策常常分散在经济政策、科技政策、产业政策、教育政策等方面，缺乏专门的、针对性的政策文本。在中国，科学研究和技术发明的重要性已深入人心，但如何推进科技成果的商业化和产业化仍然是一大难题，这造成了科技进步和经济发展的“两张皮”困境。与科学研究和技术发明主要是围绕知识的智力活动不同，创新的实现涉及市场、产业、学习、竞争、商业模式等，其复杂性、风险性和不确定性程度有时甚至超过科技活动。基于这些考虑，在中国政策体系中，除了科技政策，还应该单独研究与制定创新政策，并全面考虑科学政策、技术政策和创新政策之间的衔接与相互推进。

综上所述，由于科技活动同创新活动既有重叠又有差别，因此科学政策、技术政策与创新政策也是既有联系也有区别。从本质上说，科技活动特别是科学研究是一个智力过程，而创新则是一个社会、经济过程，创新政策的目的是要促进现代科技成果转化为商品生产和服务，这种转化是经济增长的关键。显然，增加科技成果与发明的数量和质量是科技政策制定者的任务，而创新政策制定者关注的是如何把发明转化为创新。由于现代科学、技术与生产日益一体化，因此科学政策、技术政策和创新政策必须互相紧密配合，才能确保科技的繁荣与经济的发展。

第二节　科学、技术与创新政策的起源和发展

一、科学、技术与创新政策的起源

科学、技术与创新政策的历史可以追溯到法国大革命时期。那时，国家开始介入科技领域并通过制定政策的方式管理科学技术。在法国大革命后期的 1796 年，为了在军事上打败欧洲封建势力，拿破仑（Napoléon Bonaparte）萌生了创建以炮兵和土木工程为基本专业的综合工科学院的想法。闻名遐迩的法国综合工科学院就这样悄悄地诞生了，它成为了法国政府与学术界关系的转折点，因为在此之前法国几乎所有的大学都由教会主持。在人才培养方式上具有较大创新精神的法国综合工科学院，产生了以拉普拉斯为代表的一大批优秀的科学家和工程师，在科学研究和工程设计上发表了大批具有世界性影响的学术成果，一度成为全球大学中创新型人才培养的翘楚。法国的成功对英国和德国产生了很大的启发，这也直接促成了英国和德国在 19 世纪初期就开始推进大学里科学讲座教师的职业化和科学技术教育机构的独立化政策。19 世纪后期，在市场和国家的合力作用下，科学研究和技术开发开始作为一种职业在西方社会得到了承认。随着英国产业革命带来的经济跃进和法国大革命引发的国家科学的振兴，科学技术作为创造财富的重要手段得到了大多数国家的认可，随之而来的是基于这种认识的行动，在这些国家中，政府采取了一系列创新性的政策和措施来支援科

学技术事业，包括创建国立研究所、资助学术团体、完善科技教育机构等（王卉钰，2008）。

然而，在没有得到专门的行政体制的保障以前，这些措施还不能说已经被纳入了各国的国家政策体系中。事实上，专门的国家科技行政体制直到1914年后的第一次世界大战期间才问世，如世界上最早的国家科技行政机构——英国的科学技术部和美国的国家研究委员会，都成立于第一次世界大战中期（1916年），两者都是为促进军事科学技术和科学技术在军事上的应用而设立的。特别是美国的国家研究委员会的成立，其实是政府对科技活动进行组织的一种尝试，这为美国在20世纪30年代的经济大危机及40年代的第二次世界大战中实行国家科技总动员积累了重要的经验。20世纪30年代，为打破笼罩西方世界的经济危机，美国设立了总统科学咨询审议会，试图借助科学技术手段解决失业问题，国家资源委员会发表的报告《研究——国家的资源》第一次把科学技术放在国家的政策框架中加以评述。第二次世界大战爆发后的1940年，美国政府设立了国防研究委员会，执行武器开发的协调和援助工作，次年还在这个委员会的下面设置了以西屋电气公司工程师V. 布什为局长的科学研究开发局，政府的科研经费主要通过科学研究开发局以委托研究契约的方式流入大学和企业。科学研究开发局的另一项重要工作是直接介入了研制原子弹的曼哈顿工程，该局在1945年7月向总统提交的报告《科学——无止境的前沿》不仅成为国家资助基础研究的思想来源，更是美国战后科技政策的思维起点。曼哈顿工程的组织形式，以及作为其结果的原子弹，都对国家与科学关系的变革产生了深远的影响，开创了第二次世界大战结束后国家组织大规模科研项目的先河。通过政府组织科研活动所催生的原子弹则开辟了一个新的时代，在这个时代里，“核”成了国际关系的主要支柱（颜振军和刘海波，1997）。

和V. 布什的报告一起构成美国科技政策理论框架的另一份研究报告，是以斯德尔曼为主席的美国总统科学研究审议会发表的《科学与公共政策》，该报告在指出基础科学研究是国家的宝贵资源的同时，更进一步强调国家科技政策的综合性和国家在各种研究活动的协调作用。这两份具有重大影响的报告都建议设立由国家统一掌管的科学基金会以有效地推进国家科技政策的实施，这个建议经过长达五年的争论，终于在 1950 年付诸实践，其标志性事件就是美国国家科学基金会（National Science Foundation，NSF）的问世。其他主要国家的科技政策和科技体制也大多是在第二次世界大战期间起步，在战后得到强化的（颜振军和刘海波，1997）。

第二次世界大战结束后，世界各主要国家相继强化了科技政策和科技体制，其直接原因就是提高本国在经济和军事双重意义上的国际竞争力，而以美苏为主的冷战又为之提供了浓厚的意识形态色彩。1957 年苏联成功发射了世界上第一颗人造卫星，这给美国带来了巨大冲击。作为对策，1957 年 11 月艾森豪威尔设置了总统科学技术特别助理，把 1951 年设立的科学咨询委员会升格为总统科学技术咨询委员会，充当总统私人顾问角色，紧接着在 1958 年又成立了以总统科学技术特别助理为首的、由 18 名优秀科学技术专家组成的联邦科学技术会议，负责产官学协作活动的协调者。同样在 1958 年，后来变为美国科研的重要推进机构的美国航天局（NASA）成立了。美国航天局把原来分属于陆海空的宇宙开发项目一元化，以图在空间军备竞争中与前苏联一决胜负。随后，西方各国也纷纷行动起来。1958 年，法国成立了科学技术研究总务部，次年英国成立了科学部，西德也于 1962 年成立了科学研究部。1962 年美国为加强科技政策的协调性，设立了由总统科学技术特别助理负责的总统办公室科学技术局（看到了西方世界的变化，苏联在 1965 年也成立了全国科学技术委员会）（颜振军和刘海波，1997）。以优先发展军事技术带动一般的工业技术，推动经济发展是当时典型的国家思维方式。

二、科学、技术与创新政策的发展

20 世纪 60 年代全世界专门从事科技政策的研究机构约 120 个左右，到 20 世纪 70 年代初增至 400 个，20 世纪 80 年代中期已超过 1200 个，这些研究机构不仅研究科技发展规划和具体的科研管理政策，而且研究发展战略。目前，国际上已承认科技政策学是一门重要的综合学科，学术交流活动日益活跃。

学术界研究科技政策的奠基性著作是英国学者贝尔纳（J. D. Bernal）的《科学的社会功能》(1939 年)。尽管这本书没有对科学技术政策进行明确界定，但却富有预见性地讨论了今天科技政策研究者所关心的大多数问题，书中所讨论的许多问题和解决思路至今仍深深地影响着科技政策的实践。把贝尔纳概述性的思想深化了的是美国学者普赖斯（Derek John de Solla Price）的《小科学·大科学》(1963 年)，普赖斯在书中提倡用科学计量学（scientometrics）开展对科学的科学性研究，这一新颖的方法和思想如今已成为科技政策研究方法论的基础。另一位美国学者库恩（Thomas Sammual Kuhn）所著的《科学革命的结构》(1962 年）是科技政策研究方法论的另一个重要来源，其中的“范式”(paradigm）和“科学共同体”(scientific community）等概念，在科技政策研究文献中被广泛引用。

最早进行科技政策研究的正式组织是经济合作与发展组织（Organization for Economic Co-operation and Development，OECD）在 1963 年成立的科学技术政策委员会，其主要工作是观察各成员国的科技政策和基础研究状况、统计各国政府的科研投资等，成果以“The Research Policy”为主题的系列报告从 1972 年开始发行。尽管这个委员会的经费来自 OECD，但原则上对研究结果实行参加者负责制及追求研究活动的自由性和研究结论的客观性。这种方式至少在形式上保障了研究者的思想活跃，使得委员会的研究者们向科技政策研究贡献了许多有价值的思想，如适当技术思想、科技决策的公众参与思想等。不过，由于参加者们大多与本国政府有着行政上的联系，他们常受到本国政府和 OECD 组织的掣肘，而带有发达国家的价值背景也使其研究结论常常遭受怀疑（颜振军和刘海波，1997）。

与 OECD 科学技术政策委员会这种带有发达国家行政色彩的研究机构

相对立的，是强调研究独立性的英国苏塞克斯大学在 1966 年成立的科学政策研究所（Science Policy Research Unit of Sussex，SPRU）。SPRU 在 1972 年开始编辑出版学术刊物——*Research Policy*，它因坚持科技政策研究和教育并重而成为创新研究领域的重镇，其研究课题分为：①工业技术革新；②能源政策；③技术管理；④科学政策与研究发展；⑤信息与通信技术；⑥政府的技术政策；⑦新技术人力资源与熟练劳动力；⑧发展中国家；⑨军事技术与武器削减，共九个主题，经费来自政府和基金会。以弗里曼（Christopher Freeman）为代表的现实批判主义的观点在学术界颇受好评，然而 20 世纪 80 年代后期的一段时期里，SPRU 却因经费来源问题而一度陷入困境（颜振军和刘海波，1997）。不过现在，SPRU 已经发展成为全球科技与创新政策研究的顶尖机构，也是世界各国许多重要政策的理论来源之一。

和 SPRU 风格颇为相似的是瑞典隆德大学（Lund University）的政策研究所（Research Policy Institute，RPI），这两个研究所曾在微电子技术等领域进行过合作。两者的差别在于，SPRU 继承了从贝尔纳开始的英国知识分子对国家科技政策进行批判的传统，而隆德大学的政策研究所身处在瑞典这样一个高福利的国家，学术界的知识分子和政府的行政官员有着很多信息和人事交流的机会，他们并无 SPRU 那般的批判精神，更多的是参与意识。值得注意的是，该研究所对发展中国家的科技问题极为关注，早在 1979 年联合国“面向发展的科学技术大会”上就指出了发达国家的微电子技术对发展中国家适当技术的威胁（颜振军和刘海波，1997）。此外，在对发展中国家科技政策的研究中，印度的国家科学技术与发展研究所（National Institute of Science，Technology and Development Studies，NISTADS）做出了令人称赞的研究成果。研究所的创始人 A. 拉马在英国留学期间由生化学研究转向科技政策研究并接受了贝尔纳的思想，回国后于 1980 年创立了日本科学技术政策研究所（NISTADS），其主要观点是强调发展中国家的综合发展。1988 年设立的 NISTEP 是目前世界上最活跃的研究组织之一，它长期坚持的开放式组织形式吸引了全球各个领域的科技政策研究者。在研究内容上，NISTEP 主要以日本科学技术问题为主，尤其注意日本科技结构及国际形势的变化对其产生的影响。在研究方法上，NISTEP 更强调事实和数据的调查，这个特点和它的前身——资源调查研究所的传统不无关系（颜振军和刘海波，1997）。

总体上，可以将世界科技政策的发展分为三个阶段。

（一）第一阶段(1945 年～20 世纪 60 年代末期)

有组织、有计划的科技政策是在第二次世界大战以后出现的，最有影响的事件是 V. 布什在 1945 年向美国政府提交的《科学——无止境的前沿》。这份具有开创性意义的报告从理论上指出基础研究是科学技术发展的基石，认为基础研究生产的新知识，为国防，为消灭疾病，为新产品、新产业和新工作岗位的创造所必需，因此政府应当制定全面的科技政策，对全国各种科技活动加以协调。由于对科学技术进步无止境的信念，在这一时期的科技政策中，知识的生产与知识的应用之间呈现出线性模型关系，其理论基础是研究和创新的线性理念（linear model）。

在第一阶段，科技政策进入了以科技体制的全面建立为标志的实行期。西方大多数国家的科研院所就建立于此阶段，同行评议方法也诞生于此时期。在这一时期，科研项目的选择只有两条绝对标准：科学优势和政治、军事利益。科技经费的来源最初主要是国家预算拨款，到 20 世纪 50 年代末才开始有工业界的资助，70 年代之后才出现风险投资。此阶段的主要特点是：诞生了前所未有的大科学、大技术项目；政府起主导作用，政府机构根据预定目标制定和实施科技计划；认为每个研发（research and development，R&D）行为会自然导致发明或创新；科学被认为是技术进步过程中的关键因素；项目大多属于科学推动模式（王卉珏，2008）。

随着科技政策在世界范围的广泛实行，加上空间竞争的需要，科技政策成为科技全面发展的强大动力并刺激了经济的高速增长，然而经济的高速发展也加剧了环境污染、资源枯竭、生态破坏等负面效应，这也使得科技政策从20世纪70年代起进入了反省期，逐渐从单纯关注科技到关注科技与社会的关系。这一时期的科技政策具有如下特征：政府地位由主导者变为资源配置者和设计研究优先者；创新比R&D行为更重要；线性的需求拉动模式代替了科学推动模式；公共管理者更关注R&D结果和扩散；科技体系中出现了“沟通”服务；基础研究的地位逐渐降低；出现了新的技术手段，如技术预见和技术预测；技术评估开始出现（王卉钰，2008）。

（二）第二阶段(20世纪70年代中期～1990年)

20世纪70年代初期的石油危机引发了西方工业化国家经济的全面下滑，而与此同时，科技进步在推进经济发展的过程中所带来的公害和环境危机日趋恶化，也引起了普遍关注。一系列事件促使人们反思：巨额资金究竟是应当用于弘扬国威，还是用于改善环境和国民生活，促进人类的和平与发展？这种反思也使科技政策迎来了其发展中的修正期。在此前后，OECD发表了《科学、经济增长和政府政策》，强调政府应当注意科技发展的社会效益，把重点放在提高全人类的社会福利和生活质量方面。科技政策由此开始转向，否定了前一时期好大喜功的做法，开始讲求实际效益，由追求经济增长转向追求经济稳定。传统的创新的线性模型从某个侧面反映了“小科学”时代的特点，已经难以反映现代基础研究的内在复杂性，也无法再有效指导现代知识的生产与应用，罗森伯格（N. Roserberg）和克莱因（S. Kline）因此提出“创新链环模型”来刻画创新的这种交互网络性质，认为基础研究与应用研究、开发和生产经营有着多种相互作用的路径。如果说，传统科学研究方向的选择往往受研究者兴趣的驱动，遵循着“为科学而科学”的理想，那么现代科学的研究方向往往受到强大的经济动力所引导。

20世纪80年代后，科技发展日新月异，科技成果层出不穷，西方国家陆续从石油危机中摆脱出来，并形成了以国家的大型科技计划为龙头的全面促进科学技术及工业和经济发展的政策模式。例如，美国的“星球大战计划”、西欧的“尤里卡计划”、日本的“人类研究新领域计划”、苏联的“东方尤里卡计划”，中国也推出了“863计划”等一系列国家科技计划。这些计划的主旨大都在于以科学带动技术，以技术促进产业，进而促进经济增长。这些计划颇具时代特征，高科技被用于追求国家的综合战略目标。

（三）第三阶段（20 世纪 90 年代初期至今）

随着苏联在 20 世纪 90 年代初的解体，冷战开始消解，和平与发展已成为世界的主流，世界各国的科学技术政策也相应发生了改变，各国开始反思和检讨冷战几十年来占主导地位的科学技术观念，对科学技术发展战略及政策进行重新思考、定位和调整。美国在 1994 年发表了《国家利益中的科学》（Science in the National Interest），把国家利益和安全的概念从国防扩展到经济、社会和健康各个方面，开始设想从更广泛的领域利用科学技术推进国家的利益。美国国会在 1998 年发表的报告《开启我们的未来——走向新的国家科学政策》中指出，最近地缘政治的变革将会使科技事业急剧变化。现在我们有幸生活在一个相对和平的时代。今天，来自好战国家和恐怖分子的威胁，已取代了苏联所带来的彻底歼灭的威胁。尽管我们还必须保持警惕和保持强大的军事，但今天最重要的是保持经济优势。冷战结束后，军事的优先性下降，从 1940 年以来就高居不下的军事 R&D 费用在各国的研究预算中开始大幅减少。同时，冷战时期设立的诸多军事研发机构也面临着调整和转型，军转民和发展军民两用技术成为科技政策的一个导向。

20 世纪 90 年代以来的科技政策可被概括为全球化时代的科技政策，包括以创新和国家创新系统建设为核心的科技政策和面向全球化的科技政策。不仅每个国家都强调科学技术应对本国经济和社会目标作贡献，更加注重加强国家创新系统建设，注意自己的特殊性和国情，而且更加努力加深国内科技发展与全球科技发展的联系。全球化带来了日益激烈的国际竞争，以知识为基础的工业产业和服务产业日益凸显其主导地位，也使科学技术比以前承担着更重要的责任（如私人部门对 R&D 的投资大量增加）。

第三节　科学、技术与创新政策的作用和地位

当今世界，科学、技术与创新对国家发展的重要性日益突出。科学技术作为第一生产力，是经济社会发展和人类文明进步的根本动力，近现代以来每一次全球性的重大经济社会变革，都与科技革命密切相关，而创新型经济的发展更多也是依靠了科技的进步。特别是近200年来的经济发展史有力地表明了这样一个事实：世界经济发展的中心总是随着技术创新中心的转移而转移。一个自然资源贫乏的国家可以因为技术创新的活跃而发达繁荣，而一个原本富饶的国家也可能因为技术创新活动的沉寂而落后。18世纪至19世纪中叶，世界技术创新的中心在英国，蒸汽机的发明和应用、新兴纺织业和钢铁业的兴起使英国成为经济发展最快的国家。从19世纪下半叶开始，德国、美国技术创新非常活跃，它们逐渐取代英国成为新的世界创新中心，新发明、新技术、新产品层出不穷，从而促进两国的经济蓬勃发展，在19世纪末至20世纪初两国的经济相继超过英国，美国还一跃成为20世纪世界头号经济强国。

美国之所以持续多年保持强大的发展势头，主要原因也在于长期对科技和创新的重视。美国不仅在近60多年来的诺贝尔科学奖中独领风骚，也涌现出IBM、微软、杜邦、谷歌、苹果、戴尔等一批世界级创新型企业。在这一过程中，美国政府针对科学研究、技术发明和创新的政策起到非常重要的作用，如《拜杜法案》的出台，极大地释放了科研人员的潜力，推进了科技成果转化。中国改革开放后，经济发展迅猛，多年来一直保持高速的增长速度，除了体制变化的重要因素外，技术创新的活跃也是一个重要原因。

科学、技术与创新的战略重要性，呼唤着政府从政策层面给予大力支持。国家的科技创新政策取向不仅决定着科技本身及其与经济发展的结合，而且决定了国家的持续竞争力。正确的政策能使科学技术得到加速发展，缩短“科学—技术—生产”的周期，从而加速科学技术的发展，促进经

济与社会的发展。

政府以其特有的职能从总体上加强对科学技术知识的生产、扩散及其应用的规划和指导，在综合国力竞争中具有举足轻重的地位。政府在加强国家创新能力上主要发挥两方面的功能：一是制定政策与法规，创造有利的创新环境，对创新给予宏观调控和指导，促进知识的生产、传播和利用，提高创新系统效率；二是提供资金，以弥补企业或其他部门投资的不足，促使企业投资取向的合理化，尤其是关注涉及国家长远利益和公益性的创新活动，以保证国家整体利益。实际上，只有政府才能在整体上为国民提供保护和服务，维护国家的总体利益，也只有政府才能做到合理调配全国的资源，在各种不同的、相互竞争的利益集团中形成一个共同的国家目标。尽管在经济学界仍然存在着一些否定政府制定科学、技术与创新政策的合理性的论断（如在奉行经济自由主义的美国，部分经济学家反对任何官方的创新政策），但在实践中，任何一个国家的政府都在积极地制定与实施科学、技术与创新政策，这已经成为一个世界性趋势。即使像美国这样市场经济高度发达的国家，其对科学、技术与创新的政策设计和制度安排，名目之多、范围之广、力度之大，也是令人称道的。例如，美国政府在 1990 年出台的国家技术政策，就明确了民用工业的 22 项关键技术。克林顿政府更是直接发动了信息高速公路计划，发表了“国家利益中的科学”、“国家利益中的技术”等一系列重要文献，提出美国的国家目标之一是在科学技术方面保持全面领先。欧盟在《2000 年议程》中提出“将知识化放在最优先地位”，并制定了新的科研框架计划，预算总额为 163 亿埃居（约合 180 亿美元），而日本经济在 20 世纪 80 年代的快速崛起，以及韩国的电子、汽车等产业在 90 年代的飞速发展，政府的影响都十分深远。例如，日本自 20 世纪 80 年代起就提出从“技术立国”转向“科技立国”，1996 年的研发投资达 15 万亿日元，比 1995 年增加了 3.4%。韩国则将技术创新作为其进入西方七国行列的重要途径，即使在处于金融危机之中的 1998 年，其 R&D 投入占 GDP 的比例仍保持在 2.5%（鲁宁，2007）。

新中国成立伊始，国家就将发展科技事业摆到重要位置，并制定了《1956—1967年科学技术发展远景规划纲要》。以1965年世界首个人工方法合成的结晶牛胰岛素、中国首台晶体管计算机等为代表的科研成果，使新中国的科学家在国际舞台上崭露头角。1978年中国实施的改革开放政策，更是让中国科学技术的发展轨迹发生了质的变化，从那时起中国确立了“科学技术是第一生产力”的战略思想，开始积极组织实施科技攻关工程，努力建立有利于科技发展和人才培养的制度①。2006年，中国决定实施自主创新战略，这被认为是中国科技创新政策中的里程碑事件。近年来，中国科技发展获得了骄人成就，科技实力整体上与国际先进水平的差距进一步缩小，部分领域进入世界前列，对世界科技发展的影响力迅速提高。

从创新政策设计的出发点看，虽然市场机制作为一项高效的资源配置方式，对企业技术创新起着基础性作用，但这绝不意味着可以忽视政府应有的宏观调控作用，特别是在中国当前需要进行追赶型、跨越式经济发展的背景下，针对企业技术创新动力不足的情况，更应该强化政府政策安排对企业技术创新的激励和支持作用。政府政策对市场调节的互补作用体现在两个方面（杜伟，2001）。

一方面，资源配置的市场机制所固有的缺陷，需要强化政府政策以对企业技术创新进行激励和支持。市场在激励企业技术创新方面具有自我组织、自我加强的作用，但也存在自身无法解决的缺陷，市场本身并不能保证造就一个最有利于创新的市场结构，也不能自我创造有利于创新的外部环境。特别是基础研究的开展、产业共性知识的提供、创新基础设施的建设和完善，以及涉及国家安全和政治地位的创新行为等，由于回报周期长及投资需求强度大，企业并不愿或无力介入，必须依赖政府加以组织。事实上，即使在市场经济发育较成熟的西方发达国家，也同样存在大量市场低效

① 从杂交水稻看新中国实用科技的发展. http://gb.cri.cn/27824/2009/08/11/3785SZ589073.htm

或失灵的领域，需要政府发挥宏观调控的作用。

另一方面，技术创新本身所具有的不确定性和溢出效应，需要强化政府政策安排对企业技术创新进行激励和支持。技术创新是一项不确定性极高的活动，许多创新往往没有历史的惯例可以依循，很少或根本没有相关经验可供借鉴，所以，许多事情必然是不能肯定的，还有一些事情只能在广大的限度内才能确定，再有一些事情也许就只能是猜测（熊彼特，1991）。技术创新的产生、发展及后果往往无法事先预定，这使企业的创新行为具有较大的风险，特别是在一些关键产业技术创新的投资上，由于风险过大导致单个企业无法承受，企业往往选择回避。在这种情况下，就需要政府进行相关激励和安排支持政策。此外，创新活动的开展需要大量投资，但创新成果的信息却具有公共产品的性质（创新成果的非独占性），这是知识溢出（spillover）的结果。从全社会出发，这种知识溢出越多越好、越快越好；但从企业出发，则希望创新引致的知识溢出越少越好、越慢越好。

阿罗（Arrow）早在1962年就指出，无论是在完全竞争还是在寡头垄断的市场结构中，其创新水平都将低于社会最优水平。阿罗的这一观点提出了一个深刻的问题：采用技术创新的非市场激励，以减少市场自然引致的创新水平与社会最优创新水平存在着差距。在本质上，企业技术创新的产出是一个介于公共产品和完全排他性产品之间的产品。为了使企业既有创新动力，又有很好的社会效果，必须在两者之间保持一种平衡，使创新的私人收益率与社会收益率趋于一致，特别是要保护作为创新活动主体的企业的积极性，政府需要制定和运用相关政策来实现这种平衡和一致。事实上，政府作为一种非市场的力量，在企业的技术创新中有着关键的作用，政府可以对市场失灵进行弥补，对企业技术创新行为加以引导。通过政府支持，可以用非市场的方法形成有利于企业技术创新的政策和法律环境，对企业技术创新进行导向和支持，充分发挥政府对企业技术创新的激励作用。

第四节　科学、技术与创新政策的评价指标与制定原则

一、科学、技术与创新政策评价指标

多年来，世界各国的研究者曾尝试过多种评价方法，如用国力方程、科技知识储备量等来评价科技综合实力，用生产的科技发展水平综合指数评价科技发展水平，用生产函数法评价科技进步对经济增长的贡献等（方新，2001）。但是，这些方法存在着四个弊端：首先，这些方法大多是在科技系统内评价科技系统，忽视了科技系统的非线性和动态性，也忽视了外部因素对科技系统的影响，将科技系统当做一个自成体系的封闭系统；其次，这些方法静态地看待科技的产出与投入，忽视了二者之间存在的时间滞后；再次，这些方法对科技活动的描述过于简单，忽视了不同的科技活动在内容、性质和产出上的巨大差异；最后，这些方法的开展需要大量的客观数据，但由于科技统计几乎与评价同时起步，难以找到完全符合评价要求的数据。因此，需要一种将定性与定量相结合的科技指标。

1963 年，OECD 在意大利的弗拉斯卡蒂市召开了各成员国 R&D 统计专家会议，第一次提出了建立 R&D 统计的建议，并编写了《弗拉斯卡蒂手册》作为科技统计的国际标准。该手册被各国奉为科技统计方面的重要指南。在这一基础上，R&D 统计成为 OECD 的一项定期活动，其成功收集了有关科技发展的大量详细数据。著名的《美国科学指标》在 1972 年出版了，这标志着科技指标研究的正式开始。在美国实践的鼓舞下，科技指标研究工作在世界范围内得到迅速发展。在 1978 年 11 月召开的联合国教科文组织（UNESCO）第二届会议上，通过了关于科技统计国家标准化的建议方案，至此，科技统计在国际范围内步入了正轨。20 世纪 90 年代，各主要发达国家和许多发展中国家都开始了对科技指标的研究，并涌现出大量针对各国自己指标的出版物（方新，2001）。

从总体来看，随着各国科技政策重点的演变，科技指标自 20 世纪 80 年代以来有了较大的发展与变化，主要表现出两个特点。

第一，科技指标的研究重点由投入转向产出，注重绩效评价。考虑到科技的投入与产出之间在实践中表现出的非线性关系，通过分析产出来评价科学研究的效率与效益成为新的趋势，资源投入的绩效评估得到普遍重视。目前，应用的很广泛的产出指标大多都为数量指标，如用对专利申请与授予的数量、技术密集型产品的出口额等来测量试验发展的产出；用科学出版物的数量及引文数作为科学研究的测量指标。尽管这些指标得到了广泛应用，但缺点也很明显，如并非所有的发明都取得专利或都转化为商品，而且已经发表或取得专利的新思想、新发明，在学术或经济价值上难以直接比较（方新，2001）。这些指标难以反映出科技产出的价值和质量，从而导致难以充分反映科技发展的实际水平，也难以进行科研生产率的横向比较，当然这与相关数据难以全面搜集也有关系。

第二，指标的研究内容超出 R&D 领域，从评价科技活动的内部运动向外延伸，扩展到技术创新、技术转移等，尤其注重科技向产业的转移过程及科技对社会经济的影响和作用等。20 世纪 60 年代，反映这种变化的科技创新指标开始出现，并在 80 年代得到迅速发展。在 20 世纪 80 年代末 OECD 正式出版的关于创新调查的《奥斯陆手册》，成为世界各国开展科技创新评价的指南，欧盟的国家以此为蓝本，在 20 世纪 90 年代开展了大范围的创新调查。美国也在 1987 年正式将《科学指标》改为《科学与工程指标》，将“工业研究与技术创新”单列一章（方新，2001）。在这些技术创新指标中，一般包括直接与间接两类，直接指标侧重测量创新的投入产出，间接指标旨在测度促进或妨碍创新的条件或环境。然而，由于科技创新活动具有复杂性与动态性，现有的技术创新指标尽管提供了了解创新活动及各种关系的线索，但在测量创新活动上仍存在“测不准”或“测不全”问题，完善测度指标成为创新研究领域中被持续关注的议题。

从过去 50 多年来各阶段中科技发展观、科技政策、科技统计和科技指标的发展来看，正是科技政策提出了对科技指标的需求，政策研究的深入也为指标的发展提供了理论框架，因而促进了科技指标的不断发展。科技政策研究刺激和指导了科技指标的发展，科技指标也推动科技政策研究不断深入（表 0-2）。科技指标是科技统计与科技政策的有机结合，它以定量基础上的定性表述，区别于一般性的科技政策研究；以对统计数据的筛选及其在社会经济体系和科技体系某一范围内的说明，区别于一般性的科技统计（方新，2001）。

表 0-2 科技发展观、科技政策与科技指标的演变比较

		1940～1950 年（线形模型）	1960～1970 年（双向作用模型）	1970～1980 年（链式模型）	1980～1990 年（网络模型）
科技政策	关注重点	科学发展	科学与技术创新	技术创新	创新与扩散
	代表作	《科学——无止境的前沿》		《OECD 政策要览》	《国家创新系统》
科技统计	关注重点	科技投入	科技的投入与产出	技术创新	创新与扩散
	代表作	—	《佛拉斯卡蒂手册》	—	《奥斯陆手册》
科技指标	关注重点	—	科技现状与潜力	技术创新	科技促进发展
	代表作	—	美国《科学指标》		美国《科学与工程指标》

资料来源：方新（2001）

从当前来看，中国的科技指标体系应注意三个问题：第一，注意定性指标与定量指标的结合。从自然科学思维的角度来看，建立一套定量化的科技指标是很自然的。但是，定性指标也是不可或缺的。因为定量方法并不能完全揭示、描述和解释科学规律。所以在度“量”的同时，必须对“质”的方面也有所测度，使定性指标与定量指标更好地结合。第二，注意描述指标与分析指标的结合、宏观指标与微观指标的结合。目前，中国科技指标体系中描述指标偏多、分析指标偏少，一般都倾向于对整体的、结合的指标做整体测量，尚缺乏对微观结构地深入探讨。这样的科技指标能够作为制定宏观政策与决策的依据，但对于探寻科技发展的微观机理来说就显得不够细致。最后，注意指标之间的相关性，即注意从单纯的描述和用比较分析方法逐步深入到可直接反映、评价事物间相关程度和发展趋势的研究方法（方新，2001）。

二、科学、技术与创新政策的制定原则

在以往的许多文献和政策文件中，科学政策、技术政策和创新政策常常混为一谈，但三者之间既有联系又有区别。另外，包括产业、财政、金融、教育等政策对科学技术的进步及向生产力转化都产生影响，尤其体现在创新

环境上。因此，制定科学、技术与创新政策，一方面要在分别讨论三类政策的基础上寻求它们之间的联系和结合点，另一方面要注意如何通过其他方面的政策来为科学、技术与创新政策提供稳定的外部支持。

科学、技术与创新政策制定的首要原则是推进创新，并承认科学技术的作用就是支持商业创新，创新反过来又能提高国内生产率和国家竞争绩效。企业在创新过程中需要积累许多不同类型的知识，市场能力知识及生产和分销知识，与正规的科技知识同样重要。创新需要的是适用的知识，其中许多只能来自于经验，不一定是复杂的正规知识。创新的成功建立在对不同知识和技能的能力的结合上，要实现这一点，企业一方面可以将 R&D 计划的成果与通过实际经验产生的知识相结合，另一方面要通过开放的方式与全球科技界联系。

第二条原则是政府对能确立持续竞争优势的行业要有战略眼光，必须根据技术前沿和适用技术的复杂性确立国家的科技创新战略定位。在实际中，各种科技政策的选择必须能反映出形成国际竞争的必要能力所需要的时间，以及外部环境具有动态性的事实。而且，科技创新战略不是一份具体处方，不是各种国家计划的简单归宗，而是科技创新参与者（确信战略目标的持久性）能够动作的承诺框架。

第三条原则是必须建立适应上述战略选择的创新体系基础设施。创新体系由一群相互作用的组织构成，组织互动的主要途径是各种合作协议，主要参与者在其中扮演着主要角色，作用是协调创新过程中的劳动分工。在许多发展中国家，这种作用要和处于部门创新网络（sector innovation system）中心的专业研究机构（部分或全部由政府投资）联系起来。计量和标准的相关研究机构在创新体系中具有特别重要的作用，其主要工作围绕知识的应用和产生而展开，包括：人员培训、提供计量服务、在创新过程中将企业与其供应商和用户联系起来、产生合作 R&D 项目和计划、监督各部门的标准、与外国大学和相关技术研究院所交流，以掌握该领域的世界发展情况，以及将外国企业与国内创新体系联系在一起（张圣尧，2004）。

上篇

科学政策

第一章

科学政策概述

第一节 科学及科学政策的内涵

科学一词源于拉丁文"scientia"，本义为学问或知识，英文"science"、德文"wissenschaft"、法文"scientia"也由此衍生而来。在西方，科学最早包含在哲学之中，称为自然哲学；在东方，日本最早使用科学，1928年前将解剖学称为科学，直到1930年后才广泛应用科学概念。在中国，科学最早的意思是指学问、知识或特殊智慧，即格致之学，用格物致知——致知在格物，物格而后知至（《礼记·大学》）表示探究事物而获得知识的概念。所谓格物，即触及事物，致知就是由此而获取的知识。1893年，康有为在他编的《日本书目志》中首先使用了科学一词。1898年，著名翻译家严复在《原富》译本中第一次把英文的"science"译成科学。20世纪初，科学这一概念在中国开始流行起来。

随着科学本身的发展和人们对科学的认识在不断深化，科学的内涵和外延也在不断发展变化。根据美国学者J. D. 贝尔纳等的研究，科学的概念主要包括三个方面：①科学是一种创造性的智力活动，反映了客观世界的规律，经历了反复的实践、认识和检验过程。例如，英国《新百科全书》(1976年)中将科学界定为"按照自然界的次序对事物进行分类和对它们意义的认识"。法国的《大百科全书》(1979年)指出，"科学是通过揭示现象之中规律所取得的全部知识，以及作为这些知识之基础的认知论"。②科学是一种知识体系，包含概念、原理、定理、定律等逻辑工具。例如，德国《百科全书》(1957年)提出，"科学是作为一个整体的知识的总和或者对它总体上的描述，有计划地发展以及研究"。日本在1976年出版的《世界大百科辞典》中将科学定义为"科学是指人们在漫长的人类社会生活中所获得的积累起来的、现在还在继续积累的认识成果——知识的总体和持续不断的认识活动本身"。中国的《辞海》(2001年)、《现代汉语辞海》(2003年)、《新华词典》(2004年)和《现代汉语词典（第 5 版）》（2005 年）则认为“科学是关于自然界社会和思维发展规律的知识体系，是在人们社会实践的基础上产生和发展的，是实践经验的总结”。③科学是一种社会化活动，属于知识生产范围。科学本身有一套完整的认识、思维和解决问题的理论与方法，通过人们掌握、利用而发展着，起到改变客观世界的作用。例如，苏联的《大百科全书》（1953 年）认为“科学是在社会实践基础上历史地形成的和不断发展着的关于自然、社会和思维及其发展规律的知识体系。科学是对现实世界规律的不断深入认识的过程”。

进入 20 世纪后，科学革命的兴起促进了科学的分化与综合，科学日益演变为具有鲜明的知识体系结构，各层次的分支学科越来越呈现出高度的统一性（图 1-1）。

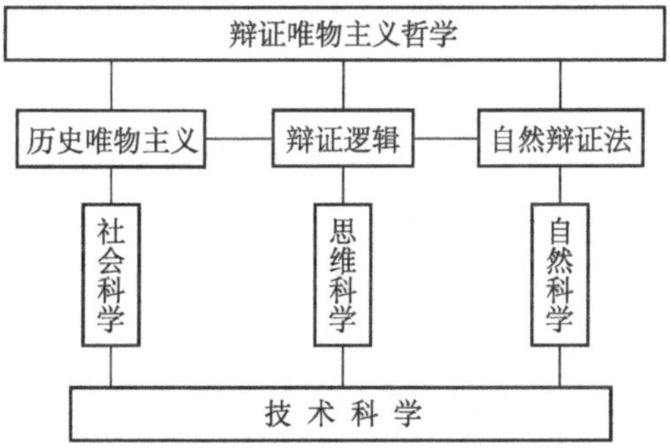

图 1-1　科学体系的层次结构

资料来源：斯米尔诺夫（1997）

科学政策的对象是科学研究系统，目标是繁荣科学以推动技术进步及经济和社会的发展。科学政策的主要内容是确定科学发展的优先领域、科学发展目标、明确科学结构及繁荣科学的途径与措施。国内外学者从不同的角度对科学政策进行了界定，大致分为三个方面。

一是从科学政策在政府政策体系中的结构出发，认为科学政策是政府政策体系中的一个有机组成部分，与其他政策是密切相关的，如美国的贝克勒（1980 年）提出，科学政策决不能脱离政府的其他政策。科学问题与政府的经济政策、教育政策、社会政策、国防政策及外交政策紧密相关。OECD（1984 年）认为，科学政策是一个广义的概念，它不仅仅局限于对科学的追求，还包括国家其他受科技影响的政策，如农业、工业、国防、教育、国内外政治活动等。(伍蓓等，2007）

二是从科学政策所涉及的内容来定义。例如，蒂斯德尔（1985）指出，科学政策涉及的是教育、知识储存及它的可取性和使用，知识的研究和发展。Dodgson 和 Bessant（1996）认为科学政策关注的是科学发展和科学家的培训。Diederen 和 Stoneman（1999）指出，科学政策旨在为科学知识的发展创建环境和提供设施，包括建立和维持研究所和大学，支持（财务资助或道义资助)它们进行各种科学研究。周寄中（1991）认为科学政策属于上层建筑，带有浓厚的政治色彩，反映了一国统治阶级的根本利益，主要研究国家及各级政府发展科学的规模、科学经费的拨款、科研组织管理、科研成果的推广应用和国际科学交流与合作。

三是从科学政策运作的方式来定义。例如，波兰科学院科学学委员会主席马莱茨基（1979）将科学政策定义为，通过科研手段这种最有效的方式达到一定的目标。阎莉（2000）认为，科学政策的作用对象是科学本身，是从事科学技术活动的组织或者个人，包括各种政府科学研究开发机构、大学及企业对于各种自然现象和人类社会的认识。柯曾斯（1991）指出，科学政策涉及的部门从政策制定者（国会议员、政府各部门负责人、顾问及管理与预算处的官员）扩展到政策分析者（他们收集信息并提供给政策制定者），直至政策研究者（他们为政策分析者提供信息并提出自己的新观点和新见解）。赵作权（1997）从政策的可操作性程度将科学政策分为观念宣传、体制机制、标准导向和法律约束四个层面。

伍蓓和王姗姗（2006）根据国内外重要的科学政策文件和 OECD、欧共体（European Communities，EC）等对科学目标的分类方法，将科学政策大致分为五个方面的内容（表 1-1）。

表 1-1　科学政策的内容

分类		内容
国民安全与纯科学	国防	军事的长期科学研究，保证国家安全
	能源	新能源开发、节约能源
	纯科学	六个核心基础学科(生物学、物理学、数学、化学、地球学、天文学)和十几个重点科学领域(如基础农学、基础医学、资源环境科学、神经科学、凝聚态物质物理学、地震学、纳米基础研究等)
科学经济发展政策	农业、林业、渔业	农、猎、渔、林
	矿业、制造业	矿业、工业；建筑和公众事业
	经济服务	通信、运输、气、水、电
科学服务政策	健康	医学研究、卫生与营养、防污染、食品质量
	背景	地形/地质、物理与化学常数、动植物及矿物品种、激素和药物标准
	自然资源	地球、大气和气象、海洋
	社会服务	教育培训、法律和秩序、商业、管理、城市化
科学教育政策	科学人才	一流人才培养、人才引进政策
	科学教育	科技知识普及、高等教育和研究生教育
	科学知识	储存(版权、图书馆、专利、科学情报)和转化
科学发展政策	R&D 基金	基础研究、应用研究和实验发展经费比例关系
	科学规划	科学发展的目标、方向、规模、速度，中长期科学发展规划、计划、重点项目
	科学奖励	奖励新的小的科学企业、奖励科学工作者
	科学评价	论文、专利、学术影响力、同行评议
	科学合作与交流	国内外重大科技项目合作、交流、协调
	科学组织机构及管理	科技体制、组织规模、科技人员数目
	科学基础设施的建设	科学研究设备、科技情报检索

第二节　科学政策的性质和发展趋势

一、科学政策的本质

(一) 科学政策是上层建筑的构成部分

科技政策作为一种政策，作为一种有目的的政治措施，是建立在一定经济基础之上的一种社会意识形态，是上层建筑的构成部分（成良斌，2002）。无论科技生产者采用何种方式结合起来，无论科技生产过程的诸环节的关系发生何种变化，它们都需要以社会或国家的形式从宏观上加以合理地组织、调节、控制和干预，以使科技生产关系趋于合理状态，并通过这种调控来维护科技生产者的合法权益，科技上层建筑由此诞生。所谓科技上层建筑，是指国家为实现对科技生产活动的组织、调节、控制和干预而建立的各类行政权力机关、管理组织，以及各项政策法律和制度的总和。科技政策作为一种社会意识形态，属于科技上层建筑，可以反映一种价值取向和思维方式（石峰，1994）。

（二）科学政策是国家领导集团管理国家科学发展的工具

和科技管理一样，科技政策也具有自然属性和社会属性的劳动二重性。体现社会属性的科学政策，是作为生产关系和上层建筑而起作用的，它的性质由一定形态的上层建筑的性质所决定，或者说是由国家领导集团的意志所决定，并作为实现其利益的重要手段。国家在制定科学政策时，不应仅仅为某个阶层或利益集团的局部利益或某个历史时期的短期利益所左右或制约，而应着眼于整个国家的根本利益，甚至为了根本利益可以牺牲局部或眼前利益。

科技政策作为一种管理工具，其效用的好坏对国家政权意义重大。科学政策的效用好，则科学快速发展，科研成果快速转化为生产力，社会的经济文化等各项事业得到全面发展，人民生活水平不断提高，社会秩序安定，国家政权稳定；反之，则导致科技发展滞后，科技成果不能被迅速地转化为生产力，经济落后，缺乏竞争力，国家政权就有被动摇的危险。因此，国家领导集团日益重视对科学政策的研究，目的就是使之更有效地指导科学的研究和发展，巩固其执政地位。

（三）科学政策服务于科技与社会的进步与发展

科学政策要适应科技生产关系。一方面，科技生产关系的发展变化决定着科学政策的生产、发展和变革；另一方面，科学政策对科技生产关系的组织、调节、控制和干预作用，也最终取决于科技生产关系的性质和要求。科学技术真正发挥第一生产力作用的过程，是一项庞大的系统工程，涉及市场、体制、管理等社会诸多方面的协调运作问题。发明和创新，或者更具体地说知识和信息的生产，部分具有公共产品的特点，是“市场失灵”的，完全市场条件下的知识生产难以达到全社会福利的最大化。因此，政府有必要干预发明和创新的生产。在这个运作过程中，科学政策的作用在于协调统一人们的思想与行为，保证科学技术的协调发展。

二、科学政策的发展趋势

在最近的20多年里，推进科学研究事业的快速发展、以科技竞争推动经济竞争成为发达国家和部分发展中国家（如“金砖四国”）的政策重点，科学政策呈现出一系列新的特点。

（一）加大科技投入

随着知识经济时代的到来，知识总量及运用知识的能力成为国际竞争的焦点。发达国家为了保持竞争优势，长期稳步地增加科研预算，这虽然使发展中国家获得了一定的技术溢出，但也对发展中国家形成了巨大的创新压力。

为了缩短与发达国家在科技能力上的差距，中国政府自20世纪90年代中期开始逐年加大对科技的投入。1998～2011年中国R&D经费从551.12亿元飞速增长到8610亿元，R&D投入占GDP的比例（研发强度）由0.65%上升到1.83%，R&D人员全时当量从75.52万人年提高到255万人年。中国还通过名目繁多的科技计划以项目的形式提高科技投入。国家自然科学基金（NSFC）的年度经费在1986年为8000万元，平均资助强度为2.77万元/项，而2011年度经费已上升到149.58亿元，平均资助强度上升为接近40万元/项。中国对高校科研经费投入从1996年的47亿元增加到2001年的597亿元，增长了12倍。“十一五”期间，中国对自然科学基金的财政投入累计292.73亿元（仅2010年就超过103.81亿元）。中国还制定了国家重点基础研究计划（973 计划），从 1998 年至今共投入 166.55 亿元。1998 年，中国政府批准中国科学院（CAS）实施“知识创新工程试点”方案，先期投入 48 亿元，后组织建设若干国家重大科学工程项目，投入 20 亿元。目前，中国的科技投入总量仅次于美国，是世界上科技投入增长最快的国家之一。

（二）强调科技创新

创新是一个民族进步的灵魂，是国家兴旺发达的不竭动力。随着新的科技革命浪潮在全球兴起，创新已成为衡量一个国家综合国力的重要尺度，是 21 世纪科技竞争的制高点。大力推动科技创新，关键是要创造一种能使人们持久创新的制度和环境，充分调动创新者的积极性，激发他们的创新动力。对于经济全球化的各国来说，现在越来越重要的是，如何培养大批具有创新精神和创新能力的新型科技人才。创新成为科学政策的核心内容。无论是创新环境的构筑，还是创新人才的培育，都需要国家在体制、政策、观念、管理方式等方面进行创新，以适应科技创新的需要。

（三）重视科研产出

衡量科研产出的指标主要有科学论文、专利等。在这些方面，发达国家拥有长期的优势，但近年来一些发展中国家也快速崛起，中国是其中最突出的代表。通过大幅提高科技投入，中国已经成为全球科学和技术的重要参与者，许多学科的研究能力已处于世界先进水平，在一些关键技术领域（如纳米科学技术、生命科学的某些领域）中国已取得了全球领先优势。

然而，中国的科技成果在整体上仍然表现为“三多三少”：科技论文数量多，高水平论文少；理论成果多，实际可应用的成果少；专利申请量多，但发明专利的申请量和获批量少。中国仍然缺乏标志性创新成果的涌现，如国家自然科学一等奖出现连续四年空缺的现象。近年来，中国政府采取了一系列措施力图解决这一困境。早在 1999 年 3 月 30 日，国务院就专门下文转发科技部、教育部等七部委的《关于促进科技成果转化的若干规定》

（以下简称《规定》），鼓励科技人员研究开发高新技术、转化科技成果、发展高新技术产业。《规定》提出，对科技成果完成人和对成果转化作出重要贡献的人员给予奖励，并明确规定了对技术转让所得收入的分配比例。中国还设立了国内科技界的最高奖项——国家最高科学技术奖，奖励金额高达500万元。各级政府职能部门坚持绩效挂钩的原则，加强成果管理与评估工作，重视科研项目的中后期管理，将项目完成情况与申报新课题挂钩。中国政府还非常重视专利工作，将获得专利情况作为科研产出的重要考核指标。

（四）倡导科研大合作

当前世界科技发展日新月异，知识和信息的更新速度大大加快，科学研究的规模、方式等方面都逐步进入全球化和国际化的时代。在这样的国际科技背景下，要紧跟世界科技新潮流，缩短与国际先进水平的差距，就必须加强国际科技合作。从中国来讲，可以采取互访、讲学、短期培训、进修等多种形式，使科技人员学习到最新的知识与技术、互通信息、各取所长，以求在双边和多边国际合作中发挥更大的作用，争取最大利益。积极参与国际科技合作，对于凝聚创新思想、共享全球资源、培养和造就具有国际竞争力和开拓能力的科技人才、扩大研究成果在国际上的影响，在某些领域实现跨越式发展具有重要意义。另外，科学技术的发展使学科相互交叉，相互融合的趋势愈加明显，边缘学科、新学科不断涌现。面对当今“大科学、跨学科”的挑战，单靠一个科研机构、课题组或科学家不可能解决复杂的科学问题。因此，需要大力倡导科研大合作，培养科研团队精神，分工协作，相互配合，利用各自的知识、设备、资金及人员优势，集中力量攻克科学难关，取得标志性重大成果。

第三节　科学政策的演变

以V. 布什的《科学——没有止境的前沿》为标志，第二次世界大战后美国对科学研究的高度重视，促发了科学政策的兴起与发展。V. 布什提交的报告，建立了科学政策的范式。此后，科学政策逐步成为国家政策的一个组成部分，并从 20 世纪 80 年代开始得到发达国家和少数发展中国家的重视。总体来看，科学政策的发展大致经历了四个阶段。

一、萌芽阶段(17 世纪)

科学政策的思想最早来源于近代哲学史和科学史上的一些划时代人物，如第一个提出"知识就是力量"的英国自然哲学家弗兰西斯·培根（Francis Bacon）。在 1623 年的《新大西岛》(The New Atlantis）一书中，培根指出最重要的政府机构是"所罗门之宫"(Salomon's House)，这其实是科学机构的前身。所罗门汇集了政府官员（科学家)和青年学者（科学研究的新生力量)，配备了各种科研设施，奖励科学发明创造，积极与国外的科学界相互交流。在培根思想的影响下，英国兴起了重视学术研究的风潮，在培根的《新大西岛》之后，大约过了 250 年（1646 年），世界上第一个科研机构——伦敦皇家学会成立了，它几乎云集了当时欧洲各个学科领域的顶尖学者。伦敦皇家学会的成立标志着科学政策开始，这是一个里程碑式的事件，它对后世科学技术发展的影响无法估量（伍蓓和王姗姗，2006）。

二、起步阶段(18～19 世纪)

在这一阶段，科学政策在欧洲各国推广和完善，并被纳入国家政策主体。科学家成为国家政府顾问，涌现出孔德塞（Antoine de Condorcet）、巴贝奇（Charles Babbage）和斯均奇（Alexander Strange）等科学政策先导者。同时，科学家委员会、科学家顾问委员会、国家科学和艺术机构、科学教育部等机构的相继成立，标志着政府对科学和科学政策的关注和支持。孔德塞在科学发展政策上的卓见具有重大影响。他强调科学的目的性和自主性，认为科学资源的分配要遵循公平、合理和优先的原则，指出科学追求比使用更卓越，是政府科学政策的重要组成部分，政府必须保证科学资助。在孔德塞的科学政策思想的倡导下，科学家委员会成立了，并且第一次将科学并入国家政策。巴贝奇在《英格兰科学的衰落》(On the Decline of Science in England)(1830年)一书中，抨击了政府对科学支持的匮乏，他倡议大力奖励科学研究者，重视资助科学研究(特别是纯科学)，认为科学和科学家的研究、发展应享有特权。斯均奇在《第八报告》(Eighth Report)(1875年)中，建议政府从两方面考虑科学委员会机制：一是建立国家科学知识理事会，由政府、皇家协会、科学协会任命成员；二是创建科学教育部，建立理事会机制，有科学预算的权利。这也是历史上第一次出现科学部的概念，对后来科学组织建设的产生很大影响。

三、发展阶段(20世纪)

20世纪初，科学主要用于军事研究。大量的科学家致力于研究和发明武器，特别是化学武器(如毒气)。20世纪以前，科学表现出强烈的自主性，从对科学的投资到研究的选题和过程，都突出了个人的兴趣和行为。例如，哥白尼的日心说、牛顿力学、达尔文进化论等，大多数都是业余科学实验取得的成果。但这一现象在20世纪初开始发生巨大变化，科学越来越具有社会属性。美国国家航空咨询委员会(1915年)、国家研究委员会(1916年)、国立卫生院(1930年)、科学顾问委员会(1933年)、国家科学研究与发展局(1941年)等科研机构的建立及“曼哈顿计划”(1942年)，标志着科学已成为最重要的国家资源，科学发展成为了国策。第二次世界大战末期，美国科学研究发展局主任V.布什在向政府提交的《科学——没有止境的前沿》的科学发展战略研究报告中，强调科学政策的重点是“大力加强基础研究，改进科学教育、培养科学人才，鼓励和资助科学事业，建立基础研究基金会”，他认为基础研究必定会对经济发展带来巨大的贡献，所以要“去除在战争年代里硬性控制，恢复探索的自由和拓展科学前沿所必需的健康的科学竞争精神”。

1963 年，OECD 高层科技政策顾问组完成了《科学和政府的政策》(皮亚吉诺尔报告)，第一次明确地阐述了科学政策的含义，并将科学政策分为科学的政策和政策的科学，指出“科学政策不仅限于科学自身的政策，更重要的是考虑科学与其他所有政策领域（农业、工业、国防、教育、国内外政治事务)的互动”。1994 年，美国白宫发布的科学政策报告《科学与国家利益》，指出“科学是国家投资重点”，确立了“保持在各个学科前沿的领导地位”、“强化基础研究和国家目标之间的联系”、“促进伙伴关系，以强化对基础科学和工程的投入，有效利用物力、人力和财力资源”、“为 21 世纪培养最好的科学家和工程师”、“提高全体美国人的科技素质”五大科学目标，建立了国家科学技术委员会（NSTC）和科学技术顾问委员会（PCAST)，将科学政策的讨论提高到国家安全、国家政策和经济政策的水平。1998 年，美国在《开启我们的未来——走向新的国家科学政策》报告中强调知识驱动型研究（自由探索）的重要性，阐述了新时期国家科学政策的基本议题，包括确保新思想的产生、私营部门在科技事业中的角色、政府机构决策有可靠的科学基础、研究事业的可持续发展的重要性等。

四、繁荣阶段(21 世纪)

进入 21 世纪以来，世界各国纷纷制定面向 21 世纪的科学政策，科学政策已成为国家科学发展的基本国策之一。

2004 年，美国 NSTC 发布了《为了 21 世纪的科学》手册，从联邦政府的角度阐述了本届政府的科学政策，列举了有关科学成就，介绍了联邦科学事业的重要职责及采取的重要措施。布什政府还宣布了 2005 财年的五大优先研发领域，包括反恐怖、能源和环境、纳米技术、信息技术和分子水平对生命的理解，提出科学发展在其中的极端重要性。日本相继制定了《生物技术战略大纲》、《E-JAPAN 重点计划》、《地球温暖化对策推进大纲》、《日本生物能源国家战略》和《海洋政策》。德国发布了《德国研究联合会研究计划及其资助前景（2002—2006）》，提出加强天体物理与粒子物理、材料研究、量子与量子光学、等离子体、自组织系统等领域的研究。法国在公布的《法国研究与技术发展》报告中阐明了法国科学研究的优先领域，涉及能源、交通和可持续发展，着眼于未来 ITER 计划、生命科学、信息技术和空间政策。英国将基因组学、电子科研（E- science）和基础技术列入重要的研究领域。

中国政府在 2003 年年底的“国家中长期科学技术发展规划的战略研究”项目中，专门设立了“基础科学问题研究”专题，在认真分析中国当前基础科学的形势和所存在的问题的基础上，初步提出了国家基础研究发展的战略目标，确立了“超前部署，突出重点，人才优先，协调发展”的原则，重点部署了五大战略任务，提出了四个重大科学研究计划，凝练了八个重大基础科学前沿问题和九个面向国家重大战略需求的基础研究方向。另外，还特别突出人才和创新群体的作用，强调科学家探索未知的“兴趣”和符合国家利益的“双核驱动”。

第二章

科学政策的理论基础

第一节　科学政策制定的目标和原则

考虑到科学领域的极大复杂性，应当根据三个组成部分来制定科学政策。

第一是政治和政治经济部分。表现为国家政权主体、政党、社会政治运动和科学共同体出于自身的政治经济利益、目的所公开的纲领性政治方针和规范性的政治方针的总和，包括科学发展的国家主张、政府工作报告中的科学部分、国会听证会的总结性文件、国务活动家就科学和科学与企业界相互关系问题的纲领性发言等。

第二是经济管理部分。表现为国家政权主体、政党、社会政治运动和科学共同体自身关于国家科学政策的具体方面的规范性政治方针的总和，包括科学领域中的结构、财政经济和人事方面的政策。

第三是政治法律部分。反映在国家的总的政治经济利益和目的以及国家科学政策的具体方面，表现为决定国家科学政策方针立法基础的一般的科学法规和条例，如国家科技政策组织基本法、国家政权的最高机构和最高领导就科学活动的法律保障问题的一般性批示等。

国家制定科学政策的目标，一方面要以本国的政治和经济发展目标和预测方案为依据，另一方面要结合当今世界科学发展的原则和方向。国家科学政策的战略目标，应该是建设一个充满活力的、可自控的、多层次的并得到国家、社会和企业优先支持的知识生产体系。这一体系的核心在于，将规模宏大的基础研究，与确保本国进入经济发达国家之列的有竞争能力的试验与设计工作结合起来（斯米尔诺夫，1997）。

在实践中，科学政策的目标体系还包括一些其他目标。首先是国家的政治目标，即保证国家所必需的作为政治资源和影响国内外社会过程手段的科学潜力，建立科学领域中有效的国家权力机构和机制，使科学本身的权力和社会政治机构与运动及科学集体的目标，指向制定和实施最大效率的国家科学政策，确定和有效保护科学家和科学共同体的主要权利等。其次是科学和技术目标，包括新的科学信息的大幅度增长，克服科学落后于先进的世界科学成就的状况，在确保国家经济发展前提下优先重点发展科学和技术领域，保持国家的充分安全和应有的国防能力等。再次是社会经济目标，这是国家科学政策的核心，包括确保本国科学知识界特别是科学精英有很高的社会地位和社会保护，发展和利用科学成果来提高生产力和生活水平，建立与发达的市场经济相适应的科学的社会经济运行机制。最后是组织制度目标，即对科学的组织制度结构进行改革以提高科学的社会效益和经济性，形成和保持科学领域中的多成分性等（斯米尔诺夫，1997）。

国家制定科学政策的原则主要包括：①以本国科学潜力为主，全面支持基础研究；②鼓励科学创造的自由，推进科研领域的彻底民主化，实现科学部门实行自我管理与国家调节相结合；③保证国内主要科学家很高的社会地位和生活水平，保护科研工作者、科研集体和国家科研成果的知识产权；④科学的人道主义测定指标具有优先地位，要把决定人民生活质量的科学研究领域放在首要发展地位；⑤科学研究组织的竞争性和多成分性，国家对科学研究支持的选择性；⑥促进科学与教育一体化，使科学和文化努力与企业发展、技术革新活动和科学家自身的经营结合起来；⑦在制定政治、社会和经济决策时，要充分利用科学信息、专家的评定意见和科学家的建议，宣传科学对社会未来的重要意义；⑧实行推进本国科学融入世界科学共同体，鼓励本国科学共同体平等参与科学家的国际合作的方针。

第二节　科学政策制定的理论依据

制定科学政策的理论基础主要包括现代化理论、发展理论和制度理论。

（1）现代化理论以发达国家的现代化过程为研究起点，并将以发达国家为对象研究而形成的理论方法应用于发展中国家的研究。基于该理论开展的科学政策研究，关注科学、技术和发展之间的关系，重视国家科学技术发展的内部因素，认为现代科学具有一种利益扩散效应，将发达国家科学的形态视为发展中国家科学的未来样式，将科学技术促进财富增长和工业化进程的作用看做国家从传统向现代转变的重要动因之一。尽管现代化理论也指出了发展中国家由于缺乏健全的经济基础结构而影响了对科学知识的吸收与应用，但它预设了从科学到技术再到发展的单向传递路径（线性模式），也强调科学技术在发展中国家现代化进程中的基础性作用（龚旭，2009）。

（2）发展理论兴起于对发展中国家的研究，主要关注国际分工对发展中国家科学技术的影响。依附理论（dependence theory）是其中最主要的部分之一。依附理论指出，发达国家与发展中国家并非处于不同的历史发展阶段，而是处在同一阶段，两者位置的不同是由国际劳动分工造成的，分工的结果是，处于边缘地位的发展中国家对处于中心地位的工业化国家产生了依附关系，因此发达国家的发达不仅没有使发展中国家受益，反而成为发展中国家不发达的根源。在科学政策研究方面，依附理论将西方科学视为对发展中国家的科学的一种统治方式，认为发达国家作为科学中心，吸引了大量来自发展中国家受过良好教育的科技人才，而从发达国家归国的科学精英则以西方国家科学发展的需要来主导本国的科学研究，结果是不仅发展中国家开展的科学研究对经济增长的作用甚微，甚至还浪费了本国宝贵的科学资源。依附理论虽然注意到了发展中国家科学形成与发展的外部环境，但是其关于科学技术和经济发展之间关系的主张仍然属于线性模式——尽管是一种反向线性模式。

从研究的关注点而言，现代化理论和发展理论都聚焦于服务于发展的科学（science for development）而非服务于科学的政策（policy for science）。这两种理论均从西方发达国家的经验出发，预设了科学、技术与经济发展之间存在线性模式或反向线性模式的关系，以此来探讨发展中国家如何通过科学技术进步促进经济增长，对发展中国家科学体制和科学政策的形成、发展与演变关注不够。

（3）与现代化理论和发展理论不同，对于发展中国家的科学政策而言，制度理论对于研究服务于发展的科学和服务于科学的政策都有重要价值。一方面，制度理论注意到，发展中国家的科学、技术与经济发展之间的关系，也许比发达国家更为复杂；另一方面，制度理论试图探讨发展中国家科学体制产生与演变的过程，不仅探讨科学这一同构（isomorphism）或结构性等量（structural equivalence）“由于在相似条件下的运作而表现出相似的结构特点和关系类型”的制度在全球扩展或被接受的原因，也研究一个国家内部的科学制度与科学政策形成及变迁的内生变量和外部因素及其互动关系，以及在这些因素共同影响下所形成的变迁形态（龚旭，2009）。

对比来看，在发展中国家的科学政策研究方面，制度理论具有特殊的优势。第一，以新制度学派为代表而建立的制度理论，是自 20 世纪 70 年代以来广泛应用于包括经济学、社会学、政治学等诸多社会科学领域的重要理论，以其大量的实证研究和出色的理论研究已建立起具有普适性的分析框架，是研究社会转型和制度变迁的重要视角。以制度理论来研究科学制度与科学政策，意味着将科学制度的多样性和现代科学的复杂性置于科学与经济、政治、组织及社会诸领域之间的相互依存性中来加以考察，这更适合于分析具有与发达国家迥异的社会形态的发展中国家的科技政策。第二，在科学政策研究中，特别适合于将制度理论运用于以国家和组织为分析对象的研究。当以国家为分析对象时，制度理论有助于从宏观层面考察科学制度与政治、经济等其他社会制度之间的关系，揭示国家科学制度在具体形态及其演化途径方面的多样性。而当以组织（如国家科学资助机构）乃至科学家个体（如作为评议人）为分析对象时，制度理论又有助于在中观及微观层面理解正式制度与非正式制度对科学政策及其实施结果的影响（龚旭，2009）。

第三节　科学政策的主要内容

一、基础研究政策

基础研究（basic research）政策是世界各国科学政策的主要内容，而且越是经济发达国家，对基础研究的重视程度越高，政策体系的完善程度也越高，相应也有更高的基础研究绩效。

(一)基础研究的内容及分类

基础研究是指为了获得关于现象和可观察事实的基本原理的新知识（揭示客观事物的本质、运动规律， 获得新发现、新学说）而进行的实验性或理论性的研究，它不以任何专门或特定的应用或使用为目的。 其特点表现为四个方面：①以认识现象、发现和开拓新的知识领域为目的，即通过实验分析或理论性研究，对事物的物性、结构和各种关系进行分析，加深对客观事物的认识，解释现象的本质，揭示物质运动的规律，或者提出和验证各种设想、理论或定律；②没有任何特定的应用或使用目的，即在进行研究时对其成果看不出、说不清有什么用处，或虽肯定会有用途但并不确知达到应用目的的技术途径和方法；③一般由科学家承担，他们在确定研究专题及安排工作上有很大程度的自由；④研究结果通常具有一般的或普遍的正确性，成果常表现为一般的原则、理论或规律并以论文的形式在科学期刊上发表或学术会议上交流。 因此，当研究的目的是为了在最广泛的意义上对现象进行更充分地认识，或当其目的是为了发现新的科学研究领域，而不考虑其直接的应用时，即可视为基础研究。

一般地，可以将基础研究划分为纯（pure）基础研究和定向（applied）基础研究。 纯基础研究往往是以兴趣为导向的自由探索研究，并不一定马上要有经济效果，但可能带来突破性的新发现和形成全新的领域。 例如，对生命现象的探索、对宇宙起源的研究、对粒子结构的研究、天文观测等。定向基础研究是以项目为导向的研究，这类基础研究通常与大项目结合，具有明确的应用目标，能较快地形成生产力。 二者的成果形式都以科学论文和科学著作为主，区别在于，纯基础研究旨在推进知识的发展，不主要考虑经济利益或社会效益，也不致力于应用其成果于实际问题或把成果转移到负责应用的部门。 定向基础研究的目的是期望能产生广泛的知识基础，为已看出或预料的当前、未来或可能发生的问题的解决提供资料。

美国普林斯顿大学的司托克斯（D. E. Stokes）在 1997 年就基础研究的分类提出了一个著名的观点。他把科学研究划分为一个二维象限图，如图 2-1 所示，将解决应用问题而产生的基础研究，形象地概括为巴斯德象限。这是因为法国微生物学家巴斯德从事生物学领域许多前沿性的基础理论研究，其动力源于解决实际问题的需要。司托克斯认为，巴斯德的科学研究活动，既不同于丹麦物理学家玻尔的纯基础研究（象限Ⅰ），也有别于美国发明家爱迪生的纯应用研究（象限Ⅲ），而是一类面向需求的定向基础研究。

		以实用为目的：否	以实用为目的：是
以求知为目的	是	Ⅰ纯基础研究（玻尔）	Ⅱ应用引发的基础研究（巴斯德）
以求知为目的	否	Ⅳ技能训练与经验整理（皮特森）	Ⅲ纯应用研究（爱迪生）

图 2-1　科学研究的二维象限图

资料来源：刘则渊和陈悦（2007）

随着科技与经济的结合越来越紧密，尽管开展面向应用的基础研究成为一个新的趋势，并在科学政策上得到重视，但是，保护和支持以兴趣和自由探索为导向的纯基础研究，仍是科学政策的一个重要方面。实际上，自现代科学的萌芽在古希腊发端以来，科学研究就一直处于这种纯粹的状态。这种纯研究最明显的特征之一，就是科学研究完全是科学家（自然哲学家）自在自为式的活动。至于这些研究结果实际上是否具有某种社会用途，这些研究结果的实际应用是否有助于社会生产和生活水平的提高等，完全在研究者的视域之外。这种纯研究的传统从近代科学兴起的早期一直延续到 19 世纪，经久不衰（文剑英，2008）。在 19 世纪之前，马尔沙夫（R. Multhauf）指出的“尚显幼稚的科学……对技术进步的贡献微乎其微”。在被称为科学世纪的 19 世纪，由于创造发明的复杂性不断增加，客观上需要科学家的参与，而随着科学通过技术而对社会所产生的影响日渐明显，科学家这一角色越来越引人注目并被社会所接受。除受政府雇佣和私人资助，科学家最终得以依赖大学（而从事研究）。大学开始成为科学研究的另一个特定的社会圈子，科学家也开始主动地强调自己研究的实际应用，但是，这并没有逆转纯研究这一传统。马尔沙夫说："科学家之被大学所接受，也就趋于把他送回了哲学家的阵营……这就形成了一种令人想起古时候哲学家和工匠（tradesmen）之间相敌对的那种关系"（文剑英，2008）。

（二）基础研究的作用

基础研究对技术发展、经济创新具有长期性影响，这使它能成为科学政策的关键内容。人类文明史昭示，基础研究的每一重大突破，往往都会对科学技术的创新、高新技术产业的形成产生巨大的、不可估量的推动作用。人类历史上的三次重大技术革命都强烈地依赖于科学理论、基础研究的突破：第一次技术革命发生于 18 世纪 60 年代，主要标志是蒸汽机的广泛应用，这同近代力学、热力学发展有着密切的关联；第二次技术革命发生于 19 世纪 70 年代，主要标志是电力的应用，是电磁理论突破引发的成果；第三次技术革命始于 20 世纪 40 年代，是在相对论、量子力学等基础理论突破的基础上产生的，其主要标志是原子能技术、电子技术和空间技术的广泛应用（万钢，2008a）。

基础研究的作用主要体现在以下三个方面。

第一，作为 R&D 活动的源头，基础研究活动是新知识产生的源泉和新发明创造的先导，是国家长期科技发展和国际竞争力提升的重要保证。从自主创新的视角来看，基础研究是积累知识和构建能力基础的必要环节，是原始性创新的源泉，是建设创新型国家的关键。原始性创新意味着做出前人所没有的发现或发明，推出创新成果，开辟新的创新周期和掀起新的创新高潮，促进生产力的提升（陈劲和谢靓红，2004）。如果基础研究投入的力度不够，在研发活动中的比例得不到根本性的提升，必将严重制约创新能力的提高和科技进步。对于后发国家来说，基础研究还能提高对引进的技术所依据的科学原理的深刻认识，增强消化吸收能力，实现再创新和跨越。

目前，中国的技术发展正处于以引进技术和仿制为主转向以自主创新和引进技术相结合的阶段，没有基础研究和技术储备，就不可能消化吸收先进技术并形成突破性的创新能力。

第二，基础研究是建立集聚高水平研究人员的平台，培养和吸引优秀研究人员的重要途径。世界科学史表明，基础研究是培养和造就创新型科技人才的摇篮，而创新型人才是自主创新的主体。基础研究所强调的严谨性和原创性，对理论与实证研究相结合的重视，是造就高素质人才的最佳途径。而且，基础研究还可以营造培养、吸引和使用创新人才的良好环境，为科技人才的成长创造尊重知识、尊重创新的良好氛围，增强对优秀人才的吸引力和凝聚力。因此，重视自主创新应增加基础研究项目中的人员费用，确保研究人员能集中精力进行研究工作，稳定并不断壮大基础研究队伍。在创新人才的利用上，关键要形成鼓励人才流动的制度环境，构建产学研合作平台实现人才流动（国务院发展研究中心，2007）。

第三，基础研究能够引领国家的科技进步和社会经济发展。例如，分子生物科学与技术的基础研究，带动了生物育种技术和生物医药产业的发展；对材料科学宽禁带理论的研究，驱动了半导体照明的产业化。现代高新技术产业的发展，基本上都是建立在基础研究的突破之上。在知识经济时代，基础研究成为国家重要战略资源，综合国力的竞争已明显前移到基础研究（万刚，2008a）。

由此可以得出以下几方面的认识：①基础研究对中国实施自主创新战略具有关键作用。不论对科技本身发展还是对经济社会发展，基础研究都是具有战略意义的制高点，必须进行超前部署。只有在基础研究方面不断积累并取得重大建树，国家才能有效提升自主创新能力，才能在全球经济分工中取得优势和主动地位。②科技与经济的结合、创新链与产业链的互动，都必须深入到基础研究的层次和水平上才会实现，也才能实现基础研究与科技进步、经济社会发展的良性循环和相互促进。③基础研究是原始性创新的源泉，也是高度需要原始性创新能力和智慧的领域。这个领域的发展需要一定的基础条件、需要长期的研究积累，需要鼓励人们充分交流、质疑批判、勇于尝试探索的学术环境。

基础研究的投入效应表现在以下两个方面。

（1）横向触发效应。目前在许多国家，以政府作为基础研究的资助主体，以科研院所、企业和学校等作为辅助单位的基础研究投入体系正逐步形成，企业远没有成为基础研究的投入主体。在美国、日本、德国、法国等发达国家中，企业基础研究投入占企业 R&D 总投入的比例均不超过 10%。中国的基础研究投入比例长期徘徊在 R&D 经费的 5%左右，其中企业的投入极少。由于基础研究具有较强的公共物品特性，政府部门对于基础研究投入的支持（包括直接投资与配套投资）具有良好的引导与示范作用，有利于增强企业投资者及个体投资者对基础研究的投资热情，让其觉得投资具有政治保障及资金安全。尽管从全球来看，目前政府科技投入在国家投入总额中的比例并不算高（企业往往是科技投入的第一主体），但政府投入所具有的隐性价值与社会反响对全社会科技投入具有重大的促进作用；另外，政府部门的投入为合作者指明了投资方向。对于基础研究而言，政府部门及科研院所的技术储备部门通常更能把握技术路线、趋势及关键要点。政府部门所列举的基础研究优先资助领域及实际的政府财政科研投入，事实上正是为企业或个人恰到好处地指明了基础研究今后的发展领域和扶持方向，从而减少了基础研究投入的盲目性和试错性。而且，政府对基础研究投入的支持有助于实现与横向投资者分摊风险的目的。基础研究投入不足的原因不仅在于经济收益的不显著，更重要的是在于投资风险的时间跨度、空间范围都很大，远远超出了应用研究的风险程度。当然，依靠政府投入显然不足以支撑基础研究所需要的各项投入，但其引致的触发效应使各投资者将以政策平台为依托，共同参与基础研究投入，共同分摊资金风险、技术风险和政策风险等一系列不确定性（陈莉敏，2008）。

（2）纵向触发效应。基础研究投入的纵向触发效应是指基础研究投入所引发的后续研究（包括应用研究、试验开发与推广工作）的连锁反应，主要体现在两个方面。第一，资金触发效应。研究开发三个阶段的投入需求本身存在着递增特性，如 2010 年中国基础研究、应用研究、试验与开发经费投入的比例为 1：12.8：20。如果基础研究投入过少，相应的吸收消化能力及再创新能力也会随之降低，国家或产业就很难走出“落后—引进—再落后—再引进”的恶性循环。基础研究的有效投入，将带动基础研究者及后续研究者与实践者的更多关注与投入（陈莉敏，2008）。第二，动力触发效应。无论是科研院所的应用研究，还是企业的试验发展活动，都迫切需要基础研究的指导，基础研究的有效投入最终可以实现 R&D 各阶段价值衔接与价值传递。在基础研究方面具有市场应用前景预见性的适应性投入与针对性投入，必然带动 R&D 后续阶段更多的参与积极性，激发后续研究者的工作热情（陈莉敏，2008）。

基础研究的产出效应表现在以下四个方面。

（1）滞后效应。这主要体现在基础研究的短期效应和当期效应并不明显，成果产出的统计性、公开性和验证性等均具有滞后性。一是成果统计的滞后性。从知识共享、信息平台的角度来看，受论文发表、著作出版周期的影响，基础研究的成果通常无法在第一时间为学术界了解和关注。二是成果公开的滞后性。一些基础研究成果从经济安全（如国防军工项目）或产权保护的角度来看，并不适宜公开发表或披露，而且只能为专业研究人员所熟知，造成社会各界尤其是生产领域无法掌握并运用这些成果。三是成果考证的滞后性。严格来说，基础研究项目的立项依据是从该研究所具有的理论深度与战略意义出发的，然而在很多时候，相当一部分基础研究的理论成果往往难以预先考证，而是必须在转化为实际的产品与生产力之后才能得到验证（陈莉敏，2008）。

（2）风险效应。基础研究大多都是理论前沿性强且具有相对原创性的研究，时间跨度长有些甚至可能没有截止日期。通过投入基础研究所产出的理论成果，最终目标主要是实现产品化、完成产业化及提高社会生产力，并为科技、经济和社会的和谐发展提供知识支撑。但是，由于各种主客观原因，许多基础研究成果在完成之后只能束之高阁或者并不具备市场化、产业化的可能性，从而形成基础研究投入后的转换风险。此外，尽管基础研究成果在一定程度上确实能提高人类对于自然界发展规律的认识水平与利用能力，促进对于未来科技的预测与展望，但如果将这些成果不加限制地运用于医疗、战争等方面，就会造成社会道德困境甚至导致世界灾难（陈莉敏，2008）。

（3）同行效应。许多重要的基础研究成果在公布于世之后，将引发学术界同行对于该成果的引用、评价、批评、认同等，从而推动科学研究的连续进步。同行效应是在科学研究领域抵制外行领导内行、学术弄虚作假等腐败现象的较好的制度安排。同行评议的作用概括来说有三个方面：一是促进了学术争鸣；二是激发了更多的同行加入研究；三是有利于形成学派，从而以该学术流派为核心，开发出新的研究领域和方向，带动新的科研小组的建设及新的组织和协会的成立（陈莉敏，2008）。

（4）溢出效应。基础研究成果具有极强的外部性，这表现为正向价值溢出和负向价值溢出两个方面。正外部性是指基础研究成果的推出会带动交叉学科的建设，拓展相关学科的应用领域，为同行提供新的研究思路和研究方向，搭建新的研究平台，减少后续研究者的成本与风险。基础研究的正外部性与其正向价值溢出相对应，将促进基础研究产出的良性循环。负外部性是指部分基础研究成果公开（尤其是在国际期刊、报纸、著作上发表）之后，可能会引发他人的模仿、学习与跟进，其试错成本显然会大大降低，特别是在抢先进行专利申请及产业推广之后将形成对原创成果的严重威胁。基础研究的负外部性与其负向价值溢出相对应（陈莉敏，2008）。

二、科学教育政策

科学教育政策主要体现在如何提高国民的科学素养、加强科学教育等方面。

科学素养（scientific literacy）的概念最早由美国学者赫德（P. D. Hurd）在

1958 年提出，表示个人所具备的对科学的基本理解。美国是世界上开展科学素养培养最成功的国家之一。根据 Maienschein 等（1999）的评述，在科学素养概念的形成和发展过程中，美国的三个组织机构——美国科学促进会（American Association for the Advancement of Science，AAAS）、国家科学院（National Academy of Science，NAS）、国家科学基金会（National Science Foundation，NSF）起着重要作用。这三个机构分别对科学素养进行了界定。例如，NSF 在题为“影响未来：在科学、数学、工程和技术方面的本科生教育的新期待”（Shaping the Future：New Expectations for Undergraduate Education in Science，Mathematics，Engineering and Technology）的报告中认为，一个有科学素养的学生应该知道，“广义的科学到底是什么，科学、数学、工程和技术方面的专家们的工作内容和性质，如何评估所谓的‘科学’信息，社会如何作出关于科学和工程方面的理性决策”。

对科学素养概念所包含的不同维度的归纳和区分具有重要的意义，因为这些维度正是这一概念的基本特性。1975 年，本杰明·沈（B. Shen）剖析了科学素养的结构，将科学素养分为实用的（practical）、社会生活的（civic）和文化的（cultural）三类。1983 年，米勒（J. Miller）提出了对科学素养的多维度定义，包括对科学原理和方法（科学本质）的理解、对重要科学术语和概念（科学知识）的理解、对科技的社会影响的意识和理解。欧盟国家科学素养调查的领导人杜兰特（John R. Durant）的观点得到许多人的认可，他把科学素养分成三个组成部分：科学知识（概念和术语）、科学方法、科学技术与社会（肖坤，2008）。

提高公众的科学素养历来是国家科学政策的重点内容。公众科学素养是公众靠非正式的教育系统逐渐积累起来的科学素质修养，是公众应具备的对科学技术最基本的理解。公众科学素养的高低对于社会发展和人们日常生活的影响日益深远，因为科学素养的提高不仅会给个人带来发展，还会促进整个社会政治、文化、经济的进步。例如，依靠高新科技的发展与优势，美国自 1994 年以来实现了 4%的高经济增长率、4%的低失业率和 2%

的低通货膨胀率的良性发展，综合竞争力和经济实力高居世界之首。美国优势的构建，与其政府高度重视提高全民科学素质，尤其是在 20 世纪 80 年代就启动的以提高公民科学素质为核心内容的“2061”计划有很大关系。中国科技和经济的快速发展，在很大程度上也得益于大众的科学价值观和科学精神的变更或创新。另外，公众的科学素养水平决定着科学知识和科技成果的传播和普及水平。在一个社会中，具备良好的科学素养的民众越多，就越能够让先进的科技成果迅速通过各种媒体流传开来，使受益的范围更加广泛，而且这也是为科技创新培养需求市场，拉动科技创新的动力之一。只有公众对科技产品有一定程度的认知，才可能形成潜在的需求。有了潜在的市场需求，才可能形成现实的市场需求（储节旺，2008）。

科学教育是确保科学研究持续化的重要条件。英国著名的自然科学家与教育家赫胥黎（Thomas Henry Huxley）曾指出，科学教育是一切教育的基础，是教育之树的根。一个国家的科技进步与科学政策的实行，在很大程度上依赖于国民的科学素质，而提高国民科学素养的关键在于科学教育。现实中，许多人往往将科学教育狭义地理解为一种特定的课程，认为这只是学校的事情，也仅仅限于教师对学生的教育，这种观点是片面和误导的。科学教育应该超越传统的课程局限，更多地强调面向未来社会发展的需要，着眼于发展人的科学能力和创新能力，重视科学实践。在中国，科学教育长期以来被传统的应试教育所覆盖，科学知识的教育成了科学教育的代名词，忽视了对学生进行科学意识、科学态度、科学精神方面的教导，事实证明这严重影响了学生创新精神的形成和创新能力的提高。传统的科学教育是相对于人文科学、社会科学，以及技艺类学科而言的，而现代科学教育则是全民的科学技术文化教育，其目的不仅在于要造就一批科技精英人才，更重要的是帮助每个公民提高科学素养，培养人们具有关心周围事物发展的态度、科学探究的精神，能对生活做出明智的选择与判断，以及积极的价值观等（侯蓉，2006）。

三、科技文化政策

科技文化作为一个相对独立的亚文化系统，是科学技术在发挥认识、改造客观世界和主观世界的过程中形成的文化成果。一般认为，科技文化有其西方文化的历史渊源，西方文化的理性传统和面向自然追求真理的传统，是近代科学技术形成和发展的重要思想基础。因此，科技文化发源于西方，是伴随着西方近现代科学的产生和发展而逐步形成和发展起来的。作为一种高级形式的文化类型，科技文化的价值观凝聚着人类精神文明的共同结晶，同时也是衡量社会文明进步的基本标尺。科技文化一般包括科技知识、科技思想、科技教育与传播、科技体制、科技法规、科技道德及科学精神等七个方面（潘建红，2007）。

科技文化有两个最显著的特点：①它不是依附于某个地域的、民族的特殊文化，它属于全人类，是所有地域和民族的人们所共同创造、共同享用与共同发展的一项伟大事业，因此成为沟通全人类的最重要的中介与桥梁。②科技文化既是一个相对独立的社会亚文化系统，同时又参与或渗透到现代文明所达的一切国家、地域、民族的社会文化之中，有力地推进了众多传统文化的现代化。在现代社会经济、科技、文化和教育的协调发展中，科技文化发挥着独特的中介和纽带作用，它是各国在现代化过程中，促进人们的思想、观念、行为方式摆脱愚昧、落后，走向科学、文明的有力武器。

科技文化所体现的理性、规范、公平、宽容、批判、创新、效率、协作等科学精神，正是推动近代世界各国工业化和现代化进程中价值观念、行为规范变革的基本要素。它不仅为科学技术的发展提供了思想理论武器，而且也是促进现代化社会健康、协调发展的重要精神基础。历史上没有哪一种文化像科学技术那样对社会的进步和发展产生如此深远的影响。无论西方的文艺复兴运动或资产阶级启蒙运动中兴起的科学理性和科学思想，还是后来发生的三次大的科学技术革命浪潮，科学技术和科学理性都成为近代西方社会发展的重要的文化根源，它使近代以来的人类社会历史发生了亘古未有的巨变（杨怀中和裴志刚，2007）。

第三章

科学政策工具

在科学政策的制定中，常常依赖大量经过加工的、组织化和结构化的科学信息，包括从世界范围内考察某个国家或组织在某些学科领域的研究趋势，某个国家与其他国家比较在这些学科领域的影响力，国际合作的规模和特征，发展中国家的作用，基础研究和应用研究在新技术开发中的作用，学科结构及学科之间的相互关系等。由于同行评议机制本身存在一些难以克服的问题，科学政策不能仅仅依靠同行的定性评判作为依据，尤其是对那些面向应用、交叉学科及具有特殊社会和经济目标的研究。因此，科学政策的制定一方面要依靠专家的信息咨询，同时也需要采用严谨的数学工具评价科学活动的情况。科学地图、文献计量、同行评议等方法因此被广泛用于科学政策的制定过程中。

第一节　科学地图

一、科学地图的概念

科学地图（science map）是一个关于学科结构的地图，它作为一种采用图形的方式来描述科学问题的研究方法，基于科学数据对其所反映的科学信息进行可视化。通过确定科学的学科、领域、专业，以及文献或作者之间的物理接近程度和相关位置，科学地图能够识别出这些要素之间的空间关系（Small，1999）。科学地图方法最早来自于 Garfield（1994）的科学地图思想，目的是探究某一特定研究领域的研究前沿，鼓励跨学科地讨论，更好地跟踪和交流全世界范围内的科学进步（陈云伟和 Börner，2009）。在数据挖掘技术、信息计量学和计算机技术的支持下，科学地图获得了快速发展在并广泛应用于图书情报、信息管理、科学学、科技政策等研究领域。

借助可视化的静态或动态图像，科学地图可以：①展示全球、某个国家（地区）或某个主题领域的科学结构；②分析科技人才队伍结构，如作者或发明人的分布、协作情况，形成合作地图（cooperative map）；③为 group

理论对团队创新能力研究提供有力的数据支撑，为科技创新活动的协作共赢提供参考；④发掘隐性学术群体（invisible colleges），并研究特定机构的国际合作地图；⑤构建某学科领域的科学地图，掌握某学科的全球发展结构，分析竞争热点领域，挖掘潜在竞争点；⑥发现学科新的增长点，预测新交叉学科的出现等。科学地图利用的数据源包括论文、专利、资金资助项目、会议等（陈云伟和 Börner，2009）。美国是最早重视开展科学地图实践的国家。美国的国家科学基金会（NSF）与国际领先的技术分析机构 ipIQ 公司合作开展了一项科学工程指标索引的研究，NSF 和美国国立卫生研究院（NIH）还拨出专门经费，用于资助有关研究机构开展科学地图研究，作为科研投入的决策参考。近年来一些顶级学术期刊（如 Nature）也开始关注基于科学地图方法的合作研究网络的分析。

根据陈云伟和 Börner（2009）的研究，目前中国在科学地图方面的研究尚处于萌芽阶段。近年来，一些学者在科学地图的开发和应用方面做了一些尝试，如陈悦等（2011）运用科学知识图谱理论和方法，在中文社会科学引文索引（CSSCI）数据库中，根据专家提供的 163 个关键词进行检索，对得到的 11 377 条数据进行期刊共被引分析、关键词共现分析，初步揭示了中国创新管理研究的相关学科，确定了研究主题及发展趋势。一些学术机构如南京大学中国社会科学研究评价中心、中国科学院国家科学图书馆、武汉大学中国科学评价研究中心、大连理工大学与美国德雷塞尔大学共建的知识可视化与科学发现联合研究所等，都开展了基于 CNKI 数据库或 CSSCI 来源文献的人文社会科学领域的知识地图分析，在一定程度揭示了中国人文社会科学历史发展的基本关系和趋势。但总的来说，中国的图书馆和情报学界对信息可视化的研究大多处于理论发展阶段，缺乏将科学问题可视化的系统性研究。

二、科学地图的类型

科学地图可以分为概念空间的概念地图（concept maps）、抽象语义空间的领域地图（domain maps）和物理空间的地理地图（cartographic maps）三类。

概念地图主要用于教育和心理学等领域的，包括四个核心元素：①代表某概念核心元素的节点；②节点之间的连接；③用于描述两个节点如何连接的连接词；④节点的样式。领域地图服务于科技探索的信息支持，一般可通过分析大规模的学术数据库而获得，致力于认知它们所包含的知识片段及其关联。

领域地图所解答的问题主要包括：主要的研究领域、专家、机构、地区、国家、基金、出版物；每个人研究领域之间的主要联系；最动态或最静态的研究领域；新出现的研究领域；科学家被引频率的比较；基金资助对学科领域发展的影响；科学进步评价；等等。

地理地图的作用是可以帮助人们发现新世界、标记事物分布等。例如，美国印第安纳大学的研究人员采用地理地图的方式对美国研究机构的学术分布进行了可视化研究（陈云伟和 Börner，2009）。

三、科学地图的构建

科学地图的构建往往需要经过多个算法才能形成，这个过程被称为工作流（workflow），即数据经导入、抽样和模型化后，再经预处理、分析后实现可视化。工作流一般包括数据准备、分析单元的定义、方法选择、各单元之间相似性的计算、各单元关联与定位、对可视化结构的分析与说明等六个步骤。其中各单元之间相似性的计算与各单元的关联与定位两步可同时定义为数据布局。

根据陈云伟和 Börner（2009）的研究，科学地图构建的整个过程可以分为两大部分。

第一部分是科学知识与专门技术的收集、整理、分析与管理，这是科学地图构建的基础，决定着所构建的科学地图的准确性。此部分的关键技术包括：共被引分析、因子分析、聚类分析、多维尺度分析、文本语义分析、数据选取与处理技术（如基于主题地图的文献组织方法研究）。例如，从数据集的构建方面来看，主要的策略包括：基于数据库自身的分类体系下载并分析某特定领域的数据、以某个期刊或会议为基础对一定时期内的论文进行作图研究、以国家或机构为分类基础对特定国家或机构进行比较研究、以关键词进行检索等（陈云伟和 Börner，2009）。

第二部分是基于计算机编程的科学地图可视化实现技术，包括时间序列分析（temporal）、列表分析（tabular）、多维数据分析（multididimensional）、树状图（trees）、网络分析（network）、地理科学地图分析（geographic data landscape）等。常用的算法与视化软件工具包括：用于网络分析的工具 Pajek、VxInsight、Simple graph match、ABSURDIST 和 Similarity Flooding 等；用于地理地图分析的工具包括 CAIDA tools、WiGLE、Urban Security Project、Time Maps、Named storms 和 Cabspotting 等；用于时间序列分析、列表和多维数据分析的工具 Time Searcher、GRIDL、Infozoom、Tableau Software、BlogPulse、Google Trends 和 Galaxiadvisors 等；用于树状图分析的工具 Hyperbolic Trees、Radial Trees 和 Treemaps 等。另外，针对更多个性化的、复杂化的科学地图，要根据具体的功能设计个性化的可视化方案，可通过计算机编程来实现（陈云伟和 Börner，2009）。

第二节　文献计量指标

一、文献计量的属性

在科技期刊上发表科学研究的新发现，是科学工作者公开成果最重要的方式。一个新学科的标志就是创建一份专业杂志，以满足该学科科学家学术交流的需求。在专业期刊上发表文章，是科学家在科学共同体中的通行证。科学家将文献的发表作为得到同行承认的最重要途径，而这也是科学的社会建制得以持续发展的基础。

发表文献的要求，也使得科学家不仅作为一个信息的提供者，而且也成为一个信息的评价者和承认者，从而决定了科学文献具有如下的属性：①科学文献是科学家发表研究成果和进行交流时最理想的场所；②科学文献几乎是整个科学产出的载体，是科学发展全貌的客观反映；③科学文献是科学共同体对研究工作客观评价的反映，是衡量科研工作质量的重要途径（刘作仪，2002）。

二、文献计量指标的分析方法

根据刘作仪（2002）的研究，文献计量在现实中一般从两个方面来开展。

（一）对科学的产出量及其质量进行分析和评价

这是文献计量分析的基础层面。在分析时，常常分为三个层次：微观层次主要指研究者个体、研究小组及某个研究项目等；中观层次主要指研究机构或组织，如研究院所、大学、企业，以及研究计划和学科领域等；宏观层次主要指国家（包括地区和部门）、区域和国际性组织（如欧盟）等（刘作仪，2002）。现实中，文献计量中微观层面的分析并不多见，因为不同个体在研究领域、方向、手段等存在巨大差异，难以直接比较。

文献计量的一个核心就是进行科学的产出量和质量的各类比较。例如，从产出量来看，可以计算在某个科学领域中一个国家的论文数量（引文数量）占该领域全球论文总数（引文总数）的份额，反映该国在不同学科领域的研究力量；从质量来看，可以计算在某个科学领域中一个国家论文引用率与该领域全球论文引用率的比例，反映国家在不同学科领域的研究质量和地位。不过这种比较有两个弊端，一是忽视了在不同的科学领域，论文的引用偏好和结果有巨大差异，如分子生物学和基因领域论文的引用率，往往比材料科学论文的引用率高；二是一些小国，尽管其论文和引文数量较小，但在某些领域它们表现出很高的研究水平（刘作仪，2002）。

（二）科学交流与合作的分析

文献中的合著者之间的关系，是描述科学各领域合作研究的理想指标，因为当两个或更多的研究人员联合发表论文时，可以肯定这些作者之间存在知识或社会联系。可以从两个方面来开展：一是分析科学知识的国际流向情况，了解特定时间内一个国家与其他国家或地区的科学合作的全貌，帮助政策分析人员考察在某一研究领域中本国的国际地位，了解本国与其他国家合作研究的总体情况，评价国际合作的实施情况，从而明确与不同国家开展合作研究的重点领域，并制定相应的国际合作政策；二是分析科学知识的国内流向情况，判断知识在国内各地区、部门和机构之间流动的情况，判断科学知识在不同部门的扩散情况、科学研究部门与应用部门之间的联系（刘作仪，2002）。

第三节 同行评议

由于同行评议往往与一个国家科学资源的分配及不同层次的科技决策有关，因而受到极大关注（郭碧坚和韩宇，1994）。

一、同行评议的含义

美国国家科学基金会（NSF）在提交给国会的一个有关同行评议的报告中关于同行评议的界定为：NSF 根据决策过程标准，确定应向哪些申请项目提供研究经费，因为 NSF 的负责官员在确定哪些申请者可以获得资助是根据与申请者同一研究领域的其他研究人员的评议结果。英国同行评议调查组在提交英国研究理事会咨询委员会的调查报告里，则将同行评议严格定义为：由从事该领域或接近该领域的专家来评定一项研究工作的学术水平或重要性的一种方法（郭碧坚和韩宇，1994）。这两个定义后来成为许多国家政策制定的主要参考。

本质上，同行评议是指某一或若干领域的专家采用一种评价标准，共同对涉及上述领域的一项事物进行评价的活动。仅就科研项目评审（如中国国家自然科学基金会的基金项目评审）而言，同行评议是指由科学系统的同行组成的群体，根据一定的标准对某些人提交的项目申请进行评议。目前，同行评议主要用于评审科研项目申请、评审科学出版物、评定科研成果、评定学位与职称、评议研究机构的运作等五个方面。同行评议得出的结果，是有关部门确定项目（科学资源的分配）的重要依据（郭碧坚和韩宇，1994）。

二、同行评议的功能

根据吴述尧（1998）的研究，同行评议具有以下重要功能。

（1）利用同行评议建立有效的经费分配机制并贯彻实施国家目标。V.布什在第二次世界大战以后推出的著名报告《科学——无止境的前沿》在有关政府资助和评价基础研究方面提出了许多卓见，得到了美国政府的支持，政府投资科学研究至此成为世界性趋势，通过同行评议以更好地配置有限的资源，逐渐演变为一种行为标准。当然，同行评议机制并不能完全保证科技资源配置具有高效率，但由于科学同行专家具有更专业性的知识和研究能力，如果坚持客观公正的评审程序，他们的判断和预测就具有非常重要的决策参考价值。科技管理部门的一个重要职责就是在选择国家目标的选择时紧密依靠专家系统，并通过同行评议贯彻实施。

（2）利用同行评议建立促进新学科发展机制。同行评议系统能够建立一套有效的机制，贯彻政策制定者发展科学的方针，以经费为杠杆，调节需要特别支持的领域，发展新学科的研究。以美国为例，美国在 R&D 预算紧缩的情况下，提出应该在最有希望的科学技术领域和对国家目标最重要的领域保持明确的领先地位。即使在削减总预算的情况下，美国也要求能有选择地对新的机遇增加投入，同时选择性地削减某些领域的投入，将十分紧缺的资源用于有高回报的投资和出现的新机遇。在美国国会，参议院拨款委员会曾要求 NSF 用其 60%的研究预算进行战略研究，NSF 同行评议准则的修订强化了实现这一目标的意图。

（3）利用同行评议能够建立坚持平等的准则。同行评议系统从众多的申请中选择最有价值的研究课题和最优秀的人才，这样做的一个益处是，能够向社会透露坚持平等对待的社会准则，以及具有普适性和无偏见的科学准则。

（4）同行评议系统能够坚持有效性和可靠性的技术标准进行绩效评估，这一点在科研管理中非常重要。实际上，无论是政府的科技投入，还是企业或社会对科学的资助，都希望得到有效的投入产出比，而基础研究从投入到产出的路径是非常复杂的，多数是潜在和滞后的。要想客观地、及时地评价其结果，就需要建立一套可操作的绩效评估指标体系，尤其是国际认同的准则。

（5）同行评议系统有利于培养年轻科学家。多数科学基金会都要求把同行评议的意见全部反馈给申请者，这些意见和建议对在选题、研究思想、工作方法等方面指导和帮助那些刚刚涉人研究领域的新申请者是非常重要的。为此，美国的 NSF 和 NIH 在评审意见表的格式设计上，突出了反馈意见的要求，这也鞭策评审人要认真、负责地对待评审工作。

（6）同行评议系统能够弘扬科学道德。科学研究中常常看到诸如伪造、剽窃等不端行为，但伪造、剽窃行为在真正的同行面前是难以掩饰的。科学研究中的利益冲突也是普遍存在的，而同行评议系统以法制的形式建立了一套处理利益冲突的规定和措施，并利用外部监督和申诉的组织形式减少了偏见进入科学研究的可能性。

三、同行评议的方法

同行评议一般用于资助项目的选择、项目进行中的检查和研究结果评价，其实施形式一般包括通信评议或小型会议评议、评审组评审、实地调查等。实践中，可以根据投入的多少、项目周期的长短等因素，分别采用单一形式或几种形式的组合。同行评议又分为前评估和后评估，前评估用于资助决策，后评估即绩效评估，用于评议科学产出。在同行评议过程中，选准同行评议人是至关重要的一步，这要求项目官员具备较高的科学素养和较强的分析判断能力。在基础研究的管理中，同行评议被认为是唯一实用的方法（吴述尧，1998）。

四、国外同行评议的典型模式

这里以美国国家科学基金会（NSF）与国立卫生研究院（NIH）、德意志研究联合会（DFG）、澳大利亚研究理事会（ARC）等为例进行介绍。

（一）美国 NSF

美国 NSF 是国际上最大也是最具影响力的科学基金会，自 1950 年成立以来就完全采用同行评议方法受理科学研究项目的申请，在多年的实践中积累了许多宝贵的经验，其主要特色有 1994 年实施的网络化同行评议、1997 年颁布的新的评审准则。

为了应对不断增加的工作负担，NSF 提出要大力使用信息化技术。1994 年，NSF 开通了 FastLane 网络系统，实现了项目的网上申请和评审。更重要的是，NSF 通过该系统与其他有相似网络系统的机构建立了联系，包括能源部、NIH 和国防部，保证了 NSF 与政府及其他研究机构的有效沟通。1998 年，有 1000 多个机构在 FastLane 上进行了注册。到 2000 年 10 月，NSF 已经成为美国第一个同客户所有商业行为和交易皆在网上进行的政府机构。2003 年，NSF 宣布要取消与纸质申请有关的内容，提出今后除了少数个别申请外，不再接受纸质申请。FastLane 网络系统极大地提高了 NSF 的工作效率，节省了管理成本，节约了大量纸张，这一模式后来被许多国家普遍效仿。

1997 年，NSF 对项目评审准则进行了一次大的调整，废除了 1981 年颁布的旧评审准则。此次调整的背景是，在旧准则实施的十几年间，NSF 的内外部环境均发生了很大变化。例如，在这期间 NSF 增加的新项目类型（资助教育的项目和各种类型的中心项目），都已经超出了旧准则的适用范围。另外，1993 年克林顿上台以后，其政治当局的各个部门都开始重新考虑和制定新战略计划，NSF 作为联邦政府资助基础研究的一个主要部门，也重新回顾了其基本的使命和任务，并在 1995 年制订了“NSF in a changing world”的战略计划。这个计划成为指导 NSF 所有工作的指导性纲领。因此，根据新的战略计划要求，NSF 对其项目评审标准也作了相应改进。

（二）美国 NIH

NIH 组织基金项目的同行评议已有 50 多年的历史，建立了比较完善的评议体系，其独具特色的二级评审制度更好地保证了项目评审的质量。NIH 的二级评审制度，是指申请书的学术评审与基金资助的评审，它们是分别独立进行的。项目的学术评审工作由科学评议中心（CSR）来完成，CSR 下属的 100 多个学科评议小组（SRGs）是开展同行评议的基本单位，他们负责项目的受理和初审两大部分。科学评审小组一般由 16～20 名科学评审管理官员（SPA）负责管理。基金资助的评审工作是由 NIH 各研究所或研究中心的国家顾问委员会来完成的。从递交申请书到最终确定资助对象要经过上述两级评审过程，一般至少需要九个月时间，特殊情况下最快也要 6 个月。任何项目必须通过二审才能获得资助。NIH 两阶段的评审充分考虑了项目的学术价值和社会价值，这种评审方法保证了 NIH 的长期健康发展。

（三）德国 DFG

DFG 成立于 1951 年，是德国资助基础研究的主要学术研究资助机构，也是德国最大的科学研究资助机构，类似于英国/西欧的研究理事会及美国/远东的国家科学基金会，著名的马普学会、德意志科学院及一些主要的研究机构（如国家实验室等）都是其会员。通过学会推荐和直接选举相结合方法产生的同行评议委员会，以及“2＋1”匿名同行评审方式是 DFG 项目立项评审中最具特色的两个方面。

在同行专家的选择上，DFG 同行评议系统的专家都是采用学会推荐和直接选举的方式产生的，评选对象是具备三年以上工作经验并获得博士学位的研究人员。这样的选举每四年在规定的时间、用统一的方式举行一次。这种以选举方式产生同行评审专家的方法保证了 DFG 同行评议专家的科学性、公正性和权威性。

在评审方法上，DFG 项目评审的同行评议采取匿名方式进行。虽然在很多研究中，研究者和研究机构都反对采用匿名评审方法，但在实际工作中，并没有从 DFG 发现什么问题。相反，DFG 同行评审的结果得到了最广泛的认可。DFG 的评议结果可以说是终审判决，申请人要求复评的现象从来没有发生过，因为 DFG 的同行评议专家可以说都是某一研究领域内最有名望和最富有创造性的科学家。虽然 DFG 采取匿名评审方法，申请者不能向同行专家打听评审意见，但这并不代表 DFG 对项目评审的意见不进行反馈，这项工作由委员会主任或副主任来负责，他们会综合所有的意见和建议并反馈给申请者（徐彩荣和李晓轩，2005）。

通过选举产生的评审专家，一般来说都具有很高的权威性，所以对于一般项目而言，DFG 只通过“2＋1”的通信评审方法进行项目资助决策。“2＋1”通信评审，是指首先选择两位具有独立判断力的同行专家进行通信评议，如果两位专家的意见一致，那么就按照同行专家的意见决定是否给予资助；如果两位专家评议意见不一致，则选择第三位同行评议专家，依据第三位同行评审专家的意见决定是否推荐资助。一般来说，对于重点项目和特殊研究领域项目的评审才会采用答辩和实地考察相结合的方式，不过答辩过程比较简单，会议时间也较短。

在上述评审的基础上，同行评审专家的意见将会直接交给学部委员会主任或副主任，由他们根据最后的评审意见写出一份总结性的书面报告，并向拨款委员会提交，由拨款委员会决定认可还是继续讨论。由于拨款委员会全权负责 DFG 关于科研资助和资金发放的财政事务，因此 DFG 的决策是最终的。对于那些没有获得资助的申请，除非得到拨款委员会的允许，否则不得再次递交（徐彩荣和李晓轩，2005）。

（四）澳大利亚 ARC

ARC 成立于 1988 年，是澳大利亚国家就业、教育与培训委员会（NBEET）的重要组成部分，其职责是管理科学研究和研究教育项目计划，并就国家优先研究领域和研究政策的协调等问题向 NBEET 提供咨询。ARC 同行评议的一大特色是特别注重同行评议专家评审意见的反馈，同行意见的反馈已经贯穿到了 ARC 同行评议的每一个过程中。

ARC 每年 11 月通过网络公布申请指南和表格。申请者根据网络上的表格填报申请，经学校科研管理办公室统一送交 ARC。官员对收到的申请书进行形式审查后，将申请书复印件和申请书数据委托一个私人数据公司进行校核。之后，ARC 官员将申请书按学科分送四个学科组主任，由学科组主任根据申请书所涉及的研究领域指定参与初评的学科组成员，学科组成员本人的申请由研究资助委员主席和各学科组主席组成的特别小组负责初评。ARC 项目授予的同行评审一般经历三个阶段，这三个阶段可根据 ARC 项目评审组召开的三次会议划分：①学科组第一次评审会（初评）确定不具资格或不具竞争力的申请（约 15％～25％），并为余下的每份申请选出至少五个评议人，其中只能有一个是申请者推荐的，另选两人作为候补。对筛选掉的申请，发给不接受的通知，并允许申请者在 28 天内提出申诉。评议人将评议意见和对申请者提出的问题传真或邮寄给 ARC。②学科组成员第二次开会的主要任务是归纳同行评议意见并听取被初筛掉的申请者申诉，同时将那些没有被初筛掉项目的评审意见及学科组成员提出的问题反馈给申请者进行申辩和回答。③学科组第三次开会，根据同行评议结果和申请者的回答，将申请进行排序，决定建议资助的申请及其预算。

第四章

典型国家的科学政策

第一节　美国的科学政策

一、美国科学政策的演变

(一) 20 世纪 60 年代

由于在第二次世界大战中起到关键性作用，科学技术在增强国力和发展国民经济方面的重要性开始被人们所认识。这种认识的一个代表性事件是 1945 年 7 月美国战时科学研究与发展局局长 V. 布什向新任总统杜鲁门提交的《科学——无止境的前沿》，这份划时代的报告提出了五个著名的观点：科学研究对国家利益至关重要、基础研究是科学的资本、大学和研究所应该成为基础研究的中心、加速高级科学人才的培养、设立国家研究基金会，阐明了科学研究和科学教育的极端重要性，为战后美国科学技术的发展和科学人才的培养指明了方向。《科学——无止境的前沿》对美国乃至全球科学政策的影响是深远的，它改变了第二次世界大战后美国的科学政策和美国科技发展的进程，成为战后美国制定科学政策的指南。在 V. 布什提交报告两年后的 8 月 27 日，以斯迪耳曼为主席的总统科学研究委员会向杜鲁门总统提交了《科学与公共政策》(又称“斯迪耳曼报告”)，把科学政策列入政治范畴中，把发展科学技术视为保障美国安全与繁荣的重要手段，并再次建议成立国家基金会，增加国家的科研与发展预算，加强大学的基础研究，使大学科研成为一种主要的国家资源。

在经过长期的争论之后，国家科学基金会（NSF）作为世界科学研究资助组织的先锋，终于在 1950 年成立了，它旨在发展和鼓励基础研究和科学教学，对基础研究提供资金，并评价联邦机构承担的计划及履行情况。不过，尽管 V. 布什的报告和斯迪耳曼报告确立了美国战后的科研政策，科学基金会的成立也标志着美国科学政策的一个新走向，但直到 1957 年苏联人造卫星冲击之后，美国的科学技术政策才真正进入大发展时期。

（二）20 世纪 70 年代

20 世纪 70 年代，全球陷入了能源危机。尼克松总统在执政期间，提倡“科学技术新合作”，这一方针要求联邦政府、州政府、大学和研究中心在研究开发上联合起来。尼克松政府比较关注 R&D 的税收优惠，并修订了反托拉斯法政策和政府对创新商品的订购办法，但在这一时期，直接资助仍是主要的科学政策工具。

（三）20 世纪 80 年代

由于长期陷入与苏联的冷战，在里根政府时期，虽然美国提高了对科学技术的资助，但这主要是在军事研究开发领域。1988 年，美国的研究开发总投资的分配情况是，国防占 66%，保健占 11%，能源研究占 9%，航空航天占 8%，基础研究（国家科学基金会）占 3%。几乎全部预算都是用于大型项目，长期性的科研项目几乎得不到重要的资助，大学的学术声望一度下降。

（四）20 世纪 90 年代初

20 世纪 90 年代初，尽管苏联的解体标志着持续近 40 年代的冷战结束，但这时美国经济却出现了衰退的迹象。经济的低迷造成国内失业率不断上升，财政赤字加大，加上贸易逆差急速扩大，美国已由原来的债权国沦为最大的债务国。在经济全球化过程中，美国科技领先的地位日益受到日本和欧盟有力的挑战。一方面产品国际竞争力下降，高科技产品的优势开始丧失。美国国家科学基金会在 1988 年发表的一份调查报告中指出“除化学加工和航天工程外，日本几乎在所有高科技领域都与美国不相上下或超过美国”。另一方面，产品技术创新能力也明显不足。据统计，在美国专利中，美国国内发明者在 1970 年高达 70%，可是到 1989 年已跌至约 50%。美国长期作为科技专利大国的地位受到了动摇（华长明，1994）。

面对严峻的挑战，小布什政府在科技政策上进行了一系列的调整，力求重新获得科技领先的地位，并把美国科技发展推上促进经济增长的轨道，从而依靠技术创新促进经济复苏。这表现在：首先，大力推进政府与企业合作研究，并鼓励民间企业之间的合作开发；其次，加强科技和新技术的迅速商品化，包括高性能计算与通信研究计划、生物技术研究计划、新材料技术研究计划、全球变化研究计划和数学与科学教育计划等五大计划；最后，推行军民两用科技政策，国会于1992年通过了《国防技术接轨、再投资和过渡法》，启动了技术再投资计划，其主要目的是促进军民两用技术的开发，鼓励军事与民间技术的相互转化，从而使双方受益（许航宇，2001）。

（五）20世纪90年代中后期

为提高美国的技术创新能力和竞争力，1993年开始执政的克林顿政府采取了新的科技政策，把科学、技术与创新置于政府工作的重中之重，进一步健全科技管理体制以促进实施，成功地建立起一个完善的科技创新体系，对美国科技力量的加强和经济繁荣起到了决定性作用。

第一，政府营造有利的创新环境，与企业共同投入关键技术的创新以推动经济增长。克林顿总统在1993年2月上任伊始就发表了题为“技术促进美国经济增长：建设经济实力的新方向”的国家技术政策报告，确定了新的美国技术战略：技术必须迅速转向促进经济增长的新方向。为此，政府推出了一系列重大计划，包括：原有的先进技术计划和制造扩展伙伴计划由示范计划转为正式计划并增大投入；推出国家信息基础设施计划，即“信息高速公路”计划，帮助建立未来信息社会框架，抢先占领信息科技的全球制高点；推出新一代汽车伙伴计划，帮助本国汽车工业主要在技术创新方面与日本竞争等（许航宇，2001）。

第二，坚持长期稳定的科学投入，大力培养科学人才。加强对基础科学的支持，是克林顿执政八年的一贯政策，他在1994年发表的《科学与国家利益》报告，是自1979年以来美国第一个关于科学政策的总统宣言。报告详细说明了政府对基础科学投入和加强基础设施建设的承诺，指出“美国的未来要求我们投资于人、机构和思想”，而科学是这个投资中的一个重要部分，科学“既是无尽的前沿，也是无尽的资源”。政府还鼓励企业加强与大学之间的合作伙伴关系（尤其是产学研发合作）。例如，著名的美国“硅谷”正是以斯坦福大学为依托发展起来的。

第三，强化科技管理体制，完善决策机制。主要包括：保留科技政策办公室（OSTP），并加强其职能，向总统提供科技和预算方面的全面决策支持；建立国家科学技术委员会（NSTC），由总统亲自挂帅，以协调整个联邦政府的研究与开发；组建总统的科学与技术顾问委员会（PCAST），对主要的科学和技术政策提出有益的咨询等（许航宇，2001）。

总之，这一时期美国科技政策的主要特点是：着眼于未来，适应全球竞争环境，在科学领域加大投资，以大学为主体，促进教育和研究相结合，在技术领域，以提高国际竞争力、促进经济增长为目标，政府和企业共同致力于关键技术的创新。

（六）21 世纪初

小布什在总统竞选中提出要“重视科技、有效决策”，他在 2001 年 1 月的就职演说中再次重申要确保“信息化基础上的美国科技领先地位”。小布什政府的科技政策与克林顿政府保持着连续性，且更强调推进高新科技尤其是信息科技，建设新“网络经济”以确保美国在科技和经济上的绝对优势。这一时期的科技政策主要体现在以下四个方面。

第一，加大研发力度，促进商品化进程。小布什政府进一步加大政府研究开发的投资，同时刺激企业自身科研开发项目的投资。2000 年，美国研发总投资已近 2700 亿美元，2009 年增至 4015.76 亿美元。自 2000 年下半年以来，美国经济明显减速，股市低迷，消费不振，企业纷纷减产，小布什政府为使经济逐步实现“软着陆”，在采取减税计划等经济政策的同时，把科技政策中推动技术创新作为又一重要措施，希望依靠技术革命进一步提高劳动生产率，降低企业成本，帮助经济走出低迷。同时，政府还决定加大应用研究的力度，在推行科技自由贸易，改革科技出口政策的同时，加速科学技术成果的商品化进程，并积极推动高新科技的应用研究促使其成果化，从而达到增加出口贸易额，减少逆差的目的（许航宇，2001）。

第二，大力推进高新科技发展，拉动经济增长。小布什政府充分认识到过去10年中以信息科技为主导的高新科技产业对美国经济繁荣的巨大推动作用，明确提出要进一步促进高新科技的发展，巩固美国在全球科技创新领域信息科技领域的绝对优势地位。为此，政府决定加速电子网络的发展，在其庞大的减税计划中已提出要将网上销售延期偿付税推迟到2006年以后实行。此外，作为最大的石油进口和消费国的美国，近年来能源供应状况已逐渐恶化，基于高油价的通胀压力持续存在，对美国经济产生了负面影响。因此政府提出了新的全国能源计划，将新能源技术的研发及利用作为关键领域，一是注重节能技术的开发与应用以对设备进行技术革新，二是着力开发洁净能源和新的替代能源，消除美国经济增长的重大隐患（许航宇，2001）。

第三，重视教育和基础研究。小布什政府把加强美国的教育系统作为发展人力资源的核心，认为"新世纪美国繁荣的程度将依赖于复合型人才力量"，提出将一如既往地支持教育和人才的培养。同时，政府还侧重投资以大学为主体的基础研究，保证在所有主要基础科学研究领域的联邦投资，以确保美国处在科学能力的最前沿。

第四，加强军事科技的研究与开发。小布什政府并没有遵循克林顿政府将研发重点由军用改为民用的思路，而是提出要加强国防力量并增大国防军事研究与开发费用。当然，这与新政府更重视防务政策是紧密关联的（许航宇，2001）。

（七）2009年至今

奥巴马政府明确表示在任期内恢复对科学的尊重，其科学政策的特征可归结为：强化科技管理体制，完善决策机制；加大科技投入，重视基础研究；强调能源和环境问题，开展科技外交；争夺科技人才；以科技保障国家安全；鼓励民间参与科技研发（温珂，2008）。

恢复科学政策的诚信和健全，是奥巴马上台伊始的一个重要举措（温纳，2010），其所采取的行动措施包括：恢复总统科学顾问的地位和作用；任命具有很强科学技术背景的人担任政府相关部门的关键管理职位；确保科学技术咨询委员会由独立的、没有意识形态倾向的专家组成；在评价和发布联邦资助的研究时，保证结果及时，不被意识形态扭曲等（樊春良，2009）。

奥巴马政府明确指出，基础科学是美国创新能力的根本，美国政府必须毫不动摇地投资于基础科学研究，从而促进国内的创新、提升美国的全球竞争力。2009 年 4 月 27 日，奥巴马总统在美国国家科学院年会上的演讲中承诺，将成倍增加三家主要科学机构（国家科学基金会、能源部科学办公室及国家标准和技术研究院）的经费，并宣布在能源部下成立先进研究项目局。此外，他还表示，考虑把国家科学基金会管理的研究生研究奖经费提高两倍①。奥巴马政府承诺增加对科学研究的投资，提出在未来 10 年里把主要科学机构的研究预算翻一番，包括 NIH、NSF、能源部科学办公室、国立标准与卫生研究院（NIST）。奥巴马政府执政不久，促使众议院在 2009 年 1 月 28 日通过批准数额达 8190 亿美元的庞大的经济刺激计划（《2009 年美国恢复和再投资法案》草案），不仅给美国各个经济部门带来好处，也给美国科学界带来好处。在这份经济刺激计划中，投入科学的资助为 132 亿美元，NSF 获得 30 亿美元，DoE Science 获得 16 亿美元。这将兑现奥巴马在竞选中继续支持美国认证协会 ACI 的承诺，NIH 将得到 39 亿美元的资金，这将扭转 NIH 近年来经费实际下降的局面（樊春良，2009）。

2009 年 10 月 7 日，奥巴马政府认为，就促进国民健康及美国的繁荣和安全而言，在科技领域的投入比以往任何时候都更有必要，因此政府今后每年将把约 3%的国内生产总值投入科研和技术创新领域。此外，奥巴马政府还恢复了小布什政府执政期间停止的胚胎干细胞研究，强调要坚定支持科学家从事这方面的研究，使美国成为该领域的世界领导者（樊春良，

---

① 奥巴马：用技术和创新解决最迫切的问题．环球财经，2011-12-07

2009)。

总之，重视对科学的投资是奥巴马政府科学政策的一个重要特点。正如2011年1月25日奥巴马在向国会发表的国情咨文强调的，美国要借助创新和教育重振竞争力，政府要“对美国的创新进行新的投资，政府的预算将帮助把国家对研发的投资在国内生产总值中所占的份额增加到自肯尼迪总统以来的最高水平”。

二、美国的基础研究政策

美国之所以能成为当今世界科技和经济最发达的国家，最大的秘诀就是其对基础研究的长久的高强度支持，这始于1950年成立的国家科学基金会(NSF)。另外，1957年苏联发射了第一颗人造地球卫星，给美国以极大的冲击，因此制定了《美国航空航天法》，成立了美国国家航空航天局(NASA)，制定了阿波罗登月计划，开始和苏联开展“空中竞赛”，这些大大地刺激了美国基础研究的发展。总的来看，1950年以来，美国的基础研究投入强度出现了与R&D强度同步增长的三个明显的快速增长期：1953～1965年(8.91%～13.15%)、1985～1991年(12.95%～16.87%)、1998年以后(15.49%～18.50%以上)，如图4-1所示。

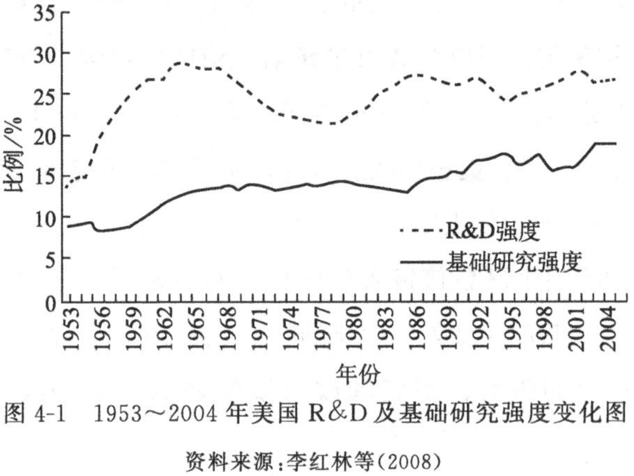

图4-1 1953～2004年美国R&D及基础研究强度变化图

资料来源：李红林等(2008)

美国政府为了支持基础研究，设立了许多高级别的行政部门和管理机构，如1950年成立的美国国家科学基金会（NSF）、1958年成立的国家宇航局（NASA）、1959年设立的联邦科学技术委员会（FCST）、1962年设立的白宫科技政策办公室（OSTP）。后来，美国的总统科学顾问及其领导的OSTP、总统科技顾问委员会（PCAST），与总统直接领导的国家科学技术委员（NSTC）一起，共同形成了美国联邦政府统一协调下的多元分散的科技管理体制。

在宏观层面上，美国形成了以政府为主导的多主体且定位明确的基础研究投入格局。在五条主要的投入渠道中，联邦政府是基础研究的最大投入者，其在全国基础研究经费中的比例最高年份达71.97%（1967年），最低年份为52.59%（1997年），平均为63.50%；企业是基础研究的第二大投入者，投入比例最高年份达34.96%（1956年），最低年份为13.19%（1978年），平均为20.81%，如图4-2所示。

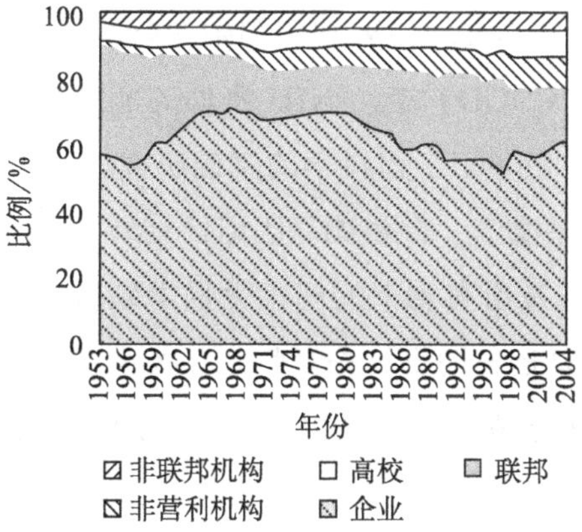

图4-2　1953～2004年美国基础研究各投入渠道所占全国基础研究经费比例的变化

资料来源：李红林等(2008)

同时，各投入主体的基础研究投入都有明确定位，如图4-3所示。

在中观层面上，联邦政府形成了多部门相互协调的基础研究投入格局。NIH是联邦政府机构中基础研究的最大投资者，其次为NSF。国防是在美

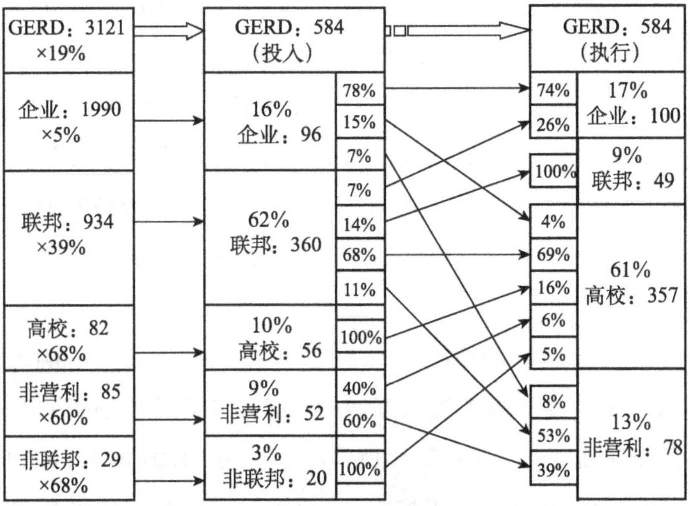

图 4-3　2004 年美国基础研究各投入渠道和各执行机构的经费来源与执行情况(单位:亿美元)

资料来源:李红林等(2008)

国基础研究投入的主要阵地，主要部门集中在能源部（DOE）、国家宇航局（NASA）和国防部（DOD）等。NIH 资助的范围主要是医学和生物学领域，NSF 支持科学、数学和工程科学的基础研究。在医学和生物学领域，NSF 与 NIH 的分工很默契：除植物基因组计划外，NSF 主要支持宏观生物学研究，NIH 几乎涉及所有剩下的现代生物学领域，特别是与疾病治疗有关的生物学研究。其他部门支持与其特定任务密切相关的基础研究，DOE 侧重自然科学，DOD 侧重电子、机械、材料等工程领域。

总体上看，大学、联邦实验室、工业企业和非营利机构构成了支撑美国科技事业的四大支柱，各种组织在不同程度各有侧重地担负了美国的基础研究，它们既有分工也有合作，其中大学承担的份额最大，其次是联邦实验室。

美国现有大学 3800 所左右，其中研究型大学约 150 所左右，这些大学尤其是研究大学是基础研究的传统领地。基础研究约占大学 R&D 工作的 2/3，经费投入占全美基础研究的 60%以上。大学的科研经费中有 60%～70%来自 NSF 和政府其他部门，加上州、地方政府提供的 10%，大学的科研经费几乎完全由政府支撑。美国基础研究体系的一个特点是，工业企业和私人基金会对大学基础研究有较多的资金投入，而且随着研发的复杂性增强，加上商业竞争越来越激烈，大学接受工业企业资助的基础研究经费近年来逐渐增多。

联邦实验室是美国基础研究的重镇，它们归属政府各个部门，没有统一的领导机构。联邦实验室的研究经费主要来自联邦政府的拨款（年均约为220亿美元左右），研究任务也主要由主管部门下达。这里拥有良好的科研环境和实验条件，内部的基础研究、应用研究和试验开发的比例约为12%、31%和57%，并承担着全国大部分的基础研究任务。从管理上来看，联邦实验室有两类：一是部门所属直接管理。这类实验室居多，它们的日常研究经费主要靠政府拨款，主要从事基础研究，以应用研究为辅，研究领域广泛。例如，NIH管辖全部研究预算并支持医学研究和某些特殊疾病的研究。二是部门所属并委托大学或公司管理。

由于大学、联邦实验室和工业企业在研发动力上的差别，联邦政府针对三者的科技政策也有很大差别，导致三者在基础研究上也各有侧重：①大学在全国R&D中起基础保障作用，即基础研究和人才培养保障，因此承担的基础研究份额较大，其特色是科研与教学相结合，侧重于物理、数学、生物技术等纯理论的和创新型的基础研究，研究项目小型化。②联邦实验室与政府的关系最为直接，因此其研究导向就是满足政府的需要。联邦实验室的基础研究侧重于科学前沿研究、耗资大的专门基础研究设施项目（如超导超级对撞机）、探索自然规律而大学又难直接承担的基础研究（如高能物理、核聚变研究、天文等），以及满足全国需要的研究项目（如卫生、疾病、标准、计量、环境研究等）。③企业面临市场竞争，因此其R&D以应用研究和开发为主，从事的少量基础研究则为其产品开发服务（产品定向基础研究）。

近年来，美国还高度重视加快基础研究成果向市场的转移。如何把大学与联邦实验室的研究开发成果向工业界转移，成为近10多年来美国政府制定政策措施的主要出发点，主要的政策措施有以下几个方面：①政府颁布了一系列促进大学、工业界、联邦实验室合作的法规、政策，为它们创造一个宽松的外部环境。②建立技术转移机构网，从联邦实验室、大学到国会都建有不同规模的技术转移机构，形成了一个技术转移机构网络。各联邦实验室都有各自的技术转移机构和专职人员，负责与工业界签订合作研究开发协议。美国联邦政府成立了联邦实验室技术转移联合会，国会于 1992 年成立了国家技术转移中心，有 1500 多个大中小企业通过该中心寻求联邦实验室的技术。③促进大学、工业界和联邦实验室联合研究。例如，NSF 为促进工程领域的基础研究已建立的 21 个工程研究中心，1989 年成立的 11 个科学技术研究中心，联邦实验室与工业界的合作开发协议，政府组织大学、工业界和联邦实验室参加国家跨学科研究计划等。

三、美国的科学教育政策

克林顿政府在 1994 年 8 月发表的《科技白皮书》中明确提出要加强科学教育，培养 21 世纪新型科技人才，同时进行全民科技扫盲，致力于提高全民科学素质。《科技白皮书》警告国人，作为国家根本的美国青少年的基础知识正在日益下降，因此美国科学家“必须保持我们的优秀科学传统，培养出所有重要科学技术领域的最高水平的科技与工程人才”。

美国在科学教育政策上的主要做法主要表现在两个方面。

一是大力投资于教育，重视科技教育与劳动力开发，以实现文化教育领先。这方面的政策主要包括：在高等教育和中小学教育之间建立更为有效的联系渠道，以充实和加强有关学科内容；为所有希望接受科技教育的美国公民提供更为便捷的途径，尤其要减少妇女和少数群体在科学教育上的障碍；保持重要的国际交流以充分利用全球科技人力资源，同时应确保这种交流对国家的安全等。

二是加强美国国家科学基金会培养创新型人才的工作。NSF 法案（1950 年）规定，NSF 是一个联邦机构，肩负着促进美国科学与工程教育的使命。NSF 下设教育与人力资源局，其资助范围涵盖：各个层次的教育

（初等、中等、本科生和研究生教育）、正规教育和非正规教育、对研究和活动的资助、对成果评估和传播的资助。教育与人力资源局的使命是，使美国的科学、技术、工程和数学教育（STEM 教育或科学教育）在各个教育层次上，以及在各种类型的教育（正式的和非正式的）中获得卓越地位（excellence），以培养大批训练有素的科学家、技术人员、工程师、数学家和教育工作者等劳动力资源，并培养具有科技素质的公民。

在奥巴马政府执政期间，科技教育是美国政府科学政策的一个亮点。由于近年来，在美国各级教育机构中，数学、理学和工程学的学生数量在减少。因此，奥巴马政府想把对科学教育的重视从孩提时代一直贯彻到研究生院。2009 年 4 月，在美国科学院的讲话中，奥巴马宣称将投资 50 亿美元用于一个新的数学理学教育项目——“力争上游”（race to the top）计划。2011 年 1 月 25 日，奥巴马在向国会发表的国情咨文中强调，国会应重新界定和正确衡量联邦政府在教育方面的作用，以一项新的法律来取代——《不让一个孩子掉队法》（No Child Left Behind Act），以提高期望值、挑战失败、奖励成功，并为学校创新和提高学生学习成效提供更大的灵活性。他还誓言在这个 10 年结束前增加培养 10 万名科学、技术、工程和数学教师，促进恢复美国高等教育在全球的领先地位。奥巴马指出，美国政府将继续努力加强佩尔奖学金项目（Pell grant program），并要求国会将他制定的“美国机会税款抵减”（American opportunity tax credit）政策永久化。根据这项政策，学生在四年大学期间的抵减总额可达一万美元。

四、美国的科技人才政策

建立充足且高素质的高科技劳动力，是 60 多年来美国政府科技政策的重点。美国的科技人才规划涵盖短、中、长期人才发展措施，短期规划以海外高科技人才引进为主，中期规划是放松大学教育工作者投入私人企业限制，长期规划从整体教育体系改革与投资着手。美国还重视整体劳动力职能供需调查，设立了专职的劳动力职能调查机构。

（一）引进海外科技人才

美国之所以能在全球范围内汇聚人才，得益于其20世纪50年代以来的积极开放的技术移民政策。美国《移民法》规定，每年至少为吸收国外各类人才保留有14万户籍名额（EB1-EB5，5类优先技术移民）。作为世界上最主要的接受移民的国家，美国并不要求外国移民放弃其原国籍，这种灵活的政策方便了人才的广泛流动。从1990年开始，美国实施专门为吸纳外国人才的H1-B签证计划，这是美国国会考虑其国内企业雇用具有特殊专长外国人的需求而设计的工作签证，2002年10月克林顿政府在《美国21世纪竞争力法案》（American Competitiveness in the 21st Century Act）中对该计划进行了大幅修正，进一步放宽国别限额和时效的规定，H1-B签证的限额也从最初每年6.5万名扩展到后来的19.5万名（2004年恢复到6.5万名）。

（二）放松大学教育工作者投入私人企业的限制

在美国原先的教育体制中，并不允许担任大学教育工作者擅自进入私人企业工作，其原意是防止教师为追求个人利益而丧失教育热忱，进而对培育英才的工作造成影响，使学生权益受到损害。但是，进入知识经济时代后，这一规定面临着极大挑战，因为拥有最大研究资源的学校，在新形势下开始快速将其产生的智力资产移转到私人企业里进行商品化研究，若教师无法持续参与研究，一些研究成果就无法发挥其应有的效益。因此美国政府对这一规定进行了修改，转为积极鼓励大学从事教育工作的研究人员，将其研究成果移转至民间私人企业，或接受创投资金援助而自行创业。这种改变，促发了“硅谷”创业热潮。

（三）从事教育体系改革与投资

为了从根本上解决美国未来可能的高科技人才荒，并培育发展下一代新经济所需人才，美国政府从教育切入，采取了多种做法。例如，选择一批大学建立工程研究中心，把不同学科的工程技术人才（主要是攻读硕士、博士学位的人员）结合起来，共同研究国家和产业界面临的重点课题。政府各部门设立各种培养高层次人才的计划，如美国海军设立的“青年研究员计划”、美国国家科学基金会设立的“总统青年研究奖”（张德明，2005）。

（四）设立劳动力职能概况调查专职机构

美国十分重视高科技劳动力职能调查及相关专职机构的运作，并以调查结果当做政策措施的重要参考依据。例如，美国商务部在1999年针对美国ICT发展，发布的《数字化科技人力》（The Digital Work Force）报告指出，1996～2006年，美国将产生130万个与信息科技相关的工作机会，这表明美国必须加速培养相关人才。2001年6月，小布什政府宣布在劳工部（DOL）下设立21世纪劳动力办公室（Office of the 21st Century Workforce），举办“21世纪劳动力会议”（Council on the 21st Century Workforce）。2004年4月，小布什总统在《新一代美国创新》（A new generation of american innovation）国情咨文中，宣布提供2.5亿美元帮助社区学院为正在创造最新岗位的行业额外培养10万名工人，并提议给行政长官更多的灵活性，以便将联邦培训基金以创新培训账户（innovation training accounts，ITAs）的形式交到工人手上，这些账户将为工人提供一系列培训选择，有助于他们竞争高技能、高需求的岗位[①]。

第二节　日本的科学政策

日本天然资源贫乏、国土狭窄，人口密度大。人多地少再加上第二次世界大战失败的冲击，使日本在20世纪50年代初的条件十分困难。经过20多年的奋斗，日本快速赶上了世界先进水平。近60年来，日本经济的发展速度在资本主义国家中居首位，主要在于日本很好地发挥了科学技术的作用，既重视本国的科学技术，又广泛地采用了别国的成就和经验。

① A new generation of american innovation: President Bush's technology agenda. http://www.whitehouse.gov/infocus/technology/economic_policy200404/toc.html

一、日本科学政策的演变

日本60年来经济成功的秘诀之一，就是根据不同时期的特点采取不同的科技政策。

（一）20世纪50年代：确立以生存为目的的恢复经济和自立的科技政策

第二次世界大战战败后的日本为了确保生存，制定了以粮食增产、医疗保健为中心，重视恢复经济和自立的科技政策，重新认识到科技兴国的重要性。为了改变科技落后的局面，日本开始积极引进国外的先进技术。在恢复经济的同时推动技术革新，改革学术体制，设置了科技厅、科技会议等行政体制，加快科技体制的整顿（蒋敬东，2004）。

当时的日本很重视农业技术的发展对粮食增产的作用。以机械工业、化学工业为首的制造业发展，也带动了对农业机械、化肥、农药等的开发，农业机械化得到了一定的普及，大大提高了农业生产效率，从而使剩余劳动力流向第二产业，这成为后来支撑日本经济高度发展的一个重要因素。在恢复经济上，日本采取了由被限定的资源向煤炭、钢铁产业重点分配的倾斜生产方式，同时制订了《外汇及外国贸易管理法》及《外资法》，为引进欧美的先进技术后创建核心产业奠定了良好基础。实施了《工业标准化法》，吸收国外先进的品质管理经验和经营管理技术。日本政府还对企业的研究开发活动在试验研究补助金和税收上给予支持，并为扶植重点产业制定了一系列机械工业振兴临时措施法以进行宏观调控（申义俭，1996）。

（二）20世纪60年代：确立以经济增长和扩大社会经济基础为目的的科技政策

1960年，日本内阁决定从1961年开始的10年间扩大国民经济规模实施所得倍增计划，与此计划相配合加强理工科人才的培养。在引进外国先进技术的基础上进行技术革新，强化产品的国际竞争能力，提高对自主技术开发重要性的认识。同时，决定推进大型原子能、宇宙开发计划。所得倍增计划实施后，日本的经济取得了大大超过计划的发展速度。1968 年日本的国民生产总值已跃居世界资本主义国家的第二位。

增强自主技术开发能力，努力缩短和消除与欧美国家之间的技术差距，是日本在 20 世纪 60 年代科技政策的主要特征之一。1961 年，日本设立了新技术开发事业团（现在的新技术事业团），制定了《工矿业技术研究组合法》，以此来推动产业界的共同研究开发活动。为了提高产业技术水平，日本于 1966 年实施了大型工业技术研究开发制度，制订了国民经济重点且急需的大型研究开发计划，国家对重点技术的研究开发设立补助金制度。而为了振兴民间企业的研究开发活动，日本于 1967 年创设了增加试验研究经费的税额抵扣制度（申义俭，1996）。

（三）20 世纪 70 年代:纠正经济高度增长时期的弊病,对应动荡不安的世界形势

到了 20 世纪 70 年代中期，日本的研发经费总额已超过法国和英国。依靠科学技术来解决经济高速增长时期产生的弊病和由此导致的环境公害问题，是日本政府在 20 世纪 70 年代的重要任务。为此，日本政府于 1971 年设置了环境厅，1974 年成立了国立公害研究所（现国立环境研究所），增加了设备投资，强化以防止公害为目标的试验研究。另外，面对 1973 年和 1979 年发生的两次石油危机，日本也积极考虑如何采取相应的政策。这些都促进了日本节能技术的发展。日本相继在 1974 年和 1978 年实施了研究开发新能源的“阳光计划”和开发节能技术的“月光计划”，并在 1980 年制定了促进开发和引进替代石油能源的有关法律，以新能源技术和节能技术为主体的新能源综合开发机构开始运行（现为新能源、产业技术综合开发机构）。

（四）20 世纪 80 年代以后:重视创造性的科学技术,应对新的课题

进入 20 世纪 80 年代，日本在世界的经济地位得到进一步提高，但与世界主要先进国之间的经济、贸易摩擦也持续不断。此时，日本在科技政策方面更加重视自主开发和基础研究，致力于发展振兴创造性的科学技术，于

1981 年将科技振兴调整费列入预算，这对于推动产、学、官在基础、尖端领域的合作起到了重要的作用。一系列的政策措施相继出台，如设立了创造性科学技术推动制度、下一代产业基础技术研究开发制度；1985 年创设了培养和确保优秀研究人才的特别研究员制度；1986 年 3 月确定了面向 21 世纪的《科学技术政策大纲》，同年还制定了《研究交流促进法》；1990 年设置了将具有独创性的优秀年轻人才派遣到国立试验研究机关的科学技术特别研究员制度；1991 年实施了独创研究人才的培养制度；1993 年对大型工业技术研究开发和下一代产业基础技术研究开发制度等进行了修改，制定了产业科学技术研究开发制度（申义俭，1996）。

二、日本的基础研究政策

（一）重视基础研究的投入

从 20 世纪 80 年代末期开始，美国等国要求日本停止无偿利用西方国家的科学技术研究成果，严厉批评日本在基础研究上“不花钱乘车”，日本科技界也强烈要求政府在基础研究方面加大投入，追赶欧美国家。这些都刺激了政府对基础研究的投入。1993 年 1 月，日本通产省确定并已开始实施的研究开发事业长期方针的主要内容，就是强调“今后要重视基础研究”，并且还准备请外国科学家参加其研究计划。近年来，日本政府预算中的科研经费不断增加，从 1981 年的 256.32 亿美元到 2009 年达到 1373.14 亿美元，其中用于基础研究的经费增加的幅度更大。例如，在计算机技术的研究方面，日本政府就做出了不懈努力。日本通产省 1993 年开始实施一个耗资 2 亿美元的“现实性世界计算机工程”的研究项目，目标是研制出利用光脉冲运行的神经网络计算机。第二次世界大战以后，日本被认为是后发追赶最成功的国家，国家的科技政策也经历了从重视技术引进消化吸收到“科学技术创新立国”的转变，基础研究投入快速增长。不过，日本的基础研究强度表现为两个明显不同的阶段，20 世纪 70 年代初之前的居高阶段及之后 15％左右的平稳波动阶段（图 4-4）。

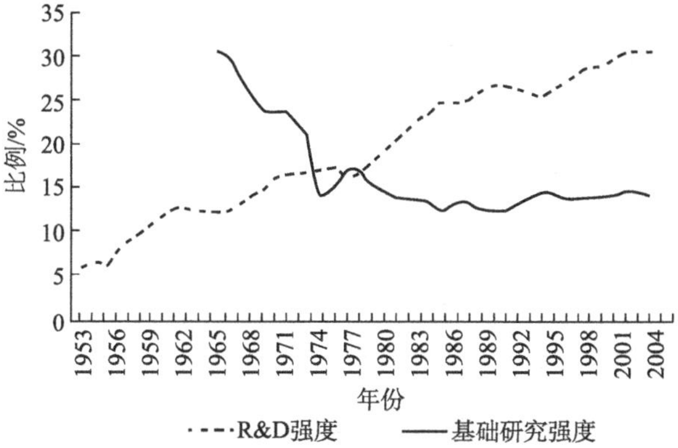

图 4-4　日本 1953～2004 年 R&D 强度与 1965～2004 年基础研究强度变化图

资料来源：张利华(1992)；日本科学技术厅(2005)

(二) 基础科学研究体系

在日本的基础研究中，企业界是主力。这种具有日本特色的基础科学研究体系，与欧美国家中大学和科研机构作为主力的基础研究体系是有区别的。日本的基础研究包括三个层次：第一层是纯学术的基础研究，主要在大学和政府所属的科研机构内进行，因为日本产业界不进行没有市场目的的纯学术性的基础研究。第二层次是基础技术性的基础研究，这一层次的研究也多是在政府和产业界的研究机构内进行，目的是探索下一代全新的技术基础。第三层次是开发技术性的基础研究，这一层次的研究是以产业界的研究所为主体进行的，也是目前日本基础研究的主体，目的是创造出完全适宜商业化的技术发明。日本政府各部门制定的年代科研计划，是以第二、第三个层次的基础研究为主体的。

(三) 基础研究科研经费流向

在日本的基础研究投入体系中，形成了政府为主、企业为辅的格局。尽管日本企业的基础研究投入占据了很大份额，但经费绝对量上仍少于政府投入。政府对基础研究的投入，以主管教育和科技的部门为主、其他部门为辅，其中又以文部科学省为主。政府基础研究投入的主要部门都通过其所属的非行政机构实施具体的资助工作。例如，日本学术振兴会（JSPS）充当着日本国家科学基金会的角色，主要管理支持学者自由构想和独创研究的自下而上（bottom up）型的科学研究费补助金（JGSR）；日本科学技术振兴机构（JST）负责运作围绕国家战略目标的自上而下（top down）型战略性创新研究推进事业，这是一项集中资源，围绕生命、信息、环境和纳米技术及材料四大重点领域实施的基础研究计划。

（四）私营企业对基础研究的贡献

在日本的创新体系中，私营企业通过大力招聘科技人才，加强基础研究，对日本的科学技术发展作出了卓越的贡献。基础研究作为产品创新和工艺改进的知识源泉，决定了企业能否在激烈的经济竞争中胜出。这促使日本一些私营企业重新考虑自己科学研究和试验设计工作战略，并千方百计地吸引科研人才为公司效力。长久以来，在日本私营企业工作的往往是一些被禁锢在“终身雇佣制”中的日本专家。但近年来，由于能独立从事理论研究的科技人才不足，促使日本企业放弃对日本本国大学传统的不信任态度，在科研和试验设计工作中加强同大学的联系。从 1990 年初开始，一些知名的私营企业开始大量聘用大学和中专高年级学生来企业工作，他们中的多数人毕业后可获得承担某一职务的证书。经预备期的实践审查后，再签订长期合同。

三、日本的科学教育政策

对科技教育的重视是第二次世界大战后日本经济快速发展的重要原因，历届日本政府都极为重视人才培养，信奉“现在的教育就是十年后的工业”、“国家实力的较量是教育实力的较量”和“21 世纪是教育的世纪”等理念。为此，日本出台了一系列科技人才培养计划，如“240 万科技人才开发综合推进计划”—— 到 2006 年培养出 240 万精通信息技术、环境、生物、纳米材料等学科的尖端科技人才，并从根本上改变大学教育体制；“21 世纪卓越研究基地计划”—— 建立一流的人才培养基地，在取得重大国际领先科研成果的同时，让一批世界顶尖级人才脱颖而出；“科学技术人才培养综合计划”—— 培养富有创造性的世界顶尖级研究人员、培养社会产业所需人才等①。日本的科学教育政策主要包括以下四个方面。

（1）采取有效措施，提高国民教育水平。第二次世界大战后不久，尽管国民经济十分困难，但政府从 1947 年就开始实行九年义务教育制，当时还免费供应全国中、小学生的午餐。据 1975 年统计，日本在校大学生有 224.9 万多人，是人口总数相当的英国、法国在校学生总数的 1.7 倍。到了 1980 年，日本进入高中学习的升学率已达 94.2%，高中毕业后升学率达 37.9%。

（2）高度重视科技人才的培养。1875～1911 年，日本政府为了研究西方的教育体制和科技成就，特地派遣留学生去欧美学习，采取措施不断改进教育体制和加强对本国科技干部的培养。从 19 世纪末到第二次世界大战初，日本科学家在各个不同的科技领域内都取得了重大成就，如汤川秀树年提出的“介子理论”曾于 1949 年获得诺贝尔奖金。当时，日本从事科学研究的（包括社会科学与研究辅助人员）人员共 49 万多，相当于英国、法国两国总和的 2.8 倍。

（3）年轻研究人员的培训。年轻化是日本科技人才培养的一个目标。1991 年，日本大学委员会在题为“研究生的数量改善”的报告中提出，计划到 2000 年将日本研究生的数量在 1991 年的 99 000 人（包括成人生或外国留学生）的基础上至少增加一倍。据此，文部省从 1992 年采取了多项措施加强和改善研究生院。而早在 1985 年，文部省就为日本年轻人员制订了资助计划。这项计划由日本科学促进会实施，为有前途的年轻人员提供研究拨款和奖学金，使他们专心从事自己的研究工作，并且他们还可以挑选指定的研究室进行工作。

---

① 从诺贝尔奖谈日本的科技立国政策．http://new.xinhuanet.com/world/2008-10/09/content_10170603.html

（4）国际科学交流。日本科学促进会在1988年就制定了外国研究人员博士后资助计划，并在1994年提出新计划，鼓励开拓性和创造性的科学研究，促进日本和国外研究机构的研究合作。20世纪90年代后，政府也意识到，为促进科学发展就必须使大学和有关研究机构活跃起来，要大幅度增加来自政府或私营企业的资助，通过更灵活的管理制度最大限度地调动研究人员的积极性，并采取更开放的出国研究政策（陈在佴和余林，1995）。

随着世界科技竞争日趋激烈和各国加强科技人才的不懈努力，尤其是中国、韩国的竞争压力，日本政府也充分认识到在科技教育上的不足（如人口结构问题），为此在2006年通过了第三期科学技术基本计划，提出了新的理念与目标，见表4-1。

表4-1　日本科技人才培养政策的发展情况

项目	第一期科学技术基本计划	第二期科学技术基本计划	第三期科学技术基本计划
时期	1996～2000年	2001～2005年	2006～2010年
战略	建立以科技创造力为基础的日本	科技创新立国	创新者日本
目标	未规定	建立能创造知识、灵活运用知识并为世界作出贡献的国家；建设具备国际竞争力的可持续发展的国家；建设可过安全、安心和高质量生活的国家	跨越性知识的发现和发明；突破科学技术的极限；环境和经济的并举；创新日本；终生康健；以安全为豪的国家
特点	为科学发展制定全面系统的政策，但未提出国家应重点实现的科技目标	提出向科技大力倾斜的政策；重点制定与国家和社会发展主题相对应的科技目标	强调科技人才的极端重要性；将优秀人才的培育与吸收使用作为科技系统改革的首要目标
科学技术体制改革	未涉及	改革科技运营体制；改革对科技人才的培养	营造每个人才都能发挥作用的环境；加强大学的人才培养功能、培养社会需求人才；扩大下一代科技后备人才队伍
评价	提高日本科技整体水平	提高国际产业竞争力	实现“灵活战略”

资料来源：董娟(2008)

第三期科学技术基本计划提出了日本有关科学技术人才培养的具体措施，见表4-2。

表 4-2　日本科技人才培养的具体措施

人才培养的方面	内容与措施
构筑公正与透明的人才录用与管理体系	大学及公立研发机构的用人制度，以广泛、分开招募为原则，不受性别、年龄、国籍限制，在待遇上必须按能力与业绩评价给予相应的报酬；对刚进入研究机构的研究人员推行至少一次的研究岗位间的轮岗制度
搭建青年学者自立、施展才华的舞台	引入“TENURE TRACK”制度（规定年轻研究人员在所定任期内，可充分施展才华，经严格审核后，有望通往无任期制的研究职位）；对推行“TENURE TRACK”制度的大学及公立研究机构，从研究环境和启动资金上予以重点资助
抑制高校自己培养和使用人才的比率	各大学必须公布本校各类出身者的比例，公正透明地接受多样化人才，以促进相互交流的研究环境，确保研究组织的活力
促进女性研究者的研究活力	要求研究单位积极使用女性研究者，研究组织应设定并公布女性研究者的人数比例，保障女性研究者研究与生育的兼顾发展
促进外国学者的研究活力	建构具有吸引力的接受体制，努力使他们在日本定居，为其提供良好的研发环境和生活环境，如住房、子女教育、出入境管理等
充分发挥优质的高龄研究者作用	为退休的研究者设计有效机制，支持其能够继续从事研究，提供机会发挥其创造力和智慧，为科学技术的振兴作贡献
大学教育	对人才注重丰富的创造力、国际的领导能力、宽广的视野、灵活的思考；打破学校教育与企业内部教育的本位主义以促进彼此的交流与共享，兼顾创新性和实用性人才的培养

资料来源：董娟（2008）

第三节　韩国的科学政策

韩国直到1960年仍遭受着如今经济不发达国家面临的几乎所有问题。但是，其在短短的时间内就挤入了世界经济强国的行列，人均GDP超过1万美元。这一伟大业绩的取得要感谢政府制定并施行了适合韩国国情的科学技术政策。从20世纪60年代开始时，韩国将科学政策的重点放在只引进发达国家的科学技术，集中发展劳动集约型工业和轻工业；20世纪70年代后期则强调大力以重化学工业中心的产业结构；20世纪80年代又转变为技术驱动的科学政策。科学政策的这些改革和完善推动着韩国的科学技术和经济水平获得了惊人的提高。

一、韩国科学政策的演变

（一）20世纪60年代以前

在20世纪60年代以前，韩国的科技成就集中在以农业、手工业为主的传统领域。在日本殖民时代，由于施行“北工业、南农业”的政策，使韩国在解放后几乎没有科学技术基础，而且因为朝鲜战争（1950～1953年），原来薄弱的科学技术基础也被彻底破坏了。朝鲜战争结束后，韩国政府为了解决因战争而缺乏日常用品的问题，首先利用美国援助的物资，实行扶持轻工业政策。在现代科学技术空白的情况下，韩国开始实行鼓励现代科学技术发展的政策。20世纪50年代末，韩国开始改革理工科高等院校体系。

（二）20世纪60年代

20世纪60年代后，韩国制订了系统的“科学技术振兴计划”，建立科学技术行政机构，制定制度及法令等，确立了科学技术振兴的支撑条件。在1962年开始实行的“第一次经济开发五年计划”中，韩国提出了“第一次技术振兴五年计划案”，主要内容是人力资源开发、技术开发及技术协作等，并制定了工业化现代化的基本目标。当年还设立了负责科学技术的行政机构——在经济计划院属下的技术管理局，在1967年还成立了科学技术处，这是在当时经济发展相对落后的国家中第一次建立了科学技术管理的政府机构。另外，为了推进科学技术政策系统，韩国开始制定关于科学技术发展的法令。1960年，为了弥补内部技术力量的不足，韩国制定了《技术引进促进法》。1967年，制定了关于政府在科技开发上的作用等一系列规定的科学政策基本法《科学技术振兴法》。另外，韩国在这一阶段还设置了韩国第一综合产业研究所韩国科学技术研究所（KIST）（1966年），其特色是把科学技术能力很不足的产业当做技术应用开发的重点，后来被各国成立的研究所当做典范。

（三）20 世纪 70 年代

20 世纪 70 年代，韩国科学政策的重点转变为面向重化学工业中心产业结构的政策。为此，韩国在 1973 年选择钢铁、机械、造船、电子、非金属、石油化学工业这六个战略行业进行集中投资，并对这些行业给予税利、金融上的优惠政策。1972 年，设置了由国务总理担任议长的“综合科学技术审议会”，承担着国家科学技术最高调整机构的角色。1973 年，为了构筑产业技术开发的基础，制定了《特定研究机关育成法》，并成立了很多政府资助研究机关。为了促进民间技术开发活动，韩国还制定了《技术开发促进法》，对技术开发企业给予在税利、金融上的优惠（闵京基和潜伟，2003）。另外，为了克服在重化学工业化过程中出现的技术限制问题，韩国在 1978 年开始实行技术引进自由化政策。为了摆脱对引进技术和模仿技术的依赖，政府还在 1977 年成立了“韩国科学财团”，开始了对基础科学研究活动的支持。

（四）20 世纪 80 年代

20 世纪 70 年代后期，韩国经济面临着严峻的内外经济和科技挑战，为此，韩国在 80 年代的科学技术政策重点从出口驱动转变为技术驱动，不断地改革从 60 年代开始的科学技术法律和有关制度，包括：①1982 年，成立了由总统担任主持人的“国家科学技术振兴扩大会议”，审议、调整科学技术政策和法规。1986 年，在“科学技术团体总联合会”下设立“产学合同委员会”，开始支援产学研之间的人、物和信息交流。此外，还制定了《产业技术研究组合培养法》，在大德研究开发区内设立产学研研究交流中心。②1984 年，韩国将对外国投资从“承认制”转变为“登记制”，实行外国投资全面自由化的政策。③为了建立技术自立的基础和提高产业竞争力，商工部根据《工业发展法》在 1986 年开始实行“工业基础技术开发事业”。该事业通过调查来发现企业共性技术、单独开发困难的技术和紧急需要开发的技术，对该技术开发的企业支援一部分的开发费用。

（五）20 世纪 90 年代

20 世纪 80 年代末，国际贸易环境日趋严峻，发达国家的技术保护主义越来越严重，韩国的劳动密集型产业在国际上失去了竞争力。为了继续发展出口贸易，韩国政府将产业结构从劳动密集型向技术、知识密集型转变，为此实施了各种中长期的科学技术发展规划和政策，包括“尖端和科学技术发展基本计划”（1990 年）、“为克服经济危机开发技术特别对策”（1990 年）、“第七次经济社会开发五年计划”（1991 年）、“科学技术革新综合对策”（1992 年）和“2010 年科学技术发展长期计划”（1995 年）等。为了通过科学技术革新解决在经济上高费用、低效率的结构性问题，韩国政府还将《科学技术振兴法》修订为《科学技术革新特别法》（1997 年）。根据该法律制定、实行“科学技术革新五年计划”。

20 世纪 90 年代，韩国的私营企业技术创新活动十分活跃，政府采用各种政策来支援这样的活动。例如，对技术开发企业通过“先导技术开发事业”和“工业基础技术开发事业”等直接支援，利用收税、融资和销售等间接支援。另外，为了提高大学的基础科学技术能力，政府指定了科学研究中心和工学优秀研究中心，进行集中培育。1992 年，在大德研究开发区完工后，政府还制定了设立光州尖端科学研究开发区和大丘、大田、釜山等尖端科学研究开发区的计划。1993 年，在大德研究开发区内设立研究开发情报中心。1994 年，为了促进产学研的技术互助，制定了《合作研究开发促进法》。

20 世纪 90 年代中期以后，韩国政府开始努力加强技术供应者和需求者的联系方面的政策，结果是 1994 年在韩国科学技术院内设立技术商业孵化器和技术创新中心，1997 年这两个机构合并为新技术创业支援中心。1996 年，为了加强大学研究开发活动和中小企业的联系，政府在全国各地设立了科技园区。

（六）21 世纪初

进入 21 世纪，为综合和调整各政府部门的科技资源配置计划，韩国推行了新的科学技术政策，制定了《科学技术基本法》，并按照此法律政府制定了“21世纪国家科学技术基本计划”，并选择了所谓的6T高新技术，即信息技术（IT）、生命技术（BT）、纳米技术（NT）、宇航技术（ST）、环境技术（ET）和文化技术（CT），对这些技术集中开发、集中培养具有创造能力的科学技术人员、开发科学技术创新体系、提高研究开发资源利用的效率、提高国民对科学技术的关心程度等。

二、韩国科学政策工具的选择

（一）基础研究政策

（1）实施目的性基础研究，促进研究与开发的结合。在基础研究事业发展中，韩国为对有发展前景的创新研究课题实施目的性基础研究，进行重点支持。在研究过程中，以研究室为单位进行的项目称为核心专门研究，支持对象是理工科讲师以上的研究人员，资助期限为两年以内。数人合作进行的与G7计划有关的项目研究称之为特定基础研究，支持对象是理工科助教以上的研究人员，资助期限为三年以内。目的性基础研究过程分基础研究、应用研究、开发研究和商品化四个阶段，支持的原则是在基础研究阶段以奖金的方式对项目进行资助。

（2）改善研究环境，引进竞争机制。一是对学术刊物实行等级评定，以解决基础科学研究中存在的僵化、封闭和效率低下等问题；二是提高大学间接研究经费比例，注重对大学的补偿，将间接研究费比例由5%提高到20%，政府还允许大学将间接研究费用于研究人才的引进、器材的维修和奖励，增强大学参与研究的积极性；三是在大学中实行研究能力评估淘汰制，以大学、大学研究所和学科三个层次为评估单位，评估内容包括人员（研究人数、研究领域、平均授课时间）、设备（研究设备与器材）和成果论文（发表数、主要研究领域、硕士和博士的培养）等。

（3）改革大学科研体制，建设研究型大学。包括：对大学科研体制进行改革，在10～15所大学中试行专职研究教授制；实行教授聘请制；实施建设研究性大学计划；在大学中建立专门研究管理机构（研究处），专门负责科研事务性业务，科学财团将根据各大学研究处的设立与否和运作情况，调整对该大学的间接研究费的比例；实行研究项目全周期目标管理，强调和突出项目的成功执行。

（4）积极培育基础科学研究队伍。主要措施包括：在韩国科学技术院创建独立的基础科学研究机构——高等研究院；发展大学研究中心，其职能是开展基础科学和基础技术研究，培养研究生，帮助企业解决技术难题；建立地区合作研究中心，发挥地区大学的科技优势和特点，促进地区产业研究开发、科研成果转让和科技人员的培养及使用。

（5）建立产学研合作研究体制。自1994年起，科学财团每年为产学研合作研究提供15亿韩元的研究经费，并对其中有贡献的企业提供相应的匹配资金。另外，还设立了产学合作研究园区，主要职能是协助大学研究成果向企业转让和提供对新建企业的支持，加强人才交流，加速人才培养，目的是使企业能够利用大学的研究力量、信息、技术和设备，加速大学研究成果向企业转让。

（6）建立基础科学支援研究所，加快基础设施的建设。为满足全国研究机构对设备共同使用的需求，政府集中财力购置大型研究设备。在大德投资130亿韩元（约0.15亿美元）组建了基础科学支援研究所，并在汉城、釜山、大邱和光州设立了四个分所。

（7）建立基础研究服务体系，实施特别补贴奖励。包括：①建立大学研究信息系统，开展信息收集、处理和服务；②对在大学中建立的信息中心，政府每年最高给予60%的经费补贴；③建立特殊研究材料供应机构，满足对特殊材料的需求；④对在大学中建立的特殊研究材料供应机构，政府每年最高给予60%的经费补贴；⑤对大学拥有的特殊贵重研究设备，政府每年最高给予50%的维护经费补贴。

（二）韩国的科学教育政策

1. 科学素养的提升

为保证科学教育的顺利实施，提高国人的科学素养，韩国制定了有关科技教育的法规和一系列相关政策，制定了不同时期科学教育的发展规划，并在政府有关部门中设立管理机构。

（1）韩国科学教育的理念。韩国科学教育的目的主要是通过科学教育，以科学的生活化改善日常生活，以科学的方法和科学的态度改善工作环境，培养具有科学研究能力的人才，开发新的科学技术，促进产业的发展。通过具有创造性的科学者的研究，提高学术水平，从而促进国家社会的发展，繁荣人类文化，达到自我实现的目的。

（2）韩国科学教育的法规。为确保科学教育法规的实施，韩国政府制定了一系列有关科学教育的政策，科学英才教育政策是其中最主要的政策。为此，韩国在 1983 年设立了京畿科学高中，1984 年又设立了大田、光州、晋州科学高中。韩国科学高中的教育目标是，对科学及数学能力较强的学生实行适当的教育，最大限度地启发他们的能力，使他们具备成为未来优秀科学家的素质。

2. 高素质科学人才的培养

从 20 世纪 90 年代开始，韩国培养了大批高级人才，1990 年，韩国有 107 所普通大学，在校大学生 104.02 万人。2003 年，这一数字分别增加到 169 所和 180.85 万。大学的数量和大学生人数不仅大幅增加，升学率也高于美国和日本。1990 年，韩国高中毕业生进入高等教育机构的升学率为 33.12 %，2000 年则提高到 68 %，而同一时期美国的升学率仅从 59.9 %上升到 63.13 %，日本的升学率从 36.13 %上升到 49.11 %。为扭转由于待遇低、就业难和人才供求的不平衡等造成的许多学生不愿学习理工科的现象，韩国政府大幅增加了对大学教育的财政投入，1997 年在教育预算中大学教育预算占 11.14%，而 2001 年上升为 12.16%。1990～2001 年取得国内博士学位的学科分布情况，见表 4-3。

表 4-3　各领域博士学位获得者人数　　单位：人

年份	人文社会科学领域	自然科学领域	医学、药学领域
1990	5 101	6 826	10 283
1995	11 031	13 892	14 804
2000	17 751	25 033	21 324
2001	19 167	27 802	22 958

资料来源：根据韩国教育部《2001 年教育统计便览》整理而成

3. 培养高级人才的各种项目

培养高级人才比较有特点的项目包括：①建立优秀研究中心项目。该项目的主要目的是把国内大学中的研究人才组织起来，加强基础研究，培养高级人才，提高大学的技术开发能力。②21 世纪韩国智囊团项目。这是韩国政府为促进 21 世纪知识社会的高级人才培养工作于 1999 年提出的，重点培养尖端科技领域的核心人才，改善大学体制，缓和激烈的高考竞争。③产学研合作项目。由企业、大学和研究所合作，共同开展企业和研究所的技术研究工作，并开设相关讲座或硕士和博士课程。

4. 人才支援方式及优惠措施

人才支援方式及优惠措施主要包括：①向发达国家派遣人才与留学制度。在 1977 年起实行公费留学制度的基础上，从 1982 年起韩国科学财团设立了该项目以资助博士后到国外研究，派遣目的地主要集中在美国（占 2/3 以上）和日本，以培育国家尖端产业及高技术领域的优秀人才。②引进国外人才。对于科技领域缺乏并迫切需要的高级人才，从 1982 年起韩国政府部门根据各领域的需要制定了一些引进和使用不同的科技和商务人才的制度。③设立奖学金制度。为了扩大培养理工科类大学生，韩国教育人力资源部启动了关于支援理工科大学生的政府奖学金项目。除了政府的奖学金以外，民间财团也实行奖学金制度，其中比较著名的是 1974 年成立的韩国高等教育财团。该财团一直实行人文和自然科学方面的奖学金制度，每年派遣学生到国外优秀大学攻读博士学位。④为专业人员开展研究提供资助。20 世纪 90 年代后韩国开始在大学研究中引进竞争机制，实施公开征集方式，筛选优秀课题，按主次顺序提供不同的研究经费。⑤对有特殊贡献的人才实行优惠待遇。例如，大韩民国学术院是韩国最高级别的科学家聚集地，政府不仅每年给其会员提供研究经费，还提供国家津贴和退休费。

三、韩国的科技文化政策

韩国的科技文化政策在以下几个方面比较有特色。

（1）设立科学技术文化基金。韩国政府机关积极投资科学技术，民间团体也自发参与此项事业，把技术彩票收益金中的部分金额投入到科学技术文化基金当中去。基金的成果主要用在设置能够普及科学技术文化振兴事业的信息网、民间团体的科学技术文化支援活动等方面。

（2）组织并支援民间科学技术文化团体。韩国组织了科学技术文化团体的同盟体——科学技术文化振兴会，并极力支持科学技术文化扩散效果显著的事业单位。通过科学文化振兴会，达到科学技术大众化事业广泛普及的要求，并提高全民的科学文化素质。

（3）开发及扩大科学技术文化方案。韩国科学文化财团和韩国科学教育团体总联合会面向青少年和广大群众，共同举办了具有科学教育意义的活动，普及了能够学习并能亲身体验的尖端科学技术。

（4）建立并扩建科学馆。韩国中央及地方政府都很重视扩建科学馆，力争把国立科学馆发展为世界级的科学馆，同时使市级科学教育院和私立科学馆也能发挥好地方科学馆的作用。

（5）形成优待科技人员的社会风气。韩国通过多种方式突出对国家、社会发展做出重大贡献者的形象，努力在整个社会范围内形成一种科技人员得到社会认可、受到人们尊重的氛围。例如，在电视、小说、电视剧里面大大介绍科技人员的业绩，并对这些科技人员给予奖励，把一些科学技术及有关科技人员的材料提供给编辑、制作人员、报社记者及作家，提供题材、支持开展研讨会并负责赞助。在政策决定过程中，韩国还加大科技人员的参与面，使政府在引进、推行过程中充分考虑到科学技术的积极因素。

第四节　中国的科学政策

一、中国科学政策的演变

虽然在100多年前中国人就认识到了科学的重要性，但自1911年推翻清王朝后，内战、抗日战争耗费了中国人近50年的光阴，直到新中国成立后，科学的发展才真正开始。中国科学政策的演变大致经历了萌芽、形成、发展和蓬勃兴旺四个阶段。

（一）萌芽阶段:洋务运动至新中国成立

1840年鸦片战争爆发，英国用军舰大炮轰开了清王朝封闭的国门，首次教训了这个东方大国，打碎了清政府的“中央帝国”的幻象。20年后，英法联军攻入北京，火烧圆明园。第二次鸦片战争留给中国的是一片废墟。1894年的中日海战，清朝新建立的海军——北洋水师全军覆没。1900年，八国联军再次攻占天津和北京，清朝岌岌可危。19世纪这四次大失败、一系列的赔款和丧权条约唤醒了全国上下：中国的失败在于没有现代科学技术。实际上，清朝末年就开始了制定科学政策，核心思想是向西方学技术，“师夷长技以制夷”，“中学为本，西学为用”。然而，这项政策还没有来得及实施，1911年孙中山领导的辛亥革命推翻了已经腐朽欲坠的清王朝，建立了“中华民国”，其中的一个政策是“请科学和民主两位先生来救中国”（宋健，2008）。

（二）形成阶段:新中国成立至1978年的经济体制改革

新中国成立后不久就组建了中国科学院（1949年11月1日），开始在全国建立科学技术和教育体系。1950～1960年，新中国模仿苏联的经济、科技和教育体制，迅速地开创了以重工业为主体的国家工业体系和与之配套的科学和教育体系。尤其是1956年“向科学进军”口号和“双百”方针，对中国科学政策发展起到了重要作用。

1956 年 1 月 14～20 日，知识分子问题会议在北京召开，这是新中国成立以来中共中央召开的第一次以知识分子为主题的会议。周恩来总理在会上作了《关于知识分子问题的报告》，详细分析了整个知识分子队伍的现状，肯定了他们已经是工人阶级中的一部分，同时对他们提出了要求“为了适应国家建设的急速发展的需要，我们的知识分子队伍必须在数量上加以扩大，在业务水平上加以提高”。周恩来再次强调了发展科学技术的重要性，强调“只有掌握了最先进的科学，我们才能有巩固的国防，才能有强大的先进的经济力量，才能有充分的条件同苏联和其他人民民主国家在一起，战胜帝国主义国家”。在这些科学论断的基础上，他代表党中央提出了“向科学进军”的口号。为了实现向科学进军的伟大计划，《关于知识分子问题的报告》提出了要在三个月内制定 1956～1967 年的科学发展远景计划，同时明确了制定这一规划总的指导思想——“在制定这个远景计划的时候，必须按照可能和需要，把中国科学界所最短缺而又是国家建设所急需的门类尽可能迅速地补足起来，使十二年之后，中国这些门类的科学和技术水平可以接近苏联和其他世界大国”。1956 年 1 月 20 日，毛泽东到会讲话，重申了知识分子问题和向科学进军的问题，指出“要搞技术革命，没有科技人员是不行的，中国要培养大批知识分子，要有计划在科学技术上赶超世界水平”。会后中共中央发布了《中共中央关于知识分子问题的指示》。《中共中央关于知识分子问题的指示》与《关于知识分子问题的报告》构成了建国初期知识分子政策的基本框架，这对于改善知识分子的境遇，活跃学术气氛起到了良好作用。这次会议的召开，特别是“向科学进军”这一口号的提出，为中国科学发展指明了方向，在全国范围内掀起了鼓励和从事科学活动的热潮。

为了更快地完成“向科学进军”的计划，中国政府针对科学文化领域存在的“左”的倾向及教条主义、形式主义等问题，提出了“百花齐放，百家争鸣”的方针。这一方针获得了知识界的一致拥护，极大地提高了知识分子的主动性和积极性，也使得学术气氛空前活跃。知识分子纷纷献计献策，热情投入到社会主义建设中来，对中国科学技术的发展起了良好作用（谷秋芳，2004）。

然而不久之后，中国就经历了漫长的“文化大革命”时期，给经济、科技和文教等工作造成了严重的混乱。在此期间，中国错过了极其重要的机遇，整个国家处于极端困难的境地。

（三）发展阶段：1978～2006 年

1975 年 1 月，受命于危难之际的邓小平开始主持国务院工作和中央日常工作，全面整顿经济和科技等各项工作。1975 年 7 月，中共中央批准了国务院关于中国科学院要整顿、要加强领导的报告。在胡耀邦的主持下，出台了《中国科学院工作汇报提纲》。邓小平对《中国科学院工作汇报提纲》予以了高度评价，充分肯定了“科学技术是生产力”。1978 年 3 月，邓小平在全国科学大会开幕式上发表讲话，论证了“科学技术是生产力”的观点，并以此为理论根据，作出了“知识分子是工人阶级的一部分”的判断。这次全国科学大学被认为是中国迎来“科学的春天”的开始，一场被延误了的科学政策革命开始重新启动：科技界开始平反冤假错案，落实知识分子政策；科技人员归队、科技机构重组、科研工作秩序开始恢复；颁布实施《1978～1985 年全国科技发展规划纲要（草案）》等（刘立，2008）。

1985 年 3 月，中共中央作出了进行科学技术体制改革的决定，规定了科技体制改革的主要内容，其中关于国家所有制研究院所的内容包括：①在运行机制方面，改变拨款制度，开拓技术市场，在对国家重点项目实行计划管理的同时，注重运用经济杠杆和市场调节的作用；②在组织结构方面，改变过去的研究机构与企业相分离，大力加强企业的技术开发和技术吸收能力，促进研究机构、设计机构、高等学校与企业之间的协作和联合。在这一时期，中国科学政策调整的方向从一开始就很明确，即采取各种手段使科研院所和科学家、工程师向工业渗透，使科学家和工程师们带着自己的成果走向国民经济的各个部门。至此，中国的科技体制改革拉开了序幕（丘磐和林化驹，1992）。

以邓小平在1992年初的重要谈话和党的十四大为标志，中国的改革开放事业进入新的历史时期。在党的十四届三中全会发布的《中共中央关于建立社会主义市场经济体制若干问题的决定》中，科技体制改革作为经济体制改革的配套工程，走向了全面推进、配套实施的新阶段。1994年2月27日，国家科学技术委员会（以下简称国家科委）和国家经济体制改革委员会联合制定了《适应社会主义市场经济发展，深化科技体制改革实施要点》，目的是在科技体制中更多地引入市场机制。这一要点在总结近10年来中国科技体制改革实践的基础上，明确提出了“稳住一头，放开一片”方针指导下中国新型科技体制的总体框架，在组织结构、运行机制、微观基础、宏观管理四个方面全面改革，力争在2000年前逐步建立起新型的科技体制。这一时期的科技政策，表现出资源向重大项目集中的趋势，如“中国科学院知识创新工程”、“面向21世纪教育振兴计划”及“创建世界一流大学计划”（“985计划”）、“国家重点基础研究发展计划”（“973计划”）、国家自然科学杰出青年基金项目等。实施科教兴国战略、加强国家创新体系的建设，成为中国科学政策的主要走向。

（四）蓬勃兴旺阶段：2006年至今

中国在改革开放以后保持了经济以每年近10%的速度高速增长，这是成功实施追赶战略的结果，但却面临着出现了“增长的极限”问题。从国内看，虽然经济出现高速增长，但在20世纪80年代就出现了就业增长率趋缓，90年代几乎停滞，就业压力巨大。此外，出现了一系列亟待解决的难题，如收入差距拉大甚至两极分化的现象十分突出；环境污染和生态失衡异常严峻；制造业被锁定在价值链低端，没有掌握产业核心技术和标准等。从国际上看，2001年中国加入了世界贸易组织（World Trade Organization，WTO），在获得更多的发展机遇的同时也面临着严峻的挑战，由于在过去中国经济增长在很大程度上依赖于出口，与一些发达国家的国际贸易顺差巨大，因此面临着这些国家实施贸易配额和贸易报复的巨大压力。

在这些背景下，中国政府提出了以人为本，全面、协调、可持续的科学发展观，树立了建设和谐社会的目标，积极探索以自主创新及和谐发展为重点的发展战略。2006年，中国政府颁布了《国家中长期科学和技术发展规划纲要（2006—2020年）》，同时做出了“关于实施科技规划纲要、增强自主创新能力的决定”，明确提出今后15年科技工作的指导方针，即“自主创新，重点跨越，支撑发展，引领未来。”自主创新，就是从增强国家创新能力出发，加强原始创新、集成创新和引进消化吸收再创新。重点跨越，就是坚持有所为、有所不为，选择具有一定基础和优势、关系国计民生和国家安全的关键领域，集中力量、重点突破，实现跨越式发展。支撑发展，就是从现实的紧迫需求出发，着力突破重大关键、共性技术，支撑经济社会的持续协调发展。引领未来，就是着眼长远，超前部署前沿技术和基础研究，创造新的市场需求，培育新兴产业，引领未来经济社会的发展（刘立，2008）。

二、中国主要的科学政策工具

（一）基础研究政策

尽管中国自20世纪80年代末就开始重视并加强基础研究工作，但由于历史的原因及经济和社会发展阶段等因素，中国的基础研究与发达国家有较大差距，在经费投入、研究机构结构和成果的工业化应用方面，发展的空间还很大。

1. 经费投入

衡量一个国家对基础研究的重视程度通常用基础研究经费/R&D经费（GEBR/GERD）指标。多年来，中国的GEBR/GERD指标一直徘徊在5%左右（图4-5），期间还有下降趋势，这也是学术界认为中国基础研究力量薄弱、政府不够重视基础科学的主要论据之一。2004年中国GEBR/GERD指标达到6%，但2005年、2006年和2007年逐年下降，分别为5.4%、5.3%和4.9%，远远低于美国（18.7%）、法国（24.3%）、俄罗斯（13.9%）、日本（11.8%）、韩国（15.4%），与同属发展中大国的印度

(19%)相比也有较大差距。总体来看，中国的基础科学投入在研究开发活动中的比例是偏低的(李振兴等，2008)。

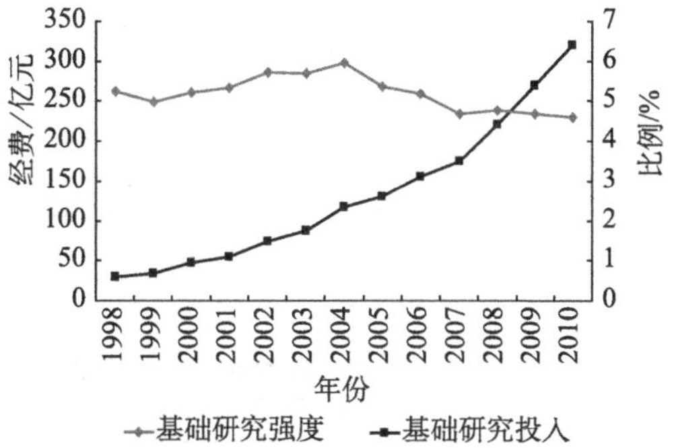

图 4-5 中国基础研究投入及 GEBR/ GERD 指标的变化

资料来源：根据历年《中国科技统计年鉴》整理而得

2. 基础研究机构的分布

基础研究机构包括企业、大学、科研机构、中介服务机构和政府职能部门。与发达国家相比，中国在这几个部门的 R&D 从业人员分配极不平衡，见表 4-4～表 4-7。

表 4-4 R&D 科学家、工程师在执行部门分布的国际比较 单位：%

	年份	企业	高等学校	研究机构	其他
中国	2005	62.3	19.8	15.1	2.8
美国	2002	79.9	16.5*	3.6	—
韩国	2005	76.6	15.2	7.1	1.1
日本	2004	67.3	26.2	5.0	1.5
OECD 总体	2002	64.3	28.0*	7.7	—
瑞典	2005	63.0	31.1	5.3	0.6
德国	2005	60.4	24.6	15.0	0
芬兰	2005	55.5	32.5	11.1	0.9

资料来源：《中国科学技术指标》(2006 年)

* 表示估计值

表 4-5 中国三类 R&D 经费的内部比例

年份	基础研究/(亿元/%)	应用研究/(亿元/%)	试验发展/(亿元/ %)	三者的比例
1995	18.06/5.18	92.02/26.39	238.60/68.43	1∶5.10∶13.21
1996	20.24/5.00	99.12/24.51	285.12/70.49	1∶4.91∶14.09
1997	27.44/5.59	132.46/26.06	349.26/68.60	1∶4.83∶12.73

续表

年份	基础研究/(亿元/%)	应用研究/(亿元/%)	试验发展/(亿元/%)	三者的比例
1998	28.95/5.25	124.62/22.61	397.54/72.13	1∶4.30∶13.73
1999	33.90/4.99	151.55/22.32	493.46/72.68	1∶4.47∶14.56
2000	46.73/5.22	151.90/16.96	697.03/79.82	1∶3.25∶14.92
2001	55.60/5.33	184.85/17.75	802.03/76.93	1∶3.32∶14.43
2002	73.77/5.73	246.68/19.16	967.20/75.12	1∶3.34∶13.11
2003	87.65/5.69	311.45/20.23	1140.52/74.08	1∶3.55∶13.01
2004	117.18/5.96	400.49/20.37	1448.67/73.67	1∶3.42∶12.36
2005	131.20/5.40	433.50/17.70	1885.30/76.90	1∶3.30∶14.37

资料来源:《中国科技统计年鉴》(2006 年)

表 4-6 部分国家 R&D 三类活动的经费比例

国家(年份)	基础研究/%	应用研究/%	试验发展/%	比例
美国(2003)	19.1	23.9	57.1	1∶1.25∶2.99
日本(2001)	13.0	22.8	64.2	1∶1.75∶4.94
法国(2001)	23.3	33.5	43.2	1∶1.44∶1.85
澳大利亚(2000)	25.6	35.8	38.5	1∶1.40∶1.50
意大利(1998)	22.2	43.7	34.1	1∶1.97∶1.54
瑞士(2000)	28.0	35.8	36.3	1∶1.28∶1.30
奥地利(1998)	17.4	38.7	43.9	1∶2.22∶2.52
丹麦(2001)	19.6	27.8	52.6	1∶1.42∶2.68
韩国(2002)	13.7	21.7	64.5	1∶1.58∶4.71
俄罗斯(2002)	14.6	15.9	69.5	1∶1.09∶4.76

资料来源:《中国科技统计年鉴》(2006 年)

表 4-7 中国 R&D 人员的三类比例

年份	基础研究/(万人年/%)	应用研究/(万人年/%)	试验发展/(万人年/%)	比 例
1991	6.13/9.14	21.46/32.01	39.46/58.85	1∶3.50∶6.44
1992	5.84/8.66	20.96/31.08	40.70/60.36	1∶3.59∶6.97
1993	6.33/9.07	21.49/30.80	41.96/60.13	1∶3.39∶6.63
1994	7.64/9.75	24.20/30.90	46.48/59.35	1∶3.17∶6.08
1995	6.66/8.86	22.79/30.32	45.71/60.81	1∶3.42∶6.8
1996	6.96/8.66	23.65/29.42	49.79/61.92	1∶3.40∶7.15
1997	7.17/8.63	25.27/30.40	50.68/60.97	1∶3.52∶7.09
1998	7.87/10.42	24.97/33.06	42.68/56.51	1∶3.17∶5.42
1999	7.60/9.25	24.15/29.39	50.42/61.36	1∶3.18∶6.63
2000	7.96/8.63	21.96/23.82	62.28/67.54	1∶2.76∶7.82
2001	7.88/8.24	22.60/23.63	65.17/68.13	1∶2.87∶8.27
2002	8.40/8.12	24.73/23.89	70.39/68.01	1∶2.94∶8.38
2003	8.97/8.19	26.03/23.77	74.49/68.03	1∶2.90∶8.30
2004	11.07/9.60	27.86/24.17	76.33/66.23	1∶2.52∶6.90

资料来源:《中国科技统计年鉴》(2005 年)

3. 基础研究与工业化应用

世界各国在规划基础研究时都非常重视推进基础研究成果尽快投入工业化应用，在制定基础研究政策时都不约而同地将工业化应用作为参照指标（马跃等，2006）。近年来，中国在基础研究工业化应用方面实现了重大突破，尤其是在油气勘探开发、化工、钢铁、铝材、聚合物材料、水泥等方面解决了一批行业发展中的关键科学问题，在重大疾病防治及创新药物研究、矿产资源勘探开发、节能减排、气候变化预测等战略需求领域取得一批重要创新成果。例如，化学复合驱采油经大庆油田工业化试验表明可提高采收率 19%以上；发展了天然气高效成藏的定量评价新方法及新指标，首次对中国天然气高效资源总量和分布做了评价；提出碳酸盐岩作为烃源岩的有机质丰度下限为 0.5%；为海相碳酸盐岩层系油气资源评价与预测奠定了理论基础；发展了重油梯级分离转化利用的新方法；高强度钢研究推动了钢铁行业产品更新换代（万钢，2006b）。

4. 基础研究主体计划

中国的基础研究主体计划是国家自然科学基金和“973 计划”，分别由国家自然科学基金委员会、国家科学技术部实施。两个计划的实施主体性质不同：前者是国家事业单位（中介机构），后者为政府部门。两个计划也实行不同的管理模式：前者是依靠专家、发扬民主、择优支持、平等竞争和公正合理；后者是专家咨询、政府决策、首席科学家执行管理和经费全额预算。两个计划具有不同的发展目标：前者鼓励科学家在自由探索和兴趣导向，后者注重国家战略需求和服务于解决经济社会发展的重大问题。两个计划都由国家财政拨款支持，历年资助经费见表 4-8。

表 4-8　两个计划历年国家财政拨款　　单位：万元

年份	国家自然科学基金	“973 计划”
1998	102 558	37 100
1999	100 580	47 600
2000	111 879	57 600
2001	139 975	67 600
2002	218 431	77 600

续表

年份	国家自然科学基金	“973 计划”
2003	223 637	85 000
2004	270 224	95 000
2005	352 000	98 300
2006	411 000	135 000
2007	497 100	165 000
2008	630 900	190 000
2009	705 400	260 000
2010	965 300	400 000
2011	1 495 800	—

资料来源：根据历年《中国科技统计年鉴》及国家自然科学基金委员会官方网站信息整理而成

从目前两个基础研究主体计划的规模结构来看，“973 计划”在资金强度和实施规模上远远高于国家自然科学基金（除重大课题外）。然而，作为基础研究计划而不是科学工程，如果实施规模过大，就难以避免研究内容向 R&D 中下游移动，与“863 计划”重合。另外，单项资助的规模过大，将导致相同专业研究人员大幅度集中，减弱了项目选择的竞争性，增强了资源封闭的倾向，也不利于创新。近年来，国家自然科学基金项目上的资助金额稳步上升，规模稳步发展，这为资助更多的科学家潜心研究基础科学问题提供了保证。

从两个基础研究计划的管理主体来看，国家自然科学基金委员会是事业性中介服务机构，“973 计划”归政府职能部门主管。从长远发展看，政府部门应退出国家科技计划的项目管理，主要履行制定国家科技计划的战略、规划、方针、政策、调控和监督等职责。只有重大的专项计划和科学工程，才由政府部门决策管理。从目前管理的现状看，“973 计划”实行首席科学家制度，对发挥科学家的作用、提高科研管理效率是一种尝试，但由于“973 计划”项目规模巨大，政府的职能部门很难尽职，把大量的管理工作“下放”到首席科学家，也形成了矛盾焦点，因为首席科学家往往过于涉入经济管理业务，而是否能主要投身于研究工作的第一线就难以得到保障，影响了他们发挥科学专长。

根据基础研究的分类，当前中国政府资助基础研究的格局主要由两部分组成：基于自由探索性质的“基金体系”和带有国家导向的“政府科技计划”，如图 4-6 所示 。

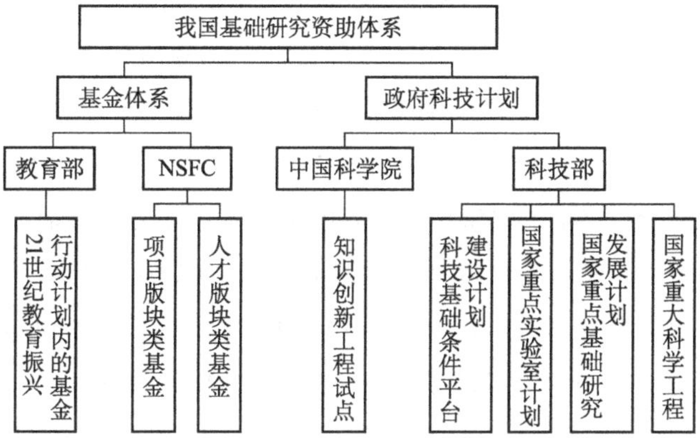

图 4-6　中国基础研究资助体系

资料来源：许治和周寄中(2008)

(二) 科学教育政策

1. 民众科学素养的提升

新中国成立初期，在中国科学工作者的科学普及思想中，并没有科学素养的概念。 而在 1994 年 12 月 5 日发布的《中共中央、国务院关于进一步加强科学技术普及工作的若干意见》中，才第一次在官方文件中出现“科技素质”的术语，提出“要把提高全民科技素质，保障国民经济持续、快速、健康发展，促进‘两个文明’建设作为科普工作的中心任务”。 从 1999 年开始，科学素养问题在各类文献和报刊文章大量出现。 在 2002 年 6 月 29 日颁布的《中华人民共和国科学技术普及法》的第一条中，出现科学文化素质的术语，指出“为了实施科教兴国战略和可持续发展战略，加强科学技术普及工作，提高公民的科学文化素质，推动经济发展和社会进步，根据宪法和有关法律，制定本法”。 在《中华人民共和国科学技术进步法》的第六条中提到“国家普及科学技术知识，提高全体公民的科学文化水平”。 但这些国家正式文件并没有提出对科学素质概念的定义。

2006年3月20日，国务院正式发布实施了旨在加强中国公民科学素质建设的《全民科学素质行动计划纲要（2006—2010—2020）》。其中，第一次正式出现了科学素质的概念和定义，即公民具备基本科学素质一般指了解必要的科学技术知识，掌握基本的科学方法，树立科学思想，崇尚科学精神，并具有一定的应用它们处理实际问题、参与公共事务的能力。按此理解，科学技术普及的主要目的就是提高公民的科学素质。与新中国成立初期科普思想相比，当前的科学普及在目的上不再过多强调科学与生产实际相结合，更不再谈科学普及对科学技术发展是否有影响等问题。《全民科学素质行动计划纲要》对国民的科学素质建设提出了明确目标（包括“十一五”期间的主要目标和到2020年的阶段性目标）和具体的行动计划。

2. 科学教育

尽管中国的科学教育已有一百多年的历史，但是与发达国家相比，教育质量及效果仍不理想。为此，1995年，中国开始实施科教兴国战略，逐步普及九年制义务教育，同时发展职业教育和高等教育。改革开放后，中国的高等教育发展迅速，1980年以后逐年扩大招生规模，大学数量增加了2.5倍，大学年招生数增长了近20倍，研究生增长了100多倍（表4-9）。2006年，高等教育入学率达到22%左右，2011年这一数字上升至26.9%[①]。

表4-9 中国大学数和高等教育发展情况

年份	1949	1950	1980	1990	2000	2006	2010
大学数/个	205	193	675	1075	1041	1867	2358
本专科招生数量/万人	3.10	5.80	28.10	60.90	220.6	546.10	661.76
本专科毕业生人数/万人	2.10	1.80	14.70	61.40	95.00	377.50	575.40
研究生招生数量/万人	0.02	0.09	0.40	3.00	12.90	39.80	53.82
研究生毕业生人数/万人	0.01	0.02	0.05	3.50	5.90	25.60	38.36

资料来源：根据《中国科技统计年鉴》(2011年)及教育部《2011年全国教育事业发展统计公报》整理而成

① 根据教育部《2011年全国教育事业发展统计公报》整理而成

(三)科技文化政策

中国的科技文化政策始于洋务运动，其指导思想可概括为“师夷制夷”和“中体西用”八个字。“师夷制夷”，即学习西方的长技用以抵制西方的侵略。“中体西用”，表明中学与西学各自在洋务运动中的地位，即以中学为主体，西学为辅用。洋务运动时期的科技文化政策是在继承传统政策的基础上“采西学，制洋器”，包括两个方面的内容，一是继承传统制度，二是由仿造“船坚炮利”的外国军械而制定的有关科技、工业、教育、人才的新政策。

1919年的五四运动给中国科技文化政策带来“民主”和“科学”。不久，中国共产党成立,《新青年》成为中国共产党的机关刊物，继续高举拥护科学的旗帜，宣言要同“宗法社会的专制主义”之“反对科学”和“资产阶级的市侩主义”之“谬科学”“进行剧激的斗争”，认定它们是“革命的大障碍”。这实际上也是中国共产党早期对科技文化政策的主张(吴文环，1997)。从抗日战争到中华人民共和国成立初期，毛泽东、朱德、陈云、吴玉章、周恩来、徐特立、李富春等发表了一系列关于科技文化政策的讲话文章，阐述了科学和抗战，新民主主义政治、经济、文化建设及党的建设方面的关系，这些成为当时中国科技文化政策的主要理念。

改革开放以后，以邓小平、江泽民、胡锦涛等为代表的新一代领导人相继提出了“科学技术是第一生产力”、“科教兴国”、“建设创新型国家”等科技文化政策，使尊重、学习和利用科学技术的风尚在全国范围逐渐形成。然而，目前科技文化在中国还不能说已成为大众的文化，科技文化还需要更深入地植根于国家的民族文化中(杨怀中和裴志刚，2007)。

中篇

技术政策

第五章

技术政策概述

第一节　技术及技术政策的内涵

技术发展史见证着人类发展的历史。古代人类社会经过石器、青铜和铁器时代，就是以人类加工自然物的技术水平作为划分标志的。从这个意义说，加工自然物的方法，包括所使用的工具，构成了技术的概念（许庆瑞，2000）。技术一词来源于古希腊语“techne”（艺术、技巧）和“logos”（言词、说话）的结合，意思为完美的技艺和演讲。拉丁语中的“teche”指制和做的技艺。英国的巴克爵士于1615年创造了“technology”一词，即完美而实用的技艺。中国古代没有技术一词，把有经验、有技巧的人称之为工，工的特长就是巧，巧就是技术。正如《考工记》中记载，“天有时，地有气，材有美，工有巧，合此四者然后可以为良。”所谓“工有巧”，指的就是工匠的技术。

在古希腊，技术的含义非常广，包括农耕术、医术、政治术、体操术及艺术。最有代表意义的是古希腊哲学家柏拉图（Plato）对技术的阐述。他在“解释篇”中指出，技术包括获得术和制作术。获得术包括学习术、知识获得术、利润获得术、斗争术和狩猎术；制作术包括实物制作术（如农耕术、医术、建筑术、工具技术），影像制作术（艺术）。亚里士多德（Aristotle）把技术看成制作的智慧。培根（F. Bacon）把技术看成操作性学问，指出“近代人的技术知识就是如何理解自然、操作自然”。近代以来，关于技术的概念越来越多。法国科学家狄德罗（D. Diderot）认为技术是“为某一目的，共同协作组成的各种工具和规则的体系”。1772年，德国经济学家贝克曼（J. Bechman）首创德文“technobgie”（技术、工艺学）一词。19世纪，关于技术的研究渐趋形成专门的研究领域。德国学者波帕（J. Popa）的《工艺学的历史》（1807年），英国家者尤尔（A. Euel）的《工厂哲学》（1835年）、《技术辞典》（1843年）等，综合论述了有关技术、工业、工厂的许多问题。马克思、恩格斯的著作中也包含着许多关于自然科学、技术的精辟论述。20 世纪后，出现了一批具有广泛影响的技术史专著，如英国辛格（C. J. Singer）、霍姆亚德（E. J. Holmyard）、霍尔（A. R. Hall）和德里（T. K. Derry）等的八卷本《技术史》（1955～1978 年），法国多玛斯（M. Daumas）的四卷本《技术通史》（1962～1978 年）等。20 世纪 60 年代，OECD 的顾问扬奇（Erich Jantsch）对技术下了一个概括性的定义，“技术意味着有意识地应用物质、生命以及行为科学的广阔的领域，指医学、农业、经营及其他领域的全部手法，包括硬件和软件”（王续琨和陈悦，2002）。1995 年，英国学者辛格在《技术史》中将技术定义为，“技术就是人类在按照自己意愿的方向来利用自然界的时候，能够存储大量原料和能量的技能、本领、手段和知识的总和”。

关于技术的概念，有两种观点比较有代表性：一是以法国启蒙思想家、《百科全书》主编狄德罗为代表，认为技术是“为某一目的共同协作组成的各种工具和规则的体系”；二是以苏联学者达尼雪夫斯基为代表，认为技术“是解决社会生产体系中的劳动手段”、“是解决社会上发生实际问题而发展起来的劳动手段体系”（许庆瑞，2000）。我国学者对技术的定义有广义和狭义之分。狭义定义将技术限制在工程学的范围内，如机械技术、电子技术、化工技术、建筑技术；广义定义将技术定义为“人类在为自身生存和社会发展所进行的实践活动中，为了达到预期目的而根据客观规律对自然、社会进行调节、控制、改造的知识、技能、手段、规则方法的集合”（邓树增，1987；赵祖华，1998）。第 5 版的《现代汉语词典》（2005 年）指出，“技术是人类在认识自然和利用自然的过程中积累起来并在劳动中体现出来的经验和知识，泛指其他操作方面的技巧”。《新华词典》（2004 年）定义技术为“进行生产活动或其他活动的知识技巧和操作技巧”。而《现代汉语辞海》（2003 年）认为技术包括两方面：一是生产劳动中的经验和知识；二是技术装备，生产上用的各种机械、仪器、仪表、工具等设备。

人类至今已经历的五次技术革命对社会发展产生了极其深远的影响。在技术革命的推动下，社会生活的各个领域都受到技术因素的影响，已成为当代的重要议题。

随着技术进步及技术革命对社会的影响越来越大，如何正确、系统和有效地认识技术发展规律并制定技术政策以促进科技、经济和社会的发展，就显得非常重要。技术政策就是国家调控、协调和激励科技发展及促进经济增长的政策工具。技术政策是一个国家指导技术发展方向、目标和任务的基本国策，是国家对一个领域技术发展和经济建设进行宏观管理的重要依据。它既能指导技术发展规划和经济发展规划的编制，又能指导科技攻关、技术改造、技术引进、重点建设项目的进行；还能指导生产结构、消费结构和技术结构的调整、变革和发展，使它们沿着符合客观规律的轨道进行（国家科学技术委员会政策局，1988）。

目前国内外学者关于技术政策的定义一般从三个角度来进行。

一是从技术革新的角度。Gutierrez（2001）强调对国外技术的吸收和创新。选择适当的技术政策将有力地促进国家经济增长和发展。盛世豪和赵奇军（1991）指出，技术政策是通过适当的、有计划的研究和开发活动来提高现有技术能力、更新技术体系，最终增强工业竞争能力，其重点在于：鼓励创新，推广新技术，更换技术，注意所代替技术的过程和副作用，考虑是否要引进新技术，还是由国内生产。

二是从创新经济学的角度。Rothwell（1983）在研究加拿大、日本、荷兰、瑞典、英国、美国等国家的工业创新政策基础上，指出了这些国家的技术政策在政策工具、目标趋向、政府干预程度的差异性。Ergas（1987）从工业创新和军事 R&D 角度提出了技术政策的三种模式：任务导向型、知识扩散型和协同扩散型。Mowery（1995）指出，技术政策是国家或产业创新绩效政策的设计和实施，影响着某一领域新技术的发展、吸收和商业化。Diederen 和 Stoneman（1999）认为，技术政策主要用于支持企业发展、适应新技术并促使新技术商业化（包括私人 R&D 资金、创新中心建立、技术转移和扩散、风险资本等）。

三是从技术政策是国家的一种宏观调控手段的角度。Braun（1994）强调，技术政策的目的是支持、加强、发展技术，且经常聚焦在军事和环境保护领域。柳卸林（1993）认为，技术政策从广义上讲就是为了开发特定的技术资源和基础设施。国家科学技术委员会政策局（1988）指出，技术政策是用来回答和指导技术的发展方向、目标和任务，是对一个领域技术发展和经济建设进行宏观管理的重要依据。国家技术政策不仅包括政府对公司发展的新技术的直接或间接的支持，如小企业创新计划，还包括对一些具有产业发展前景的重要领域实施国家的 R&D 计划，其目标是动员公共机构（大学、研究机构）和私营研究力量开展 R&D 活动，为新技术发展和创新提供源泉和支持（如 ATP 计划）（樊春良，2005）。Meyer-Stamer（1997）认为，技术政策指通用技术，即广泛应用的方法、认知和区域特殊技术。从广义上讲，技术政策包括工业政策、研究/科学政策、教育政策、竞争政策、贸易政策、结构或区域政策、基础设施政策等。总之，技术政策关注实际应用，经常为创造商业利润而运用新的科学知识，更确切地说是科学的运用。

近年来，技术政策已成为国家制定科技发展规划和经济社会发展规划的重要依据。对技术政策的研究和制定，是实行国家对科技和经济发展进行宏观指导的一个重要途径，因此在政策制定时要充分发挥各领域的专家和各部门的专业机构的作用。

技术政策的主要内容大致包括四个方面：一是技术产业标准，即标准在技术领域的应用，它是指一组得到认可的关于产品、技术和工艺的特性及参数的规范，其目的是要保证产品和系统间的互联与互换，维护市场参与各方之间的正常交流和合理秩序（吕铁，2005）。二是技术产业结构，即根据各行业生产力现状、技术水平、发展能力和社会对其产品需求而确定的技术产业结构。三是技术发展规划。在把握世界技术发展趋势的基础上，结合国际经济发展需要，提出技术发展目标、方向，制定技术发展的方针、政策和路线（王春法，1999）。四是技术发展路径。技术发展路径包括技术发展模式选择（自主技术创新模式、消化吸收模式、技术引进模式）、技术发展道路的实施和技术发展评价与控制。

根据各国技术政策白皮书和学者们的观点，技术政策的具体内容，见表5-1。

表 5-1 技术政策内容

技术政策分支	政策的主要内容
技术产业政策	技术产业标准 技术发展规划 技术产业开发区政策 高新技术产业政策 技术产业结构调整政策
技术贸易政策	技术引进 技术改造 技术转移 技术扩散 技术市场 技术成果转化
技术进步和技术成果评价	技术进步 技术奖励 技术预测 技术评估 知识产权法 技术成果鉴定
技术信息和中介服务	技术信息传播 技术中介服务 技术交流与合作 技术资源配置 技术教育与培训 技术环境政策

第二节 技术政策的特点及分类

一、技术政策特点

（1）现实性。技术政策制定必须立足于本国实际，必须符合本国的特点。通过技术创新推动社会发展是一个客观的规律，但只有植根于社会的土壤，技术才能得到发展。不同国家的国情、经济结构、外部环境、人文因素等都存在着差异，技术发展并没有固定的途径，发展中国家更不能照搬发达国家的发展模式。

（2）整体性。制定技术政策必须着眼于全球，着眼于全人类，要树立全球意识。科学技术是人类文明的结晶，是全人类世代创造的共同成果，它应为全人类所共享。但是，任何科技成果最终都将带来人类的物质财富和精神财富的增长，也将导致现有物质资源和能源的消耗。因此，技术政策必须充分而有效地利用地球资源，必须能够促进全人类发展。

（3）超前性。技术政策必须放眼未来。当今世界，科学技术的发展日新月异，技术政策应瞄准技术革命的进程和趋势，把握技术革命的主流，帮助本国技术处于世界领先地位。

（4）综合性。技术政策不是单一政策，必须同政治、经济、文化、教育、军事、外交诸多政策结合起来，从增强综合国家竞争力角度，通盘考虑。既要考虑由社会制度和意识形态的差别带来的特殊性，又要考虑超越社会制度和意识形态的共性。

（5）协同性。技术政策要解决国家最前沿的技术问题，把握技术发展动态，就必须与国际技术接轨。世界性的经济、文化交流，技术合作日益紧密地把各国人民连成一个整体。技术政策的制定必须充分考虑科技领域的广泛合作。同时，人类面临的共同问题，人类生存和发展的共同课题，只有通过卓有成效的国际合作才能解决。

（6）竞争性。当今世界的新格局和新态势决定了在一个相当长的时期内，经济竞争和科技竞争将取代军事竞争和军备竞赛，成为国际关系的主流。经过科学规划的技术政策有助于国家发展关键技术和核心技术，保证国家的技术处于领先地位。

二、技术政策的要素

技术政策包含政策的主体和政策的客体两个要素。技术政策的主体是中央政府、地方政府及各行业主管部门，其主要功能是决定政策的目标、选择政策工具、发布并监督政策的执行，承担着确定技术政策目标、根据实现目标的需要选择具体的政策工具、发布政策、并监督政策执行等一系列任务，也就是政策从制定到完成的全过程。技术政策的客体也就是政策的对象，指技术活动的执行主体所从事的各种技术活动（Cantner and Pyka，2001）。

三、技术政策的分类

（1）从技术创新的角度来分类。Ergas（1987）从工业创新和军事R&D（不包括科学政策经费）的角度提出了三种技术政策模式：一是任务导向型，如英国、美国和法国。这些国家运用大科学政策解决国家重大问题，重点放在国际战略领导、高新技术、军事国防等领域。二是扩散导向型，如德国、瑞士和瑞典。这些国家技术政策的特点是通过调整产业结构中创新相关公共产品（特别是教育、产品标准和合作研究领域），增强适应技术转变的能力。三是协作和扩散综合型，如日本。一方面通过加强国际间合作关系达到更高的国际技术目标，另一方面通过提供创新相关的公共产品加强技术扩散能力。Rothwell（1983）从三个方面对加拿大、日本、荷兰、瑞典、英国、美国的技术政策进行了比较：一是政策工具，如美国和英国直接激励技术进步，加拿大、日本、荷兰通过建立科技设施，提供财务和技术支持；二是目标趋向，如日本的技术转变战略是长期的、清晰明了的，而美国等国家将技术转变政策与私人企业战略目标相结合；三是政府干预程度，如法国将政府干预看作政策指导计划的一部分，美国将政府干预看作经济政策一部分以促进产业进步。

（2）以技术资源和技术能力分类。从技术资源上，可分为自力更生技术政策和引进吸收技术政策。从技术功能上，可分为以提高工业生产竞争力、发展经济的技术政策和以增强技术发展潜力、提高综合技术能力的技术政策。从技术资助上，可分为企业资助、民间资助和国家拨款技术政策。

（3）以技术目标分类。按照发展目标，技术政策可分为制度政策和过程政策。制度政策主要指那些为国家的产业技术活动创造长期制度环境的法律和组织结构的政策措施，通常由立法机关以立法的形式提供。过程政策是指在设定的制度环境中主要由政府管理部门制定、实施的针对产业技术活动过程本身的政策措施，目的在于调节产业技术活动过程中的一些重要关系（如供求关系）。

（4）以技术对象分类。按照政策对象，技术政策可分为单项调节政策、结构调节政策和水平调节政策。单项调节政策指那些旨在调节单个组织和行业或单一技术活动的政策，结构调节政策指那些旨在调整不同部门、行业、地区、技术领域和创新主体之间关系的政策措施，水平调节政策指那些旨在调节国家级技术活动中一些重要宏观参数的政策措施。

（5）以技术层次和政策重要性分类。按层次分类标准，技术政策可分为全球或区域政策、国家层次技术政策、针对行业或地区的技术政策。按政策重要性分类标准，技术政策可分为战略性技术政策和战术性技术政策。

（6）以技术政策工具类型分类。技术政策可分为科技、教育、财政、信息、税收、法律、奖励、政府购买公共服务、商业等方面的技术政策。

（7）以政策内容分类。按政策内容分类标准，技术政策可分为技术发展规划、高技术（新兴技术）发展计划、技术转移政策和技术改造政策。李仁（2001）将技术政策作为政府引导性政策，分为产业政策和科技政策两大块，见表5-2。

表5-2　技术政策内容

技术政策类别	技术政策内容
产业政策	科技产业优先发展政策 科技产业开发区政策 高新技术产业政策 产业结构调整政策
科技政策	技术进步政策 技术市场政策 技术中介政策 技术人才政策 技术转让政策 技术合作和交流政策 技术引进政策 技术改造政策 技术进步和技术成果评价政策 对R&D机构支持政策

(8) 以技术政策实际范围分类。按实际范围，技术政策可分为一般技术政策（国家技术政策）、行业技术政策、地区技术政策和企业技术政策。国家技术政策指一个时期内指导技术研究和发展的全局性、原则性政策。行业技术政策指关于各行业技术发展的政策，通常从产业结构政策、经济结构特点及行业内部的技术现状确定行业技术发展的目标、方式等。地区技术政策指结合区域内部的社会、经济、自然特点和科技资源现状，制定的区域性技术政策，主要强调区域的主导技术、优势技术和适用技术。企业技术政策指关于企业内部的技术研究与开发、技术创新与改造、技术资源及企业技术进步考核等方面的政策。

(9) 以技术政策的范式的角度分类。Bozeman（2000）根据美国的技术政策发展历史，将技术政策分为三种竞争范式：市场失灵型，任务导向型和技术合作型，并将三种技术政策的范式进行比较，见表 5-3。

表 5-3　技术政策的范式比较

	市场失灵型	任务导向型	技术合作型
核心设想	①市场是信息技术的最重要影响因子；②政府实验室角色限制市场失灵，如高交易成本，信息扭曲，大面积扩散等；③创新在私人区域、小型大学和政府之间普及	①政府角色应与批准的有计划的项目紧密结合；②政府的 R&D 不应局限于国防等任务，大学 R&D 支持传统的农业、工程、制造、能源和国防等研究；③政府在创新和技术上不与私人企业竞争，但 R&D 必须是完整的	①市场不是创新和经济增长的最有效路径；②全球经济增长需要整体规划和全面支持技术发展；③政府实验室和大学是技术发展的主力军，特别注重具有核心竞争力的技术在私人企业的应用
主要影响时间	所有时间	1945～1965 年，1992 年至今	1992～1994 年
理论基础	古典经济学	传统的自由主义管理，广义的政府角色定义	产业技术政策，地区经济发展理论
实例	研发税收政策；政府角色构建；资本获取；联邦实验室小量资助	能源 R&D 政策，农业实验室，大型任务框架理论	扩大联邦实验室和大学在技术转移、合作研究和以技术为主的经济发展计划中的作用

第三节　技术政策发展的国际趋势

随着新技术革命及新技术成果的开发应用，世界经济进入了以技术创新为核心的发展阶段。各国政府已经认识到，技术不仅是产业结构升级、经济发展的根本推动力，而且决定着国际竞争力，各国普遍强化研究开发投资，纷纷制定、调整或完善各自的产业技术政策，把夺取21世纪产业的技术制高点作为国家战略的重点。冷战结束后，许多国家根据国际环境的变化和国家经济发展战略的需要不断调整其技术政策。根据国家计划委员会发展规划司、科技司产业技术政策课题组的研究，这种调整的基本方向包括以下四个方面。

（1）由以军事需要为主的技术研究向重视民用研究的方向转变。冷战结束后的世界更加关注经济发展而非军事竞争，发达国家开始将大部分精力投入到了民用领域的研究，根据自身军用领域研究力量较强的特点，重点促进军民两方面的技术融合，把重心定为促进经济和就业增长、保护环境和提高政府机构效率。俄罗斯提出将发展军民两用技术作为国家科技政策的“重中之重”。美国政府在克林顿执政后也将其技术政策的核心内容转变为为加强产业竞争力的研究开发投入更多的资金。克林顿在1993年2月发表的“一揽子新技术主导方案”中，明确提出把政府研究开发的方向从国防转为民间，将研究开发的首要课题定为提高就业、保护环境和提高政府机构效率，提出美国726个原先从事军事研究的联邦实验室将现有预算的10%～20%用于工业界兴办的民办企业。

（2）由侧重基础研究向重视应用研究和开发的方向转变，或二者结合，将应用研究开发列为战略优先项目。受有关基础研究公共物品性质的观点的影响，在早期许多国家将资源投入的重点放在基础研究上，但是目前这一情况已在很大程度上发生了转变。加紧在应用领域扩大投入和支持的力度，加大科技成果的转化，成为发达国家制定技术政策的重点。近年来，美国、德国、英国、法国等国政府在原先对基础科学研究给予有力的财政和政策支持之后，由于急于在科学技术上实施战略优先项目，基础研究得到政府保障的力度在减弱。日本则进一步重视基础研究，认为只有基础研究才能使日本经济恢复活力，保障技术进步具有坚强的基础。发展中国家由于经济和科技水平低，一般更偏重于试验发展和应用研究。

（3）由一般制造技术的研究开发向国家级的关键技术研究开发转变。前沿技术成为研发的聚焦点。随着技术创新周期日益缩短，以及高新技术产业的兴起，在世界大多数国家基本拥有传统的、一般制造业的技术情况下，要在面向21世纪的竞争中站稳脚跟，就需要开发在未来具有竞争力和市场潜力、对国家的安定与繁荣、对人民福利的提高起关键作用的技术。发达国家都强调发展生物、微电子、纳米、新能源、新材料等具有长远意义的前沿技术，并制定相应的国家关键技术计划。例如，美国确定的未来10年的10项战略性技术，日本与德国共同调查确定的未来30年最重要技术等。

（4）更加注重标准化的研究。各国越来越意识到，将本国标准制定成国际标准，或者是将本国的国家标准、行业标准或协会标准推向世界并为各国所公认，就可以在国际竞争中取得领先优势。例如，在1998年3月至2000年9月，美国标准学会（ANSI）和美国标准技术研究院（NIST）合作用了两年半时间制定了美国标准化发展战略（余珊萍和赵自强，2003）。日本经济产业省工业标准调查会组织了20多名专家和有关方面的代表，投资1.3亿日元，从1999年6月至2001年9月，历时两年零三个月完成了日本标准化发展战略的制定任务（李保红，2006）。

OECD在1992年发布的《技术和经济：关键的关系》报告中，提出了“技术决定了一个国家的经济增长”的观点。美国克林顿政府也在《技术与国家利益》中指出“技术是经济增长的发动机，是推动全球变化的力量”。认识到技术进步对经济发展的重要驱动作用，近30年来世界各国大力发展信息、材料、生物、纳米等高新技术，制定了一系列技术政策以增强国家的综合国力。例如，美国的技术政策主要集中在国家安全、医疗保健、环境健康、能源和纳米技术等领域，代表性的政策报告是《技术与国家利益》、《科学和技术》、《国家关键技术》和《21 世纪纳米技术研究开发法案》。日本在第二次世界大战结束后 30 年的技术政策体现为技术的复制、模仿、引进、消化、吸收、改进和创新。20 世纪 90 年代，日本相继出台的《科学技术政策大纲》(1992 年)、《科学技术基本法》(1995 年)、《科学技术基本计划》(1996～2000 年和 2001～2005 年)，进一步明确技术主攻方向为生命科学、信息通信、环境和纳米技术四大重点领域，提出面向 21 世纪的 10 年科学技术的基本政策。英国于 1993 年发表了《实现我们的潜力：科学、工程和技术战略》，这是英国政府首次制定的科技发展战略，是引导英国科技走向 21 世纪的纲领性文件，该文件提出了创建技术预见、出版《展望》、成立科学技术委员会等建议。1998 年，英国政府发布技术白皮书《我们竞争的未来：建造知识驱动的经济》，将能力、合作和竞争作为驱动经济增长的三大动力。韩国自 20 世纪 60 年代开始的 40 多年来一直遵循技术引进、消化和提高的技术发展道路，强调发展本土技术、大力投资 R&D，发展与发达国家水平相当的高技术工业基础，创造更有利于创新的商业环境，如在《先导技术开发计划》中提出“第二次科技立国”的战略目标，修订了《科技基本计划》(2003～2007 年)并强调核心和战略技术的研发。

1957 年，中国成立了国家科学技术委员会，其主要任务之一就是制订和贯彻国家的技术政策。1962 年，在编制国家 10 年规划中，技术政策开始受到重视。从 1979 年起，中国陆续开展了能源、交通、机械等领域技术政策的研究和制定工作，并于 1983 年 1 月开始组织全国性的技术政策研究，制定了能源、交通运输、通信、农业、消费品工业等 12 个领域的技术政策，在 1985 年 5 月 26 日由国务院发布。近年来，中国注重宏观信息引导，相继发布了《技术改造重点引进技术导向目录》、《国家重点技术开发指南》、《当前国家重点鼓励发展的产业、产品和技术目录》(成思危，1993)。

第六章

技术政策的理论基础

第一节 技术理论

一、技术的生命周期

从需求拉动的角度看，技术的生命周期受制于市场因素和企业的具体情况。当企业与市场对新技术缺乏需求拉动时，既有技术的生命周期将会延长，技术发明只能靠科技共同体或业余发明家的内在兴趣推动，这些创新性的技术成果既可能成为中国历史上的“火药”，也可能成为欧洲历史上的“风车”。同样，从技术推动的角度，如果既有技术范式缺乏必备的科学推力，新技术的产生也是非常困难的（浦根祥和周志豪，1998）。

技术生命周期分为四个阶段：①导入期，指任何一项新技术自实验室诞生后最初被引入市场的那段时期；②生长期，指新技术在经历了导入期之后赢得了市场认同并为部分厂商所相继采用的时期；③成熟期，指新技术在经历了导入期和生长期之后赢得了社会的广泛认同，并为广大用户所采用的时期；④停滞期，指新技术在经历了生长期和成熟期之后，其技术的领先优势逐步趋于消失的时期，此时的新技术也就是“常规技术”。技术的生命周期的内在结构，如图 6-1 所示，R 代表技术进步率及对经济增长的贡献率，t 代表时间，T 代表技术的生命周期，R 与 t 二者之间是函数关系（浦根祥和周志豪，1998）。

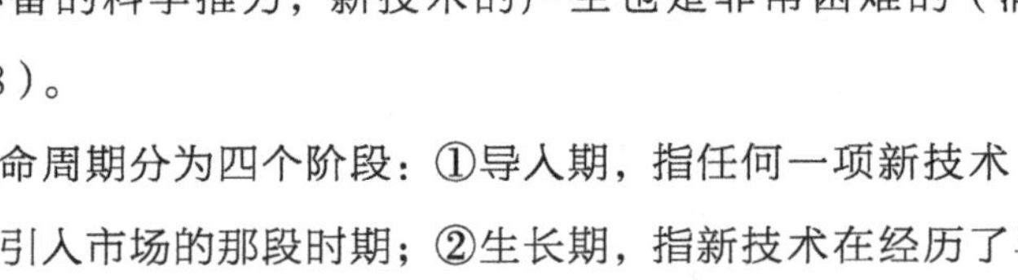

图 6-1 技术的生命周期

二、技术的演化

图 6-2 抽象化地描述了一个线性的技术演进过程。每一个技术生命周期开始于基础研究的进步和科学知识的产生，紧接着开发出以产品概念或工艺概念为特征的共性技术，出现了产品或工艺的实验室原型。通过后续的应用研究，特定产品或工艺的商业原型被开发出来，技术实现了商业应用。该产品一旦实现商业化，接下来主要进行以质量改进和成本降低为主要特征的开发研究，以监测、控制生产过程为特征的科技示范工程（王秦，2003）。

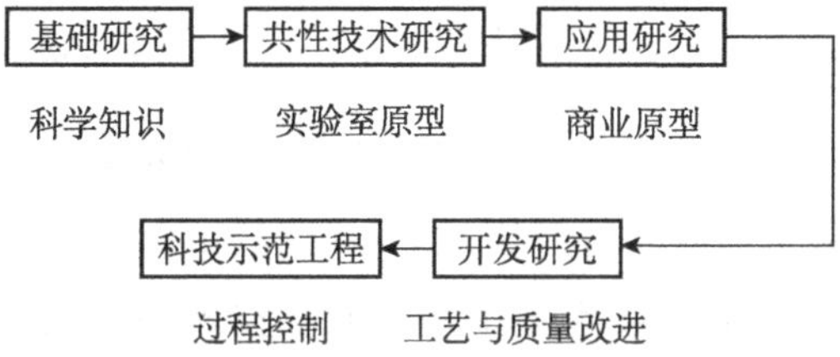

图 6-2　技术线性演化过程

图 6-3 从时间角度描述了从科学知识逐渐到市场化应用、商业化开发及市场渗透的整个过程。从图 6-3 可以看出，与应用研究和开发研究相比，基础研究和共性技术研究的投资相对较少，这意味着解决这一阶段投资不足的市场失灵并不需要有很大的投资。但这一阶段对技术创新系统的意义和作用非常重大，因为它是大量新产品和新工艺的基础。所以，这一时期的投入有很强的规模效应。同时，在产品进入市场和大规模生产时，仍需要很多的技术投资，主要是用来进行质量改进，降低成本及监测和控制生产过程。这一阶段，往往由于技术垄断、信息不对称等原因也会存在技术的投资不足，这也表明，成熟可靠的技术服务体系对新技术实现市场渗透具有积极的推动作用。

技术创新系统面临着两类相互独立的风险：技术风险与市场风险。在技术生命周期内，风险在整个过程中并不是稳定下降的。在基础研究阶段随着知识的积累，对技术的发展可进行更精确的预测，从而减小风险。但

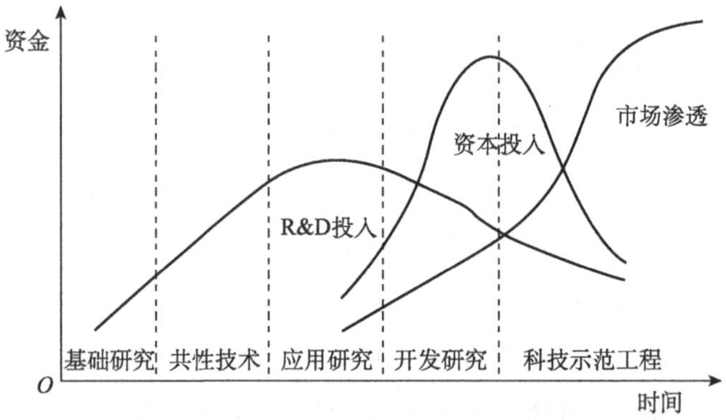

图 6-3 技术生命周期不同阶段投入

是，一旦决定应用基础研究的知识开发具有市场目标的共性技术，额外的市场风险就凸显出来，即风险上升。因此技术早期风险加大是普遍现象，其原因是由于技术和市场因素共同引起的。相对于企业来说，技术的早期风险可能很高。同时，共性技术及早期商业化技术的开发周期很长，对企业来说无论使用什么样的贴现率，回报也常常比预期的低得多。因此，在这一阶段由于高风险和低回报加在一起，常常会导致资金的不足。

第二节 技术政策制定的目标和原则

一、技术政策的总体目标

技术政策的总体目标一定要与本国的国情、技术水平和研发能力相符合。基本目标则是增强全民族的科学技术意识，提高劳动者的素质，动员和吸引大部分科技力量投入到经济建设中，注重技术创新，努力吸收和应用先进的技术，提高产业的技术能力。

美国政府深切地意识到，技术上的领导地位对美国的国家利益至关重要。克林顿政府在《技术与国家利益》中指出，“21 世纪，我们走向一个技术、信息和全球竞争的时代。这些变化为我们的人民带来了巨大的新的机遇，但也使我们面临着严峻的挑战”，“投资于技术就是投资于美国的未来；技术是未来经济增长与繁荣的基础”。《技术与国家利益》列举了美国面向21世纪的5个国家技术政策目标：创造一个推动私人部门创新和竞争的商业环境；鼓励技术开发、商业化和应用；投资建设世界一流的基础设施以支持美国工业并促进商业发展；推进军用和民用工业基础的一体化；确保美国拥有一支世界一流的、能够参与迅速变化的以知识为基础的经济之中的劳动大军（美国国家科学技术委员会，1999）。

近20年来，日本的技术发展由技术引进、吸收逐渐走上依靠自己开拓道路的时代，在政策上反映出高度重视基础研究的趋势。日本在1989年发布的技术政策白皮书中，强调振兴富有创造性的科学技术；发展与人类社会协调的科学技术；开展重视国际性的科学技术研究；通过使用科学研究经费补助，推动以大学为中心的独创的、尖端的研究；建立“国际新领域研究系统”，发掘构成21世纪技术革新的新知识；建立“创造性科学技术推进制度”，以此创造将来的革新技术；提出“技术立国”口号。

英国在技术政策白皮书《实现我们的潜力：科学、工程与技术战略》中全面回顾和总结了英国技术政策，强调英国经济振兴的关键是发展科学技术事业，提出新的科技发展战略目标：全面提高国家竞争力，增加财富，提高生活质量。为此，英国的技术政策白皮书明确指出，英国要在继续保持和发展在科学、工程和技术领域的优势地位的同时，进一步加强科学、工程和工业间的联系，最大限度地发掘国家科学技术潜力，为国家经济服务，为国家创造财富和改善生活质量服务（刘云和董建龙，2002）。通过编制“技术预测计划”，发表年度展望，促进新知识更新的速度，加快国家科学、工程和技术的发展。

欧盟提出的第六框架计划和“尤里卡计划”，确定了技术政策的主要目标是：①加强协调合作，促进成员国之间科技信息和科研人员交流；②加强实用技术的研究开发，增强产品的竞争力；③发挥企业优势，增加科研投入，推动科研成果的商品化过程；④发挥自己的技术优势，巩固和扩大已经占领的市场。

韩国发布的“2025年科学技术长期发展计划”，指出四个政策导向和目标，包括：创新体系由政府导向转向私营部门导向；提高国家研究开发投资的效率；研究开发体系从国内向国际网络发展；迎接信息技术和生物技术的挑战。技术战略由跟踪模仿向创造性的一流科学技术转变；国家研究开发管理体制由部门分散型向综合调整型转变；技术开发由强调增加投入和扩张研究领域向提高研究质量和强化科研成果产业化转变；政府引入竞争机制，由政府资助研究机构为主体向产学研均衡发展转变。

中国技术政策的目标是，以国家的经济、社会发展的目标和部署为依据，运用现代科技增强综合国力和提高人民生活水平，着重解决工农业大规模现代化商品生产中的问题，有效地控制和缓解人口、资源和环境的压力，重点支持可能取得重大突破和具有广泛应用前景的高新技术的研究，大力扶植高新技术产业的发展。

二、技术政策制定的原则

（1）注重技术、社会和经济的协调发展。技术政策关系到技术进步及产业结构的调整和优化，因此在制定时必须十分重视与社会经济的协调发展。社会经济发展的总目标应是技术政策的出发点和归宿，既要服从总目标又要保证总目标的实现。为保证技术、社会、经济的协调发展，在制定技术政策时应由技术人员、企业人员、政府工作人员参与共同合作制定（王志勤，1993）。

（2）从国家利益出发，综合、系统地研究技术政策。技术发展目标，从某一个部门或地方来看也许是很合理的，但从国家总体利益来看就不一定合理。因而，技术政策的制定必须从国家的全局出发，进行系统的定性和定量分析，以整体效果最优为原则（张登义，1987）。

（3）占有多方面的信息资料，进行定性、定量的分析，保证决策的科学性。技术政策的制定需经过认真地科学研究和严格广泛地论证，在征求各部门意见的基础上完稿。在技术政策尤其是一些长期有争议的技术政策问题的研究和论证过程中，要充分发挥民主，百家争鸣，集思广益。制定一个正确的技术政策必须有大量信息的积累，要经过对大量的信息的综合及分析，进行多方案、定量的比较，保证技术政策的科学性和合理性。

（4）技术政策应以全球性新技术革命为目标导向。当今国际经济技术竞争的中心已转移到高技术领域，如美国的“战略防御计划”、欧洲的“尤里卡计划”、日本的“振兴科学技术的基本政策”等。中国也基于“瞄准前沿，积极跟踪”的思路，坚持“有限目标，突出重点”的原则，确定高技术发展领域和发展计划（马集庸，1990）。

（5）技术政策应以为经济发展服务为价值标准。当今世界，已形成科学、技术、生产的一体化趋势，科学发现和技术发明都需要致力于为经济发展服务，体现知识的价值。因此，技术政策制定的基本原则是为经济发展服务，特别在高技术时代，要把是否促进了经济发展作为检验技术政策的根本标准，对此予以高度重视和优先考虑。

（6）技术政策要立足于科学、技术的紧密结合和协调发展，需要文化教育与科学技术同步发展。技术政策是发展科学的主要战略指向，也是当代科技、经济、社会协调发展的主要任务。科技竞争力在很大程度上取决于文化教育的状况，因此要将文化教育和科学技术结合起来同步发展，大力普及科学知识，传播科学思想、科学精神、科学态度和科学方法，提高民众的科学文化素质。

（7）技术政策要协调基础研究与应用研究，抢占基础研究的“制高点”。基础研究的效益具有明显的时滞性，但它是技术的“储备”和“后盾”。一些前沿基础研究一旦取得重大突破，就会给社会进步和人类发展带来革命性的影响。在制定技术政策时，既要支持有重大应用前景的基础性研究，形成若干稳定的基础研究方向；也要注意加强对技术科学中基础性问题的研究。

（8）技术政策要体现对扩大国际科技合作的重视。随着技术尖端化和项目规模的增大，一些技术项目在资金和技术上靠一国的力量难以承担，需要广泛的世界性合作，各国都需要相互取长补短，广泛开展技术合作和交流。广泛的技术转移和合作，将大幅度地提高社会劳动生产率，促进社会经济的发展，为社会创造更多的物质财富。

第三节　技术政策制定的理论依据

20 世纪以来发达国家制定技术政策的理论依据，是以熊彼特的技术创新学说、波特的国家竞争学说、英国学者弗里曼的国家创新系统概念及 20 世纪 90 年代后国家创新系统理论进一步发展为基础，不断完善建立起来的（余珊萍和赵自强，2003）。国家制定技术政策的必要性，体现在技术市场的不完善、技术生产和扩散的不完备、政府行为的高效性、技术投资失灵等方面。

一、技术市场不完善、技术生产和扩散的不完备

Arrow（1962）最早提出科学研究的市场失灵论，认为发明或创新，更具体地说是知识和信息的生产，部分具有公共产品的特点。在完全基于市场机制时，知识的生产会产生激励不足，也就是市场是不完备的，完全市场条件下的知识生产难以达到全社会福利最大化。因此，政府有必要干预发明和创新的生产。

科学研究的风险，包括知识或信息的不确定性和风险性（Schmookler，1966），也影响着技术市场的形成和完善。不确定性阻碍了决策的制定，使企业倾向于减少总的研发投入或投资长期项目转向投资短期项目。信息不完备、部门失灵、技术复杂性和资本密集性等也会影响风险性的形成。公共研究部门在市场化早期阶段开发共性技术和专用技术，由于缺乏足够的市场信息及对市场评估的能力较弱等，面临着市场风险较大，技术的经济效益差等问题。技术的复杂化和资本密集型因素导致私人部门承担了过多的风险：一方面，科学研究越来越复杂且需要交叉的学科队伍，这超出单个企业

的能力；另一方面，许多高技术是密集型的，需要的附加投资超过了企业承受能力。

从经济的角度看，生产过程中的信息输入是固定资本。这意味着，特别是有潜力的发明或创新只有对社会产生重大价值的才值得投入，这往往导致研究的重复，从而带来更多的社会成本。另外，在很多情况下，由于科学技术及产出的知识是一种公共产品，政府承担着重要的使命。由于科学技术与经济发展、社会进步、国家安全、国家竞争力、可持续发展等紧密联系，政府作为国家整体利益的代表，必须干预科学技术活动。因此，技术政策成为国家调控、协调和激励科技发展及对经济增长作用率的政策工具（郑大勇，2000）。

二、政府行为的高效性

政府行为的高效性是指政府在促进和调控技术发展时，能够从全社会福利最大化的角度出发，往往比完全的市场实现机制能达到更高的效率。主要包括以下三个方面。

（1）控制科技负效应。科学技术在给人类带来知识、文明、经济发展和社会进步的同时，也带来了一系列负效应。其他经济主体发展技术的主要目标是自身利益的最大化和自己的长期发展，而代表国家利益的政府则必须在充分发挥科学技术的积极作用的同时，重视并采取必要的措施对科学技术的负效应进行控制，避免损害国家发展的整体利益和长远利益。

（2）国家优先权。各种社会组织由于社会分工不同，各有自己不同的目标和利益，而政府则是代表着国家利益的最主要机构。根据宪法给予的政府责任和权力，政府依法拥有调动、分配和优先使用国内各种资源的权力和能力，可以利用各种办法调节国家内部各种利益集团的关系，从国家整体利益出发，鼓励或限制社会组织的某些活动。

（3）社会经济活动的优化。政府干预科技发展的另一个理由是控制技术创新活动的效率和社会经济活动的优化。技术创新活动需要大量的资源，并要求对各种资源进行有效的组合，成功的技术创新会给人类社会带来巨大的收益。重大创新活动的失败也会给社会带来巨大的损失。由于创新活动的复杂和需求资源的分散，需要由政府出面进行干预和协调。

三、投资失灵理论

投资失灵理论由三部分组成：技术公共物品属性、技术与市场的风险与不确定性、市场结构影响。技术公共物品属性主要指技术的知识溢出，对技术政策分析的影响表现在：①知识的溢出具有负面的影响，当溢出过多时，会使创新者的预期回报率降低到使预期的研发投资不再进行的水平；②技术溢出是技术知识属性的具体表现，是技术扩散的本质，并对技术的大规模应用有重大影响；③溢出可使创新者获取不断增加的回报。技术风险和不确定性均导致市场失灵。市场进入方式（技术投入、技术环境和可行性）、市场供应链（技术相关产业）、技术外部特性（技术基础设施和基础性技术）均影响技术结构（王秦，2003）。

上述理论为清晰认识技术政策的本质提供了基础。根据 Dasgupta 和 Stoneman（1987）的理论，技术政策必须解决五方面问题：①技术政策研究主题是什么？要解决什么问题？②要解决这些问题，应采取什么样的技术策略？有多少种策略？③在开发这些研究项目时，应如何分配技术资源？④谁来指导技术研究？⑤技术人员、技术团队的酬金如何分配？郑大勇（2000）指出了现有的技术政策在设计和实践中存在的两个主要问题：①技术政策主要强调了技术的生产，不够重视技术的扩散。许多技术政策重在激励发明和创新，但从经济发展的实际来看，科技潜力的真正实现是通过创新的扩散过程来实现的。技术的发明和创新显然是重要的，但从经济业绩和产业结构调整的角度而言，技术扩散的作用更为重要（尤其是对于发展中国家来说）。②技术政策没有将技术变化的扩散和生产阶段协调起来。技术的变化是一个复杂的过程，利润的大部分常常被最初的模仿者而不是创新者所占有。发明、创新、扩散是一个互相作用的系统化过程，技术政策应该保证发明、创新和扩散三个阶段的协调和统一，不能只强调其中的某一个阶段。Yoon-Hwan（1999）认为技术政策应重视技术扩散，要考虑的问题包括在技术引进过程中如何增加利润、如何减少技术引进的成本、如何保持利润和成本平衡等。

第四节　技术政策发展的支撑体系

单纯依靠增加投入来发展国家的技术能力是远远不够的，技术的发展需要有不断完善的支撑环境，以及科学的统筹与规划，这一点，目前已经得到国内外学者的广泛关注。例如，世界银行的瓦兰德（Wallender）通过对秘鲁、巴西、韩国、坦桑尼亚和肯尼亚5个国家的67个项目的研究表明，技术转移的成功取决于技术输入国的技术支撑结构和其政府政策。罗斯纳（J. D. Roessner）等提出了国家吸收与制度化外来技术的模型，该模型表明国家吸收与制度化外来技术的能力取决于社会支撑结构、经济支撑结构、技术支撑结构。韩国学者 Hyung Sup Choi 提出发展中国家工业化的 TERG 模型，认为只有技术（T）、教育（E）、资源（R）、政府（G）各要素协同，才能促进发展中国家的技术发展，而且发展中国家在引进技术方面的根本问题是如何建立一套包括所有基础设施在内的研究与发展体系并积极支持它的发展。金麟珠（Linsu Kim）以韩国为例，指出在宏观上必须将人力资本的发展、国外技术的引进、资本的形成与本国研究与发展的努力有效地结合起来才能形成促进技术发展的能力。陈劲（1998）在国家创新系统基础上，提出国家技术发展系统框架，研究如何从技术引进走向自主技术创新的国家支撑体系，强调国家技术发展系统包括教育子系统、财政与金融子系统、研究与发展子系统、政府调节子系统和文化子系统。

技术政策支撑体系包括支持国家进行技术发展和创新的一系列“硬件”和“软件”的有机构成。“硬件”包括：①基础技术研究开发机构，即企业、大学科研机构、中介机构等，它们是技术创新活动的行为主体和基础；②社会、经济资源支撑结构，包括资金市场的有效运作，资金形成、资金投入与储蓄的速度，外国直接投资水平，国家对教育的投资水平；③技术支撑结构，包括企业或政府对 R&D 的支出，知识产权的有效保护，技术合作，公共或私有组织所提供的技术服务，技术资本存量，技术知识存量，技术人力资源，技术咨询服务。“软件”包括国家政策法规、市场环境、管理体制等创新外部环境，以及激励机制、投入机制、运行机制等创新机制，它们是维系和促进技术发展的保障因素。

技术政策支撑体系框架如图 6-4 所示。

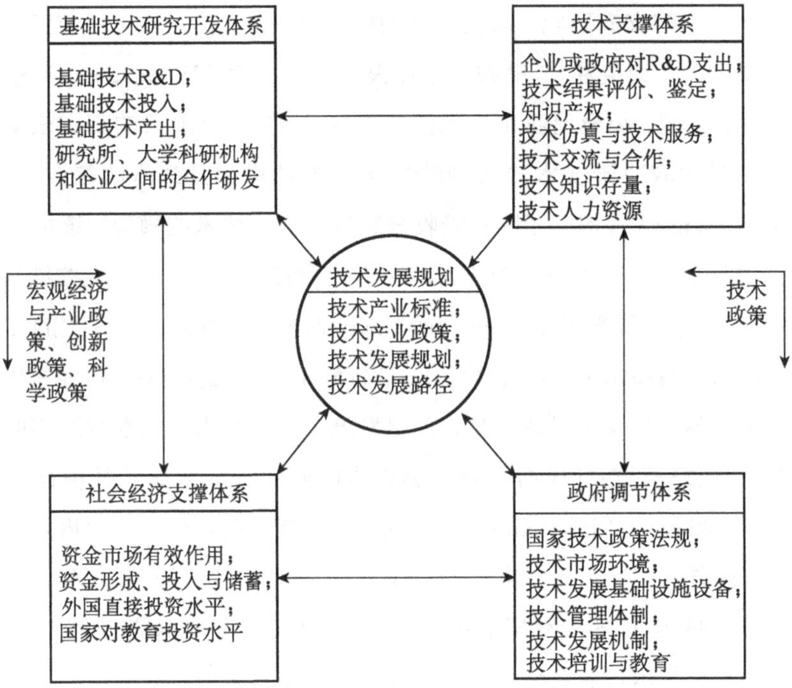

图 6-4　技术支撑体系框架图

第七章

技术政策工具

第一节　技术预测

一、技术预测的发展与定义

在科学的基础上进行预测，是20世纪开始的一种尝试。最初预测是在经济方面进行，由于数学方法的进步，预测质量有明显提高。第二次世界大战中，预测被用于军事领域并取得了很大成效。第二次世界大战后，发展起来的各种预测方法，如趋势外推法，被普遍运用于技术预测。20世纪60年代，由于研发决策的科学性对企业战略日益重要和企业正规的计划制度的发展，技术预测方法得到了更规范的发展，预测方法日益多样化、复杂化，衍生出许多现在仍在使用的技术预见和技术预测的具体方法。到了20世纪70年代，技术预测开始充分考虑多因素、多环境影响和限制条件下的资源配置效率，并对众多可能发生的事件进行评价和选择。由于严格定量的系统模型过于复杂，对解决许多难以量化的社会因素的宏观决策问题很不适用，因此，定性化预测方法得以较快发展，其中，蓝德公司（Rand Corporation）推出的德尔菲（Delphi）预测法由于在征询专家意见方面有着无可比拟的优势，已经成为主要的预测方法。到了20世纪末，技术预测已基本形成了较为成熟的理论体系。

技术预测可以用简单的输入-输出模型（图7-1）来解释。该模型表明技术预测致力于挖掘未来可能的技术进步或特定技术革新的信息，这些信息应以对决策者可用的形式出现。因此，可将技术预测定义如下：技术预测是一种系统方法，是指组织通过对技术现有状态和固有趋势的分析，选择合适的方法论组合，来对技术将来可能的发展情况做出估计。

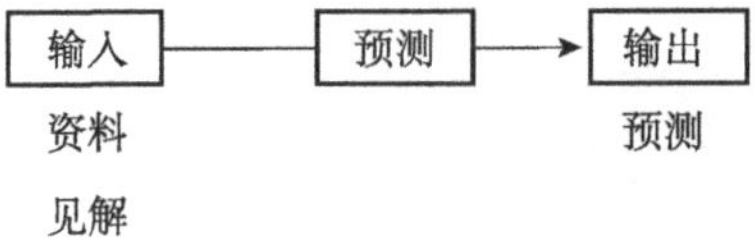

图7-1　技术预测的输入—输出模型

二、技术预测的基本要素

一项成功的技术预测包含四项要素：定性、定量、定时和概率要素。

（1）定性要素，即对一个事件、一件产品或一项工艺的叙述性描述或非定量描述。尽管在某些时候预测者也会对这些描述加上一些时间或定量上的指示，但是这些指示所限定的范围通常是模糊的，无法改变描述的定性本质。预测中的定性要素是其他三个要素的基础和出发点。如果定性要素出现了偏差，与定量、定时和定概率要素相关的方法使用就失去了意义。因此，必须获得技术创新相关的最新现象和证据，同时保证技术预测中对于技术发展趋势的判断建立在可靠的基础之上。

（2）定量要素，即用确定的单位来度量某一概念的活动水平。对于技术预测，一般情况下所用的单位是衡量效率和性能的技术单位，最好还能用成本、销售份额之类的经济数值来进行度量，因为这些数值能很好地反映技术性能，通过它们还能获得其他的数值。

（3）定时要素，即对技术预测在时间上的限定。例如，每过五年左右，电脑的运算速度能提高 10 倍，成本能降低到原来的 1/10。

(4)定概率要素，即对机会或可能性的陈述，多用数量来表示。概率可以用统计单位 0～1.0 或者用一个百分数来表示。例如，每过 5 年左右，电脑的运算速度有 90％的概率能提高 10 倍，成本有 80％的概率能降低到原来的 1/10。

三、技术预测的参与组织、范围和功能

技术预测的根本目标是选择出那些对未来经济和社会发展有所裨益的科技领域。

（1）技术预测的参与组织。包括：①专门负责协调政府研究开发政策的机构，如英国的科技办公室(OST)；②专门资助基础研究的机构；③产业

协会；④一些资助战略性科技研究的部门，如荷兰的经济事务部(DMEA)、美国的国防部(DOD)等；⑤单独的公司。日本的技术预测经验表明，某个组织进行的预测常常得益于其他组织的预测，因此最理想的方式是使所有资助和开展研究开发的机构都参与技术预测。

(2)技术预测的范围。包括：①全面预测，涉及科学技术的整个体系；②大规模预测，如一个政府部门对一系列研究领域进行预测；③中等规模预测，只涉及一个科学领域、技术范围或产品系列(如由产业协会进行)；④小规模预测，对一个技术项目或特定产品中的某一个技术方面进行预测(通常由公司或研究机构进行)。

(3)技术预测的功能。包括：①确定战略发展方向，建立广泛的政策指导；②选择优先发展领域，挑选出最符合需要的研究领域，为R&D投入部门提供依据；③提供经过分析的预测信息，为近期的科技发展提供背景信息和早期“预警”；④在研究机构及研究开发活动的资助者、执行者、使用者之间就研究开发活动的方向达成共识；⑤对新的研究方向进行宣传，或促使已有的某个研究领域继续得到重视；⑥在从事预测活动的机构之间进行交流和培训(主要是关于一些新的研究方向)，或者在研究机构与研究成果的使用者之间，就那些能满足经济、社会需要的研究开发机会进行交流和探讨。

四、技术预测的模型

一项成功的技术预测，其输出中应该包含四个要素：定性、定量、定时、定概率。但通常来说四个要素并非能一次性全部得到，在预测过程中，这四个要素是前后相继的。

从上述逻辑出发，技术预测一般流程等价于图7-2所示的四阶段模型。从图7-2可以看出，每一个阶段的输出是其相对应的要素，每一阶段的输出构成下一阶段的输入。对每一阶段而言，都需要选择一个合适的方法，并需要追加额外所需的一些外部增量输入。四阶段完成之后，最终的输出就是一个完整的预测结果。

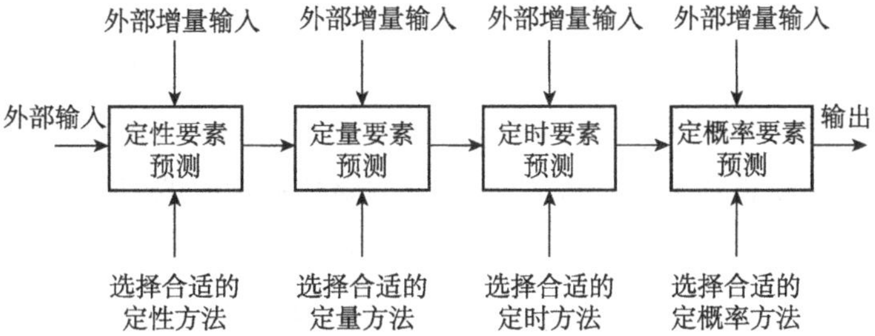

图 7-2　技术预测的四阶段模型

五、技术预测的流程

技术预测的一般流程，如图 7-3 所示。

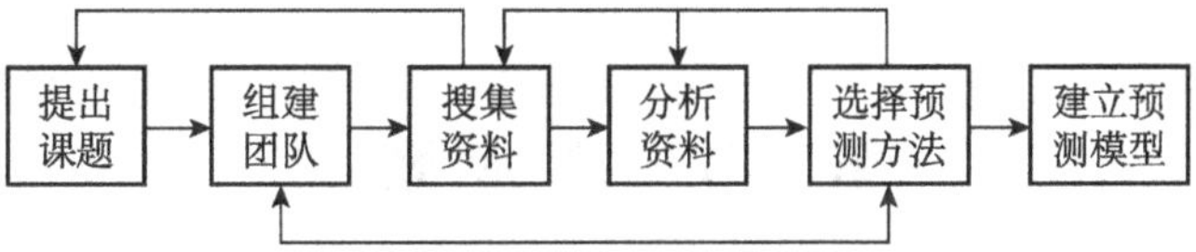

图 7-3　技术预测一般流程

（1）提出课题。技术预测是问题导向的，因此必须就技术预测进行课题立项，也就是确定在什么领域对什么方面的技术去做预测。课题的提出一般是根据组织的具体需求，也可以是组织虽然没有直接的需要，但是相关专家通过创造性思维或者科技情报提出。预测课题应该包括预测的目标和预测的期限。

（2）组建团队。第一，需要有来自于各领域的专家或者代表，以保证预测中能全面考虑各方面影响；第二，需要有组织高层的代表参与团队讨论，以确保预测方向和组织战略的一致性；第三，要对团队成员进行适当的预测方法论方面的培训。

（3）搜集资料。包括两部分：一是对相关技术进行预测的现状和历史发展数据，以及预测所需的方法论文献。二是针对相关问题搜集其他组织实施技术预测时产生的文献，这些文献对于预测有比较好的参考价值。

（4）分析资料。搜集得来的资料往往是海量的，且缺乏一定的规范性。早期对于资料的处理、分析主要是通过人力进行。随着计算机技术的发展，应利用计算机来进行数据挖掘工作，从中归纳总结出有效的信息。

（5）选择预测方法。方法的选择一方面要和预测的目标相关联，另一方面也要与现有的资料相关联。如果资料过少的话，就要更多借助于主观的预测方法，而资料详尽的话，则可更多运用客观的定量的方法。同时确定了预测方法之后，也可以要求对原有资料进行进一步的分析处理，以满足需求，因此分析资料和选择预测方法之间有双向反馈的箭头。

（6）建立预测模型。要求模型输出的预测结果必须是可复现的，即用同一方法的同一模型，在接受同一输入后，输出结果应该是一致的。这样获得的预测输出，才可以服务于组织的战略计划制定工作。

第二节　技 术 预 见

一、技术预见的定义

技术预见（technology foresight）最初是以德尔菲调查为核心的一种预测活动。1983年，英国苏塞克斯大学科学政策研究所（SPRU）的埃尔文（John Irvine）和马丁（Ben Martin）受英国政府的委托开展了一项研究工作，旨在研究国际上政府部门、资助机构、以科学为基础的大公司、技术咨询组织在调查科学的未来、以确认长期的优先领域活动中所使用的方法。这项研究涵盖了法国、德国、美国和日本，研究结果以"科学中的预见：挑选胜利者"为题于1984年成书出版。1987～1988年，受荷兰政府委托，两位学者根据新近的发展对这个方向做了进一步研究，并把研究的国家扩展到八个（新增了澳大利亚、加拿大、挪威和瑞典），该研究报告以名为"研究预见：优先领域的设置"成书出版。在这两项研究中，两位学者提出了不同于（技术）预测的预见的概念（最初提出是确定战略性基础研究的研究预见，后来扩展到包括通用技术领域的技术预见)。

技术预见的研究涉及各个方面，包括未来学研究、战略规划、政策制定等，是一种知识和学科的整合。1995年，B. 马丁给技术预见下了另一个定义，即技术预见是“对科学、技术、经济、环境和社会的远期未来进行有步骤的探索过程，其目的是选定可能产生最大经济与社会效益的战略研究领域和通用新技术”。OECD也给出了类似的定义，技术预见是系统研究科学、技术、经济和社会在未来的长期发展状况，以选择那些能给经济和社会带来最大化利益的通用技术。亚太经合组织(APEC)对技术预见的定义是，对科学、技术、经济和社会的远期未来进行系统探索的过程，其目的是选定可能产生最大经济、环境与社会效益的通用新技术和战略研究领域。浦根祥等（2002）将技术预见概括为：整体化预测、系统化选择和最优化配置。总之，技术预见所倡导的基本理念就是要在通过对科学、技术、经济、环境和社会的远期未来进行整体化预测的基础上，系统化选择那些具有战略意义的研究领域、关键技术和通用技术，利用市场的最优化配置来最终实现技术发展推进的经济、环境与社会效益的最大化。《中国技术前瞻报告2003》则把技术预见定义为：对未来较长时期的科学、技术、经济和社会发展进行系统研究，其目标是确定具有战略性的研究领域，选择对经济和社会利益具有最大贡献的技术群。

二、技术预见的特点

根据B. 马丁、APEC等对技术预见的定义，可以总结出技术预见活动的5个特点：①对未来的探索过程必须是系统的；②预见着眼于远期未来，时间范围一般为5～30年；③预见不仅关注未来科技的推动因素，而且着眼于市场的拉动作用，也就是说，预见既包括对科学技术机会的选择，也包括对经济、社会相关需求的识别；④预见的主要对象是通用新技术，即处在竞争前阶段的技术，WTO规则允许政府对此类技术的R&D予以一定支持；⑤技术预见必须关注未来技术可能产生的社会效益(包括它对环境的影响)，不能仅着眼于对经济的影响。

传统的技术预测目的仅是准确地预言、推测未来的技术发展动向，而技术预见则旨在通过对未来可能的发展趋势及带来这些发展变化的因素的了解，为政府和企业决策者提供作为决策基础的战略信息。预见活动的假定条件是：未来存在多种可能性，最后到底哪一种可能会变为现实，要依赖于我们现在所做出的选择。因而就对未来的态度而言，预见比预测更积极，它所涉及的不仅仅是推测，而且更多的是对我们（从无限多的可能中）所选择的未来进行塑造乃至创造。

三、技术预见的目标和功能

B. 马丁将技术预见总结为 5 个“C”——沟通（communication）、集中长期目标（concentration on the longer term）、协商（consensus）、协作（coordination）、承诺（commitment）。因此，除了确认优先研究领域的基本目标以外，预见还有更广泛的目标和功能：①设置方向，建立技术政策主要的指导方针和议程；②预期的信息，为制定技术政策提供背景信息，特别是提供有关近期研究进展的早期预告；③达成一致，在科学界内部或在科学界与资助机构之间，促成对可期望的研究达成一致；④提倡，建立新的科研行动措施，或保护现有的正在进行的计划或项目；⑤交流和教育，激励研究共同体内部交流有前景的研究机会，或与外部的工业界、其他的研究应用者等进行交流。

技术预见可以产生如下直接收益：①前瞻与优化，通过技术预见选择科技发展的战略性研究领域、选定科技发展路线及决定科技资源分配；②衔接与协作，连接科技社群的偏好与政策协调，提高地区创新体系的效率；③整合与集成，充分发挥各创新主体的优势，建立各界对科技议题的共识；④预警与评估，开展技术预见对未来社会发展起到一定的预警作用，有利于促进社会协调发展与全面进步；⑤沟通与协商，发挥沟通与教育功能，通过民主、科学的决策来塑造未来。

四、技术预见实施的基本流程

技术预测往往是由政府主导的一项活动，目的是找出对经济和社会利益具有最大化贡献的通用技术。尽管技术预见的目的明确，但目标空间却很大，因此与技术预测活动有较大的区别。技术预测的流程与技术领域密切相关，不同的技术领域会导致不同的团队构成和不同方法论组合，而技术预见的组织和方法论组合是和具体技术领域无关的，技术领域本身就是预见的一种输出。从技术预见实施的基本流程来看，技术预见的动力来自于政府或者其他组织的上层，前期的准备工作事实上是政府部门内部交流，就实施技术预见达成共识的阶段，如图 7-4 所示。

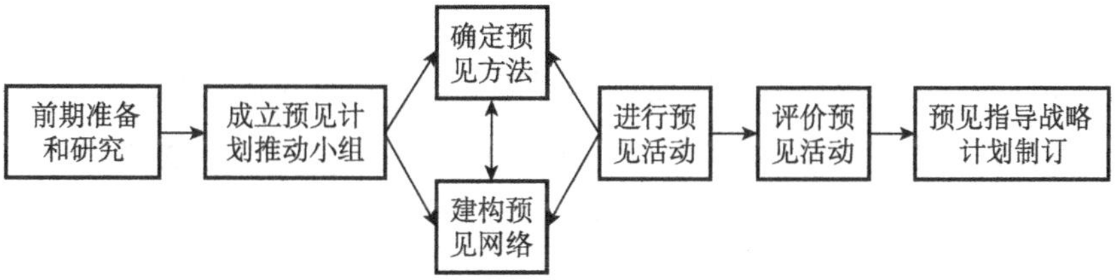

图 7-4　技术预见基本流程

当政府部门决心实施技术预见之后，有必要组织一个预见计划推动小组来全面负责预见相关事宜。该小组的成员应该包括预见专家和政府成员，特别是相关政府部门的负责人最好作为该小组的组长，另设常务组长负责日常实务，这样能较好地推动预见活动进展。

小组成立后，确定预见方法和建构预见网络两项工作可以同步进行，这两项工作也是相互影响的。对于部门性的技术预见，主要是基于该部门内部及相关人员；而对于国家级别的预见，通常知识网络包括整个社会的代表在内，并且会将德尔菲法和专家小组法两种方法结合起来。接下来，就是按照预定方法来进行技术预见。在这当中，预见计划推动小组需要控制好整个预测活动的走向。因为预见涉及的专家和相关人员很多，容易失控。

在预见结果得出之后，要对活动进行评价。评价的方式也很多，但是主要应该把握住以下几个准则：①预见活动实施中的有效性，如政府当局的关注度、专家的参与程度等；②预见结果是否有较大的影响力，假如该结果在社会上无影响，那么预见的塑造社会共同愿景的功能就没能实现；③预算多少也是另一个评价预见活动的标准。假如预见得到了较好的评价，则进入下一阶段，预见结果会影响到政府战略计划的制订、宏观政策的选定和关键资源的分配。

五、基于德尔菲法的技术预见流程

目前大多数国家的技术预见活动是基于德尔菲法（图 7-5），其中要考虑的问题主要包括以下几个方面。

（1）组织。国外已进行的全国性预见活动中，通常是由国家科技部部门主导，科技部部长担任负责人，实际工作由专人（如科技部首席科学家）主持。这样做的好处是负责人便于出面协调解决在预见中遇到的各类问题。

（2）周期。国外通常是五年左右实施一次预见活动，周期和政府的换届保持一致，使得政权之间的衔接不致影响技术进步的连续性。

（3）建立知识网络。在技术预见中，专家和利益相关者共同构成了一个知识网络。这一网络的作用是非常巨大的，一方面要通过周期性的预见活动不断对其进行完善，另一方面在不进行预见活动的时候，要充分对此网络加以利用。

（4）从预见到战略的转变。可以使用 SWOT 分析、交叉影响、情景分析、关键路径法等方法。

（5）技术课题的预选。在这一过程中，借鉴国外经验是一个不错的方法。例如，德国在 1992 年初次开展技术预见时，曾将日本第五次预见结果作为范本。

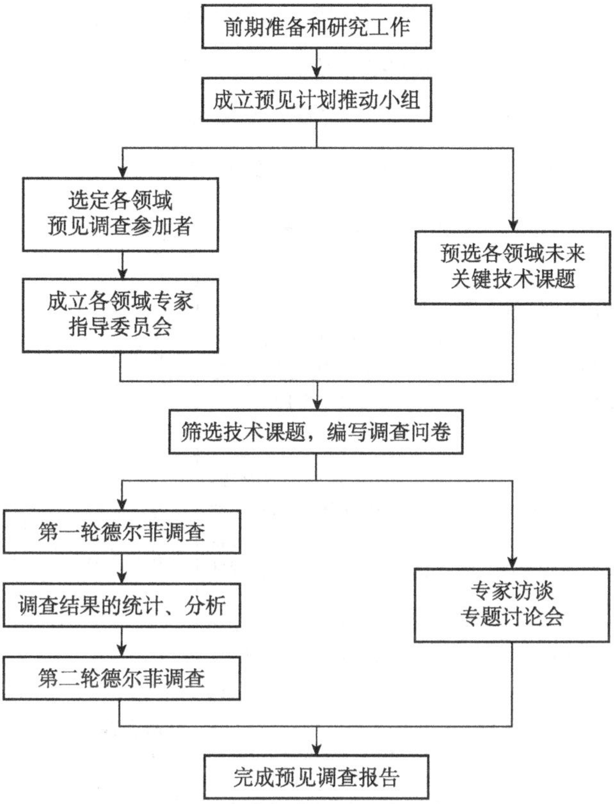

图 7-5　基于德尔菲法的技术预见流程

第三节　技术路线图

一、技术路径图的定义

技术路线图(technology roadmap)的研究源于（地理）路线图。后者表示对某些特定地理空间的线路的规划，作为旅行者的工具，用来决定到某一目的地的线路。路线图给旅行者提供了制订旅行计划中所必要的信息，前进方向及某种程度的确定性。与此类似，技术路线图的主要目的也是刻画出技术发展或使用的大体方向，给技术人员及其他关系人指明技术航线。表 7-1 给出不同国家对技术路线图的定义，这些定义的共同点在于，它们都认为技术路线图是反映对某一领域前景的看法及达到这个前景的手段方法，而狭义的技术路线图是指对技术前景的一致看法。

表 7-1　各国对技术路线图的定义

<table>
<tr><th>国家</th><th>定义描述</th><th>重点</th></tr>
<tr><td>美国</td><td>技术路线图是对某一特定区域的未来延伸的看法，该看法集中了集体的智慧和最显著的技术变化的驾驭者的看法，一般是采用绘图的形式表达出来的，可成为这一领域可能发展方向的一个详细目录</td><td>强调结果——技术路线图包含了技术发展的方向</td></tr>
<tr><td>英国</td><td>技术路线图是利益相关者关于如何前进的看法，以及对达到的目标的看法，就像地图一样，描述的是从一个地方到另一个地方的路径，其目的是帮助这个群体确信其能力是能在合适的时候达到某个目标</td><td>强调过程——技术路线图的过程是利益相关者达到一致的过程</td></tr>
<tr><td>加拿大</td><td>技术路线图是一个过程工具，帮助识别行业/部门/公司未来成功所需的关键的技术，以及获得执行和发展技术所需的项目或步骤</td><td rowspan="2">这两者都强调是过程工具，他们是在 20 世纪 90 年代中后期才引进的，注重产品技术路线图，即把产品的内容和技术的发展相联系</td></tr>
<tr><td>澳大利亚</td><td>技术路线图是一个全面的工具来帮助公司更好理解其市场和作出见多识广的技术投资决策，它是一个规划过程，由行业领导帮助公司识别他们未来的产品、服务和技术需求，评估和选择技术来满足这些需求</td></tr>
<tr><td>中国</td><td>技术路线图（常又被译为技术地图、技术路径、技术发展蓝图、技术标志）是利用视图工具反映技术及其相关因素（科学、产品、市场）的发展，是各利益相关者对未来技术发展的一致看法</td><td>强调用图示的形式表达出技术和时间的关系，以及技术和研发项目、产品、市场的关系</td></tr>
</table>

资料来源：李雪凤等（2004;2005）

二、技术路线图的特征、重点及目标

产品的技术路线图主要是为各部门或小组对产品的过去、现在和未来进行综合性描述，以直观形式（矩阵式图表）描述一种硬件、软件或算法的进展，把顾客需要的特性和功能同具体的技术群相连接，并描述所预测的产品技术将如何随产品生命周期而变化。这种由跨功能工作组负责拟订的产品的技术路线图包含了从产品技术源到研究、发展的主要进度及各种相关技术的定位，是企业高层管理和研究发展部门决策的有效工具。

技术路线图具有鲜明的特点：①包含大量具有同该技术相关的科学与技术的历史信息；②以企业面临的市场和竞争环境为基础，并对它们作出必要的描述，作为编制路线图的依据；③跟踪同企业有关产品和工艺的发展情况，作为企业拟订路线图的重要的定位和比较资料；④正确评定企业的技术能力以作为编制路线图的依据，并根据发展需要提出提高技术能力的方向。由此，技术路线图的重点包括：①对企业的技术能力进行评价；②对企业竞争对手当前和未来的技术能力进行评价，并同本企业的技术能力进行比较；③对技术的进展进行预测。

技术路线图是以技术历史和技术环境分析为基础的战略决策技术，目标在于建立企业的竞争优势。其目标主要包括：①引起高层经理和部门经理对企业技术的未来发展和实施的关注；②为高、中层领导班子及与技术创新有关的职能部门(特别是研究与发展、设计部门与营销部门)人员提供一个有效的信息交流和取得统一认识的机会和方法，而统一的认识是战略得以正确决策和顺利实施的必要前提条件；③为技术战略部门及相关部门提供一个有效的预测工具；④建立起部门间的联系，加强高层战略规划与战略运作部门(如战略经营单位、独立经营的分厂等)间的联系。

三、技术路径图的制定流程

目前，许多企业在规划技术路径图中，都采用了计算机软件。例如，霍尼韦尔公司（Honeywell）常年重视技术预测，并使用电子绘画路径图的软件 Geneva Vision Strategist 来帮助协调它在新技术和产品方面的投资，扩充了以前一开始就以专家为主的途径。图 7-6 是霍尼韦尔所评估的一个技术路径图信息的范例，公司创造出一些情景，搜集了相关联的技术、成分、部件和产品的关键特征，这些因素必须集中起来创造一个成功的产品推出。

这些信息直接来源于那些与技术和产品有关的信息，而没有经过专家们的信息过滤。这个阶段性的途径帮助公司决定了事件和投资的先后顺序。公司已经把其阶段创新管理系统联系到路径图的规划过程中去，提高了投资决策的质量。

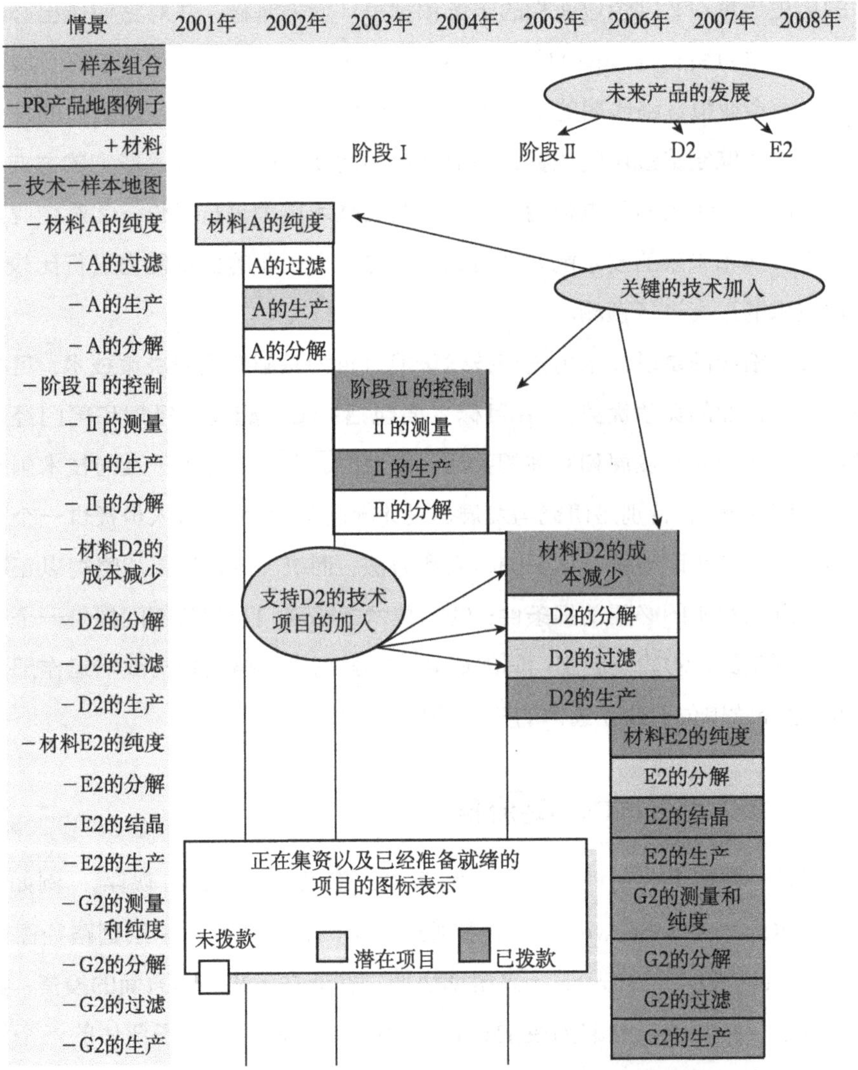

图 7-6　霍尼韦尔利用 Geneva Vision Strategist 进行路径图规划的结果界面

资料来源：陈劲和王方瑞(2006)

下面是一些较有代表性的制定技术路线图的流程方法。

(一) 圣帝亚国际实验室设计的路径图规划流程

圣帝亚（Sandia）国际实验室所设计的技术路径图规划流程（图 7-7），在实际应用中被广泛采纳，它包括初步活动、路径图开发、后续活动三个流程。

阶段Ⅰ：初步活动

① 满足最根本的条件；
② 提供领导能力/支持；
③ 定义范围和界限

阶段Ⅱ：技术路径图的开发

① 识别路径图中的“产品”；
② 识别关键的系统要求及它们的目标；
③ 详细说明主要的技术领域；
④ 详细说明技术驱动及它们的目标；
⑤ 识别技术差异性及它们的时间分界；
⑥ 推荐那些应该追求的技术差异性；
⑦ 规划技术路径图的报告

阶段Ⅲ：后续活动

① 对技术路径图批判并使之生效；
② 发展一个执行计划；
③ 回顾和升级

图 7-7　圣帝亚国际实验室设计的路径图规划流程

(二) 剑桥大学的技术路径图规划方法

剑桥大学也开发了一个理论性的路径图规划方法——T 计划，该方法为英国的中小型企业提供了一个快速而系统的创造具体的产品/技术路径图的途径，目的是充分利用企业的高层管理人员和参加者快速地规划一个初步的技术路径图，从而清楚地将技术开发和收购与业务驱动因素及战略进行联系。一般而言，企业用该方法时都包含了四个需要半天时间进行讨论的模块，在这个过程中，用标准的头脑风暴、主题讨论和优先权排序方法描述路径图的三个关键层面：市场环境与目标、产品和技术、绘制图表。

（1）市场环境与业务目标。该部分讨论包括了一个识别和同意产品的关键维度和公司绩效、市场（外部）和业务（内部）驱动的头脑风暴过程。小组会一起进行几个练习来建立以上方面在不同细分市场中的内容，也建立一些简单的主题依据并进行优先权排序。另外，还要考虑总的战略背景，识别出关键的知识间隙，为下一阶段的讨论提供初步的调查。

（2）产品/服务。在该讨论中，关键的产品特征会被识别出来并进行归类，并对它们对于市场和业务驱动的影响进行评估。其中会考虑不同的产品开发战略，关键知识间隙也会为更进一步的调查而识别出来。该部分讨论的重点是使企业员工相信，有必要与未来几年中在那些确定的市场中竞争的产品保持在一起。

（3）技术。识别那些有利于预想中的产品特征的不同的技术选择，并把它们归为不同的主题和对已评估的产品的潜在影响。然后又为更进一步的调查识别关键知识间隙。在这个模块中，小组会讨论使用现有技术和（或者）潜在的未来趋势、实施问题和时间控制问题的可行性问题。

（4）绘制图表。在之前的讨论中得出的结果最后放在一张路径图里面去，为更进一步的调查识别关键知识间隙。一个独立的下一层级也产生出来，它包含了可以获取或需要获取的资源（如人力资源、工艺和资金等）的细节，总的路径图构架，如图 7-8 所示。

（三）许庆瑞的技术路径图的制定流程

许庆瑞（2000）在《研究、发展和技术创新管理》一书中将技术路径图分为七个步骤（图 7-9），其中包含四个重要步骤。

（1）关键参数的识别。关键参数是指影响顾客购买决策的一个维度，因此对于顾客的价值是分析的焦点。这种参数分析法是一种用来描述过去、现在和未来的产业竞争基础方法。

关键参数的分析可以分三步。第一步是模块图。在第一步中用系统分析中的模块分解法，把产品品种分解为子系统。以印刷厂为例，它有一个运输机构，一个印刷机构，一个切纸机构和一个控制系统。第二步是确定

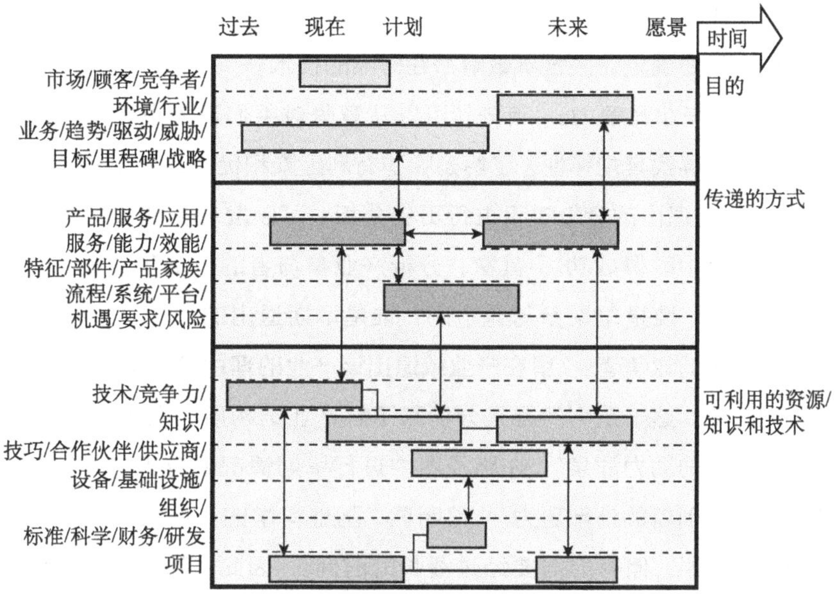

图 7-8　剑桥大学技术路径图的大概框架

资料来源：陈劲和王方瑞(2006)

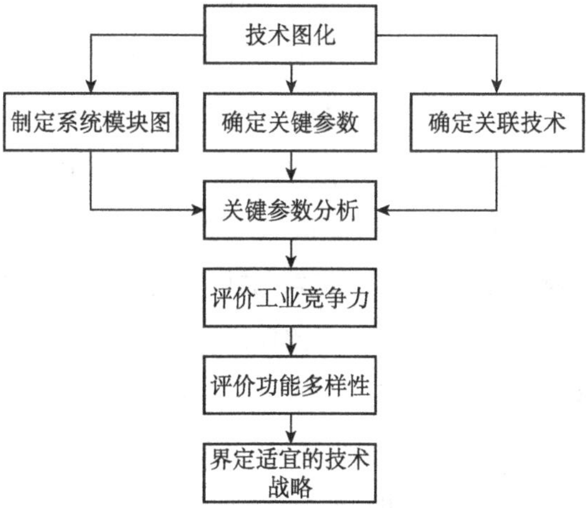

图 7-9　技术路线图方法的步骤

资料来源：许庆瑞(2000)

关键参数。这一步中要为每一模块列出关键参数。这些关键参数应反映出购买者所关注的事情和顾客的购买决策。第三步是确定相关技术。在这一步中分析人员要确定对关键参数有潜在影响的技术。

（2）评价产业竞争力。首先，可以从竞争对手们进入市场和退出市场的历史分析来寻找其规律性，了解到哪些有利因素和优惠状况引导这些竞争者的进入。对退出的竞争对手进行历史分析，可以发现哪些条件阻碍着它们在市场竞争中取得成功。其次，分析产业参与者的历史了解竞争结构。分析内容包括：谁是早期参与竞争的？谁是早期退出的？谁是后进入者？还有哪些潜在的竞争者？留在产业或退出该产业的理由是什么？为何尚有新进入的可能？这一系列问题是分析和了解产业结构所必需的。最后，寻找和确定创新的动力源泉。在路径图中进行早期情况的分析，可以找出推动新一轮技术创新的外部压力。很明显，基础科学的突破最终会引向技术方面的众多成果，但有时需要经过漫长的时间。因此，我们必须仔细分析产业和科技发展的历史，以便获得不寻常的动力源泉。

（3）功能（扩散）的分析。要在创新产品被引入市场后，分析对购买者的价值。如果单纯停留在参数价值的分析上，会忽视正常扩散过程中的新机会。例如，录像机的初始研究目的是作为广播网络的延时装置，最初考虑的使用者是广播电台的工程师。但当该产品进入消费者市场后，原始的设想被打破了，其功能用途发生了转移。这种功能的变化是由购买者的价值所引起的。另外一个例子是计算机功能应用的变化。计算机初始的目的是满足科学的运算和管理（主要是会计核算）的需要，其后用途获得很大扩展。

（4）选择合适的技术战略。技术路径图的最终阶段是确定所定技术领域的适用战略。这里要分别分析经营管理者和投资者的观点。可以用决策树来表示各种战略的抉择。投资者一般是倾向于近期得益，时间域一般为3～5年。经营管理者往往取中长期时域，一般为5～8年。决策树法一般只是机械地提供一批可供战略选择的方案，而在战略选择中判断才是重要的抉择手段。因为，对如此众多的信息进行综合，必然是一件富于创造性的工作，这种综合是一个判断的过程，也可以说是对未来前景一种最佳的设想。

第八章
典型国家的技术政策

第一节 美国的技术政策

一、美国技术政策的发展史

美国的国家技术政策历史悠久，第一项技术政策是直接写入美国宪法的关于保障发明人权益以促进科学进步的条款，此后美国的技术政策发展过程堪称波澜壮阔。从1776年独立到如今已经历230余年，美国技术政策的发展基本可以分为六个阶段，每个阶段的技术政策的背景、与科技发展有关的重大计划、与科技政策有关的相关法律、研究开发的技术重点及对美国经济的影响都有显著差异。

（一）早期的美国技术政策(1787～1941年)：专利，农业，基础设施，教育和标准化

从实现独立到第二次世界大战爆发的150年左右，美国完成了从农业经济为主向工业经济为主、从乡村社会为主向城市社会为主的现代化进程，完成了一次农业革命和一次同期的工业革命，这使美国逐步成为世界一流强国。推动这一历史进程的因素是多方面的，技术进步却始终是最关键因素之一，美国政府鼓励、促进技术进步的政策措施所产生的影响更不可低估。根据1998年国家计委规划司、科技司产业技术政策课题组的研究，这一时期美国政府采取的技术政策主要有以下四个方面。

（1）建立专利制度，保护发明者的权益。美国的开国先贤们预见技术创新对于国家命运的极端重要性，因此把建立专利制度促进技术进步作为联邦政府的职责写入了美国宪法。1790年4月10日，美国国会制定了保护专利权的第一部法律，明确了联邦的责任，即“为促进科学和有用艺术的进步，确保作者和发明者在有限的时间内对其作品和发明的专有权。”1802年，建立了隶属于美国国务院的联邦专利局来执行专利法（周柏春，

2005)。

(2)促进农业技术进步，为美国的农业革命提供了技术动力和政策动力。农业技术是美国联邦政府这一时期研究经费的主要投入领域，并由此成功地带来了美国农业的一场革命(刘志高和李奇明，2001)。第一是鼓励州政府发展农业教育和研究。19 世纪中后期，联邦政府采取的主要措施是赠予土地、提供经费补贴。第二是直接组织农业技术研究，美国联邦政府力图通过引进新品种、改进老品种并把科学方法应用到农业各部门来刺激生产。第三是成立政府机构，促进农业技术研究的推广应用。1914 年，美国联邦政府建立了美国农业发展局(U. S. Agriculture Extension Service)，以确保美国农民能够从国家建立的高等院校在农业知识方面取得的突破中受益。

(3)重视基础设施和教育投资。1862 年，林肯政府颁布了《土地赠与法》(莫里尔法案)，将大片土地赠与各州，鼓励创建工业、农业和科学研究实验室，促进工农业技术发展。1887 年，海军医院服务中心成立卫生实验室，协助对付霍乱等传染病并逐渐发展成为国家卫生研究所。1900 年建立了公路实验室，发展公路网络。

(4)推进标准化制度建设，并支持重大技术发明的推广应用，为美国工业化的完成提供了重要支撑。首先是推进标准化制度建设，适应以大规模生产和大规模销售为主要特征的工业革命的需要。1901 年，麦金利总统签署法律建立了美国国家标准局(现在为美国商务部所属的国家标准和技术研究院)，为美国电气、飞机、汽车、塑料和建筑材料等的革命性发展及后来的航空技术、无线电技术和低温物理技术的发展起到了基础性作用。其次是支持重大技术发明的推广应用，推动了新兴工业部门的形成和发展。早在 1842 年，美国政府就为莫尔斯拨款 30 000 美元，铺设从华盛顿到巴尔的摩的电报线路以证明他所发明的新技术的可行性。1915 年，美国国会通过立法建立了国家航空咨询委员会(NACA)，以民用和军用的双重目的促进新兴航空技术的发展，国家航空顾问委员会后来改组成国家航空航天局

（NASA），推动政府与产业部门之间的研究开发合作，使美国在 20 世纪 20 年代和 30 年代的和平时期迅速地建立起自己的航空工业。但是，这一时期美国政府对科技活动的支持仅限于个别领域，对全国的科技应该如何发展，并没有形成全面的指导政策，没有制订国家技术规划，也没有一个负责促进技术领域合作与竞争的国家机构与规划，即使在国家所投资的有限几个领域，规模也很小，几乎没有涉及工业的关键部分（汪凌勇，1995）。

（二）第二次世界大战时期的美国技术政策（1941～1945 年）：面向军事应用

第二次世界大战期间，整个美国经济变成了战时经济，科技活动也以军事为目的。美国政府成立科学研究和研制局，负责进行战争的科技动员，并将联邦政府研究经费的 5/6 投入到军事领域的研发活动。这是美国技术政策的历史性转变，即从以促进农业技术进步为主要目标的产业技术政策，转变为以研制军事新技术装备为主要目标的军事技术政策（国家计委规划司、科技司产业技术政策课题组，1998）。美国在第二次世界大战期间出台了三个主要的技术计划：在麻省理工学院从事的雷达发展计划、发展核武器的“曼哈顿计划”和大力改进医药技术和护理计划，美国的技术发展模型也从战前的“发明—发展—技术—商业化”扩展为“科学—创新—发展—技术—商业化”，逐渐形成了以国家实验室和民间企业密切合作的研究生产体系，也确立了政府支持基础研究的体系（Bromley，2004）。其中，“曼哈顿计划”的成功显示了该体系的巨大的威力和研究效率，并促成了新墨西哥州的洛斯阿拉斯国家实验室和田纳西州的橡树岭国家实验室的建立。第二次世界大战期间，美国联邦政府的研究拨款造就了一系列重大的技术突破，发明了原子弹，开创了核能时代，而电子计算机的发明开创了信息技术时代。美国在第二次世界大战中将研制新式战略武器推到了技术发展的中心位置（刘志高和李奇明，2001），构建了一个以军事为目的、略带军事计划色彩的研究生产体系（黄先智，2003）。

（三）冷战中前期的美国技术政策（1945～1980年）：国防、空间、能源、环境、健康

1. 国防安全至上

为赢得冷战，联邦政府在国防技术及以此技术为基础的武器平台的开发进行了前所未有的投资（美国国家科学技术委员会，1999）。1945～1957年，国防研究开发支出占整个联邦研究开发经费的80%～90%。国防科技的空前投资，为国防技术的发展建立了规模空前的研发基地，构建了世界最大规模的国家研究实验室系统，使美国的军事力量拥有强大技术优势。

2. 关注民用技术

冷战时期，美国政府的技术政策也逐步重视通过重点支持国防科技发展来间接促进民用技术进步（政府技术的效益溢出）。技术投资范围涉及民用航空和先进材料到计算机与通信等领域，持续不断的技术投资和国防部对早期样品的采购促进了这些技术的成熟和对商业市场的适应，并造就了许多在世界占领导地位的产业部门和大型企业创造了巨大的商业效益。从某种意义说，美国加州硅谷的崛起就是国防科技政策的产物。

3. 大力发展空间技术

1957年，苏联成功地发射了第一颗卫星和第一颗洲际导弹，美国朝野一片震惊。从此，竞争空间优势就成为美国科学技术的重要使命，国防研发开始让位于以空间计划为优先的民用研究开发。1958年，艾森豪威尔总统颁布《国家航空和空间法》，成立国家航空航天局（NASA）。1958年9月通过的《国家国防教育法》，扩大了对中小学教育等的资助及改进科学与数学教育，提高了未来科学研究的人才基础。1957～1967年，为了实施“阿波罗”登月计划，肯尼迪政府在资金、人力和资源方面的经费投入增长了4倍（刘志高和李奇明，2001）。1969年，“阿波罗”号登月成功，并带动了美国在太空生物医学、核技术、系统工程学、计算机模拟技术等方面的巨大进步，增强了美国在航空航天、卫星通信、计算机、电信及其他行业的竞争力。

4. 重视医学研究

从 20 世纪从 50 年代开始，联邦政府承担起推进医学科学的义务，加大了对卫生科学的资助，建立了一个以国家卫生研究所和医学研究性大学为中心的国家卫生研究基础设施。由此，美国开始确立在医学领域的领先地位，涌现出许多重大的医学发现，如抗生素、根除小儿麻痹症的脊髓灰质炎疫苗等（美国国家科学技术委员会，1999）。大幅投资产生了丰富多样的药物、治疗方法和医学技术，将美国的制药工业推到了全球领先地位，促发了生物技术工业的诞生。

5. 重视能源与环境研究

1974 年，美国联邦政府成立了能源研究发展局（ERDA），进行新型能源开发、能源效率的提高、能源的保护、环境的保护和环境治理技术等方面的研究。1977 年，ERDA 改为能源部，对能源研究的资助达到顶峰。

这一时期，联邦政府的技术政策主要面向基础研究和各种政府使命。为应对冷战和与苏联的空间战，美国政府特别加大对国防和空间相关的投资（美国国家科学技术委员会，1999）。为此，美国建立了强大的政府研究开发体系，建立了在军事方面的强大技术优势，为美国全球战略的有效实施奠定了基础；同时造就了一批重要的新兴产业，为美国保持在全球范围的经济优势提供了技术基础（周柏春，2005）。但同时也带来了一个严重的问题，即由于绝大部分资源和经费都用于空间科学和国防研究，降低了工业商品竞争能力。

（四）冷战后期的美国技术政策（1980～1988 年）：民用技术开发、扩散、合作研究

这一时期，西欧和日本在科技和经济上对美国展开了强有力的挑战，美国包括汽车工业在内的一系列重要产业甚至一些曾占据绝对优势的高技术产业纷纷陷入困境。这促使美国官方和民间都开始对国家战后的技术政策进行全面反省，如 1983 年商务部的《美国竞争力评价报告》、1985 年的《总统竞争力委员会报告》（王艳，2000），认为造成美国竞争力下降的原因

主要是缺乏一套既能够促进国家安全又能够保证国际商业竞争力的技术政策。为此，美国在 20 世纪 80 年代后开始调整技术政策。

（1）将技术政策与国民经济的协调发展作为一个大系统来进行研究，逐步形成综合性的国家技术政策，致力于同步加强国家安全和国际商业竞争力。这一时期美国政府颁布了六部与科技有关的重要法规，另外还颁布了减税和扩大贸易的其他法规来改善商业环境和促进企业对商业技术的研究开发。

（2）加强基础研究和应用研究，鼓励民间参与技术开发。1981 年，通过了《经济复兴税收法》，规定企业在 R&D 方面超过三年平均水平的开支增加额即可享受 25%的税收减免；1982 年的《中小企业技术创新促进法》鼓励中小企业创新，利用中小企业的技术力量来满足联邦政府研究开发工作及商业市场的需要，并强化社会各界在联邦政府研究成果商品化过程中的作用。结果是，工业界用于研发的开支自 1939 年以来首次超过了联邦政府。

（3）推进联邦政府研究成果向私营企业的转移制度化，确立促进联邦政府研究成果转移、扩散和商业化的政策，充分挖掘第二次世界大战后联邦政府国防导向科技投资的商业价值。联邦政府明确赋予了自己在促进工商业创新方面的广泛职责，出台了一系列刺激技术转移的政策，如 1980 年的《大学和小企业专利程序法》(Bayh-Dole University and Small Business Patent Procedures Act）和《技术创新法》(Stevenson-Wydler Technology Innovation Act)、1984 年的《国家合作研究法》(National Cooperative Research Act）和 1986 年的《联邦技术转移法》(Federal Technology Transfer Act)(Coburn，1995)，都极大地促进了联邦政府研究成果转移、扩散和商业化，促进了产业技术创新。

（五）1988～2000 年的美国技术政策：合作研究，民用技术加强，发展关键技术

冷战结束后，全球经济发展格局产生了新的变化，高新技术被视为经

济发展的制高点，美国面临着严峻的科技和经济国际竞争。1993 年上任的克林顿总统为此对国家技术政策作了重大调整，进一步发挥政府的职能作用，依靠技术创新促进经济持续增长。克林顿政府明确把经济安全作为对外政策的支柱之一，把经济利益放在对外政策的首要位置，提出“技术是经济增长的发动机”，更加强调技术在促进经济增长和提高竞争力方面的作用。在这一时期中，民用技术得到了进一步加强，合作研究是科技政策的核心，重点扶植关键技术。

1. 加强政府、企业和大学间的合作伙伴关系

从 20 世纪 80 年代开始，政府与企业和大学就建立了合作伙伴关系，把双方的目标和利益结合起来。这种“三重螺旋”关系在克林顿执政期间得到了空前的重视和加强，也被认为是克林顿政府科技政策措施的核心，如 1988 年通过的《综合贸易和竞争法案》(Omnibus Trade and Competitiveness Act) 使联邦政府与产业界间的合作伙伴关系更加紧密。该法案授权美国商务部国家标准和技术研究院出台了加强产业界—政府合作的《先进技术计划》(ATP) 和为美国中小制造企业提供技术援助的《制造推广合作伙伴计划》(MEP)(Coburn，1995)。政府出台了一系列加强政府与企业之间的技术合作计划，如技术再投资计划、先进技术计划、新一代汽车合作研究开发计划、环境技术计划和能源部未来工业项目计划等，以推进技术的发展、商业化和应用。这些政策思路在小布什政府中也继续得到重视和加强。

2. 加强民用技术

1990 年 9 月，老布什政府在《美国技术政策》文件中正式提出了美国国家技术政策制定的基础、目标，实施的战略和方案，并提出了支持技术发展的五项政策：鼓励私人部分发展新技术；加强教育和培训；确定联邦政府在研究与开发方面的责任；转让联邦资助的技术；充分认识分散化的重要性，鼓励各州根据本州特点进行发展。1992 年，美国国会通过了再投资法，启动了技术再投资计划，主要目的是促进军民两用技术的开发，鼓励利用民用技术来发展军用产品。1993 年 2 月，克林顿在硅谷发表的政策声明《技术

为经济增长服务：构筑美国经济实力的新方向》勾画了美国国家技术政策的蓝图。在声明中克林顿确立了三个突出的目标：一是创造就业并保护环境的长期经济增长；二是建立一个更有效率并且对公民的需要更负责任的政府；三是建立在基础科学、数学与工程学领域的世界领导地位（丁太顺，2005）。

1996 年 7 月 25 日，美国国家科学技术委员会发表了题为“为了国家利益的技术”的报告，集中体现了克林顿政府的技术政策。该政策提出的五大目标：创造一个有利于私营企业创新和竞争的商业环境；鼓励技术发展、商业化和应用；建设面向 21 世纪的支撑和促进工商业发展的基础设施；推进军用和民用产业的技术基础一体化；培育世界一流的劳动力队伍，至今仍是美国技术政策的重要导向（国家计委规划司、科技司产业技术政策课题组，1998）。

3. 发展关键技术

20 世纪 90 年代开始，联邦政府改变了以往在研发资助方面只涉及具体项目的一贯做法，开始亲自支持发展关键技术。1994 年，美国竞争力委员会发表《1994 年新版关键技术》，明确发展六大研究与开发计划，即“先进制造技术计划”（AMT），“高性能计算与通信计划”（HPCC），“先进材料与工艺技术计划”（AMPP），“生物技术研究计划”，“全球变化研究计划”，“科学、数学、工程和技术教育计划”；推行一系列技术计划，即“促进经济增长计划”、“新一代车辆合作计划”、“建筑和建设计划”、“基础知识投资计划”、“航空与航天计划”、“技术再投资计划”（TRP）、“扩大先进技术计划”（ATP）、“国家信息基础设施行动计划”（NII）和制造技术推广中心的“国家网络计划”（MEP）。把信息通信基础设施的建设放在首要位置，进一步加强信息通信产业建设。

4. 鼓励民间参与研发商业化

在 20 世纪 90 年代由于产业界的研发投入的大幅增长，美国研发投资在 1994～1997 年均增长速度达到 4.3 %，是 20 世纪 80 年代以来增幅最大的。产业界的研究开发投入以年均 7.7 %的速度增长，联邦研发投入中的非国防投入也开始占据更大的比例，从 1994 年开始超过国防研发投入。

总的来看，这一时期的美国技术政策，尤其是克林顿政府实施的技术政策，是美国自第二次世界大战以来科技政策的一次重大调整，甚至可以说是一场革命（谢伟，1994）。克林顿政府对科学技术的重视和适宜的技术政策给美国带来了经济的繁荣，力保美国在亚洲金融危机期间仍然交出了优秀的经济答卷，其中高技术的发展及其产业化起到了重要的作用。

（六）2001 年至今的美国技术政策：国家安全、医疗保健、环境健康、能源和高科技

小布什政府期间，技术政策主要围绕科技反恐、研究与发展满足国民的需要、提高能源效率以增强国民经济 3 个关键领域而展开[①]，表现在：①重视军事科技，把与国防等军事相关的科研放到更突出的位置。2002 年，国家研究理事会（NRC）在《使国家更安全，科学技术在反恐中的作用》报告中明确了 9 个需要考虑的领域和 14 个重点技术计划。小布什政府没有遵循克林顿政府将研发重点由军用改为民用的思路，而提出要增大国防军事研发费用。2005 年联邦国防研发预算超过全部研发预算的 57%，总额达 747 亿美元，创历史新高（李文凯，2005）。②继续推行科技计划，重点发展信息、生物和纳米技术，重视通过技术移转机制，让国防科技商用化，以提升美国高科技产业的竞争力[②]。2003 年 12 月，小布什总统签署了《21 世纪纳米技术研究开发法案》，并设立新的永久性“国家纳米技术行动计划”（NNRP）。2001 年信息技术研究计划经费为 3.27 亿美元，约为 2000 年的 2.6 倍。联邦政府 2000 年预算中投入纳米技术研发的经费为 2.7 亿美元，而在 2001 年高达 4.9 亿美元（汪力，2001）。③关注能源、环境问题，塑造新的能源、环境政策。2001 年 5 月 28 日，小布什发表《国家能源政策》报告，提出增加石油、天然气、煤炭和电的产量，加强能源基础设施建设，通过加大投入和减税，鼓励节能和能源开发。2004 年小布什宣布能

① Promoting innovation and competitiveness: president Bush's technology agenda. http://www.whitehouse.gov/infocus/technology/tech2.html

② 美国技术政策. http://tdpa.tdp.org.tw/include/getfile

源部将资助 35 亿美元（约占美国总统委员会研究基金的 1/3）用于克服氢经济中的障碍[①]；在 2002 年对生态环境、人类社会、天地系统等复杂性课题研究资助 5800 亿美元，比 2001 年增长了 5.9%（陈文涛和陈淮，2004）。④关注医疗健康。在 2004 年发布的《布什总统的技术纲要——新一代的技术创新》中，小布什宣布了健康信息计划，相信电子医疗记录的创新和医疗信息的安全交换能改善美国医疗护理质量，降低医疗费用、提高管理效率，并设定了在 10 年后保证美国大部分公民拥有电子健康记录这一雄伟目标。为实现这个目标，2005 年的资助经费比 2004 年翻了一番，达 10 亿美元[①]。

奥巴马政府执政期间，其在基础设施方面的技术政策与其意欲恢复制造业在美国经济的中心地位的步骤措施息息相关。在过去 30 多年的经济全球化中，美国将外包发挥得淋漓尽致，尽管通过高科技研发获得了超额的利润，但目前的共识是：离岸（off shore）转移工作、拆散美国经济的制造业基地，已经对国家整体造成了灾难性的后果。因此，奥巴马的技术计划的特征之一是在日益显现的“绿色经济”框架内建立新企业，创造新的工作岗位。奥巴马的长期计划勾画了对美国经济的技术基础进行基本重组。他希望通过设计、制造和销售新型、灵敏的“绿色”产品来振兴国家工业能力（温纳，2010）。

奥巴马在首次就任美国总统之初就把科学技术议题放在重要的位置，提出“投资美国的未来——奥巴马-巴登科学与创新计划政策”。该计划特别强调科学、技术和创新是解决国家面临的许多紧迫问题的关键，包括 5 个要点：①恢复科学政策的诚信和健全，以确保基于科学信息的决策建立在最强有力证据的基础之上；②在未来的 10 年内，使联邦投入主要科学机构基础研究的投资翻一番，特别注重支持刚进入职业生涯的青年研究人员，注重支持高风险、高回报的研究；③国家承诺科学教育和培训，招募美国最有聪明才智的人教授 K-12 的科学和数学课程，把国家科学基金会（NSF）研究生

① A new generation of American innovation: president Bush's technology agenda. http://www.whitehouse.gov/infocus/technology/economic_policy200404/toc.html

研究奖学金的数量增加 3 倍；④通过固定 R&D 税收的信用、使专利系统高效、免除新创业公司和小公司的资本所得税及促进下一代宽带和互联网发展的部署，鼓励美国人的创新走向繁荣；⑤解决 21 世纪面临的宏大挑战。通过加速向低碳、不受石油束缚经济的转型，使全体美国人民过上更长寿、更健康的生活，保护国家免受新的安全威胁。奥巴马政府执政后，其科技政策基本按照上述计划展开（樊春良，2009）。另外，该计划提出了 7 大技术目标：①确保信息在开放的互联网上充分而自由地交流，并保障各种传媒渠道畅通；②创建透明的、互联的民主政府；③部署现代的通信基础设施；④提高美国的竞争力；⑤让所有的孩子准备好参与 21 世纪的经济发展(提出要把数学和科学教育作为国家的一个重点)；⑥让成年人能够适应经济的不断变化(提出要实现终身再培训等目标)；⑦利用科学、技术和创新解决国家面临的诸多紧迫问题（张崇乾，2009）。

另外，为了应对能源危机和全球变暖，奥巴马政府提出要在未来 10 年投入 1500 亿美元用于开发可再生能源技术，如风能、太阳能、地热能、生物燃料等，并把创造“21 世纪清洁能源经济”的竞赛看成 20 世纪 60 年代的空间竞赛，美国将与其他国家尤其是中国展开竞争，看谁能够开发出第一个成功的绿色经济并使之市场化（温纳，2010）。2011 年 1 月 25 日，奥巴马在向国会发表的国情咨文中强调，美国需要开发领先于世界的新的清洁能源技术，到 2035 年美国 80%的电力应来自于风能、太阳能、核能、清洁煤和天然气等清洁能源，提出多项措施以确保美国成为第一个拥有 100 万辆先进技术车辆的国家。

美国技术政策的发展历程，见表 8-1。

表 8-1　美国技术政策发展史

时期	技术政策特点	技术政策大事件
1787～1941 年	专利、农业、基础设施、教育和标准化	①国家第一项技术政策直接写进美国宪法，明确联邦的责任：为促进科学和有用艺术的进步，确保作者和发明者在有限的时间内对其作品和发明的专有权；②《土地赠与法》(莫里尔法案)（1862 年）；③国家标准局法令（1901 年）；④国家航空咨询委员会(1914 年)

续表

时期	技术政策特点	技术政策大事件
1941～1945年	曼哈顿计划、科学和制造业	美国的“曼哈顿计划”、MIT RAD实验室雷达和医药技术发展是第二次世界大战期间三个主要技术项目
1945～1980年	国防、空间、能源、环境、健康和科学	①《国家航空和空间法》(1945年)；②《国家国防教育法》(1945年)；③“登月计划”(1969年)；④成立能源研究与开发局(ERDA)(1976年)；⑤《国家技术政策、组织和优先领域法》⑥美国家科学技术政策办公室(OSTP)(1976年)
1980～1990年	政府研究商业化的合作伙伴关系、合作研究、民用技术的开发和扩散	①《大学、小企业专利程序法》(贝赫-多尔法案)和《技术创新法》(史蒂文森-怀德勒法案)(1980年)；②“小企业创新研究计划”(SBIR)(1982年)；③“非营利机构达成合作研究与开发协议”(CRADAS)(1986年)；④“多元贸易和竞争法案”(1988年)；⑤产业界—政府的“扩大先进技术计划”(ATP)，“制造推广合作伙伴计划”(MEP)
1990～2000年	创造技术合作的商业环境、鼓励技术开发、商业化和应用、建设一流技术基础设施、推进民用和军用一体化、拥有世界一流劳动大军、发展关键技术	①美国技术政策声明(1990年)；②成立了国家科学技术委员会(NSTC)(1993年)；③《有助于美国经济增长的技术：增强经济实力的新方向》(1993年)；④《科学和技术》(1995年)；⑤《技术和国家利益》(1996年)；⑥《国家安全科学技术战略》、《国家关键技术》、《1994年新版关键技术》和明确发展六大研发计划：“先进制造技术计划”(AMT)、“高性能计算与通信计划”(HPCC)、“先进材料与工艺技术计划”(AMPP)、“生物技术研究计划”、“全球变化研究计划”、“科学、数学，工程和技术教育计划”；推行一系列技术计划，“促进经济增长计划”、“新一代车辆合作计划”、“建筑和建设计划”、“基础知识投资计划”、“航空与航天计划”、“技术再投资计划”(TRP)、“扩大先进技术计划”(ATP)、“国家信息基础设施行动计划”(NII)和制造技术推广中心的“国家网络计划”(MEP)
2001年至今	国家安全、医疗保健、环境健康、能源和纳米技术	①《使国家更安全，科学技术在反恐中的作用》；②成立第一个反恐研发中心“恐怖事件经济和风险分析中心”(2003年)；③《21世纪纳米技术研究开发法案》、“国家纳米技术行动计划”(NNRP)(2003年)；④气象局的《气候变化科学计划战略蓝图》(CCSPSP)；⑤能源部《美国向氢经济过渡的2030年远景展望报告》和《国家氢能源路线图》、“国家植物基因组计划”(NPGI)；⑥航空局“轨道航天飞机”、“大天文台计划”

二、美国的科技管理体制

（一）美国科技管理体制的基本轮廓

美国的科技管理体制属多元分散型。联邦政府没有设立类似中国科技部的专门机构负责全国科学技术活动的组织、协调与规划，而是由行政、立法、司法三个系统不同程度地参与国家科学技术政策的制定和科技工作的管理（图 8-1）。行政部门掌握财政杠杆，直接具体执行各种科技计划和项目，制定科技预算，向国会提出立法建议，并且是各种法案的具体执行者。国会则负责最终审批预算，并且通过立法决定有关知识产权、税收、监管等的基本政策框架。白宫与国会是美国科技决策的核心，它们在权力上相互制衡，在制定国家总的科技政策方面都扮演着重要角色。司法部门负责科技管理有关法律条文的最终解释权。政府各部门为实现特定任务在编制科技政策和建设方面拥有很大的自主权[①]。

白宫的科技管理机构主要由五个部分组成：①总统科技助理，负责就政府的重大政策、计划等提供科学和技术角度的分析和观点，直接向总统报告；②白宫科技政策办公室（OSTP），它综合考虑联邦政府主要的政策、计划和项目，向总统提供有关科学、工程和技术的分析、判断；③国家科学技术委员会（NSTC），为联邦政府在信息技术及健康研究等领域的投入、改善交通系统及加强基础研究等方面确定国家的目标；④总统科技顾问委员会（PCAST），从民间、私营及非政府部门的角度提供关于对这些科技计划的反馈意见，并向 NSTC 提出对事关国家发展的科技问题的建议；⑤预算管理局（OMB），主要负责联邦政府的预算编制工作，并负责监督政府各行政部门的预算执行情况。

国会是美国的立法机构，通过其对全国科学技术的立法权、大型科研项

① 国外宏观科技管理体系比较研究 . http://www.ocs-ln.gov.cn/hcweb/main_newslist.asp?id=5981

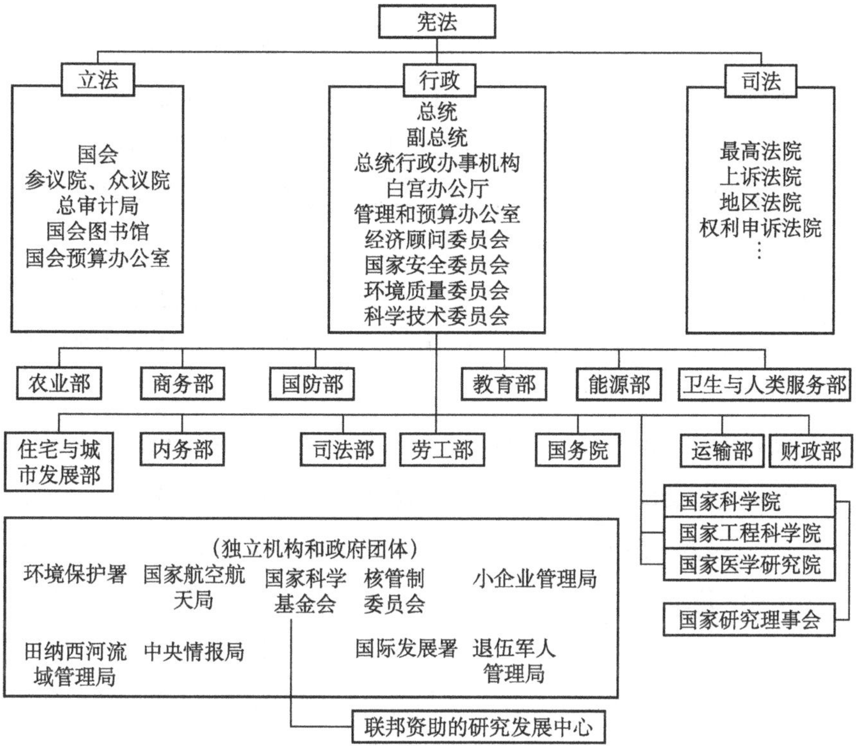

图 8-1　美国政府科技管理系统图

资料来源：朱斌(2000)

目的拨款权、政府各部门科研经费的审批权来保障科技的发展。美国国会的参众两院都有负责科技事务的委员会。众议院负责科技事务的是科学委员会，下设科学、航天航空、能源和环境、技术和标准四个分委员会；参议院负责科技事务的授权委员会是商务、科学与运输委员会。国会还下设国会预算局、总审计局、技术评估局（现已撤销）、国会图书馆中的科学技术研究和参考服务部等机构。

司法部门在美国宏观科技体制中也十分重要。最近几年，美国在科技管理、特别是高科技产业方面的一些重大法律解释，如微软是否构成垄断、商业方法专利是否合法、数字音乐是否侵犯版权等，都是司法体系内部作出的决定。

美国没有统一的管理机构，而是分属于各个不同的职能部门。美国联邦政府的许多部门，如国防部、卫生部、能源部、商务部、农业部、运输部、环保局等，都设有相应的科技管理机构，负责本部门科技研发工作的管理与协调。科技预算主要由联邦政府主导投入属于应用研究及技术开发的部分，国防部、卫生部、能源部及农业部等部门各有其科技预算，由各部门根据自己的需求而分别编列，政府联邦负责协调与整合科技预算，再呈送美国国会审查预算。国防部是美国联邦政府科技预算的最大使用者。

美国政府除了正式的部级机构以外，还有许多行政机构协助其工作。因为这些机构不隶属任何一个部管辖，名义上都直属总统，所以通常称为独立机构。在技术研发方面作用较大的独立机构有环境保护署（EPA）、联邦通信委员会（FCC）、政府出版局（GPO）、国会图书馆（LC）、国家航空与航天局（NASA）、国家科学基金会（NSF）等。另外还包括一些半官方、非官方的组织机构，如国家科学院（NAS）、国家工程院（NAE）、史密森学会（Smithsonian Institution）等。

（二）美国主要的技术决策机构

1. 科技政策办公室

科技政策办公室(Office of Science and Technology Policy，OSTP)成立于1976年，为总统直属机构，由总统科学技术顾问兼任局长职务，综合处理有关科学整体政策及拟订研究发展计划。

美国的科技发展主要由OSTP负责协调。根据1976年《优先权法案》，OSTP履行以下使命：向总统及总统办公室的其他人员就科技对国内和国际事务的影响提出建议；牵头多部门制定和实施合理的科学技术政策和预算；与私营部门合作以确保联邦政府的科技投入能够促进经济繁荣、环境改善和国家安全的提高；在联邦政府、州政府、地方政府及其他国家和科学团体之间建立强有力的合作关系；评估联邦政府科技措施的规模、质量和成效[1]。OSTP 主任由参议员推荐，并兼任总统科技顾问委员会联席主席。办公室主任下辖四名由参议员推荐的主任助理（副主任），分别负责四个分部：环境分部、科学分部、技术分部、国家安全与国际事务分部[2]。

2. 国家科学技术委员会

国家科学技术委员会(National Science & Technology Council, NSTC)成立于 1993 年 11 月，取代原先的联邦科学工程与技术协调委员会（The Federal Coordinating Council on Science, Engineering and Technology, FCCSET），由 OSTP 支援 NSTC 的运作，共同为美国科技政策的最高协调机构。NSTC 法定 26 名成员，由美国总统担任主席，成员包括副总统、总统的科技顾问、科技相关的联邦部门首长和其他白宫官员。执行文件规定国家科技委员会的主要任务为：①协调科学和技术政策制定过程；②保证科技决策和项目与总统的国家目标相一致；③帮助整合总统的科技政策纲要进入联邦政府议程；④保证在制定和实施联邦政策和项目时考虑到科学与技术；⑤促进科学和技术的国际合作[3]。为了达成上述任务，国家科技委员会下设四个执行委员会：科学委员会、技术委员会、环境与自然资源委员会、国家安全委员会[4]。

3. 总统科技顾问委员会

总统科技顾问委员会（The President's Committee of Advisors on Science & Technology, PCAST)成立于 1993 年 11 月，旨在增加民间各界提供建议的管道，提升产业界对科技政策的参与程度，协助 NSTC 更周详地将全国需求纳入科技政策。根据 1993 年 12882 号执行文件规定，PCAST 由 19 人组成，成员来自产业界、教育界、研究机构及其他政府部门，并由总统

---

① http://www.ostp.gov/html/_whatwedo.html

② http://www.ostp.gov/nstc/html/_committees.html

③ http://www.ostp.gov/nstc/html/_executiveorder.html

④ http://www.ostp.gov/nstc/index.html

直接指派，OSTP 主任兼任总统科技顾问委员会联席主席。NSTC 与 PCAST 保持良好互动，民间单位的意见可透过 PCAST 传达给 NSTC。2001 年 9 月，小布什政府发布 13226 号 PCAST 执行文件①，规定 PCAST 成员不得超过 25 人，其中 1 名必须是总统任命的联邦政府官员，其他 24 名必须是总统任命的非联邦官员，他们在科学、技术上有不同的看法和专长，并对国家的科学技术发展具有影响力。

4. 国防先进研究工程局

国防先进研究工程局（Defence Advanced Research Projects Agency，DARPA）是美国联邦政府科技预算的最大使用者。苏联人造卫星上天以后，美国的第一个反应就是于 1958 年 2 月 7 日成立了 DARPA，旨在保证美国拥有最先进的技术并应用于军事，防止竞争敌手出现技术上的意外领先。DARPA 成立 50 多年来，作为一个完全独立的机构，人员保持在 240 人左右，年度预算保持在 20 亿美元左右。虽然人员很少，但它却是美国军事科研的最高机构，不仅为美国强大的军事能力作出了重大贡献，而且也是今天进入千家万户的电脑、软件、通信、Internet 和网络技术的发源地。克林顿总统盛赞 DARPA 的工作是“使美国经济增长的技术，增强经济实力的新方向”，是“王冠上的宝石”②。DARPA 由先进技术办公室、国防科学办公室、信息系统办公室、信息技术办公室、微系统技术办公室、特种工程办公室和战术技术办公室这 7 个办公室组成，各自负责推进 3～5 个计划。

5. 能源部的科技管理机构

能源部在美国的基础研究、应用研究、技术开发、研发设备投入 4 个方面都在全美国政府科技投资中名列前 5 位。具体负责科研工作的专业司局是科技局，直接向能源部部长和联邦政府（总统）负责，下属 9 个处：基本能源科学处、生物医学与环境研究处、高能与核物理处、聚变能源科学处、

① http://www.whitehouse.gov/news/releases/2001/10/20011001-1.html

② http://222.36.0.122/wendlar/download/downpdfcn/32.pdf

先进科学计算处、资源管理处、策划分析处、实验室政策处、实验室行政管理处。

6. 商业部技术管理局

1988 年，美国国会在商业部设立技术管理局（Technology Administration，TA），旨在寻求方法使技术对美国经济增长的贡献最大化、产生高薪工作机会、提高生活质量。 TA 下设三个机构：技术政策办公室（OTP）、国家标准和技术研究院（NIST）、国家技术信息服务中心（NTIS）。 其中，NIST 是一个开放性应用研究机构，其研究计划吸收了来自国内外大学、产业界、政府等单位研究人员的广泛参与，各研究所设备也可供外界使用，提供试验场所。 在研究补助方面，NIST 对产业界、学术界和其他组织以竞争的方式提供研究补助，除前述 ATP、MEP 计划外，还包括中小型企业创新研究计划（SBIR）、精密测量研究补助、防火研究补助、Standard Reference Data 研究补助、材料科学和工程研究补助等[①]。

三、美国的主要技术政策

（一）美国的技术产业政策

美国历届政府都认为技术的国际领先地位对于美国的国家利益是至关重要的，相继确定了国家的关键技术或国家关键技术开发计划。

1989 年，国防部公布了国家重要技术项目，以促进未来经济发展及支援产业的策略指导。 1990 年，商务部也公布类似关键技术清单。 OSTP 也基于国家安全保障与经济产业竞争力的观点，1991～2000 年每两年向总统与国会提出《国家关键技术报告》(National Critical Technology Report)。

1991 年 4 月，白宫发布了第一份美国国家关键技术报告，提出了对国家经济繁荣和国家安全至关重要的六个领域（材料技术、制造技术、信息和通信技术、生物技术、航空和运输技术、能源和环境技术）的 22 项关键技

① 美国技术政策 . http://tdpa. tdp. org. tw/include/getfile

术，并以国家需要性、重要性与关键性，市场规模和其他观点等三大评估准则来选择具体的国家关键技术。在1993年1月第二次关键技术报告中，依据1991年国家关键技术项目提出了具有经济重要性的关键技术，包括应用分子生物、分散式运算和电信、电力供给和输配等。1994年，美国竞争力委员会发布的《1994年新版关键技术》明确了发展六大研究与开发计划，即："先进制造技术计划"（AMT）、"高性能计算与通信计划"（HPCC）、"先进材料与工艺技术计划"（AMPP）、"生物技术研究计划"、"全球变化研究计划"、"科学-数学-工程和技术教育计划"，并推行了一系列技术计划，如"促进经济增长计划"、"新一代车辆合作计划"、"建筑和建设计划"、"基础知识投资计划"、"航空与航天计划"、"技术再投资计划"（TRP）、"扩大先进技术计划"（ATP）、"国家信息基础设施行动计划"（NII）和制造技术推广中心的"国家网络计划"（MEP）。1995年3月，克林顿政府发布《美国国家关键技术》报告，确立了能源、环境品质、信息与通信、生命系统、制造、材料及交通等七大技术类别共27项技术领域。

进入21世纪，美国研发投资的重点集中在信息科技、纳米技术等领域及与产业科技关系密切的领域。针对信息科技，美国政府推动的重大计划是"21世纪整合信息技术计划"（Integrate the Information Technology for the Twenty-first Century）、"高性能运算和通讯计划"（High Performance Computing and Communications）等，研究内容包含与网路技术有关的下一代网络（next generation internet）、与政府效能有关的数字化政府（digital government）、与环保有关的即时环境监测系统（real-time environmental monitoring）、数字地球（digital earth）、与生产有关的尖端制造（advanced manufacturing）体系等。在纳米科技领域，主要包含纳米在各方面应用的研究，例如，可早期发觉恶性肿瘤的微型侦测器研发、微型电脑晶片的发展、先进材料的发展、人工光合作用等洁净能源技术等。美国政府除在NSTC中成立纳米领域政策咨询小组（Nanoscale Science, Engineering and Technology）统筹国家纳米发展外，还在2001年2月推动跨部门的"国家纳米科技计划”(National Nanotechnology Initiative, NNI)①。

(二)美国的技术转移政策

尽管美国的国家研发能力超群，但由于所有接受联邦政府经费资助的研发成果依法均归属联邦政府，非经核准不得加以应用，且研发成果也限制以专有授权方式转至私营企业，降低了私营企业利用政府研发成果的意愿(郑笑，2004)，这导致美国制造业在20世纪70年代被日本、西欧及新兴工业化国家赶上，贸易赤字与失业率居高不下。为扭转公共科学研究与产业技术创新绩效不同步的困境，美国开始高度重视将实验室研究成果向产业界转化，自1980年以来通过实施一系列创新性的政策与法律，为科学界和产业界的联动创造了良好的环境。1980～2000年美国颁布了多部与技术转移相关的法律和法规。这些政策及法律后来得到许多国家的借鉴和效仿，在世界范围内形成了促进大学及政府所属研究机构的技术成果转移到企业的热潮。

(1) 1980年的《史蒂文森·怀德勒技术创新法》(The Stevenson-Wydler Act)。这是美国有关科技成果转化的一系列法案当中第一部定义和促进技术转移的法律。该法主要以联邦实验室为规范客体，允许联邦实验室将技术移转给产业界，并要求其在产学研技术合作中发挥积极作用；要求联邦实验室对外发布信息；在主要的联邦实验室内部成立研究和技术应用办公室(ORTA)；在国家信息技术中心(NTIS)内部成立联邦技术利用中心，协调各联邦实验室的工作；要求将联邦实验室预算的0.5%(后修订为充足的经费)用于支持技术转让活动；设立了国家技术奖，由总统授予在技术创新和技术人才培养方面有突出贡献的个人或者企业(郑笑，2004)。

(2) 1980年的《拜杜法》(The Bayh-Dole Act)，也称《大学、小企业专利程序法案》，这是一部美国历史上最重要的激励科技成果转化的法规。该法主要是以大学、中小企业和非营利研究机构为规范客体，允许上述类型机构对政府资助所得的研发成果拥有知识产权，并可以专有或者非专有方式授

① 美国技术政策. http://tdpa.tdp.org.tw/include/getfile

权给产业界，进行技术转让；研发成果的运用需符合美国工业优先原则，即该研发成果之商品必须在美国境内生产、制造；有关发明的描述受到法律的保护不向公众扩散；联邦政府在一定条件下（取得专利的机构在合理长的时间内未有效实施该发明，或未能满足国家安全或者公众合理使用该发明方面的要求，或成果转让违反了美国工业界优先受让的原则）可使用介入权（郑笑，2004）。《拜杜法》是美国研究型大学技术转移政策发展中具有划时代意义的公共政策，其意义在于把所有在政府支持和帮助下完成的发明和发现从实验室解放了出来，为美国研究型大学技术转移提供了新的平台。

（3）1982 年的《小企业创新法》（Small Business Innovation Development Act）。该法于 1982 年颁布实施，其目的是鼓励中小企业技术创新，利用中小企业的技术力量来满足联邦政府研究开发工作及商业市场的需要，并强化社会各界在联邦政府研究成果商品化过程中的作用。

（4）1984 年的“国家合作研究法”（National Cooperative Research Act）。该法于 1984 年颁布，允许两家以上的公司共同合作从事同一个竞争研发项目而不受《反托拉斯法》的限制，并促成了若干个大学和产业界组成的技术转移联盟，如半导体研究公司和微电子与计算机技术公司等。

（5）1986 年的《联邦技术移转法》（Federal Technology Transfer Act）。该法对《史蒂文森·怀德勒技术创新法》进行了修订，目的是建立国家实验室与企业合作进行研发的机制，加速推动技术转移和商品化（郑笑，2004）。

（6）1987 年的“12591 号总统令”。目的是确保联邦实验室和政府机构通过转让技术支持大学和私营企业。总统令要求联邦政府机构和实验室的负责人识别和鼓励在联邦实验室、大学和企业之间积极充当信息管道的个人。强调政府对技术转让的承诺，并促进 GOGO 实验室在法律允许的范围内签署合作协议。总统令还要求联邦实验室在法律允许范围内，可将完全或者部分使用联邦资助获得专利的所有权转让给实验室的运行方，前提是联邦政府有免费使用专利的许可（郑笑，2004）。

（7）1989 年的《国家竞争力技术转让法》。该法对共同合作研发协议（CRADA）的使用新增加了指导意见，允许 GOCO 联邦实验室与大学和私营企业签署 CRADA 和其他合作协议，具体操作方式与 1986 年《联邦技术转让法》对 GOGO 联邦实验室的规定相同。为了保护 CRADA 的商业性，该法要求由 CRADA 产生或者带入 CRADA 的信息和创新技术不向第三方公开。另外，对能源部的核武器实验室提出技术转让的任务。

（8）1991 年的《美国技术卓越法》。该法要求联邦实验室联盟在其提交国会和总统的年度报告中加入独立年度审计的内容。将知识产权视为 CRADA 之下的潜在贡献，允许知识产权在 CRADA 的参与方之间进行交换，也允许联邦试验室主任将多余的仪器捐赠给教育机构和非营利组织（郑笑，2004）。

（三）美国主要的技术环境政策

1. 美国的知识产权政策

以专利权为核心的知识产权，是美国新经济的基础，也是当代美国经济的核心利益之一。多年来，美国利用其长期积累的科技成果、完善的知识产权保护法律体系和管理体系，在保持美国全球经济的霸主地位中发挥了重要作用。

1）美国的知识产权战略

美国知识产权的法律建设可以追溯到联邦政府成立的第一天，开国元勋们认识到专利和版权在鼓励研究和创新中的重要性，把其写入了《宪法》第一条第八款，提出国会有权“保障著作家和发明人对各自的著作和发明在一定的期限内的专有权利，以促进科学和实用艺术之进步”。1985 年，美国政府竞争力委员会提出了关于知识产权的新观点，在美国国内和国外强化保护知识产权是提高美国产业竞争力的有效措施。此后，美国政府立即开始实施这一战略。美国的贸易代表办公室成为实施对外知识产权战略的有力部门，它以双边和多边谈判为手段，成功地建立和发展冷战结束之后的以知识产权为主导的经济新秩序。2003 年 2 月 11 日美国专利和商标办公室

（The United States Patent and Trademark Office，USPTO）向国会正式提交了“21世纪战略计划”，旨在“创造一个关注质量的、高生产率、反应敏捷的组织来支持21世纪市场驱动的知识产权系统”，“保证知识产权系统为强大的全球经济作贡献、鼓励创新投资、培育企业家精神”①。

美国实施知识产权战略主要沿着三种轨迹延伸：①根据国家利益和美国企业的竞争需要，对《专利法》、《版权法》、《商标法》等传统知识产权立法不断地修改与完善，扩大保护范围，加强保护力度；②国家加强调整知识产权利益关系，在鼓励成果转化方面强化立法；③在国际贸易中，一方面通过其综合贸易法案的“特殊301条款”对竞争对手予以打压，另一方面又积极推动WTO的知识产权协议（TRIPS）的达成，从而形成了一套有利于美国的新的国际贸易规则。

2)美国的知识产权法律体系

美国的知识产权法律体系包括四个方面。

（1）专利方面。美国在1952年就颁布了《专利法》，之后几乎每年美国国会都对该法进行一些小的修改。按照1980年颁布的《技术革新法》，在中小企业、大学、非营利机构、联邦政府援助的研究开发的缔约者可以取得专利权，以后适用范围不断扩大。鉴于专利权所具有的排他性，这有利于扩大民间在商业上利用研究开发成果的效果，其中大学的受益最明显。1984年11月对《专利法》作了一次较大修订。1994年年底，美国国会通过的关贸总协定关于知识产权的实施法规，对美国专利法作了重大的修改。1996年的《专利法》把专利保护期从过去的17年延长至20年，把专利权的取得从申请之日起算改为批准之日起算，同时对专利侵权的证据提取扩展到全球任何一个国家，不再有国别限制，甚至包括WTO在内。1999年，美国国会又通过了《美国发明家保护法令》，使美国大学、国家实验室在申请专利和加速产、学、研结合及创办高新技术企业方面发挥更大的主动性。

① http://www.uspto.gov/web/offices/com/strat21/index.htm

2000 年 10 月，参众两院又通过了《技术转移商业化法案》，进一步简化归属联邦政府的科技成果运用程序。 2000 年年底实施了《美国发明者保护法案》(American Inventors Protection Act，AIP)。 美国还是《保护工业产权巴黎公约》和《泛美专利公约》的成员国，也参加了世界知识产权组织（马秀山，1996)。

（2) 商标方面。 1947 年颁布的《兰哈姆法》是美国最早的商标法，规定了商标使用在先原则。 商标法体系是美国知识产权法律中最完整的一部分，商品外形、声音、颜色、味觉均可以申请注册商标，并分成商品商标、服务商标、证书商标和集体商标四大类。

（3) 版权方面。 美国有统一的《联邦版权法》，对版权实行注册登记制度。 虽然版权登记是自愿的，但版权证书是诉讼中重要的证明文件，因此在美国版权登记非常普遍。 美国于 1998 年年底通过的《1998 年数字化千禧年著作权法案》(Digital Millenium Copyright Act of 1998，DMCA) 为一揽子法案，内容规范了对于美国网络服务业者责任的限制、部分著作的数字化运用等活动，并赋予网络世界中知识产权使用、流通与保护等活动的法律权益与依据，对于健全美国数字化化社会与电子商务环境助益极大，堪称自 1976 年美国《著作权法》修正以来最重要的变革。

（4) 商业秘密保护方面。 美国对商业秘密的保护属于各州法律调整的范围，相关的法律较为严格，禁止用不正当的手段取得或泄露他人的商业秘密，以及禁止对方继续使用该商业秘密。 20 世纪 90 年代以来，互联网的广泛利用和电子商务的发展使美国越来越重视对商业秘密的保护。 1996 年，美国制定了《联邦商业间谍法》，主要规定盗窃商业信息的刑事责任问题，这是迄今美国在知识产权保护方面最为严厉的法律。

值得一提的是美国为保护其国内企业和国家利益而频繁使用的两大著名条款：“301 条款” 和 “337 条款”。“301 条款” 是美国《1974 年综合贸易法》中第 301 条款的简称，主要含义是保护美国在国际贸易中的权利。 根据这项条款，美国可以对它认为是 “不公平”、“不合理” 的其他国家的贸易做法进行调查，并可与有关国家政府协商，最后由总统决定提高关税、规定进口配额、限制服务内容或收取服务费、退出贸易协议或其他适当的措施。1988 年国会通过的《1988 年综合贸易法》又增加了“超级 301 条款”和“特别 301 条款”，将美国总统决定对外国“不公平贸易”采取报复的权利移交给了美国贸易代表，并增加了“强制性报复”的内容。美国对很多发达国家和发展中国家多次使用过这个“武器”，它不仅是技术政策，而且还是贸易政策。

“337 条款”主要是用来对进口贸易中的不公平竞争行为，特别是保护美国知识产权人的权益不受牵涉侵权进口产品的侵害，最早源于 1930 年《美国关税法》的第 337 条，后来分别在 1974 年、1988 年及 1994 年进行了修订，其内容包括两层含义：①货物所有人、进口人、收货人或其代理人将货物进口到美国并在美国境内销售时，使用不正当方法或存在不正当竞争行为，并给美国的国内产业造成实质性损害或存在损害的威胁，或阻止此产业的建立的，美国的准司法机构——国际贸易委员会有权签发法令阻止特定产品的进口；②对于进口到美国的产品或已经进口并在美国销售流通的产品，如侵犯了在美国合法登记并使用的商标、专利、版权、商业秘密、集成电路设计等知识产权，只要美国在这些方面存在或正在建立相关产业，而不必证明给该产业造成实质性损害即可对该产品或该类产品的进口进行封杀。目前，经常适用的就是其第二层含义进行的调查。“337”调查实质上成为美国通过知识产权保护阻碍进口的代名词[①]。

3）美国政府的知识产权管理体系和管理机构

主要包括四个方面：①由国会制定及修改专利法和相关法令；②联邦各级法院负责审理涉及专利的案件，联邦巡回上诉法院是最高权威机构，其判决对于包括美国专利商标局在内的所有政府机构、公司及个人，都具有法律

① 337 条款下的调查及对策 . http://www.ceconline.com/Sales_marketing/ma/8800042694/02/

效力；③美国专利商标局主要承担专利的审查、公开等事务性工作，不具备协调、指导全国专利工作的职能；④其他政府机构（如国防部、能源部、农业部、环保署、航空航天局等）都拥有各自的专利管理部门，有权以各自机构的名义进行专利的申请、维护及许可转让。

美国联邦的知识产权管理机构，按功能分为两类：一类是行政主管机关，如美国专利商标局，主管专利与商标业务。美国版权办公室负责版权登记，同时还负责公告和版权纠纷的行政处理。另一类是特别设立的与科技法律有关的机构。美国国会为了研究科技政策，草拟科技立法，修正与知识产权有关的法案，收集最新的科技资讯等目的而设立了相应的机构，如国会研究服务署、会计署、科技评估室、国会预算室、国家知识产权法执行协调委员会（National Intellectual Property Law Enforcement Coordination Council，NIPLECC）等。

2. 美国的技术信息服务

美国政府对科技信息工作非常重视，一贯支持科学信息管理（Lawler，1998）。除了直接资助研究计划外，政府还支持研究成果的传播和扩散，制作和传播技术报告和许多其他辅助文件。研究者们使用联邦政府资助的基金开展研究，同时出版研究成果，联邦政府资助的一部分基金常用来支持或补充出版成本，这构成了学术性期刊发展的固定收入来源（King and Tenopir，1998）。许多科学家和图书管理员所用的信息资源，如 Medicus 索引、能源基础数据、美国农业部图书馆、国防技术情报中心科技信息网络服务（STINET）、国家航空和宇宙航行局的 RECONplus 等，都是在联邦政府支持 R&D 有关的资助下产生的（Traylor，2001）。

1）美国科技信息传播的重要事件

1950 年，美国通过了《技术、科学和工程信息普及法》，目的是为了促进技术研发成果为产业界、商业界和普通大众所用，明确要求商务部承担作为一个处理中心的职能，处理和传播对工商界有用的技术信息，商务部应在内部成立一个处理中心，收集并传播科学、技术和工程信息。NTIS 由此诞生。按照该法律规定，这个处理中心要面向国内外收集各种信息，并传播给工商企业、州和地方政府、其他联邦政府机构及普通大众。除此之外，该机构亦负责消除信息流通壁垒的规定（王辉，2001）。

1994 年 12 月，美国政府信息技术服务小组提出了《政府信息技术服务的前景》报告，要求建立以顾客为导向的电子政府，为民众提供更多获得政府服务的机会与途径，并于 1997 年制定了一个名为“走近美国”的计划，要求 1997～2000 年，在政府信息技术应用方面完成 120 余项任务(曾海军,2002)。

1999 年，总统信息技术咨询委员会在《信息技术研究：投资我们未来》的报告中强调了电子信息改变学习方式的可能性，提出了国家数字图书馆的概念。美国国家图书馆和信息科学委员会作为向总统和国会就图书和信息服务提供国内外政策和计划的联邦独立机构，认识到政府信息资源已作为“国家的战略资产”。

2）美国科技信息基础设施的建设

美国联邦政府非常重视科技基础设施建设，每个研究开发部门或机构都设有科技信息的下属机构，专门负责科技信息的收集、保存、传播和利用。例如，在能源部科学办公室下专门设有能源部科技信息办公室（OSTI），基本任务就是让科技人员和公众能够高效便捷地查到和利用 1947 年以来已有的科研成果信息和其他科技信息，推动科学发明和持续的技术创新。而为解决科技信息分散在各个政府部门而造成的“信息孤岛”现象，以及由其导致的科技人员和公众无从了解科技信息的难题，自 2000 年以来，能源部成功地建设了美国政府科技门户网站（Science. gov），使人们从网上了解联邦政府研究开发事业的全貌成为可能。2001 年，能源部首次确定了以建设 Science. gov 网站作为科技信息基础设施建设的具体行动，并形成了一份重要的政策性文件《加强公共科学信息基础设施建设》。2001 年 4 月，能源部、农业部、商务部等 12 个政府部门自愿组成了 Science. gov 联盟，支持国家关于电子政府的倡议，策划网站建设，汇集分散难找的科技信息资源（郑伟，2005）。

3. 美国的度量和标准化措施

美国是世界上标准化事业最早发展起来的国家之一。美国的私有企业早在 100 多年前就以团体和行业的形式开始标准化工作，如汽车工程协会（SAE）制订的汽车标准，ASTM 的材料试验方法，ASME 的锅炉和压力容器代码、NFPA 的用火安全和防护标准等。美国的标准化以企业为主体，标准的制定主要围绕贸易的需要和用户的要求，形成了庞大的多元化的标准体系。

1）美国的标准化体系及其管理体系

美国长期推行的是民间标准优先的标准化政策，鼓励政府部门参与民间团体的标准化活动，调动了各方面的积极因素，形成灵活的多元化标准体系。美国标准体系包括自愿性标准及政府（采购）标准和法规两个部分，即自愿性标准体系和强制性技术法规政府（采购）标准和法规体系。美国政府广泛地依赖和使用非政府机构制定的自愿性标准，而自愿性标准一旦为政府部门的法律、法规所采用，就变成强制性的。

美国自愿性标准体系包括国家标准、协（学）会标准、联盟标准和企业（公司）标准。联盟标准实际上是某种范围的协会标准或扩大了的企业标准，因此分为国家标准、协会标准和企业标准三个层次（李凤云，2004）。国家标准是由政府委托民间组织美国国家标准学会（ANSI）组织协调，由其认可的标准制定组织（行业协会）和委员会制定的标准。协会标准是由各种协（学）会组织、所有感兴趣的生产者、用户、消费者及政府和学术界的代表参加通过协商程序而制定出来的标准。企业标准，即企业本身按照市场需要和用户要求制定的公司标准。

20 世纪 90 年代以来，美国在技术标准方面的总体趋势是增强企业自治，解除政府管制。事实上，在《联邦技术转移促进法》通过的同一时期，还通过了与具体部门职能有关的几部法律，都在技术标准方面推行更加偏向于产业界的政策。例如，1995 年的《健康保险简单化和问责化法》、1996 年的《电信法》、1997 年的《药品和食品监督局现代化法》等，都要求相应领域的行政部门尽量采纳“产业自愿”的标准。近几年联邦机构标准替代情况，见表 8-2。

表 8-2 联邦机构的标准替换(1997～2001 年)

年份	自愿性标准替代政府专用标准数/个	政府专用标准替代自愿性标准数/个
1997	187	7
1998	146	4
1999	542	88
2000	537	16
2001	106	54

资料来源：McIntyre K，Moore MB. 2002. Fifth Annual Report on Federal Agency Use of Voluntary Consensus Standards and Conformity Assessment

2）技术法规与标准之间的关系

技术法规的制定体制与国家标准的制定体制之间也是相互紧密联系的。ANSI 协助政府部门或机构制定技术法规，而政府部门或机构可以派官员参加国家标准的制定。为避免重复劳动，政府立法规定尽可能少地去制定政府标准，可以直接采用已经制定好的国家标准。1996 年发布的《1995 年联邦技术转移促进法》（NTTAA）规定了政府在制定技术法规时使用协商一致技术标准的原则：①除例外原则所述情况外，所有联邦机构和部门都应该使用由自愿协商标准组织制定或采纳的技术标准，作为执行政策或从事活动的方法。②在执行总则时，联邦机构和部门应该与自愿、民间、协商标准组织进行协商。如果技术标准涉及公共利益并与该机构或部门的职责、职能、优选权和预算资源相符合，应该与标准机构一起参与技术标准的制定。③例外原则。如果在执行总则时发现与现行法律相矛盾或无法实施，联邦机构和部门可以选用不是自愿协商标准组织制定或采纳的技术标准，但是该机构和部门的负责人需向预算与管理办公室（OMB）提交说明报告。

3）美国的标准化管理体系

美国标准化管理体制的特征是市场主导、协会引导、政府参与，其标准化机构大致分四类。

（1）全国自愿性标准体系管理和协调机构（The American National

Standards Institute，ANSI）是美国自愿性标准（国家标准）体系最重要的管理者和协调者，由 700 多个企业成员，30 个政府部门和机构，260 个专业、技术、贸易、劳动、商业的组织共同组成的私有的非盈利组织，它的经费大部分来自私有部门的应付款和标准文档销售收入，联邦政府没有直接的津贴补助(Krista and Neville,2002)。ANSI 本身不制定标准，其主要功能是：提供指导方针组织协调国家标准制定、修订工作，ANSI 确保它的指导方针是一致、平衡、透明、正当和开放的；批准国家标准；建立国家标准体系；组织建立合格评定体系；协助有关政府部门制定技术法规和建立技术法规体系；代表美国组织协调参与国际标准化活动（李凤云，2004）。

（2）美国标准技术研究院（NIST）是美国商务部领导下的标准化领域唯一的官方机构，是计量、工程技术和基础科学的综合性研究机构，在协调管理各类组织的标准化工作方面发挥着重要的作用，同时也为美国的标准化工作提供了坚实的技术基础，在美国科技界占有重要地位。NIST 的主要任务是：研究、保存和维护国家计量基础和标准，提供计量测试方法和手段；进行物理常数和材料特性的精密测量，研究材料结构、试验和设备的试验方法；与其他政府机构和民间组织合作制定各种标准及规程；向政府提供科技咨询服务和有关特殊设备，承担政府交给的研究任务（李凤云，2004）。

（3）美国与标准相关的政府部门或机构。美国技术法规和政府标准制定部门及机构有美国商业部、国家标准技术研究院、美国国防部、美国能源部等。另外，美国职业安全与健康管理局、消费者产品安全委员会、环境保护局、联邦贸易委员会、商业部、能源效率标准局等都各自颁布法规。

（4）其他标准制定组织。包括科学和专业协会、行业协会、工贸协会、其他社团组织，ANSI 认可的标准制定组织有 267 个（其中主要的为 192 个）。表 8-3 列举了美国 20 个主要的标准制定组织，它们大约制定了美国 80％的自愿性标准。

表 8-3　美国 20 个主要的非政府标准制定组织

名称	制定标准数/个
航空航天工业协会(AIA)	3000
美国血库协会(AABB)	500
美国国家高速交通要员协会(AASHTO)	1100
美国政府产业卫生协会(ACGIH)	750
美国石油化学家协会(AOCC)	410
美国汽油机构(API)	500
美国铁路工程协会(AREA)	400
美国试验与材料协会(ASTM)	9900
美国机械工程师协会(ASME)	600
美国铁路运输协会(AAR)	1400
美国分析化学家协会(AOAC)	2100
化妆品香水协会(CTFA)	800
电气工业协会(EIA)	1300
电气和电子工程师研究院(IEEE)	680
国家照相制造商协会(NAPM)	475
国家用火保护协会(NFPA)	312
半导体装置和材料国际组织(SEMI)	450
美国机动车工程师协会(SAE)	4550
美国保险商实验室(UL)	780
美国药典惯例(USPC)	5000

资料来源：Krista 和 Neville(2002)

4）美国政府在标准化中的作用

联邦政府在自愿性标准过程中扮演着不同的角色，它是标准的用户、具体标准制定过程中的积极参与者、技术和建议的提供者、贸易促进者、民间机构的合作者，同时对在竞争中脱颖而出的民间协会和企业标准进行扶持，帮助其推广并推向国际市场。从政策视角来看，这与美国政府促成美国自愿性标准对所有利益相关者透明、公平和有效，有效地代表美国的利益有关(Krista and Neville，2002)。

1980 年，美国国防管理和预算办公室（OMB）年颁布《1995 年联邦技术转移促进法》(NTTAA)，大大消减了政府部门在技术标准方面的强制权力，同时扩大了政府在促进、扶持和推广技术标准方面的职能。根据该法令，国家标准和技术研究院（The National Institute of Standards and Technology，NIST）承担起与产业界合作的职能，促进技术、测量方法和标准的应用。在美国联邦政府中，NIST 是唯一肩负着向产业界推广技术标准职能的政府部门。NIST 的扶持原则是：在相互竞争的技术标准中，优先扶持美国标准的研究和开发。如果相互竞争的都是美国标准，原则上 NIST 可依据自己的判断，决定扶持推广其中任何一个。

1998 年 2 月 10 日，在重新公布的 OMB A-119 通告中，进一步明确了美国政府在鼓励政府机构参与非官方标准的制定和使用这一问题上的立场，推动了政府部门参与非政府标准化组织活动的发展。

OMB A-119 通告为美国政府部门确立了对非政府标准化组织基本政策和机构指南，其中明确了政府部门有义务在相应的法律范围内履行公众法 104-113 和 OMB A-119 通告，并根据部门职能，制定与标准应用有关的政府法规。

四、美国技术政策的总结和展望

（一）美国技术政策的特点

（1）政策随环境不断调整。适应形势变化、突出整体优势是美国技术政策的突出特点。例如，冷战时期，美国实行国防导向的技术政策，通过国防采购、政府委托、政府资助等形成军事技术的优势并向民用技术领域扩散。冷战后，美国政府认识并日益重视将政府研究项目形成的优势和成果向产业部门转移、扩散，政府投资引导，鼓励政府与产业部门、企业之间合作研究开发，强调对普通民用技术的开发扩散。

（2）多种政策配合。美国的国家技术政策内容丰富，措施配套，涉及国内经济的各个方面甚至对外经济政策的多方面问题。技术政策更多的是体现一种方向，而具体的实施靠多种政策的配合。例如，在美国，财政资助并不是促进产业界研究开发的唯一途径，相应的法规政策、税收政策、贸易政策在促进产业界技术创新中所起的作用更大。

（3）环境塑造，发挥间接作用。美国的技术政策主要通过环境塑造来间接促进美国的科技进步及其对经济、社会作出贡献。例如，美国采用的技术人才政策、美国的度量和标准化政策、技术信息服务措施、风险投资政策、知识产权政策、美国的技术转移政策等一系列技术政策，主要通过培育鼓励投资、促进技术创新和培育私营企业竞争力等间接促进本国的科技进步、经济和社会的发展。

(4)国防科研始终是国家的重点。第二次世界大战之前和期间，美国对国防科研的重视就远高于民用科研，国家的一切活动包括研究与开发都为战争服务，开展了许多庞大的科研项目，突出代表就是“曼哈顿计划”。第二次世界大战后与苏联的冷战进一步刺激了美国持续将国防研究放在重要地位，军事研发经费一直占国家研发总经费的主要部分。近年来，这种趋势有所下降，但国防领域的技术发展始终得到美国历届政府的高度重视。例如，里根政府期间，国防研发经费每年以10%的速度增加，甚至曾经占到政府研发经费的70%。

(5)高度重视关键技术的发展。主要通过与产业界、学术界的密切结合，制定具有前瞻性、实用性、复合性的具有较大市场潜力和能充分推动产业升级的一系列关键技术计划。1990年10月，白宫科技政策办公室发布了《美国技术政策》报告，指出政府有责任“同私营部门一起参加对通用启动技术的竞争前研究，这种科技有可能对范围广泛的政府和商业方面的应用作出贡献”。1991～2000年，科技政策办公室每两年都向总统与国会提出国家关键技术报告(National Critical Technology Report)。

(6)注重科技、经济、社会协调发展。美国的技术政策体现了技术与经济、社会相结合的原则，强调提高产业竞争力和产业升级，也重视满足社会需求，实现社会效益最大化(孙迎联和陈燕燕，2002)。例如，“新一代汽车合作研究开发项目计划”由七个联邦政府机构和以三大汽车公司为主的全国汽车制造商合作研究开发，旨在改善美国汽车工业的全球竞争力和环境质量。能源部的“未来工业项目计划”，与能源密集型工业合作开发先进制造技术，旨在改善生产工艺和材料利用率、减少消耗。

(7)加强政府、企业界、高等院校的合作。20世纪80年代以来，美国政府通过国家科学基金会采取了一系列措施，加强三者之间的伙伴关系。例如，1985 年开始在高等院校内建立工程研究中心，加强大学与企业界的合作。1987 年，里根政府指令联邦政府主管部门以工程研究中心为模式，在高等院校筹办跨学科的科学技术中心，旨在加强政府与高等院校及企业之间的合作。

（二）美国技术政策展望

（1）由以军事需要为主的技术研究导向向重视民用研究的方向转变。克林顿政府期间，美国的科技政策就发生了重大转变，加强产业竞争力的研究开发，成为政府科技投入的重点内容。例如，在 1993 年的“一揽子新技术主导方案”中，克林顿政府强调把政府研究开发的方向从国防转向民间，把研发的首要课题定为提高就业、保护环境和提高政府机构效率。

（2）由侧重基础研究向重视应用研究开发的方向转变，或使基础研究更好地与应用研究结合。第二次世界大战后，美国政府一直对基础科学研究给予有力的财政和政策支持，学术研究得到稳步发展，但是目前政府更注重在科学基础上实施战略优先项目，加快技术成果向应用转化，这与冷战后国际关系中经济因素地位上升的大背景有关，也与以信息、生物、新材料、新能源等技术革命的应用性加强密切相连。美国确定的“十项战略性技术”有着极强的应用性。例如，以计算机为基础设计与制造出分子水平级的特种新材料、持续高能的便携式能源、数字式高清晰度电视、个人用电器的微型化。

（3）继续支持关键技术的开发。美国政府意识到，随着技术创新的周期日益缩短，世界多数国家基本拥有传统的、一般制造业的技术，美国要想在 21 世纪的竞争中获得领先优势，就需要在关键技术领域构建领导力。另外，尽管近 20 年来美国在服务业上的技术研发投入不断增加，但该领域的增长及其对技术的影响尚未反映在美国技术政策中。因此，政府在制定技术政策的时候应考虑如何纳入服务业的发展，积极发挥服务业在技术进步和经济增长中的作用[①]。

（4）发展国际技术合作。科学的国际化和经济的全球化趋势越来越明显。科研设备越来越复杂，科研投资越来越庞大，尤其是重大的科研项目需要更多的国家和科学家参加。随着跨国公司间的R&D相互渗透与控制、国际技术战略联盟、国际技术转移与高技术产品的国际贸易、科技人员的国际流动，全球创新网络正在形成，这是美国在制定技术政策时必须正视的宏观环境（孙迎联和陈燕燕，2002）。

（5）形成综合的国家技术政策体系。当今，技术与经济的关系日益密切，技术政策的实施需要与贸易、经济、立法等方面的政策相互结合，美国政府需要制定一个综合性的技术政策，如技术和贸易政策、技术和经济政策、技术和立法政策、技术和国家安全政策、技术和外交政策等。美国国家科学技术委员会在《技术与国家利益》一文中指出，“传统上，上述这些政策是被分开来对待的，不同领域的政策制定者之间少有沟通和协调。现在，技术问题日益打破政策界限，需要与政府的其他政策整合，以更好地提高美国的竞争力与经济增长，并深化联邦决策者们对技术的了解”（美国国家科学技术委员会，1999）。

第二节　日本的技术政策

第二次世界大战结束后50多年来，日本的经济取得了奇迹般的增长，一跃发展成为世界第二的科技、经济大国。日本经济从20世纪50年代中期开始进入年平均增长率10%以上的高速增长时代，在1966年实现人均国民生产总值突破1000美元，1970年以后维持年平均增长率5.1%以上的经济增长（袁媛和张月瀛，2004）。这与日本科技立国的方针和独具特色的技术政策是密不可分的。根据不同时期的特点采取不同的技术政策是日本经

① http://plan.chinainfo.gov.cn/bbs/topic.jsp?forumID=17&topic=13

济发展成功的秘诀之一。

一、日本技术政策的演化及发展

（一）日本技术政策的产生背景

明治维新后，日本的军事工业得到迅速发展。到第二次世界大战期间，日本军事生产已经成为运用全国经济力量的综合性工业，但由于缺乏欧美国家长期稳定的产业和技术发展过程，日本的经济发展水平与欧美国家相比仍然很落后。第二次世界大战后，战败的日本经济一片破败，工业设备多半报废，原材料和燃料的供应大幅度减少。同时，美国占领军推行了非军事化政策，禁止日本开展军事技术研究，限制日本发展重化工业，把日本经济限制在轻工业国的发展阶段。战败后的日本面临着很多重大困难和问题。

（1）发展水平低。日本是当时国际社会的三流成员，国民生产总值只有美国的1/5，人均国民生产总值在西方国家中排名第35位，第一产业就业比重高达41%，以纤维、陶瓷、杂货和食品为主的轻工产品占出口商品的比例高达65%，发展水平与工业化国家差距巨大。

（2）技术落后。当时日本的产业技术水平大约比欧美发达国家落后20～30年，产业的技术层次低，企业的技术装备陈旧。在石油、化工等当时西方国家正在蓬勃发展的新兴工业领域，日本要么十分落后，要么就是空白。

（3）资源匮乏。日本作为一个人口密度大、幅员狭小的岛国，几乎缺乏经济发展所必需的所有资源，石油、铁矿等初级产品都严重依赖进口。

（4）结构性矛盾突出。当时日本国民经济内部，少数现代化大型企业和大量非现代化的中小企业并存，差距悬殊。在这样的结构下，中小企业的生存和发展能力受到大企业的制约。此外，还面临就业压力大、资金外汇严重不足等难题。

（5）国际竞争压力大。20世纪50年代中期，日本已经基本上摆脱战后受孤立的境地，重返国际社会，先后加入了国际货币基金组织、世界银行和关税及贸易总协定。此时，美国等西方国家要求日本放开市场和投资，对当时竞争力不强的日本工业造成严重的国际竞争压力。

正是在这样的背景下，日本重新认识了科技兴国的重要性，把赶超世界先进水平作为国家的战略目标，把技术作为实现现代化的关键动力。日本政府在 20 世纪 50 年代就宣称，为提高日本企业在国际竞争中的地位、扩大日本的出口规模和经济增长，国家技术政策的中心目标是鼓励技术创新。这一政策导向的思想基础来自于熊彼特的创新经济理论，即技术进步或产品和工艺创新对经济增长的长期作用要远远超过价格因素（张承友，1998）。基于这一理论，日本政府认为具有创新性的技术和组织结构、高度密集的资本、高素质的劳动力、强有力的政府支持，使不完全竞争的制造业比其他经济部门更有可能得到日益提高的回报和利润水平（蒋敬东，2004）。

（二）第二次世界大战后日本技术政策的演化与发展

1945～1952 年，日本被美军占领，美国在日本推行非军事化政策，进行一系列经济民主化和科技民主化改革，同时导入竞争机制和科学管理，这些措施对战后日本技术政策的发展具有深刻的影响（冯昭奎和张可喜，1997）。

1. 第二次世界大战后到 20 世纪 50 年代：以引进外国技术为政策重点的阶段

为强化脆弱的产业技术基础，日本政府推进工业化技术的标准化、计量技术的发展等，确立了产业技术的基本政策。积极引进国外先进技术，在恢复经济的同时推动技术革新，加快科技体制整顿。主要政策措施有以下两个方面。

（1）建立促进科技进步和产业技术进步的有关政策机构。1948 年，日本建立了科学审议会（JSC），旨在代表科学界提出促进科学知识进步和传播的政策建议。同年，建立了科学技术顾问委员会（STAC），任务是为政府提供咨询意见，协调科学审议会与政府行政机构的关系，执行国际科学技术的政府项目。这一年最重要的措施之一，是建立工业技术局，使命是为改善工业技术提供行政组织领导，负责研究制定和组织实施日本的产业技术政策。1951 年，日本执政的民主党在党内建立了一个促进科学和技术进步的专门委员会。

（2）明确和突出技术在实现经济自立中的战略地位。日本外务省特别调查委员会在《重建日本经济的基本问题》报告中指出，技术将在日本经济重建过程中起关键作用，要依靠技术的高度化来促进出口贸易的发展。因为，对于国内资源极度贫乏的日本来说，贸易的前途决定于技术的进步。另外，还提出奖励技术研究成果、调动技术专家的积极性、大力建设技术研究机构和充实研究经费、提倡技术研究实用化、重视基础研究、加强同外国的技术交流等。1949 年 12 月日本公布实施《外汇及外贸管理法》，目的是为了把有限的外汇有效地使用，一方面支持外国先进技术和设备的引进，另一方面保护国内产业发展，促进出口。1950 年又公布了《外资法》，规定引进的技术必须有助于日本产业的健康发展，不得出现不公平的合同条款，不得影响支付能力，不得妨碍国内技术的成长。

2.20 世纪 60～70 年代：对外国技术进行吸收、消化和改进的阶段

日本经济从 1955 年开始高速增长，但在技术上与发达国家之间差距巨大。因此，消除当时日本与发达国家之间的技术差距成为日本政府的首要政策目标。日本政府相继采取多项政策措施，鼓励引进欧美先进技术，促进企业开展研究开发，主要有以下几个方面。

（1）大规模引进国外先进技术，重视对引进技术的研究。在经济高速增长时期的前半期（1956～1964 年），日本共引进了 5300 多项新技术（表 8-4），平均每年引进新技术 500 多项。但由于急于在激烈的竞争中保持优势地位，日本从原料基础到成品几乎全部照搬外国技术，把注意力放在模仿上，独创性成果甚少，因此欧美国家常批评“日本是外国科学技术的有能力的模仿者和复制者”。但无论如何，大量引进和普及先进技术加快了日本工业现代化的步伐，电子、石油化工、原子能、汽车等新兴工业部门迅速发展起来。

表 8-4　1955～1970 年日本技术引进情况

年份	引进件数/项	引进费用/百万美元
1955	185	20.0
1956	311	33.3
1957	254	42.6
1958	242	47.6
1959	378	61.9
1960	588	94.9
1961	601	115.7
1962	757	114.9
1963	1 137	135.4
1964	1 041	155.3
1965	958	165.7
1966	1 153	194.4
1967	1 295	239.0
1968	1 744	314.0
1969	1 629	368.0
1970	1 768	433.0
合计	14 041	2 535.7

资料来源：吉海正宪(1988)

在高速增长时期的后半期（1965 年至 20 世纪 70 年代初），日本继续大量引进外国的先进技术，平均每年引进新技术迅速增至 1350 项，到 20 世纪 70 年代更猛增至每年近 2000 项（日本通商产业政策编撰委员会，1996a）。日本式的技术引进路径大致是：进口设备→学习技术→吸收消化→改进提高→国产。这一模式被形象地比喻为“一号机组进口，二号机组国产”（隋映辉，2002）。日本的钢铁机械、化学工业成套设备、火力发电成套设备及原子能发电设备，都是采用这种引进的方式。

（2）政府为企业的研发和引进外国先进技术提供资助。资助采取三种形式：税收减免、政策性金融机构的低息贷款、政府补贴。在税收减免优惠方面，主要措施是 1958 年制定的《新技术企业化用机械设备特别折旧制度》，允许企业以高于通常的折旧率进行折旧，并根据设备投资额给予延期交纳法人税的特权；1966 年，制定了扣除试验研究费的税额制度，措施规定如果企业在该制度的适用年度进行试验研究所需要的费用，超过过去每年试验研究费的最高额，按超额部分的一定比例扣除税额（20％）。此外，日本政府还采用政策性金融机构的低息贷款鼓励企业引进国外先进技术，并在1968年形成了“国产技术振兴资金贷款制度”（陈建安，2002）。政府还提供直接的研究开发补贴或拨款，引导企业开展重点领域的研究开发活动。1965年以前，政府主要补助工矿业重要技术的研发。1966年，开展大型工业技术研究开发委托费用补助，促进了新技术和新产品的开发。1967年，实行技术改善补助金制度，目的在于促进中小企业技术开发。

（3）建立国家研究机构体系和支持体系，鼓励民间企业开展联合研究。1956年成立的日本科学技术厅取代了1948年成立的科学技术顾问委员会，目的主要是为了更好地协调科技与经济和产业重建的关系，管理通产省业务未能覆盖的科技领域。1959年，日本首相办公室下建立了日本科技审议会，任务是为日本首相就设计科学技术政策的基本问题提供咨询意见，提出促进科学技术研究的长期总体目标。1966年，建立了独立的、专门的国有公司日本研究开发公司（JRDC），目的是帮助民间企业开发民族技术。1969年，建立了日本国家空间开发局（NASDA），以集中国家力量开展宇宙空间的研究开发活动。

在这一时期，日本还建设了筑波科学城和九州“硅岛”。筑波科学城是日本政府有史以来最大的国家投资项目，进行了大规模市政、科研、生活设施建设，并制定许多鼓励研究人员工作、生活的优惠措施。1965年，日本政府开始开发建设位于日本西南部，比较落后的九州岛，在20多年的开发后，已经成为继美国“硅谷”之后获得“硅岛”之称的集成电路生产基地。此外，民间企业在日本的研究开发活动中也起到了重要作用。1961年，日本制定了《工矿业技术研究组合法》，企业就特定的研究课题共同提供研究人员和资金（资金并非投资，而是采取分期付款的形式），结成非盈利性的工矿业技术研究组合，进行共同研究（王宏业，2003）。加入该组合的企业，对其支出金额可实行特别折旧，在税收上也可得到优惠（姜柏歧，1997）。

（4）建立国家技术计划体系，注重培育本国的技术能力。日本为减少对外国技术和资本的依赖，逐步增强民族工业的竞争力，在1960年就开始制定和实施核能和空间技术计划等国家技术计划。1966年，日本通产省工业技术院制定了大型产业技术研究开发制度，并为六个大型项目计划（发电、超级计算机、乙烯制造、地下煤气化、废气除硫、高压直流输电）分配了政府资金。原子能委员会在1966年提出开发反应堆的基本政策及核能利用的长期计划。1969年，空间活动委员会制定了一项以人造卫星和发射火箭的发展为目标的10年空间开发计划，开发用于卫星发射的多种型号的火箭。1969年制定《科学技术促进预算》，目的是促进超越部门间传统边界的特别研究，如特定领域之间的综合研究。

在这一时期，日本还先后制定了促进科技发展的多项综合性政策和中长期计划，与此相配套地还制定了培养科技人才的教育政策。在1960年的“国民收入倍增计划”中强调整个计划期间的重要任务是确保科技人员的数量并提高其素质，指出发展科技的基本问题是以科技教育为中心培养人才，推进研究开发，强调必须改变过去那种依赖对外国技术的消化吸收来发展科技的状况，进一步推动国内的独立研究，开发“国产技术”（蒋敬东，2004）。

3.20世纪70年代：调整研发重点，加强与发展中国家的合作研究阶段

20世纪70年代是日本经济的重要转折时期。廉价进口石油是日本经济在第二次世界大战后得以高速增长的重要原因之一，但20世纪70年代初的第一次石油危机给日本经济以致命打击。污染问题恶化、货币危机、能源危机成为20世纪70年代日本制定技术政策的基本难题。这一时期日本科技政策的最重要特点是推进新技术的自主开发，企业在应用开发领域逐步居主导地位，主要措施包括以下几个方面。

（1）调整研究开发活动的重点。日本科技审议会1971年强调了科学和技术结合及对技术和工业生产进行环境安全和社会经济影响评估的重要性，要求更加重视在生命科学、软件、生物科学和卫生科学进一步发展的情况下科学技术对未来人类的影响。1974年，通产省开始实施替代能源技术的开发计划，即进行新能源技术研究开发的“阳光计划”及进行节能技术开发的

“月光计划”。受石油危机的影响，1977 年日本开始开发与有限资源的探索、节约和有效利用相关的技术，科研投资应达到国民所得的 2.5%（姜柏歧，1997）。1975 年，日本政府制定了《重组 DNA 试验的指导方针》。

（2）健全研究开发组织机构。为开发日本自己的先进技术，日本政府对原有政府研究实验室进行改组，并赋予国立电子技术研究实验室、机械工程研究实验室以新的使命，在农业、林业、高能物理、基因和生物工程，以及核能、空间和其他技术前沿领域建立了相应的研究组织。1970 年建立环境厅（EA），以组织环境保护技术的开发和进行行政指导。1971 年建立日本海洋科技中心和海洋开发审议会，目的是促进并实施海洋科技的研究开发活动。1978 年建立的核安全的计划、讨论和决策方面提出建议和制定基本政策机构的作用。这一时期，科研机构开始大批迁入筑波科学城。

（3）充实大型产业技术开发计划。1966 年，日本通产省工业技术院制定了大型工业技术研究开发制度（大型项目计划）（表 8-5）。虽然这些项目的投资规模与大型项目的名称并不相称，但是这些项目与后来以通产省为主进行的产业技术开发相结合，在政府决定技术开发方向中起到了重大作用。

表 8-5　日本大型技术研究开发项目（大型项目）计划

项目名称	研究时间/年	研究开发经费投入/亿日元
超高性能电子计算机	1966～1971	约 100
脱硫技术	1966～1971	26
烯烃等的新制法	1967～1972	11
深海海底石油遥控开发设备	1970～1975	45
海水淡化与副产品的利用	1969～1977	67
电动汽车	1971～1977	57
汽车综合管理技术	1973～1979	73
图形信息处理	1971～1980	220
利用高温还原气体直接炼铁	1973～1977	137
飞机喷气引擎	1971～1981	199
资源再生利用技术系统	1973～1982	126

资料来源：小宫隆太郎（1988）

（4）以鼓励前沿尖端技术研发为重点，不断完善技术政策。第一，技术开发的政府补贴制度，包括促进电子计算机开发费补助金和民间运输机械开发补助金、能源技术研究开发委托费和补助金。第二，加强研究开发的国际合作。第三，以尖端技术为基础加强重点产业的改造。例如，石油危机以后，日本运输省和通产省制定了节能政策，并在 1979 年发布了标准能源效率指南。这些措施推动了汽车发动机和驱动系统的技术进步，促进了轻型车体、空气动力学和路面阻力方面的技术进步。第四，在光电子、计算机等科技领域加强企业联合研究，扶植信息产业等尖端技术产业。日本政府在 20 世纪 70 年代选择信息产业作为战略产业，从政策上大力扶持国内计算机产业的发展（小宫隆太郎，1988）。

4.20 世纪 80～90 年代：加强技术的自主开发阶段

20 世纪 80 年代，日本战后经济发展达到顶峰，但全球经济衰退引发的保护主义，使日本已无法再依靠外国来解决自己的科技和经济发展问题。因此，日本以“科学技术立国”的经济发展战略为基础，采取了一系列促进科技进步的综合对策。进入 20 世纪 90 年代后，日本技术政策更加重视“创造科学技术”和“产业科学技术”（朱丽兰，2001）。这一时期日本科技政策的主要措施有以下三个方面。

（1）大力加强政府在研究开发中的作用。一是大幅度增加技术投资，特别是政府对研究开发的投资，以带动全社会科技投入的增长。二是制定和实施一系列重大研究开发计划，为地区开发和为未来产业基础结构的建立制定研究开发体系，为工业研究开发和技术推广及新型发电技术的开发制定补贴计划。三是在政府主持下进一步加强企业、大学和政府三位一体的研究开发组织体制，推进大型研究开发项目的合作。四是加强基础科学研究，在新技术产业化方面发挥更大的创造性，大力培养富有创造力的人才。五是加强国际合作。六是进一步完善政府研究开发政策机构（国家计委规划司、科技司产业技术政策课题组，1988）。

（2）完善促进技术研究开发的财政金融措施。自 1980 年起日本政府便建立和实施了一个面向中小企业的特别信用保证制度，建立了专门为基础技术融资的专门机构。日本还采用信贷、税收优惠和政府补贴等手段，鼓励和扶植技术的产业化。日本政府规定，民间企业研究开发高科技可获得低息贷款，如果研发成功，则按照优惠条件还本付息；一旦失败，则按无息贷款还本。另外，对研究开发电子、软件、生物工程和新材料等高科技产品实行税收优惠和特别折旧制度并给予政府补贴。政府还分担投资期限长、风险大的高科技研究开发费用，并逐年加大投资力度（国家计委规划司、科技司产业技术政策课题组，1988）。

（3）加强政府对发展科技和技术产业化的宏观调控。日本于 1992 年重新制定的《科学技术政策大纲》将信息、电子、软件、半导体、新材料、生命科学、能源、海洋科学、宇宙科学和地球环境等作为研究开发的重点。1994 年，日本政府决定成立以首相为部长的高度信息化社会推进本部，以加强信息公路的建设。1995 年 11 月，日本政府公布实施《科学技术基本法》，1996 年 6 月又制定了“科学技术基本计划”（国家计委规划司、科技司产业技术政策课题组，1988）。

（三）日本技术政策的特点

从第二次世界大战后日本科技政策的演变中，可以总结出如下特点。

(1)政策随环境不断调整。日本的技术政策总在随着世界经济、社会环境的变化而不断调整，以适应不断变化的国际、国内需求，其技术政策具有鲜明的时代特点、不同时期有不同的重点。例如，第二次世界大战后重视恢复经济和自立的技术政策；从 20 世纪 60 年代日本经济高速增长时期到 80 年代主要对外国技术进行吸收、消化和改进为政策重点的阶段；20 世纪 80 年代以后是重视技术的自主研究开发阶段，强调技术创新的发展。

（2）多种政策配合并以法律的形式规定具体政策。体现为：一是加强政府调控职能，加强科学、技术、经济、环境决策的整体性，以立法的形式颁布国家科技政策，调动国家的科技资源为经济和社会发展服务；二是进一步强调科技为经济发展服务，促进产业、政府、学院（研究所）三者合作；

三是持续稳定地增加科技投资；四是大力加强基础研究；五是注重国际科技合作与交流；六是充分发挥科技人才的作用。

（3）加强技术创新和加速技术转移。为使国力的提高更加紧密地建立在科学技术的基础上，日本政府把政策的重点放在了加强技术创新和加速技术转移上。

二、日本技术政策的推进机构

（一）日本技术政策推进机构的发展概况

在不同的经济发展阶段，日本建立了相适应的政策机构，促进技术进步和发展（表 8-6）。

表 8-6　日本技术政策的推进机构的发展概况

年份	机构	主要任务
1948	科学审议会(JSC)	代表科学界提出促进科学知识进步和传播的政策建议
1948	科学技术顾问委员会(STAC)	为政府提供咨询意见，并协调科学审议会与政府行政机构的关系，执行国际科学技术的政府项目
1948	自然资源委员会	作为日本政府在自然资源的有效利用方面的思想库
1948	工业技术院	使命是为改善工业技术提供行政组织领导，负责研究制定和组织实施日本的产业技术政策（后来作为通产省的一个内设机构）
1956	日本科学技术厅	取代 1948 年成立的科学技术顾问委员会，主要是为了更好地协调科技与经济和产业重建的关系，管理通产省业务未能覆盖的科技领域
1956	日本原子能研究所	协调和开发原子能领域的技术
1957	日本科技情报中心	是为研究开发提供全方位的情报服务
1959	日本科技审议会	设立在日本首相办公室下，任务是为日本首相就设计科学技术政策的基本问题提供咨询意见，提出促进科学技术研究的长期总体目标
1960	日本科学促进基金会	联合政府和非政府组织力量，促进技术进步
1966	日本研究开发公司(JRDC)	是国有公司，主要帮助民间企业开发民族技术
1969	日本国家空间开发局(NASDA)	集中国家力量开展宇宙空间的研究开发活动
1970	环境厅(EA)	以组织环境保护技术的开发和进行行政指导
1971	日本海洋科技中心	促进并实施海洋科技的研究开发活动

续表

年份	机构	主要任务
1978	核安全委员会	核能开发,核安全的计划、讨论和决策方面提出建议和制定基本政策的机构
1985	日本关键技术中心	推进关键技术的研究开发和技术创新
1997	科技政策委员会(文部省和科技厅合并)	重组日本的公共机构,产生了一种新的政府、大学和产业的关系
2001	56个独立的国立研究所	成为独立的行政机构,研发活动管理的灵活性和自主权更大
2001	日本综合科学技术会议	是政府行政机构经过全面改革的新机构,是日本技术政策的计划、拟订、调查、审议和推进机构

(二)日本综合科学技术会议

“日本综合科学技术会议”成立于2001年1月,是政府行政机构经过全面改革后的新机构(林仲海,2002),也是日本发展科学技术的最高领导机构,是日本科技政策的计划、拟订、调查、审议、推进机构,也是建立在政府、行政部门与学术界和产业界之间的一条纽带。该机构有15名成员,“日本综合科学技术会议”由日本首相担任会长,其余14名成员分别来自国立科研机构、大学和企业等有关方面的专家学者。该机构下设一个由70人组成的事务局,其成员也都是权威学者、高技术企业负责人和科技官员。该机构最主要的任务是制定国家科技发展战略、审议和评估研究课题及协调跨省厅的事务等。

“日本综合科学技术会议”成立以来,把抓宏观政策作为工作的重点,研究和决策有关科技发展的大方针,决定重大研究项目,取得了很好的成效。此外,在大力推进产、学、官的联合上,在东京和全国主要城市内召开了多次有声势、有影响的大会(林仲海,2002)。

三、日本主要技术政策的变革

(一)日本的技术引进政策的变革

20世纪50~70年代,日本大力引进和利用美国等发达国家的先进技术,并对引进技术加以消化、改进和提高,使国内经济获得了迅速的恢复与发展。

即便是到了向欧美方面的技术输出占据了相当比例的20世纪90年代，被称为技术大国的日本在基础技术方面对欧美的依赖度依然很高。日本的技术出口的主要对象是亚洲各国，这一结构至今未变。

日本技术引进的原则，首先，狠抓对经济发展有全局性影响的基础工业部门的技术引进；其次，注重技术引进后的连锁效应，即新技术不仅为直接引进的部门，也为其他部门所利用；再次，在技术推广上要有可能性，无论怎样高超的技术，如果引进后不能推广和消化，则暂不引进；最后，重视软技术的引进，日本在引进专门的、有形的物化技术的同时，还大力引进了国外先进的经营管理和其他信息化形式的技术（王宗林，1985；宇泽弘文，1989）。

日本的迅速发展，形成了对美国领先地位的挑战。于是，美国在冷战期间开始加强控制对日本的技术转让和科技信息外流。美国的技术保护主义增加了日本技术引进的难度。日本由于忽视基础研究，技术储备不足，在发展高技术上也遇到了障碍。因此，日本在1981年的《科学技术白皮书》中明确把振兴基础研究作为重点，1984年的《科学技术白皮书》又进一步强调基础研究是开创新技术的源泉。1985年，日本政府提出应该从重视应用和开发的追赶型科技体制向重视创造性、基础性研究的体制转变。

日本进入20世纪90年代后，面临经济、科技发展的新形势，日本的“科学技术立国”方针有了新的发展。1994年6月，日本通产省技术审议会提出了题为“为走向‘新技术立国’推进综合性、战略性的国际产业研究协作”的报告，这被舆论界称为日本的“新技术立国”方针。在产业技术方面，以1990年提出的“90年代科学技术展望”为基础，通产省在1992年又连续提出《产业科学技术的动向与课题》、《产业技术的历史的继承与走向未来的创造》、《转换器的研究开发》等报告，并有意以“产业科学技术”一词取代自20世纪70年代初以来一直沿用的“产业技术”一词，这表明日本日益重视科学与技术日趋接近、融合这个发展趋势。

（二）科学技术基本法与基础研究的振兴

20世纪80年代末期，日本与欧美各国间的贸易摩擦日渐频繁。在

1985年召开的发达五国财政首脑和中央银行总裁（G5)会议上，各国对日本的“技术的无偿占有”问题进行了“炮轰”。1987年11月，时任日本首相竹下登在其施政方针的演说中不得不作出重视基础研究的表态。美国以维护在本国开发的基础技术的“知识产权”为由，着手限制它国廉价地使用这些技术。到了20世纪90年代的中期，急速增长的日本经济仿佛被踩了急刹车，形成了“泡沫经济的破灭”（山崎正胜，2002）。日本在1995年通过的《科学技术基本法》中清醒地指出，对日本说来，“赶超型的时代已经结束了，从今以后我们必须作为先头的一员，去迎接新时代的课题的挑战”。

（1）首期科学技术基本计划从1996年开始实施，到2000年完成。计划重点包括：首先，政府的研究开发投资五年间要达到17兆日元的规模，R&D与GDP的比率要赶上和超过欧美发达国家；其次，在国立研究机关引入任期聘用制，为促进官、产、学共同研究的顺利进行，允许研究者兼职；最后，大力改善大学和研究机关的设施和设备，加强对研究者的支持力度（蔡虹和许晓雯，2002）。随着这一期计划的实施，日本的科学技术振兴迈出了坚实的一步。

（2）第二期科学技术基本计划从2001年4月开始启动，主要目标是创造并利用新的知识，提高产业国际竞争力，实现全社会的可持续发展。核心内容是科技体制的改革：①增加竞争性研究资金的比例，研究人员的聘任从三年延长至五年，改革现有的研究评价体制；②在振兴地方科技发展的同时，加强科学技术活动的国际化；③对科技基础设施进行扩充和整治，构筑全社会科技创新的环境，提高公众的科学技术素养（蔡虹和许晓雯，2002）。

总之，日本第二期科学技术基本计划一方面强调科学技术作为社会可持续发展的牵引力，开拓人类未来的创造力；另一方面又强调科学技术与人类社会正反两方面的关系和自然科学与人文社会科学的融合，见表8-7。

表 8-7 日本科技立国的目标和科技政策理念

项目		具体内容
基本理念	国家目标	创造新的知识贡献与国家 具有国际竞争力可持续发展的国家 安心、安全、高质量生活的国家
	科技政策的综合战略性	重视科学技术与人和社会的关系 自然科学与人文科学的融合 为了社会的科技和社会中的科技
	科技振兴的基本方针	为了提高研发投资的效果，实行资源的重点分配 为追求世界水平的成果，扩充基础设施的投资 科学技术成果彻底返还给社会 科学技术活动国际化
重要政策	科学技术战略的重点化	提高研究项目评价的透明度和公开性 推进基础研究的水平向上 对应国家和社会的需求，重点开发研究生命科学、信息通信、环境和纳米技术材料 以准备的预见性和机动性对应急速发展的新科技领域
	研发体制	竞争性研发资金的倍增计划 提高研究者的流动性，实行公开的改革招聘制 改革现有的评价体系，确保科技资源的有效利用
	科学技术体制的改革	强化产业竞争力，改革官、产、学的构成系统 振兴科学技术，培育知识基础环境 改革人才培养和有关科技教育的实施体系 振兴科学知识的学习，构筑与社会沟通的渠道 加强与科技有关的社会伦理责任及风险管理 实施大学等科技基础设施的扩充与整治

资料来源：蔡虹和许晓雯(2002)

(三) 知识产权战略的制定与实施

在 2002 年 7 月 3 日，日本正式出台《知识产权战略大纲》，提出了强化专利和著作权保护的综合对策，明确规定了加强商业秘密保护、促进大学研究成果向民间企业转移、加快专利审批速度等 50 项措施。为促使各大学更多地创造知识财产，日本在各大学设立了知识产权本部。根据王宏业（2004）的研究，日本知识产权战略的主要措施有以下五个方面。

（1）成立知识财产战略本部。每月定期开会一次，前五次会议制定了《知识财产的创造、保护及活用推进计划》，简称《知识产权推进计划》。其主要内容有设立专门处理知识产权纠纷的知识产权高等法院、制定加快专利审查速度的法律、振兴包括电影在内的知识财产产业，共 270 项内容，于三年内实施。

（2）文部科学省批准成立首批 34 个大学知识财产本部。获得批准的单位，根据大学规模不同，每年分别从文部省取得资助 4000 万～8000 万日元。两年后如果通过中间评价，则可继续取得三年资助，累计五年。

（3）开设培养知识产权高级专门人才的法科大学院。文部科学省批准东京大学等 66 所大学开办培养兼具法律、专利、标准等知识的高级专门人才的研究生院。2004 年 4 月开课，第一批 66 所大学院总共 5430 人。

（4）设立“知识财权立国”宣传周。日本政府决定将 8 月 17 日开始的一周作为“知识财产立国”宣传周。

（5）确定了“用于再生医疗和基因治疗的尖端医疗技术可以授予专利”的方针。在日本，医疗方法因其公益性过去一直不能申请专利，此次的修改是因为再生医疗的巨大商业利益已无法阻挡，国际间的竞争也日益激烈。

第三节　韩国的技术政策

韩国是亚洲新兴工业化国家之一，是世界贸易组织成员国及经济合作与发展组织的第 29 个成员国。从 1962 年开始，韩国奋发图强，一跃成为新兴工业化国家，挤入号称“富国俱乐部”的经济合作组织，韩国经济经历了持续 30 多年的高速增长。1995 年，韩国的人均 GDP 首次突破 1 万美元。近年来，韩国经济的迅猛发展更令人瞩目。在 1997 年东南亚金融危机中，韩国由于产业结构不合理和国家创新能力不强，经济遭遇重创。但从 1999 年起，韩国经济便强劲复苏。1999 年，韩国经济增长速度为 6.9%，高于亚洲地区 6.1%的平均增长速度（李晶雨，2002）。如此斐然的成就与韩国技术政策的充分发展和完善密切相关。长久以来，韩国走的是“引进—消化吸收—创新”的技术创新发展道路，政府的作用重大，它十分注重从宏观层次上把握和调控科技的系统化发展，充分保证韩国科技发展的连续性和速度，是韩国经济发展的强大动力。

一、韩国技术政策的发展史

（一）韩国技术政策的形成与发展

韩国的技术体系独具特色。由于实用制造技术水平较高，积累了比较丰富的经验，从 20 世纪 60 年代中期起，韩国经济发展迅速。为了缩短与发达国家的科技差距，增强国际竞争力，韩国提出了“科技立国”战略，力图在尖端科技竞争中取得一席之地。韩国的国家技术政策经历了四个发展阶段。

1. 20 世纪 60 年代以前：科技发展近乎空白

韩国在 20 世纪 60 年代以前以农业、手工业为主。日本殖民时代，由于施行“北工业、南农业”的政策，使得当时的韩国几乎没有任何科技基础，加上朝鲜战争（1950～1953 年），原来微乎其微的科学技术基础也被彻底破坏了。

朝鲜战争结束以后，韩国政府为了解决因战争而缺乏日常用品的问题，利用美国援助的物资，施行扶持轻工业的政策。这样，在现代科学技术空白的情况下，韩国政府开始实行鼓励现代科学技术发展的政策。在 1950 年末，改革理工科高等院校的体系。然而，当时的韩国因为政治上的不稳定和资金不足，不能持续进行政策的制定和实施。因此在 1961 年朴正熙总统执政后，韩国利用美国的援助资金和日本的侵略赔偿金，才正式开始实行现代科学技术发展的政策（闵京基和潜伟，2003）。

2. 20 世纪 60 年代：国家技术政策的发源

在这一时期，韩国开始以经济发展五年计划为基础来制定技术政策。韩国在第一个经济发展五年计划（1962～1966 年）中确定了出口导向和发展劳动密集型产业的战略和政策（“出口第一”原则），并将“提高技术水平”确定为六项主要政策方向之一。这实际上也是韩国政府制定的第一部比较系统的国家产业技术政策，主要目标是促进外国技术的引进、建立科技基础结构、促进技术人力资源的开发、建立推动科技进步的行政和法律制度。

在第二个五年计划时期（1967～1971 年），韩国的国家产业技术政策开始有实质性起步。在该计划将“提高技术水平和生产率水平”确定为六个主要的政策方向之一的同时，韩国通过制定法律、设立技术政策机构、制定科技发展长期计划和人力资源开发的长期计划，开始着手构建国家技术政策体系。1967 年，韩国制定了《国家科学和技术促进法》，这是韩国在国家层次上系统地促进科学和技术进步的基本法，主要内容是规定国家制定和实施科学技术方面的政策和计划，并建立为相关的项目和机构提供全面支持的机制。与此同时，在韩国中央政府内部建立了科学技术处，负责技术政策，制定了 1967～1986 年长达 20 年的《科技长期综合计划》和 1967～1986 年的《长期人力需求计划》。

韩国政府从 20 世纪 60 年代起在与技术引进相关的外商直接投资问题上就实施了严格的选择和控制。1966 年制定的《外资引进法》规定，外国私人对韩国进行直接投资和签订技术许可证贸易协议必须得到政府批准，技术使用付费不得超过总销售额的 3%，首次付费不得超过 3 万美元，许可证协议不得超过三年期限。韩国利用外资以贷款为主，因此相应的技术引进方式是移植型技术引进，即以技术贸易的形式直接购买外国技术为主。在 20 世纪 60 年代，韩国的技术引进主要是一般形式的生产技术引进。

3. 20 世纪 70 年代：韩国国家技术政策的形成

第三个经济发展五年计划（1972～1976 年）的制定和实施，标志着韩国重化工业大干快上的开始。1972 年，韩国设置了由国务总理担任议长的“综合科学技术审议会”，成为国家科学技术的最高调整机构。1973 年，为了构筑产业技术开发的基础，韩国制定了《特定研究机关育成法》，成立了很多政府资助的研究机关。此外，为了促进民间技术开发活动制定了

《技术开发促进法》，根据该法律对技术开发给予税收、金融上的优惠。韩国政府为了摆脱对引进技术和模仿技术的依赖，在1977年建立了“韩国科学财团”，开始对基础科学研究活动进行支持，导致了这一时期R&D经费的大幅度增加。这一时期，韩国科学技术政策在转变产业政策方向的同时，扩充着需要的技术和人力，但还是相对地忽视了基础研究，影响了科学技术的长期发展。

4.20世纪80～90年代：韩国国家技术政策的发展

从20世纪80年代开始，韩国的技术政策有了很大的转变，政策的重点放在政府对技术发展的扶助和强化竞争力的问题上，提出了“技术立国”口号，把重点转向于形成独立自主的技术研究和开发能力，强调引进和开发高精尖技术。尽管韩国采取的依靠技术引进再进行模仿创新的模式，具有投资少、风险小、见效快的特点，大大提升了韩国的技术水平，但同时也造成了韩国对外国技术的严重依赖性，在一定程度上造成其经济发展后劲不足。因此韩国第七个五年计划（1992～1996年）提出要集中力量发展技术密集型的产业，为跻身发达国家行列创造条件。韩国1962～2000年各年度的技术引进情况，见表8-8和表8-9。

表8-8　1962～2000年韩国技术引进情况

年份	引进项目数/个	技术引进/百万美元
1962～1988	5 443	2 950.0
1989	763	888.6
1990	738	1 087.0
1991	582	1 183.8
1992	533	850.6
1993	707	946.4
1994	430	1 276.6
1995	236	1 947.0
1996	189	2 297.2
1997	173	2 414.6
1998	92	2 386.5
1999	83	2 685.8
2000	80	3 062.8

资料来源：根据韩国产业技术协会有关技术导入、输出情况资料集，以及韩国科学技术部的《科学技术年鉴》进行整理而成

表 8-9　1962～2000 年韩国技术引进的国别情况

引进国别	项目数/个	占总项目的比例/%
日本	4 641	46.2
美国	2 950	29.3
德国	69	5.7
法国	391	3.9
其他	1 498	14.9

资料来源：根据韩国产业技术协会有关技术导入、输出情况资料集进行整理而成

韩国政府强调把加速科技发展作为改革工业结构的基础。为此，政府于 1982 年 1 月采取了一个重大步骤，成立了由总统亲自主持的科学技术振兴会。到 1997 年年底，韩国都不失为一个经济成功的典型。新经济政策五年计划为韩国加入经济合作发展组织奠定了良好的基础，表明韩国已成为世界上屈指可数的工业国之一。

5. 21 世纪以来：韩国国家技术政策的进一步发展

进入 21 世纪，韩国 R&D 投资预算猛增（在政府总预算中从 1998 年占 3.6%增长到 2002 年占 4.6%）[①]，但因为许多部处（17 个部，6 个厅）通过很多方法推行技术开发，资源的配置效率并不高。为此，政府开始综合调整各部处推行的科学技术政策，制定了“科学技术基本法”，并按照此法律制定了“21 世纪国家科学技术基本计划”。该计划提出将从 2001 年科技水平世界第 21 位提高到 2006 年的世界第 10 位。为达此目标，韩国首先选择以 6T [信息技术（IT），生命技术（BT），纳米技术（NT），宇航技术（ST），环境技术（ET），文化技术（CT）] 为代表的高新技术，对这些技术集中开发、集中培养具有创造能力的科学技术人员、开发科学技术创新体系、提高研究开发资源利用的效率（李基钟，2002）。

（二）韩国技术政策的特点

韩国的科技发展走的是“技术引进→技术消化吸收→技术创新”的道路。在科技发展的过程中，政府起了关键的作用。20 世纪 60 年代，韩国

① 科学技术部. 2002. 新年度科学技术政策方向（内部资料）

处于初始创新系统阶段，政府采取出口导向型经济战略大量引进外国先进技术和外资，迅速实现国家的工业化，加速技术的发展和人才的培养；20 世纪 70 年代是韩国的发展国家创新系统阶段，政府开始把注意力转移到积极消化、吸收和扩散引进的先进技术上，并制定了一整套行之有效的支援制度、措施，以监督和诱导技术创新活动；20 世纪 80 年代至今是韩国的深化国家创新系统阶段，此阶段最显著的特点是技术引进与技术创新的重点逐步转向高新技术产业。期间，韩国政府加大了对科学技术的投资。1982 年韩国通过了《技术发展促进法》，由此以科学技术部为主开展了一系列国家 R&D 计划，包括“先导技术计划”（HAN）、“创造研究项目”（CRI）和“国家研究实验室计划”（NRL）等。韩国政府各个时期的科技计划特点，见表 8-10。

表 8-10　20 世纪 60 年代以来韩国政府科技计划特点

阶段	计划特点和重点	R&D 的投入占 GDP 的比例/%
20 世纪 60 年代 技术政策初始阶段	引进外国技术 科技促进法 成立科学技术部和科技研究院	0.3
20 世纪 70 年代 基础设施建设阶段	模仿和反向工程 R&D 促进法 成立了 16 个国家研究机构	0.4～0.8
20 世纪 80 年代 国家 R&D 计划实施阶段	发展本国技术 开始实施国家 R&D 计划 鼓励私有部门的实验室	0.8～2
20 世纪 90 年代 R&D 投入多样化阶段	发展高科技 鼓励大学科研 开展“先导技术计划”(HAN)	2～3
21 世纪以来 精心规划阶段	发展知识经济 开展创造研究计划、国家研究实验室计划和 21 世纪前沿计划等	3～5

资料来源：谈毅和仝允桓(2004)

韩国政府在技术引进的每一个阶段都会采取相应的政策措施（图 8-2）。在产业发展的初级阶段，韩国主要政策性课题是国外先进技术的引进。在技术引进的方式上与直接投资及购买外国许可证相比，更重视以交钥匙方式的成套设备引进的非正式技术转移。在国内，培养进口替代及出口型产业，以支援这个领域的技术发展。在消化、模仿技术为主的第二阶段，政府从20世纪60年代后半期开始着手建立化工、机械、电子等战略性产业的政府出资研究所。20世纪70～80年代，随着工资的急剧增长，国内企业在国际市场中的比较优势已经丧失，不能只靠模仿和消化吸收赶超世界先进水平，必须进行技术的自主开发。20世纪80年代后半期，政府实施“国家研究开发事业”，通过技术改进，解决技术难题，自主开发新技术和尖端技术，为过去10年韩国自主技术能力的扩充作了很大贡献。韩国的技术引进战略从一开始就很注重技术创新能力的培养，而不是简单的模仿。通过对国外流入的技术急速地国产化而推进反求工程（reverse engineering）和重新发明（reinvention），韩国加速了科技和经济发展的步伐，缩短与发达国家的技术差距，促进产业升级，提高产品在国际市场的竞争力，大大增强了经济、技术的自立能力（陈劲和王飞绒，2005）。

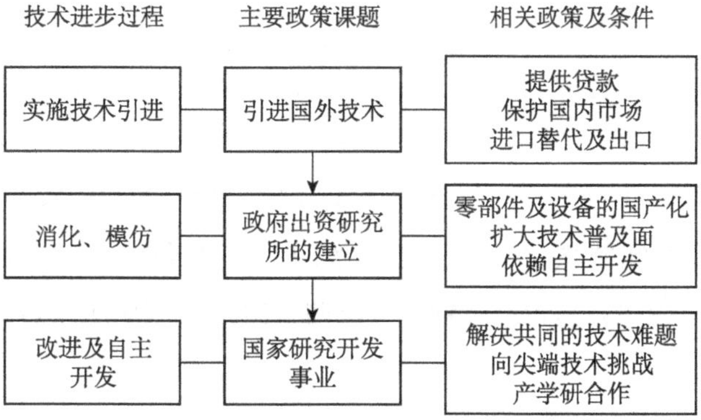

图 8-2 韩国技术进步过程中政策的演变

资料来源：金宣根（1996）

在韩国的技术政策仍然存在一些突出的问题，如对基础科学和科学技术基础扩充的政策倾向仍然不够；技术依赖海外的问题依然非常严重，技术出口与发达国家差距仍然很远；韩国的大企业仍然处于垄断地位，研发也主要在大企业内部，中小企业的研发能力仍然不足（闵京基和潜伟，2003）。

二、韩国技术政策制订的管理模式及主要工具

（一）韩国技术政策制定的管理模式

韩国实行立法、行政、司法三权分立的政治体制，总统对国会、法院的权限很大，因而其政体虽属多元分散，但集权程度很高。在此政体下，韩国对全国的科技活动实行集中与分散相结合的管理，其科技体制属于集中协调型模式。

1. 韩国技术政策制定体制概况

（1）韩国现行的技术政策从职能上可分为科研领导与协调机构：①科学技术部，负责制定国家科技发展政策、计划，为政府研究机构、大学和企业的研究机构提供科技发展基金，协调政府其他各部制定的技术政策等（李小群，1998）；②国家科学技术委员，是全国技术政策的总协调机构，由各部部长、政府研究所、大学、企业等各界代表组成，总统任主席，主要负责审批科技部制定的国家科技发展总规划和政策，协调政府各部的技术政策和各行业科技审议机构的活动；③总统科技顾问委员会，主要为总统提供科技咨询，评价技术政策；④国家科技促进扩大会议（1982 年），由政府、产、学、研及金融界代表组成，每季或半年开会一次，主要审议、调整技术政策、法规，总结实施技术政策的经验教训，解决科技发展中存在的问题。韩国科学技术院主要负责科技管理和协调工作，对韩国的科技决策起着举足轻重的作用。

（2）实施机构可分三类，各有侧重。政府研究机构是政府推行科技战略的主要支柱，其余两类是大学的研究机构和企业研究机构。在韩国的整个科技管理体系中，为了使得各政府部门之间形成密切的协作关系，1988 年，建立由副总理领衔的科学技术委员会；1997 年制定了《科技革新特别法》，从而拥有了政府综合调整科技政策和各方关系的法律依据和制度，并确定了由主管经济的副总理为议长，定期举行“科技部长会议”的制度。另外，为根据宪法对技术革新的各项政策向总统提供建议，1992 年起成立

了各界知名人士组成的“国家科学技术咨询会议”；1998 年，将科学技术处升格为科学技术部；1999 年，在原科学技术委员会的基础上建立由总统挂帅的国家科学技术委员会。韩国科技行政管理及政策制定体系见图 8-3。

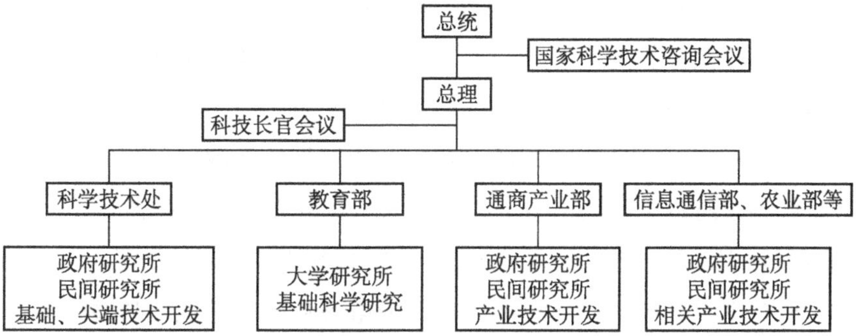

图 8-3 韩国科技行政管理及政策制定体系

资料来源：李小群（1998）

2. 韩国技术政策制定模式的特点

（1）集中与分散协调相结合。韩国各政府部门的科技组织管理自成体系，都分管着自己所属的研究机构，制定各自领域的技术政策，而这些技术政策和计划必须以科技部制定的全国科技发展战略、政策和规章等为依据，科技部的决策则需要总统科技顾问委员会和国家科学技术委员会的制约。

（2）科技管理手段有效而多样化。政府通过科技发展五年计划、长期计划（如为期 10 年的“G-7”计划等）、科技领域的具体发展政策等，确定科技发展方向和优先发展领域，指导全国的科技发展。

（3）研究开发由政府主导型向民用主导型转变。1920～1987 年，政府与企业对研究开发的投资比例：1970 年为 77：23，1980 年为 52：48，1987 年为 25：75，此后这一比例相对稳定，这是韩国推行的民用为主导的产业政策的结果。韩国政府设立各种基金，用与企业匹配的方式来鼓励以企业为主的研究开发，使政府研究经费的使用更具弹性。

3. 韩国技术政策制定体制的调整

（1）调整国家研究开发体制，加强产、学、研协同作战。韩国 20 世纪

90 年代开始，对从 1982 年开始实施的研究开发计划体制的分工进行了调整，强调公共领域的研究，如能源、资源开发、环境、卫生等主要由政府部门承担，而对战略领域的高技术和基础技术则由政府、大学、企业、政府研究机构共同研究开发。“G-7”计划的实施便是如此。它是韩国政府为赶超世界七强而制定的为期 10 年（1992～2001 年）的科技发展宏大计划，涉及研究领域 11 个，分为“产品技术计划”和“基础技术计划”。

（2）加强政府各部门的协调。“G-7”计划是加强政府各部门协调的尝试，是韩国政府首次协调跨多个政府部门职责的大规模科技计划。为此，政府专门设立了韩国产业技术科学研究院，以协调和资助产、学、研的科研工作，避免了政府各部之间科技活动大量重叠和分部门进行科技预算的弊端，有效地利用各种资源，提高了研究开发投资的效益①。

（3）增强中心企业的产业技术创新能力。自 20 世纪 80 年代以来，韩国政府果断地改变以往脱离中小企业而孤立发展大企业的做法，采取了一系列措施发展中小企业，尤其是为个人计算机、精密机构、自动化、材料及其相关技术、制药业等领域的技术密集型中小企业提供资金支持及各种优惠，这导致中小企业纷纷建立自己的研究所。

4. 韩国提升技术政策制定体制管理效果的措施

（1）强化国家科学技术委员会的职能和作用。国家科学技术委员会作为国家科技发展的宏观决策部门，由总统亲自担任委员长，主要负责制定、实施与调整国家科技长远发展规划及创新政策，调整和分配研发预算；审议国家标准政策、知识产权政策和技术金融政策；管理基础研究会、产业技术研究会和公共技术研究会等（单波，2010）。

（2）建立研究会，优化资源配置。参照德国研究会模式，把政府研究院所从所属政府部门中分离出米，按不同领域分别组成“基础研究会”、“产业技术研究会”、“公共技术研究会”并将其置于国家科学技术委员会的管辖之下。

---

① 刘晓午，韩国“G-7”计划．中国经营报，2006-11-07

(3)发挥企业创新主体的作用。韩国从政策上重点支持企业提高创新能力，推动国家科研院所向专业化和大型化方向迈进，重点满足国家原创技术、大型集成技术等战略储备技术开发。

(4)大力支持产学研合作研发。通过修订《合作研究开发促进法》和《科学技术革新特别法》，进一步把发展产学研合作纳入法制化轨道。同时，多方采取措施支持产学研合作，如国家科研课题实施对象的选定推行产学研优先政策；国家科研院所的研发设施对产学研优先开放；建立以大学为中心的产学研合作园区和地区合作开发支援团等。

(二)韩国技术政策的制定工具

1. 韩国的技术预见及成就

韩国从20世纪80年代后期开始技术前瞻工作，把这一任务纳入到研究开发管理范围之内，由韩国科技研究院(KIST)所属科技政策研究所(STEPI)的研究小组主持。韩国政府在制定“高度先进国家计划”(HAN计划或“G-7”计划)时，采用了自上而下的方法，首先确立了国家目标，然后根据国家目标来确定需优先发展的关键技术，从而确定了新的科技政策(李志军，2002)。韩国在两次主要的技术预见活动中都成功地选择了面向未来的技术发展方向。韩国的第一次技术预见，首先是由STEPI在1991年作为一个新的研究课题提出的。1992年，STEPI配合科技部修正了1962年的技术发展推进行动，增加了一个每五年制定一个长期技术预见的条款，正式制定了“高度先进国家计划”(HAN项目)，采用德尔菲方法开展技术预见。在1998年执行的第二次技术预见中，主要目标是阐明下一个25年科技政策和战略研究发展计划。对于15个技术领域建立了预计2000～2025年为期25年的长期观察。

2. 韩国的国家技术路线图

韩国参照制定企业的技术路线图的方法制定国家技术路线图。2002年，韩国政府在国家层次上使用技术路线图(TRM)方法，即韩国的国家技术路线图(NTRM)。最初，TRM方法被用于企业层次上的技术开发活动。制定 NTRM 的目的：分析国内外的产业变化和技术趋势；指出确保今后 10 年的国际竞争力所必需的有发展前途的产品和核心技术；在国家层次上制定技术路线图以推进战略研发项目①。

2002 年 3～12 月，在制定 NTRM 的过程中，主要活动一直由 NTRM 领导委员会来指导。执行委员会也设立了五个分委会，这是制定 NTRM 的核心机构。此外，在第二个阶段还成立了技术路线图小组（共 74 个）来制定关键技术的技术路线图。一个技术路线图小组由 10 名左右来自产业界、学术界和研究方面的技术专家组成。共有 751 名委员会成员参与了 NTRM 的制定。为了制定全面的 NTRM，提出了 2012 年科技发展的五个构想，包括：①建立一个"信息–知识–智能"社会；②实现生物保健；③促进环境和能源前沿的发展；④提高韩国当今主要产业的价值；⑤加强国家安全和提高国家声望。阐明了实现这些构想所需的"战略产品和功能"，共计 99 项关键技术②。

三、韩国主要的技术政策

（一）韩国的技术产业政策

1960 年以来的韩国技术政策总结，见表 8-11。

表 8-11　1960 年以来韩国的主要技术政策

年份	法令	机构	计划与其他
1960	技术引进促进法	—	—
1961	—	—	第一次经济开发五年计划中包含振兴科学技术的计划
1962	—	设立韩国科学技术情报中心(KOR2SⅡC)设立技术管理局	修改韩国产业分类标准和作业标准，给大学提供研究经费
1964	—	设立总统的顾问机构经济科学审议会	—
1966	韩国科学技术研究所培养法	设立韩国科学技术研究所(KIST)	—

① 韩国国家技术路线图 . http://www. sgst. cn/xwdt/shsd/200705/t20070518_107742. html

② 韩国国家技术路线图 . http://www. sgst. cn/xwdt/shsd/200705/t20070518_107742. html

续表

年份	法令	机构	计划与其他
1967	科学技术振兴法	成立科学技术处	制定科学日，第二次科学技术振兴五年计划
1969	韩国科学技术情报中心培养法	科学技术研究所成立，韩国科学技术后援会(现在的韩国科学文化财团)成立	电子工业振兴五年计划
1971	—	设立韩国科学院(KAIST)，设立韩国开发研究院	建立“红玲研究开发区”
1972	—	设立直属于国务总理的综合科学技术审议会	—
1973	技术开发促进法，特定研究机关培养法，国家技术资格法	设立韩国原子能研究所	大德研究开发区建设基本计划，科学技术教育中心长期的人才培养计划
1974	—	设立韩国技术振兴财团	—
1975	—	设立韩国标准研究所	—
1976	—	设立韩国技术测定公团	—
1977	—	成立韩国科学财团	—
1978	—	成立韩国海洋开发研究所	技术引进的自由化，韩国科学财团开始振兴基础科学研究的工作
1979	—	—	科学技术处开始管理大德研究开发区的工作
1980	修正韩国科学技术院法	合并或废除政府资助的科学技术研究机关，合并韩国科学技术研究所和韩国科学院	—
1981	修正特征研究机关培养法，修正技术开发促进法	设立海洋研究所、韩国能源研究所、韩国机械研究所、韩国电子通信研究所等，设立韩国技术开发股份公司	—
1982	—	—	召开第一届技术振兴扩大会议，开始特征研究开发事业
1983	—	设立企业技术支援中心	—
1984	—	—	设立技术振兴审议会和召开第一届会议
1985	—	—	设立研究开发新事业
1986	中小企业创业支援法，对新技术产业在金融方面支援的法律	—	面向2000年的科学技术发展长期计划
1987	软件开发促进法	—	南极科学基地计划
1988		设立基础科学研究支援中心	—

续表

年份	法令	机构	计划与其他
1989	—	设立航空宇宙研究所,设立海士技术研究所	国立中央科学馆完工
1990	—	设立韩国原子能安全研究所	召开第五届综合科学技术审议会,20世纪90年代科学技术振兴政策课题和推进方向,基础科学技术振兴对策和优秀研究组织培养计划
1991	—	设立科学技术情报流通事业团	中小企业技术开发事业转让到商工部
1992	—	科学技术政策研究所设置研究管理计划团,设立研究开发使用化事业团	大德研究开发区完工,开始先导技术开发事业
1993	"韩国工学赏"制度	在大德研究开发区设置研究开发情报中心,光州科学技术院完工	发射科学卫星"我们的星2号",开始产、学、研技术开发共同事业
1994	协同研究开发促进法	设立韩国科学技术翰林院	推行产业技术基础铺垫计划
1995	—	设立先导技术开发事业综合评价计划团	发射"无穷花卫星1号"
1996	—	成立中小企业厅	发射"无穷花卫星2号",推进情报化基本计划
1997	科学技术革新特别法		科学技术革新五年计划

资料来源:转引自闵京基和潜伟(2003)

韩国的国家产业技术政策在经历了发源(20世纪60年代)、形成(20世纪70年代)、发展(20世纪80年代)三个阶段后,从90年代开始将技术政策的主要的目标定位于在关键技术领域赶超发达国家水平,全面促进韩国国际竞争能力的提高,见表8-12。

表8-12 韩国技术政策与产业的相互发展过程

年代	主要产业	技术革新的特征	政府的作用
20世纪60年代	代替进口、轻工业、劳动集约化产业	技术认识不够外国企业生产基地	改革制度设立KIST
20世纪70年代	重化学、海外建设、出口	引进技术设备简单的装备	扩充政府资助研究所,支援技术开发
20世纪80年代	电子、汽车、尖端产业	开始自己开发设立研究所	民、官共同开发以回避技术摩擦
20世纪90年代	半导体、精密机械、服务业	突破界限获得战略成果	支援先导技术开发重视产业技术

资料来源:转引自闵京基和潜伟(2003)

（二）韩国的技术市场政策

韩国技术市场的发展特征，见表 8-13。

表 8-13　韩国国家技术市场的发展特征

时期	主要特征
萌芽时期	20 世纪 60 年代
发展时期	1980 年以后
专利制度建设	1961 年，专利制度开始实施
现有总规模	30 582 亿美元，世界第八
技术市场需求主体	国内企业及其子公司
价格形成机制特征	市场自发形成
对外技术贸易状况	从欧美进口，向东南亚出口
技术申请数量	129 982 件

资料来源：世界银行《1999/2000 年世界发展报告》编写组（2000）

在韩国，政府高度重视对技术市场的管理，由于许多技术作为一种公共产品，容易造成小同技术需求与供给方的搭便车行为，造成技术供应短缺和技术需求混乱。韩国技术政策的政府作用相较于英国来说，政府所起的推动作用特别强。政府在宏观政策上也有非常强烈的倾斜，不仅给予技术供给方（国内）税收补贴，还从政府金融政策上大力扶持企业的技术研发。

（三）韩国的技术转让政策

1. 韩国国内的技术转让

在韩国，技术从公共部门向私营部门的转移（以下简称公私技术转移），主要由政府研究所和大学进行。《1972 年法》颁布以后，韩国政府规定，政府研究所、大学和私营企业等合同人可以对它们在从事政府资助的研发期间所取得的发明拥有权利，并规定国立和公立大学及研究所不属于合同人。2001 年的《专利法》，则将国立和公立大学包括到合同人之中。韩国政府制定了多项有利于技术转移的政策。《1993～1997 年新经济五年计划》强调了政府在公私技术转移中的作用。1997 年金融危机之后，新办创业企业被看成是恢复韩国增长潜力的主要手段，这些新企业将公共研究机构开发的技术商业化。近年来，韩国政府为促进公共研究机构中未利用技术的商业化而采取了新的举措，颁布了《2000 年法》，并由此法授权建立了韩国技术转移中心。此法还规定，每一个公共研究机构均应成立技术许可办公室（侯国清，2004）。

2. 韩国与外国之间的技术转让

（1）向韩国的技术转让。20 世纪 60 年代开始，韩国的工业化进程加速，外国技术的进口也显著增长。在这一时期，各工业部门所进行的技术转让有所不同。整体设备制造工业，如造船、机械，在生产设备前期安装和产品设计上，主要采取许可证贸易和咨询等正规转让形式。批量生产工业，如电子、汽车也同样依靠正规形式的转让，但依赖程度较低，而且更加注重工程技术上的吸收利用。化学、水泥、造纸、钢铁等连续加工工业则采取交钥匙合同的形式。从那以后一直到 20 世纪七八十年代，技术进口一直是韩国广泛采用的方式，并且现在仍然是韩国技术革新的重要手段，见表 8-14。

表 8-14　向韩国的技术转让(1962～1993 年)

年份	技术进口		外国直接投资		技术进口/外国直接投资		资本货物进口	
	金额(A)/百万美元	项目数(B)/个	金额(C)/百万美元	项目数(D)/个	A/C	B/D	金额(E)/百万美元	E/总额
1962～1966	0.8	33	47.4	39	1.7	0.85	486	18.9
1967～1971	20.4	285	218.6	350	9.3	0.81	2 668.0	30.8
1972～1976	96.5	434	879.4	851	11.0	0.51	8 106.0	27.3
1977～1981	451.4	1 225	720.5	244	62.7	5.02	25 685.6	27.7
1982～1986	1 184.9	2 078	1 767.5	565	67.0	3.68	46 572.8	32.0
1987～1991	4 359.4	3 471	5 634.7	1 622	77.4	2.14	111 499.4	36.4
1992～1993	1 797.0	1 240	1 938.8	50	92.7	2.46	61 184.3	37.0

资料来源：宋钟谷等(1996)

（2）韩国的技术出口。《科技推广法》为韩国企业的技术出口提供了法律基础。根据该法，技术出口的范围包括向外国人提供韩国公民允许使用的技术服务和专有技术，或工业产权及其他技术。如果技术出口金额在 10 万美元以上，需向科技部报告。从韩国技术出口的特点来看，20 世纪 90 年代韩国技术出口迅速增长，主要流向是亚洲发展中国家，如中国、印度尼西亚和菲律宾。值得一提的是，韩国向经济合作与发展组织国家的技术出口占总额的 9%。韩国对亚洲国家的绝大部分技术出口与海外投资密切相关，而在经合组织国家方面，许可证贸易相对流行一些。

下篇

创新政策

第九章

创新政策概述

第一节　创新政策的概念及内涵

一、创新政策的概念界定

创新政策是一个综合性的概念，目前在政策制定者和学者中尚无统一的界定。

在国外，英国著名学者罗斯韦尔在 20 世纪 80 年代对创新政策的定义常被采用，他认为创新政策是科技政策和产业政策协调的结合（Rothwell，1986）。法国创新政策专家高丁认为创新政策应包括支持创新者、技术文化和减少创新障碍等子框架。OECD 的科技委员在 20 世纪 80 年代初也提出，发展创新政策的目的是要“把科技政策与政府其他政策，特别是经济、社会和产业政策，包括能源、教育和人力资源政策形成一个整体”（贾蔚文等，1994）。

在中国，罗伟等（1996）的定义与 OECD 的定义基本相同，他们把创新政策看成是科技政策的重要组成部分，与科技政策和产业政策紧密相关，包括能源、教育和人力资源政策的整合，而将科技政策与工业政策中有关推动创新的部分作为创新政策的核心。还有一些学者强调创新政策与经济政策的关系，如鲍克和周卫民（1997）认为创新政策是政府为鼓励技术发展和其商业化以提高竞争力的各种社会经济政策的总和，它处于经济政策的中心位置，直接鼓励创造与变化。有的学者则把创新活动看成是一项实际存在的社会活动实践，并将与这类活动有关的各种相关政策定义为创新政策。叶明（1995）认为，要真正有效地驱动技术创新，应该发展一种内容上综合的、逻辑上自给的专门研究驱动技术创新的宏观控制手段——政策环境，即旨在驱动技术创新发生、运行、扩散全过程而采取的各种直接的和间接的政策与措施。

依据政策学原理，任何政策都应由政策主体、政策对象、政策目标和政策手段四部分所构成。基于此，以技术创新活动和创新政策的特殊性为内容，可以给创新政策下一个定义：创新政策是指一国政府为促进技术创新活动的产生和发展，规范创新主体行为而制定并运用的各种直接或间接的政策和措施的总和，它应是一个完整的体系。

二、创新政策的内涵及争论

创新政策的内涵体现在三个方面：①强调创新政策涉及许多不同的政策领域，覆盖原有的一些政策体系，如科技政策、经济政策、社会政策等，而不仅仅局限在某个原有的政策体系之内；②强调整合，即创新政策不是某些单项政策的简单相加，而是各种相关政策的有机整合；③强调政策的对象，即创新政策包括了以技术创新活动为对象的所有相关政策措施。应当指出，创新政策不等于科技政策和经济政策，也不是科技政策和经济政策各自一部分内容的简单相加，但显然应当包括科技政策与经济政策的一些具体的措施和手段（连燕华，1999）。

但是，有关创新政策的具体内涵及创新政策工具的选择，在学术界仍存在较大争议。由于考察问题的角度不同，学术界和决策者都存在着明显的分歧，其中比较有代表性的看法包括以下三种。

（一）创新政策即科技政策与产业政策的结合

罗斯韦尔最早持有这种观点。在他看来，20 世纪 70 年代中期以前，西方国家或多或少都实施着某种产业政策和科学技术政策，产业政策如投资赠款、税收优惠、产业改组和公共所有制等，科学技术政策如技术教育、专利政策、具有基础设施性质的基础理论研究与应用研究等。但是，这两者是分散的，是由政府有关部门各自独立实施的，彼此之间缺乏协调与联系，其目标和对象因决策部门的差异而有所不同。然而，20 世纪 70 年代中期以后，发达市场经济国家的政府越来越多地参与到制定针对技术创新的政策中去。这反映了政府方面一个普遍增长的信念，即认为对于工业中技术创新的刺激至少是能够部分地克服高能源成本对于许多重要产品市场停滞的影响，成为打破目前衰退周期的手段之一。如同对技术创新的定义包括从发明到市场的所有过程一样，技术创新政策也是有关从研究到市场乃至消费的整套活动的政策。因此，技术创新政策是一个综合性概念，在本质上是科学技术政策与产业政策的联合。国内的一些学者也接受了这种观点。例如，夏国藩（1993）认为，技术创新政策通常是科技政策与产业政策的结合，是旨在促进技术创新而采取的各种直接或间接的政策措施。在20世纪70年代之前，技术创新政策措施大多是间接的，隐含在其他政策之中。从20世纪70年代开始，西方技术创新政策更加明朗化，“技术创新政策”这个概念越来越多地出现在各国政府的政策文件之中，并趋向发展为独立的政策体系。

（二）创新政策是一个综合性的概念

欧洲学者马克·道奇逊等认为，创新政策是一个雄心勃勃的概念，它包括改进企业、网络、产业及整个经济体系的创新能力的目标。创新是一个过程，涉及技术和信息在多个部门角色之间的流动，包括在各种规模的企业和公私研究机构之间的流动，创新政策的主要目标就是帮助这种相互作用。因此，创新政策既不同于主要关注科学的发展和科学家培养的科学政策，也不同于主要目标在于支持、扩大和促进技术开发的技术政策，因为技术政策往往集中于军事和环境保护等领域。但是，它们之间也有许多重叠之处，这种划分的模糊性又因为在某些国家使用诸如研究政策、研究与技术政策、产业和教育政策来影响许多同类问题而更加复杂了。尽管如此，创新所涉及的不仅仅是技术问题，而且包括许多组织与管理问题。因而，创新政策是一个有着更为广泛含义的范畴。中国学者柳卸林（1993）也认为，创新政策是一个整合的概念，由于创新涉及从发明到商业化的技术、金融、设计、生产、管理和销售等多个环节，所以政府能够影响创新的手段是相当多的。不仅如此，创新在很大程度上是一个内生的经济概念，政府的许多行为都会对创新行为产生影响。

（三）创新政策是政府经济政策和科技政策相互协调的产物

OECD 在 1982 年召开的一次国际会议上提出，技术创新是在特定的经济条件下研究、完善、应用新技术的复杂过程的结果。因此，政府的创新政策既与它对政府在经济政策问题上的作用的认识密切相关，也与它的总体科学技术政策密切相关。在 OECD 看来，创新政策的目标应该主要是创造有利于技术创新的外在环境和新的技术条件，因此其政策内涵应该包括：①有关研究开发和创新投资的措施，包括直接资助研究开发活动、税收刺激、促进风险资本的发展等；②有关技术诀窍的扩散和获取的措施，包括教育、科学技术信息及促进建立集体技术研究开发中心等；③有关一般竞争条件的措施，如反托拉斯立法、政府采购、专利与许可及政府管制规则等。

三、理解创新政策时的注意事项

（一）创新政策并不是科学政策、技术政策与产业政策的简单结合

尽管技术创新在本质上就是科学技术成果由潜在生产力转化为现实生产力，但是将科学政策、技术政策与产业政策结合起来并不等于技术创新政策，因为它们之间的内涵各不相同，作用的对象也有着根本区别。科学政策和技术政策的作用对象是科学和技术本身，是从事科学技术活动的组织或者个人，包括各种政府科学研究开发机构、大学及企业的研究开发机构，目的是为了促进科学技术这个特定对象在一国或一个地区的发展。产业政策的作用对象是国民经济中各个特定的产业部门及彼此之间的相互关系，是构成产业部门基本单位的企业，其目的是通过影响企业的经营行为促进产业结构的转换及升级，从而在一定范围内实现资源配置的最优化。

而创新政策的作用对象不是这种特定的部门，而是一个特定的过程，即科学技术成果由科学技术的生产部门向产业部门转移的过程。严格地说，它所处理的是一种关系，是一种通过科学技术成果的流动而形成的科学技术部门与产业部门之间的关系。显然，作用对象的不同决定了它们所采用的

政策工具的差异。

（二）创新政策不同于广义的经济政策

技术创新必然涉及市场因素，涉及各种经济行为主体，而创新政策的核心就是缩短技术成果供方与用方之间的距离。 因此，从这个意义上可以明确地主张将技术创新政策从科学技术发展或者产业结构调整的层面上提高到社会经济的层面上来考察，从这样一个更为独特的视角来综合性地研究和分析技术创新政策。 但是，如果将技术创新政策提高到等同于经济政策甚至贸易政策的程度，就会产生技术创新政策泛化的倾向，从而导致将一切经济政策都视为技术创新政策。 因此，不能将技术创新政策与广义的经济政策相混淆。

（三）技术创新政策的本质是技术创新的政府激励问题

技术创新政策的本质就是技术创新的政府激励问题，即政府采用何种措施促进技术创新的产生及其扩散的问题。 政府政策的主要目标就是不断激励缩短一个技术创新产生与扩散过程的时间，以及使技术创新的成本最小化和收益最大化。 政府的主要手段就是通过对技术行为的影响来促进或者影响技术创新过程。 不论是哪一种技术行为，都包含着技术层面和财务层面的因素。 因此，技术创新政策既不是科学技术政策也不是产业政策，而是与两者密切联系但又高于两者的一种宏观政府政策。

由此可见，创新政策就是政府为了促进科学技术成果从研究开发机构向产业部门流动，并最终实现其商业价值而采取的一系列公共政策措施的总称。 它有两个方面的含义：其一，在狭义上，创新政策仅仅指与科学技术成果商业化有关的政策措施，而不涉及科学技术成果供应的数量、质量与来源等。 在这个意义上，创新政策主要是一种企业政策，其作用的对象主要是企业采用科学技术成果的规模、速度与方向等方面的行为。 其二，在广义上，创新政策除了促进科技成果转化的政策以外，还应该包括促进科学技术成果供应的规模、速度与方向的政策，如研究开发活动、技术搜寻活动及国际技术转让活动等（阎莉，2000）。 创新政策的综合性在于，它不仅要考虑创新的科学和技术来源，也要考虑创新的经济实现。

第二节　创新政策的目标

为促进科技创新，无论是发展中国家和新兴工业化国家，包括一些发达国家的政府都在改变长期以来的不干预政策，运用灵活的政策工具，在相关部门和组织之间形成制度和机制创新的政策系统协调能力，从制度建立和机制创设上对企业技术创新给予政策支持。

但是，对于创新政策的目标，各国政府及学术界却存在着明显分歧。大致存在三方面的观点。

第一，克服市场失败论。有的学者认为，创新政策的首要目标是克服市场失败。所谓市场失败，就是在市场机制充分发挥作用的情况下，经济资源没有得到有效配置的一系列状况，其典型特征就是经济活动对于社会整体的边际价值和对于私人部门的边际价值不相等导致的自由市场在配置资源问题上的非优。根据阿尔伯特·林克（Albert Link）的说法，政府在创新过程中的作用，至少从经济学的观点来看，是克服市场失败，因为市场失败隐含在技术创新过程模型所显示的每一个技术因素中。当企业由于所从事活动的商业风险而在研究开发活动上投资不足时，即会发生市场失败；当企业由于所从事活动的技术风险而在通用性技术或者技术基础设施上投资不足或者利用不足时，会发生市场失败；或者是当企业不能独占收益而在基础科学研究上投资不足时，也会发生市场失败。政府所承担的一个适当角色就是实施技术创新政策以解决市场失败问题。要克服这些市场失败，需要制定并实施针对影响企业创新及其相互作用的技术因素组合的所有方面的财政措施。仅仅针对企业自身的研究开发活动而实施财政措施的做法并不恰当，它们应该被看成是多样化的公共部门技术创新政策的一部分。例如，研究开发的税收刺激应该具有促进私营部门研究开发支出水平的作用。但只有这一条是不够的，公共部门在注意到技术因素之间互补性的同时，也应该采取措施鼓励企业参与从事通用性技术的研究，例如，对企业提供对等赠款以从事合作研究活动；实施有利的反托拉斯政策以促进企业成立联合研究机构；对于参与合作研究的企业提供税收刺激等。

第二，培育技术创新能力论。企业的技术创新能力主要包括技术搜索能力、选择能力、协商能力、实施能力、综合能力、学习能力等方面的内容（Dodgson and Bessant，1996）。而在实践中，由于缺乏技术创新能力而造成技术转移失败的案例，在日常生活中俯拾皆是。例如，不适当的技术选择，获得了技术硬件但由于缺乏技能和辅助性专有技巧等而没有能力成功地应用这种技术；建成了合资企业但没有长期的学习或者吸收技术，所获得的技术与现有业务或者技术基础不适应；获得的技术对企业的竞争实力没有或者很少有影响；很晚或者没有采用关键技术等。不论是产品创新还是工艺创新，其成功的条件都是多方面的（涉及企业的技术、金融与营销功能）和多边的（涉及来自许多用户、供应商及中间机构的投入），因此，有效的创新政策要求所有的有用要素参与其中，其中两个特别重要的政策目标是：培育企业内部的创新能力和利用中介机构迅速建立联系的桥梁。马克·多奇逊描述了用户、供应商、中介机构和政策之间的关系（表 9-1）。从表 9-1 可以看出，除非用户和供应商的创新能力都很强，否则都需要中介机构和创新政策的支持。

表 9-1　用户、供应商的创新能力与中介机构和政策之间的关系

用户	供应商	中介机构	政策
能力强	能力强	通常不需要	不需要
能力弱	能力强	帮助培育用户能力	支持用户的能力培育
能力强	能力弱	帮助开发供应商能力	支持供应商能力培育
能力弱	能力弱	帮助培育用户和供应商的能力，并在两者之间建立联系	支持能力培育，支持基础设施建设，包括支持中介机构的发展
能力弱	能力弱	能力弱	支持基础设施建设，特别是网络建设和中介机构发展

资料来源：Dodgson 和 Bessant(1996)

第三，发展技术创新的基础设施论。有的学者认为，创新政策的首要目标应该是构建技术创新的前提条件。这些前提条件就是所谓技术创新的基础设施，是进行技术创新的经济体系的结构性因素，是国家创新政策的焦点。由于这种基础设施投资具有非连续性特点及与之相适应的规模经济特征，它们不可能由市场竞争来提供。Justman and Teubal（1986）将创新基础设施定义为支持创新过程同时又显示出超过个别企业需求的规模经济的各种因素的组合，分为金融、研究开发、制造业及营销四大类（表 9-2），认为，创新的基础设施包括了隐含在各种形式之中并对创新和扩散的不同阶段提供支持的广泛的因素。这些因素既包括能源、运输和通信等传统的物质基础设施因素，也包括隐含在人力资本之中的无形因素，如技术与科学技能等。它们在其生产和供应方面都具有超越个别企业需求和能力的规模经济，因而它们不可能通过与创新企业垂直一体化来供应，而必须由外部来供给。

表 9-2　技术创新的基础设施

创新的基础设施	具体内容
金融 ①研究开发阶段 ②执行阶段	H 研究开发项目的财务评估和管理 O 风险资本市场；政府资助机制 H 被执行阶段的财务管理 O 国际联络网；政府资助网
研究与开发 ①进展情况 ②实验 ③设计	H 科学与技术知识 O 大学；研究机构；与国外研究机构的联系 P 图书馆与数据库；基础和应用研究设施（如图书馆） H 发明能力，科学技术知识 O 应用研究团体，检测装置 P 试验设施 H 设计或创新能力，上述因素再加上市场/经济取向的经验 O 创新企业；市场研究机构；特殊设计工作的分包 P 设计实施
制造 ①再研究开发阶段 ②利用 R&D 成果	H 原型制造技能 O 企业调节所需要类型的高技能产品以适合需求 P 生产的机械 H 相关工业的制造技能；快速研究的能力 O 企业进行调解以生产/利用新产品和定制部件（灵活、开放）；大学和熟练的人力培训设施 P 可以生产利用新产品的制造设施
营销	H 高技术营销技能，声誉 O 贸易公司；出口委员会；市场研究机构；营销培训机构 P 分销和仓储设施

注：H 表示隐含在人力资本中间的；O 表示隐含在组织结构中间的；P 表示隐含在有形资本中间的

资料来源：Justman 和 Teubal（1986）

创新政策的根本目标就是影响技术创新向着有利于公共利益的方向发展，促进技术创新的规模与速度，缩短发明与技术创新的时滞，从而最大限度地促进科学技术成果的产业化进程。问题在于，在履行这一功能时，是将克服市场失败作为主要目标，还是将培育技术创新能力作为主要目标，或者是将发展创新的基础设施作为主要目标？实际上，各国学者的分歧也就在于此。但是，由于市场失败的主要后果是资源配置并非最优，那么，建立在这种假定基础之上的技术创新政策显然是以纠正资源配置失衡为目标的，增加有关的资源供应就成为技术创新政策的唯一选择，包括增加研究开发支出，加强人力资源的供给等，许多国家政府实际上也正是这样做的。事实上，这种观点显然又含有创新的技术推动说的色彩，因为它所隐含的一个假定就是，在增加技术创新的资源供应方面配置的资源越多，技术创新成功的可能性就越大。然而，事实证明并非如此。

马克·多奇逊认为，对各种创新政策的分析表明，大多数创新政策都是旨在缩小资源差距的，如通过扩大技能、投资资本或增加科学与技术成果的供应量等。这方面的例子包括通过提供贷款或补贴促进采用某种特定技术的公共政策。相反，在技术创新的能力差距上人们反而给予了较少的注意力，而且在这方面创新政策往往是通过间接机制来发挥作用的。然而，研究表明，导致创新失败的原因往往是技术创新的能力水平而不是技术创新的资源差距。反过来看，将发展技术创新的基础设施作为技术创新政策的首要目标似乎也并非最优选择，因为技术创新的基础设施毕竟不是技术创新过程本身，有了最好的技术创新基础设施也并不意味着技术创新过程就可以一帆风顺。

培育技术创新能力当然是重要的，在某种意义上甚至可以说是最重要的技术创新政策目标，但是，创新能力的培育单纯依靠技术创新政策显然不够，而是需要多方面政策的配合和促进。将培育技术创新能力作为技术创新政策的主要目标，实际上等于说技术创新政策的主要目标就是促进技术创新的发展，这几乎就是一种同义反复，在技术创新政策研究上不能给我们增加任何新的知识。由此可见，无论克服市场失败论，还是培育技术创新能力论，或者是发展创新的基础设施论，都不足以构成设计技术创新政策的原则。

概括来讲，创新政策的作用主要表现在以下几个方面：①创新政策有助于在科技与经济、社会发展、创造就业之间建立有效的连接。创新的核心思想是通过新的产品和工艺的不断引入和扩散以推动经济的不断增长。用创新来替代过去的科技，可有助于科技与经济、社会发展、创造就业的有机结合。②创新政策有助于一国在国外技术的基础上形成自己的科技体系。这包括国家创新战略的实施，如中国应在哪些产业实现跨越性的发展战略，应在哪些产业上优先发展等。③创新政策有助于推动一些科技公共品的生产和扩散。

从国家层面来看，创新政策的目标可以归纳为国际竞争力的强化、经济发展及工作岗位的提供、生活质量的提高、国家安全保证等，如图 9-1 所示。

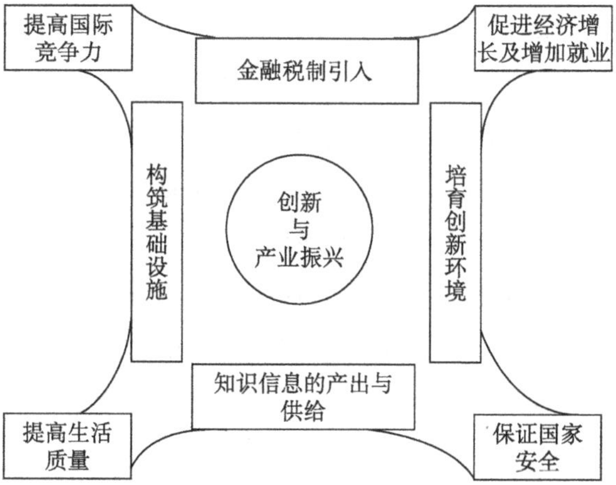

图 9-1　创新政策的目标

资料来源：李工来(1996)

第三节　创新政策的特点和分类

一、创新政策的特点

（1）一致性。创新政策的一致性主要表现在与总的宏观经济政策和其他政策之间的协调。这就要求制定创新政策的有关机构要建立良好的协调关系，避免各自制定的政策发生相互矛盾的现象。

（2）连贯性。由于政府在不同时期关注的重点不同，可能造成政府创新政策缺乏连贯性。缺乏连贯性的创新政策可能会给创新活动带来不良影响，因为技术创新活动的全过程通常需要较长的时间。

（3）灵活性。与创新政策一致性特点相对应的是创新政策的灵活性，两者是相辅相成的，因为创新政策必须能适应社会需求、社会突发事件和机会的不断变化，并通过政策系统的反馈不断改善政策的效能，以适应变化的环境。

（4）互补性。这一特征有两层意义：一是各项创新政策之间的互补。例如，为解决创新的资金问题，就需要财政政策、投资政策、金融政策和税收政策等多项政策的配合和互补。二是创新政策与本国企业的战略利益之间的互补。这就要求政府在制定政策时，不仅要考虑国家的利益和政府的期望，还应了解企业的利益和长期发展战略。

（5）现实性。创新政策的现实性提醒人们（特别是政策制定者）应注意到公共政策的内在局限性。政策不可能解决所有问题，在制定政策时必须注意给企业留有较大的活动余地。政策能起的主要是引导作用，许多决策还是要由企业决策者去做。

创新政策是由许多与创新有关的各方面的政策组成的，即便是为促进创新而单独制定的一整套的创新政策，也必须与经济和社会的总政策紧密结合。这就需要将技术创新政策渗透到社会、经济、工业和科技等各项政策中去，同时也要求与技术创新政策制定和执行的有关机构更广泛地结合起来，使技术创新成为更广泛的政策领域的有效结合的重要因素。

二、创新政策的分类

创新政策有许多分类方法。对政策体系进行分类是政策分析的工具之一，而如何分类则要根据分类者的目的来确定（连燕华，1998）。从文献中可以看到在技术创新活动和技术创新政策的研究中有许多种分类方法。

（1）从目标和手段的角度分类。从目标和手段的角度分类可划分为制度政策和过程政策。制度政策主要是指那些为国家的技术创新活动创造长期制度环境的法律和组织结构的政策措施，通常由立法机关以立法的形式提供。过程政策是指在既定的制度环境中主要由政府管理部门制定、实施的针对技术创新活动运作过程本身的政策措施，目的在于调节技术创新活动中的一些重要关系，如供求关系等。

（2）按层次和调节对象分类。若以层次和对象作为划分标准，又可将各种政策分为三类：即单项调节政策、结构调节政策和水平调节政策。单项调节政策是指那些旨在调节单个组织和行业系统技术创新活动的政策。结构调节政策是指旨在调整不同部门、不同行业、不同地区、不同技术领域、不同的创新主体之间以及创新者与使用者之间关系的政策措施。水平调节政策是指在调节国家技术创新活动中一些重要的宏观参数的政策措施。

（3）按相关政策体系分类。在政策分析时，常按与技术创新政策体系相关的其他政策体系分类，因为许多属于技术创新政策体系内的政策工具，同时又可能属于其他相关的政策体系，如科学、技术、经济、产业、农业、就业、环境、国防、社会福利、文化、教育等。

（4）按政策实施层次分类。按照技术创新政策的实施层次分类，可分为全球或区域政策、国家的宏观政策、针对行业或地区的政策、鼓励企业创新的政策、鼓励个人的政策等。

（5）按技术创新过程分类。按照技术创新过程的分类，可以根据技术创新过程的不同阶段对政策工具进行分类。而技术创新过程本身就有许多种划分方法，这些划分方法又与研究者对技术创新如何定义紧密联系，如在技术创新定义上持广义创新观点的人认为技术创新是知识生产与应用的全过程，因而可以将技术创新过程分为基础性研究、技术开发、技术引进、工程化与中间试验、技术转移、技术扩散等阶段；而持狭义定义的人，即认为技术创新是技术的首次商业化应用，在划分技术创新过程的阶段时可能又是另一种方法。

（6）按政策工具类型分类。若按技术创新政策工具的类型分类，可分为科技、教育、财政、信息、法律、奖励、政府购买等。

（7）按照技术创新政策的实施模式分类。按照技术创新政策的实施模式可分为：计划、工程、机构、合同、法律、会议、基金、基地等。

（8）按技术创新的要素分类。按照对影响技术创新活动的要素可分为：供给方面、需求方面、环境方面、基础设施（连燕华，1998）。

也有按照创新工具的功能对创新政策进行分类的，分为激励型政策、引导型政策、保护型政策和协调型政策，见表 9-3。

表 9-3　技术创新政策的功能分类

技术创新政策类型	分类和具体内容	
激励型政策	金融政策	优先贷款和优惠贷款 外贸外汇方面的支持 设立企业创新风险基金
	财政政策	对 R&D 的投入拨款 对创新的奖励
	税收政策	给予新产品减免税 给予 R&D 活动以税惠
	分配政策	从利润中提取创新基金
	价格政策	自主定价
	信息政策	建立国家信息化基础结构 提供创新企业及时准确的信息
	专利政策	保护创新成果和知识产权
	其他政策	对创新者的奖励 提供创新所需的基础设施 清除既得得益集团对创新的阻力
		减少创新过程中政府官僚程序
		劳动力的培训(包括再就业者的培训)

续表

<table>
<tr><th>技术创新政策类型</th><th colspan="2">分类和具体内容</th></tr>
<tr><td rowspan="2">引导型政策</td><td>产业政策</td><td>科技产业优先发展政策
科技产业开发区政策
高新技术产业政策
产业结构调整政策</td></tr>
<tr><td>科技政策</td><td>技术进步政策
技术市场政策
技术中介政策
技术人才政策
技术转让政策
技术合作和交流政策
技术引进政策
技术改造政策
技术进步和技术成果评价政策
对 R&D 机构支持政策</td></tr>
<tr><td>保护型政策</td><td colspan="2">关税保护政策
政府购买政策</td></tr>
<tr><td>协调型政策</td><td colspan="2">协调自主创新与技术引进、技术转让关系政策
协调跨地区、跨行业、跨企业技术创新矛盾政策
促进官、产、学、研合作政策</td></tr>
</table>

资料来源：李仁(2001)

三、创新政策的主客体分析

在研究技术创新政策时，必须分析政策的主体和客体。

(1) 创新政策的主体。 政策主体是指决定政策的目标、选择政策工具、发布并监督政策执行的社会组织。 技术创新政策的主体是政府，包括中央政府和地方政府。 政府作为技术创新政策的主体，承担着确定技术创新政策的目标、根据实现目标的需要选择具体的政策工具、发布政策、实施政策并监督政策的执行等一系列任务，也就是政策从制定到完成的全过程。政府之所以应当成为技术创新政策的主体，是因为技术创新政策必须同时具有权威性和代表性的特点，权威性保证了政策所反映的主体的意志得到尊重，具有强迫执行的性质；而代表性表明主体的意志能够代表全社会的意志和利益。 离开了这两点中的任何一点，政策的实施与政策目标的实现都难以达到。在各种社会组织中，只有政府才能同时满足这两个条件，因此也只有政府才能胜任政策主体的任务。

（2）创新政策的客体。技术创新政策的客体，也就是技术创新政策的对象。技术创新政策的对象是指技术创新活动的执行主体所从事的各种技术创新活动，也包括由于开展技术创新活动而产生的各种矛盾和问题。再进一步分析，技术创新政策的对象主要包括技术创新活动过程、技术创新活动的秩序和技术创新活动的基础三方面内容。技术创新活动过程指技术创新各环节及其各环节之间的相互关系，技术创新活动的秩序是指各执行主体从事技术创新活动的环境（包括制度环境、经济环境等），而技术创新活动的基础主要是指保证技术创新活动开展并影响技术创新活动状态的经济、技术和社会基础条件。技术创新政策对象的构成，见表 9-4。

表 9-4　技术创新政策的对象

技术创新政策的对象	内容	具体内容
过程	创新各执行主体 创新微观过程 创新宏观过程	动力、能力、行为、资源 各环节及各环节间的联系 对经济、社会、科技及国家竞争力等的效果
秩序	宏观经济结构 产业结构 体制改革国家创新系统 政策与法律环境	收入结构、财政结构、国际化程度、增长速度产业集中度、企业规模结构、产业的地区间的结构 经济、科技、教育、人才、金融、外贸等各方面改革 政府在国家创新中的作用，官、产、学、研联系 相关法律法规、标准、产业政策、技术政策等
基础	自然基础 文化基础 人口	自然资源（水、土地、矿产、能源、海洋）与生态环境 科学技术、知识供给、教育保证、就业观念、消费时尚 人口数量与质量、人口结构及变动、劳动者素质

资料来源：连燕华(1998)

从技术创新政策的对象可以看出，技术创新政策不仅涉及技术创新活动自身的问题，包括技术创新活动执行主体的行为（如创新主体的创新动力、能力、创新活动模式等）、技术创新过程各个环节存在的问题（如各个环节的资源筹措、活动效率等）及技术创新过程中各环节之间的联系与反馈（如各种资源在各环节间的流动、各个环节的相互影响与制约等）；也涉及技术创新活动所处的社会经济环境，包括技术创新活动的政策法律环境、国家创新系统及其运行效率、经济体制与科技体制改革对技术创新活动的影响、产业结构与宏观经济结构的现状和演变等；同时，还涉及开展技术创新活动的物质与文化基础，包括技术创新活动所依赖的自然经济基础，如能源、水、土地、海洋、矿物等自然资源的供给，技术创新活动所依赖的文化基础。

第十章

创新政策的理论基础

第一节 创新理论

一、创新理论发展回顾

创新（innovation）的概念最初是由美籍奥地利著名经济学家熊彼特于1912年在其《经济发展理论》一书中提出来的，他认为创新是指把一种从来没有过的关于生产要素的新组合引入生产体系。这种新组合包括以下内容：引进新产品、采用新技术、开辟新的市场、控制原材料新的供应来源、实现工业的新组织。熊彼特的开拓性研究不仅成为技术创新领域的伟大理论，也是非均衡经济分析和制度学派的奠基石，在整个西方经济学说史上占有重要地位。但熊彼特的创新理论在当时提出之后并没有得到广泛的重视，似乎被同期更具时代气息的凯恩斯革命理论所淹没了。

到了20世纪50年代，由于科学技术的迅速发展，加上技术变革对人类社会和经济发展产生了极大的影响，人们开始重新审视技术创新对经济增长和社会发展的巨大作用，涌现出大量关于技术创新规律的研究，研究集中在以非均衡非连续为基本特征的技术变革经济分析。20世纪60年代，研究者开始有针对性地系统搜集技术创新的案例与数据，并提出对技术创新的专门定义。在这一时期，技术创新也引起了除经济学家之外其他学者（如社会学家、历史学家、企业家及政策研究人员等）的普遍关注。20世纪70年代和80年代，有关技术创新的研究进一步深入，开始形成系统的理论，并对企业经营活动和政府管理政策产生了直接的积极影响。

50多年来，国外在技术创新方面的研究过程大体可分为以下三个阶段。

第一阶段是20世纪50年代初到20世纪60年代末。在新技术革命浪潮推动下，技术创新研究迅速复兴，逐步突破新古典经济学的局限与束缚，形成对技术创新起源、效应和内部过程与结构等方面的专门研究。研究成果主要由厄特巴克（J. M. Utterback）、兰格里士（J. M. Langrish）和迈尔斯（S. Myers）等在20世纪70年代初加以总结。在这一阶段，创新尚处于新研究领域的开发阶段，研究比较分散，尚未形成完整的理论框架，且引起争论的热点专题不多，研究方法主要是案例分析总结（傅家骥，1998）。在管理科学中逐步形成专门的技术创新研究领域，由于技术变化对传统组织管理的冲击和挑战，对创新相关问题多从创新主体（企业、公司和社会团体）的组织结构变动、风险决策行为及管理策略的角度出发进行研究。研究开始涉及创新过程中的信息交流与创新环境等。

第二阶段是20世纪70年代初至20世纪80年代初，是技术创新研究的持续兴旺阶段。在这一阶段，技术创新研究从管理科学和经济发展周期研究范畴中相对独立出来，初步形成了技术创新研究的理论体系。研究的具体对象开始逐步分解，出现了对创新不同侧面和不同层次内容比较全面的探讨与争鸣。研究内容主要包括创新研究的理论基础，技术创新的定义、分类、起源（动力与机会）、特征、过程机制与决策、经济与组织效应、R&D系统、技术创新的主要影响因素、创新的社会一体化和政府介入机制及相关政策等（傅家骥，1998）。

第三阶段为20世纪80年代初至今。这一阶段技术创新研究的特点集中表现在以下三个方面：①研究向综合化方向发展；②在综合已有研究成果的基础上从已有研究范围中选出或新提出有关重点专题深入研究；③注重研究内容和成果对社会经济技术活动的指导作用。许多实用性强的研究课题，如技术创新的预测和创新活动的测度评价、创新组织建立的策略和规范、政府创新推动政策的跟踪分析、对某一行业的技术创新或某一项技术创新发生与发展全过程的分析等，受到了普遍关注，并力求将技术创新研究成果直接应用到社会经济技术行动计划中去（傅家骥，1998）。

二、技术创新过程模型

企业技术创新过程涉及创新构思产生、研究开发、技术管理与组织、工程设计与制造、用户参与及市场营销等一系列活动。在创新过程中，这些活动相互联系，有时又循环交叉或并行操作。技术创新过程不仅伴随着技术变化，而且伴随着组织与制度创新、管理创新和营销方式创新。因此在广义上，企业技术创新还包括组织与制度创新、管理创新和市场创新。20世纪60年代以来，国际上出现了五类具有代表性的企业技术创新过程模型。

(一) 技术推动的创新过程模型

人们早期对创新过程的认识是：R&D或科学发现是创新的主要来源，技术创新是由技术成果引发的一种线性过程。这一过程起始于R&D，经过生产和销售最终将某项新技术产品引入市场，市场是研究开发成果的被动接受者。体现这种观点的是技术推动的创新过程模型（图10-1）。20世纪50年代，卡特和威廉姆斯提出了技术推动模型，认为技术创新过程始于科学发现，经过工业的研究开发、工程开发、市场开发等阶段，最后形成新工艺或可上市的新产品，每一阶段都是由前一阶段的产生而引发的。

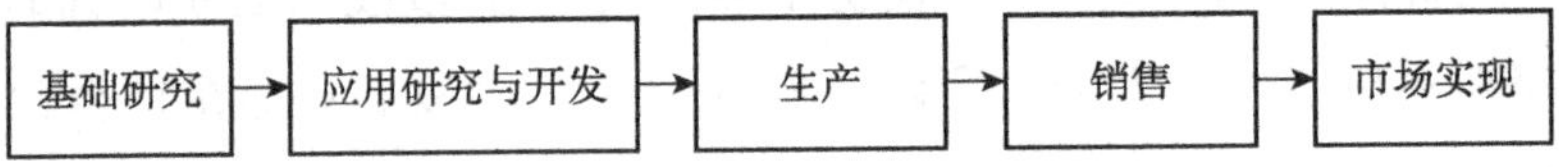

图10-1　技术推动的创新过程模型

技术推动的创新模型受到广泛的认可，显示了科学研究对创新的价值。事实上，许多根本性创新确实是来自于技术的推动，对技术机会的认识会激发人们的创新努力，特别是新的发现或新的技术常常易于引起人们的注意，并刺激人们为之寻找应用领域。例如，无线电和计算机这类根本性创新就是由技术发明推动的。

（二）需求拉动的创新过程模型

20 世纪 60 年代中期，大量的实证研究发现，许多技术创新尤其是渐进性创新，往往不是来自技术的推动，企业投入 R&D 的资源投入越大，尽管可能产生更多的研究成果，但并不代表能获得更好的创新绩效。因为，如果只强调 R&D 投入而忽视创新过程其他阶段的管理和市场导向，技术成果就可能没有商业价值，技术创新也就无法实现。一些研究证明，出现在各个领域的重要创新，有 60%～80%是市场需求和生产需要所激发的。市场的扩展和原材料成本的上升都会刺激企业创新，前一种创新的目的是为了创造更多的细分市场，抢占更大的市场份额；后一种创新的目的是为了减少相对昂贵的原材料的用量（傅家骥，1998）。为此，梅耶（Myers）和马奎斯（Marquis）提出了需求（市场）拉动的技术创新模型，充分肯定了市场需求在技术创新中的作用。在需求拉动的创新过程模型中，市场成为企业 R&D 思路的主要来源，企业的产品和工艺创新紧密围绕着市场信息，R&D 在主要任务就是寻求能满足市场需求的技术方案，技术创新是市场需求引发的结果，如图 10-2 所示。

图 10-2　需求拉动的创新过程模型

不过，市场需求引致的创新仅仅解释了一部分的创新现象。在实践中，消费者需求变化是有限的，而且往往难以预测消费者需求的变化，因此由市场需求激发的技术创新尽管数量很多，但大都属于渐进性创新，难以产生类似由技术推动导致的根本性创新。从企业的角度来说，由于渐进性创新的风险小、成本低，而且往往具有重大的商业价值，在一段时期内能显著提高创新者的生产效率和竞争地位，许多企业更喜好这类创新。但是，只考虑市场这一种因素，将公司所有资源全部投向单纯来自市场需求的创新项目而不考虑潜在的技术变化，也是不明智的

（傅家骥，1998）。

技术推动和需求拉动两种模型从不同的角度探讨技术创新的动力，分别将起始的动因归于研究与开发和市场需求，但它们的基本点都是将创新看成是一个线性的过程，且过程中的各个阶段都是连续发生的。在线性模型中，没有从创新过程的后几个阶段至研究初始阶段的反馈，也不存在任何两个阶段之间的反馈。对于现在的市场经济社会而言，线性模型过于简化，它的现实意义并不大，因为它并没有说明需要多大程度上的政府干预和支持，在哪些领域需要什么类型的政策工具等问题。Kline 和 Rosenberg（1986）批评了技术创新线性模型的缺陷，提出了创新的链环-回路模型，强调知识库的作用及其在每个阶段的参与。他们指出，技术创新和学习过程中必然存在着缺陷和失败，这说明无论是在重大创新还是在渐进创新中，反馈与试错都是必不可少的（尚勇和朱传柏，1999）。

（三）技术与市场交互作用的创新过程模型

交互作用模型是罗斯韦尔与泽可韦尔德在 1983 年提出的（图 10-3）。他们将企业内部各功能块与外部更为广泛的科学技术共同体及市场联系起来，认为技术创新过程是一种逻辑相连且非线性的过程，可以被分解为一系列既能够独立又相互依赖、相互作用的信息网络，企业在技术创新过程中必须同时考虑技术能力与市场需求的互动。

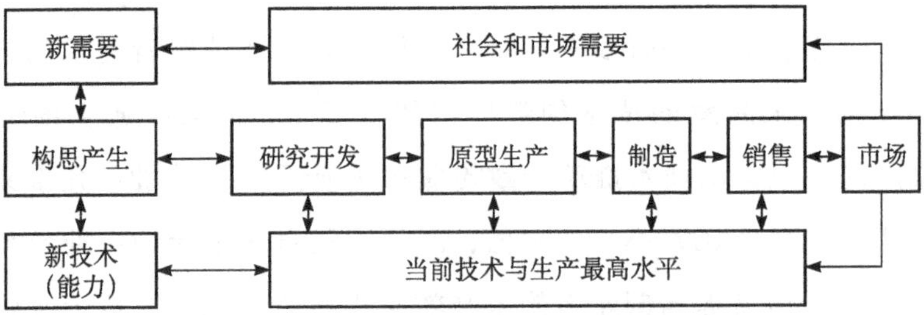

图 10-3　技术与市场交互作用的创新过程模型

与线性模型相比，在交互过程模型中研究和开发与其他因素的相互关系有了重要变化，不再是简单地依次展开，而是相互交织。技术与市场交互作用的创新过程模型强调创新全过程中技术与市场这两大创新要素的有机结合，认为技术创新是技术和市场交互作用共同引发的，技术推动和需求拉动在产品生命周期及创新过程的不同阶段起着不同的作用，单纯的技术推动和需求拉动创新过程模型只是技术和市场交互作用创新过程模型的特例。这个模型扩展技术创新的含义，包括新产品、新工艺和技术设计、制造、管理及商业化的各个方面。

以上三种技术创新模式是最常见的，也是企业愿意采用的技术创新模式，各模式特点见表 10-1。

表 10-1 技术推动、需求拉动和交互模式的特点

类型	技术推动模式	需求拉动模式	交互模式
创新诱因	技术发明	市场需求	技术发明和市场需求合成
技术与需求的关系	技术创造需求	需求促进技术发明	技术与需求双向作用
创新难度	难	较难	较易
创新周期	长	较短	短
创新成功的关键人物	科学家	企业家	拥有一定技术能力的企业家
创新成果应用	难	易	易
创新效果	一旦采用会使技术体系发生根本变化，导致新产品形成	易于商品化，使创新成果迅速产生效益	易于商品化，技术与经济发展相互促进
模式缺陷	对于技术转化和市场的作用不够重视，对于技术水平较低的企业创新门槛太高	忽视长期研发项目，局限于技术的自然变革，具有失去技术突变能力的风险	只涉及社会和市场需求，没有考虑其他重要环境
过程特点	简单的线性序列过程，强调R&D，认为市场是 R&D 成果的被动接受者	一种以需求为动力的线性序列过程	仍是序列式，但有反馈环路，表现为推、拉或推拉结合的作用过程，在这一模式中 R&D 和营销管理更为平衡，强调 R&D 与营销界面

可以看出，前三种创新模式实际上是离散的、线性的模式。线性模式

把创新的多种来源简化为一种来源，注意力大多集中为单个企业的创新行为，局限于产品创新或工艺创新，突出企业家的作用，没有反映出创新产生的复杂性与多样性。离散模式把创新按顺序划分为多个阶段，各阶段间有明确的分界。而实际的创新过程中，知识与信息发生于每一环节与阶段，因而创新过程中所包括的各阶段、各环节不能被截然分开。出于逻辑分析的需要使其线条清晰是允许的，但实际上它们是一体化过程。随着整合模式和系统集成及网络化模式的提出，技术创新在理论和实践上都上了一个新的台阶，标志着创新从离散线性过程模式转变为集成创新模式。由于创新的产品对象及创新过程本身的复杂性大大增强，现代技术创新更强调的是一种群体性、集成性的活动。

（四）一体化创新过程模型

一体化创新过程模型是 20 世纪 80 年代后期出现的第四代创新过程模型，它不是将创新过程看成从一个职能到另一个职能的序列性过程，而是将创新过程看成是同时涉及创新构思的产生、R&D、设计制造和市场营销的并行过程（图 10-4），即并行工程。根据 1988 年美国防御分析研究所发布的 R338 报告中提出的定义，并行工程是对产品设计及相关过程（包括制造过程和支持过程）进行并行、一体化设计的一种系统化的工作模式。并行工程同时强调与市场相交界面的整合，企业与上游供应者的联系，与领先用户的联系，研究开发和制造相结合的可制造的设计。与此同时，企业的横向合作加强，企业网络、战略联盟等横向联合形式急剧增长。这种一体化模式的出现代表着创新范式的转变，同时也说明技术创新是技术、市场、组织演进交互作用的过程。

这种模式力图使开发者从一开始就考虑到产品全生命周期中的所有因素，包括质量、成本、进度与用户需求。一体化模式在整个创新过程中存在着较高层次上的功能交错，模式的核心特征不仅仅是并行的，而且是在协作活动中的高层次的功能集成。强调企业内部不同部门之间通过整合，在项目中以并行方式开展工作，而不是按照先后顺序依次进行，以加快进入市场的时间。一体化创新模式已经不把技术创新仅仅当做是产品创新或过程创新，而是强调了技术创新过程中的前后一体化。

波音公司在新型客机的开发生产中采用了一体化创新方式，大大缩短了新型飞机的研制生产周期。实际上，中国在两弹一星的研制中也采用了这种一体化创新的方式。一体化创新过程的结构框架，见表10-2。

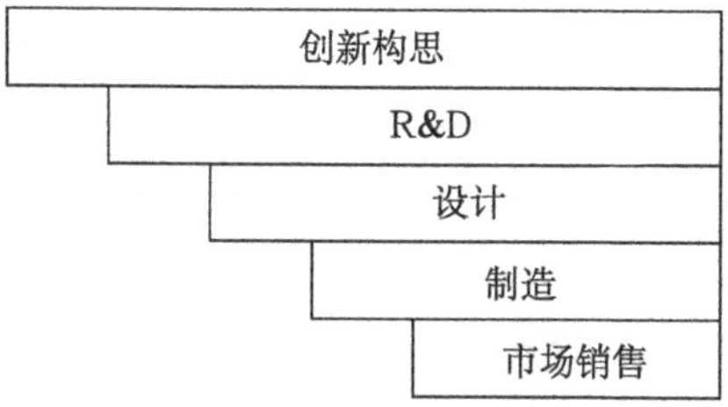

图 10-4 一体化的创新过程模型

表 10-2 一体化创新过程的结构框架

职能	概念开发	产品计划	详细设计与开发		商业化准备	市场引入
			阶段 1	阶段 2		
设计	提出开发新技术、新产品的构思；建立模型；实施模型	选择部件并与供应商沟通；建立早期产品系统原形；确定产品结构	完成产品详细设计；与工艺设计师合作试制产品原型	细化产品设计；对中间试验产品进行检测和评价；解决技术难题	对工厂试生产的产品进行检测和评价；解决技术难题	对上市产品进行评价，发现新功能加以改进
制造	提出并研究、审查各种工艺概念（构思、方案）	估计制造成本；确定工艺方案；实施工艺模拟；选定供应商	完成详细工艺设计；设计、制造或采购工具和设备；作产品中试工艺准备	安装测试设备；建立工艺规程；制定操作程序；进行产品中试	进行商业目的的工厂试生产；细化工艺设计；培训人员和落实供应渠道	进行商业化生产，达到预期的质量、成本和产量目标

续表

职能	概念开发	产品计划	详细设计与开发		商业化准备	市场引入
			阶段 1	阶段 2		
营销	提供市场需求信息，提出新产品概念并进行市场调查	确定目标顾客，估计销售收入和毛利；帮助研究开发人员与顾客进行早期沟通	指导顾客测试产品原型；参与评价产品的原型设计	指导顾客对产品进一步测试；评价产品原型；策划新产品首次亮相；制定分销计划	为产品投入市场做准备；培训销售人员和现场服务人员；设计订单接收和处理系统	为分销渠道供货；进行产品促销；与关键顾客联系、沟通；提供售后服务

资料来源：傅家骥(1998)

(五) 系统集成及网络化模型

在新经济时代，创新过程变得更加复杂，企业原有的封闭结构被打破，技术创新不再是单个企业的独立创新活动而必须在创新网络中进行，创新项目已经穿越公司固有的边界，用户、供应商、高校、科研机构、政府、其他公司甚至竞争对手都有可能成为创新网络的重要成员，创新内容涉及创新过程中的研发、试验、生产、验证、安装、调试、维护、更新换代和再创新等活动。上述四种传统的技术创新模式已经无力解析这些创新现象和指导创新实践。这样，系统集成及网络化（systems integration and networking，SIN）模型应运而生，这其实就是开放式创新（open innovation）和全面创新（total innovation）模型。

Rothwell（1994）使用了大量术语试图说明系统集成及网络化模式的基本概念，并从中提出了该模式的基本方法特征和优先战略要素（表10-3），强调企业内部集成和外部的网络，对内强调各职能部门充分集成的并行发展，从各自的角度同时参与知识与信息的生产，研究开发采用专家系统和模拟模型。对外与领先用户建立密切联系，与设备及材料供应商合作开发新产品及组建系统，在研究开发、生产、销售上进行广泛的横向联合。与以上技术创新模式相比，系统集成及网络化模式的变化在于：一是创新网络中的各创新成员都具有特殊的重要性；二是电子信息化在创新中的作用愈加重要；三是强调了人力资源管理因素在技术创新中的作用。

表 10-3 系统集成及网络化模式

<table>
<tr><th colspan="2">基本方法特征</th><th>优先战略要素</th></tr>
<tr><td>更多全面的组织和系统整合</td><td>并行整合开发过程；
包含产品开发中较早的供应商；
包含产品开发中的最主要用户；
开展需要的横向技术合作</td><td rowspan="4">时间战略(快速、更有效的产品开发)；
产品开发集中在质量和其他非价格因素上；
重点放在公司的柔性和反应性上；
战略的中心放在用户上；
重要供应商的战略整合；
横向技术合作战略；
电子数据处理战略；
全面质量管理策略</td></tr>
<tr><td>适合快速、有效决策的，满意的和更柔性的组织结构</td><td>在低层面上给予管理者更多权力；
授权生产拥护者项目领导者</td></tr>
<tr><td>全面发展的内部数据库</td><td>有效地共享数据系统；
产品开发规律，基于计算机的启发，专家系统；
运用 3D-CAD 系统和仿真模拟来帮助产品开发；
运用 CAD/CAE 系统来提高产品开发的柔性和生产制造能力</td></tr>
<tr><td>有效的外部数据连接</td><td>与供应商运用 CAD 系统来共同开发；
用户层面上运用 CAD；
3 与 R&D 合作者有效的数据连接</td></tr>
</table>

系统集成及网络化模式的特点是在方法上更加关注创新的持续性，通过不断的调整，使得所有员工形成交互型的功能组织，充分利用团队思想，利用现有的技术，形成开放、交互的复杂创新系统，从而形成创新的融合并产生新的核心竞争力。与线性创新模式相比，系统集成及网络化模式具有持续性、系统性、结构性和集成性的特征，在时间上更加关注创新效果以及竞争力的持续性；在水平层次上，系统集成及网络化模式关注不同创新主体、人员整体的力量，并且能够使之系统化；在垂直方向上，系统集成及网络化模式关注围绕企业和产品生命周期的集成和创新。可以看出，系统集成及网络化模式与线性创新模式相比更加具有竞争力和持续的优势，见表 10-4。

表 10-4 线性创新模式与系统集成及网络化模式的比较

模式	线性创新模式	系统集成及网络化模式
效果	短期、突出	长期、持久、不突出
速度	大跨度、快速	小跨度、渐进
参加者	个别人员	所有员工、交互功能组织
过程	个人思想	集体思想、团队、系统化
方式	离散、单一、非结构化	水平、垂直、生命周期集成
原则	不持续和重复	保持与改进
方法	技术性成就、新发明、新理论	常规技术诀窍(know-how)和主导技术
组织	专家导向	通才导向
信息	秘密、内部	开放、交互
反馈	有限	综合、充分

第二节 创新政策的理论依据

一、新古典经济学

新古典经济学家在技术创新政策的研究中认为，政府干预技术创新的合理性主要是因为在技术创新过程中存在着市场失灵。这一理论的基本观点是：很多情况下，市场机制在经济活动中不能充分保证全社会资源的最优配置，即市场机制对一些产业或企业的调节作用效果不好甚至是失败的。这意味着在一些情况下会出现调节真空，这就需要其他的力量来填补，以保证全社会的整体利益最大化。

最早将市场失灵理论假定应用于技术创新政策分析的西方经济学家是美国学者纳尔逊（Nelson）和阿罗（Arrow），其中以阿罗的影响为最大。阿罗明确指出了技术创新过程中市场失灵的根源在于技术创新过程中存在的三个重要特点，即创新收益的非独占性、创新过程的不可分割性和不确定性。因此，原则上对于某些技术创新领域来说，单纯依靠市场力量并不足以使资源达到最优配置。技术创新过程中的市场失灵主要包括以下几个方面。

（1）公共产品。阿罗在其 1962 年的著作中明确指出，所谓研究开发就是生产技术性知识或信息的活动，而信息具有公共商品的性质，因此信息生产者不可能把由生产信息所带来的利益完全归为己有。在这种情况下，投入信息生产的研究开发费用将会减少（Arrow，1962）。与应用研究相比，基础科学的研究具有更强的公共产品性质，所以承担或者资助基础研究活动就成为政府的天然职责。

（2）创新收益的非独占问题。阿罗认为，导致资源在研究开发之间不良配置的主要原因是：溢出效应（spill-over effect）使研究开发的社会收益超过私人收益。这样就会造成私人部门在研究开发活动方面的投资低于社会期望的水平。Spence（1984）也发现，知识溢出效应的增加，将减少企业在研究开发方面的投资。Schlie（1982）认为，这种问题的存在导致许多企业在技术发展战略方面宁可采用模仿战略而不是领先战略[①]。但是，当越来越多的企业开始宁愿在新产品开发方面居于第二位而不是第一位时，工业部门的创新就会减少，市场失灵问题会进一步恶化。在这种情况下，政府必须采取相应措施直接支持基础研究，提供科学技术教育培训与推广计划，并且制定严格的知识产权保护法规以保护创新者的创新收益。

（3）外部性。科学技术在给人类带来知识、文明、经济发展和社会进步的同时，也带来了一系列的副作用，给人类社会自身带来了危害或者潜在的危害。这就是说在有些情况下，有些技术创新活动存在着负的外部性。其他经济主体在开展创新活动时的主要目标是自身利益的最大化和自身的长期稳定发展，而代表国家利益的政府则必须在充分发挥技术创新积极作用的同时，重视并采取必要措施对技术创新负的外部性进行控制，避免在技术创新活动中因追求短期利益、局部利益而损害了整体利益和长远利益。这种政府干预在实践中主要是通过政府的一些规制措施来实现的（罗伟等，1996）。

如何纠正上述市场失灵？新古典经济学家开出的政策药方是由政

① 转引自：余志良和谢艺明(2003)

府出面来对技术创新的方向、规模及速度进行干预，从而使之朝社会收益最大化的方向发展，并平衡社会收益率与私人收益率之间的差距。此外，他们还认为，政府对技术创新的干预应严格限制在这些市场失灵领域，尽量避免对技术创新市场机制产生不良影响。在他们看来，技术创新政策市场失灵的理论基础要比产业政策赶超理论基础更有说服力，政府对技术发展道路选择的效率要远远低于市场的效率。因此技术创新新古典学派普遍认为政府在技术创新中的作用应主要是对市场机制起补充作用。

整体上来看，技术创新政策研究的新古典学派是将技术创新过程看作一个黑箱，他们本身并不关心这个黑箱内部的运作，他们认为良好的市场机制会自动使这个黑箱的内部运行机制达到经济合理，他们所关心的是市场机制在技术创新资源分配方面无能为力的地方，以及技术创新结果对经济增长的作用方面。这种研究传统与将技术创新作为一个过程，研究黑箱内部运作机制的新熊彼特学派形成了鲜明的对照。

二、新熊彼特学派

新熊彼特学派主要是指以弗里曼（Freeman）、罗森伯格（Rosenberg）、纳尔逊（Nelson）等为代表的一批遵循熊彼特研究传统的经济学家。他们遵守经济分析的熊彼特传统，强调技术创新和技术进步在经济增长中的核心作用。在技术创新研究上，他们主要是将技术创新视为一个相互作用的复杂过程，重视对黑箱内部运作机制的揭示，并在分析这样一个过程的基础上先后提出了许多著名的技术创新模型。

20 世纪 50 年代，卡特和威廉姆斯提出了技术推动的技术创新模型，认为技术创新过程始于科学发现。20 世纪 60 年代以来，可能是因为对创新实证研究的不断增加和出于描述实际创新的需要，也可能是为了防止出现缺少市场潜力的创新，梅耶（Myers）和马奎斯（Marquis）提出了需求（市场）拉动的模型。按照这种模型，创新是由企业感受到的市场需要所引发的。以上这两种观点从不同的角度探讨了技术创新的动力，分别将起始的动因归于研究开发和市场需求，但他们的基本点都是将技术创新看成是一个线性的过程，而且过程中的各个阶段都是连续发生的。

随着研究的深入，许多研究者开始注意到创新在较大程度上必须在企业与企业之间或企业与用户之间交互作用的过程中进行，包括供应者与装配者、生产者与消费者之间的相互影响、竞争者之间的技术信息交流等。罗斯韦尔在 1983 年提出的技术创新过程交互作用模型较好地反映了这一思想，即在技术创新过程中所有不同阶段之间都存在多种联系，每一阶段所开发与积累的知识对其他阶段也都是有益的，且存在着一个相互反馈的过程，在这个过程的所有阶段都存在着反馈。

三、国家创新系统学派

技术创新的国家创新系统学派兴起于 20 世纪 80 年代末期和 90 年代初期，其共同的学术特征是将技术创新活动视为一个复杂的国家系统，强调从社会经济的宏观角度来解释各国技术创新实绩的差异，强调从更为广阔的社会文化背景来研究不同企业的技术创新行为差异。在方法上，它们更多地借用新制度经济学的某些理论与研究方法。

弗里曼在对日本技术立国政策和创新机制做出系统研究后首先提出国家创新系统（national innovation system，NIS），认为 NIS 是由公共部门和私营部门的各种机构组成的网络，这些机构的活动和相互影响促进了新技术的开发、引进、改进和扩散。国家创新体系的基本构成，如图 10-5 所示。弗里曼特别强调政府政策、企业及其研究开发工作、教育和培训及产业结构四个因素的重要作用，认为在技术剧烈变革的情况下，将技术创新与组织创新和社会创新结合起来具有特别重要的意义，创新的成功和失败取决于国家调整其社会经济范式以适应技术经济范式的要求和可能性的能力。有的学者认为，国家创新体系概念的核心是影响创新的国家专有因素。国家创新体系概念意味着在国家一级、在影响一国的企业和工业技术进步的速度、方向和特点的政策和制度方面存在着重大的差异（Bozeman et al.，1999）。

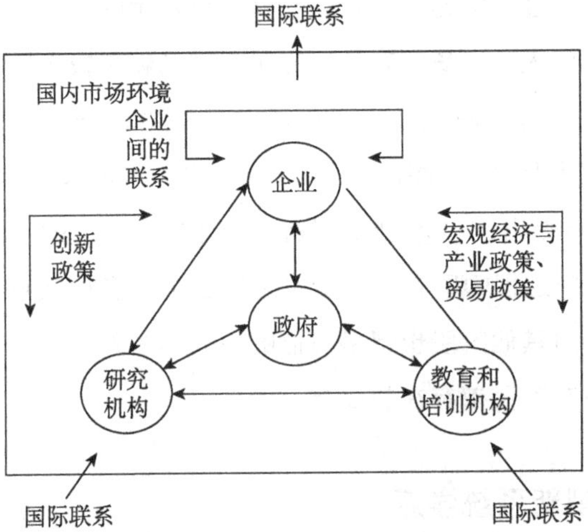

图 10-5　国家创新体系的基本构成

资料来源：吴贵生和谢伟(1996)

纳尔逊（R. R. Neslon）认为，创新是大学、企业等有关机构的复合体制，关于创新系统的制度设计的任务，是在技术的私有和公有两方面建立一种适当的平衡（Nelson，1988）。在其 1993 年的著作中，纳尔逊进一步将国家创新体系定义为“其相互作用决定着一国企业的创新实绩的一整套制度”（Nelson，1993）。伦德瓦尔（Bent-Ake Lundvall）运用“用户—生产者”分析方法，研究了 NIS 的构成与运作，认为 NIS 的重点在于创新系统中各种行为主体的相互作用对创新绩效的影响（Lundvall，1992）。佩特尔（Patel）和帕维特（Pavitt）研究了 NIS 与经济增长的关系，认为国家之间创新绩效的不同，主要在于系统的失效和多样性，认为系统失效将导致政府干预。但政府应该如何干预？这正是制度经济学关于创新及国家创新系统的理论基础。哈佛大学著名学者波特（M. Porter）提出了国家竞争力的钻石理论及其模型（图 10-6），它被认为是 NIS 的另一个学说。波特认为，解释一个国家产业竞争力的关键是该国能否有效地形成了竞争性环境来推动创新，并且每个国家都应根据自己的独特状况形成自己的创新体系。

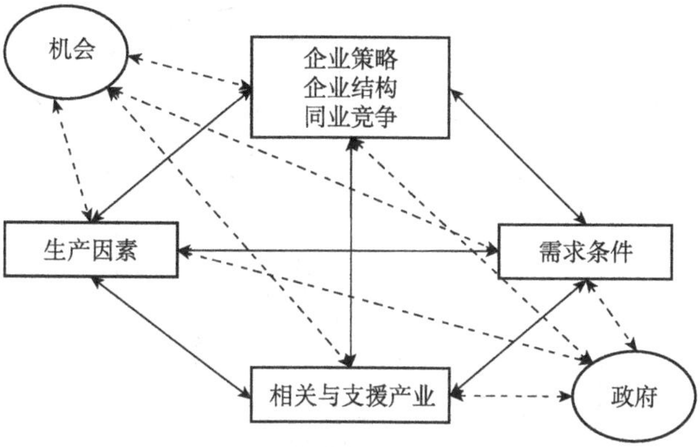

图 10-6　Porter 的钻石理论模型

OECD 在《国家创新系统》(1996 年)的研究报告中指出，NIS 是由公共部门和私营部门的各种机构组成的网络，这些机构的活动和相互作用决定了一个国家扩散知识和技术的能力，并影响国家的创新表现。该定义强调的是参与创新的各种机构的网络化特征和整个国家的创新绩效，如图 10-7 所示。

总的来看，建立健全国家创新体系有助于解决以下问题。

(1)解决市场失灵问题。为了解决市场失灵问题，传统的药方是加强政府在技术创新中的作用；建立健全知识领域与经济活动之间的中介机构；加大基础研究的力度；扩大技术贸易；开辟高新技术园区等。这些药方都曾经发挥了一定作用，但也存在着各自的局限性。例如，加大公益性知识研究力度可以缓解市场机制对非盈利性知识研究的直接或间接的抑制作用，但也往往导致公益性知识研究日益脱离经济社会发展的供求环境，这既不利于公益性知识研究促进经济社会的发展，也不利于经济社会推动公益性知识研究的进步。实际上，建立健全国家创新体系既可以充分发挥市场机制的驱动作用，又可以有效防治市场失灵的负面效应。这是因为：第一，国家创新体系比较科学地解决了技术的公有品格和私人特性之间的内在矛盾；第二，国家创新体系既强调创新活动

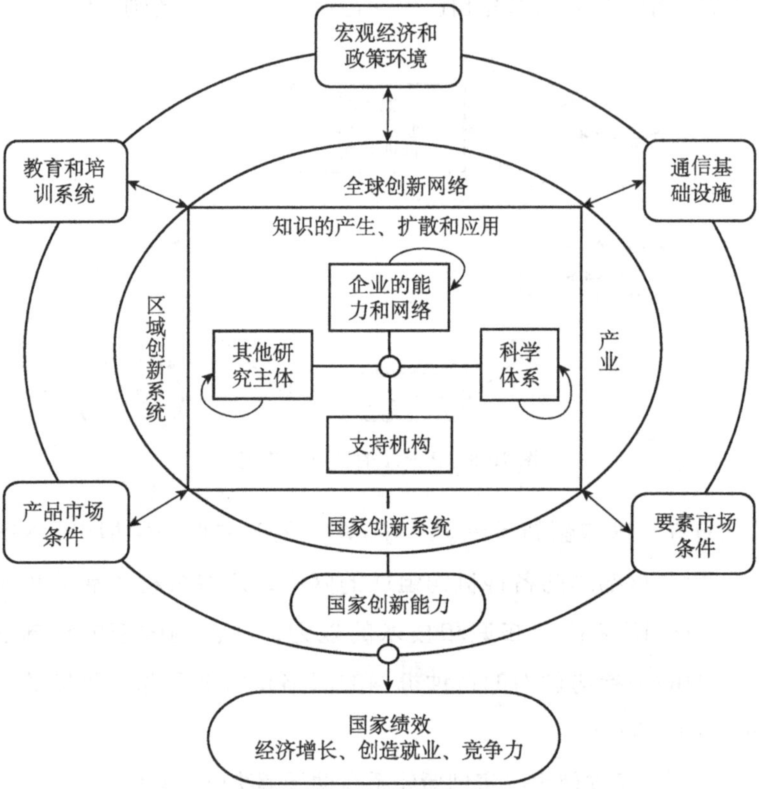

图 10-7　OECD 国家创新系统

资料来源：OECD(1999)

的技术推动，又强调创新活动的需求拉动；第三，国家创新体系能有效保持创新中的竞争与合作的有机统一。

（2）解决政府失灵问题。所谓政府失灵有两个含义：其一，政府的作用有其特定的内涵，政府不能代替市场机制去配置社会资源，也不能代替大学和研究机构从事基础研究；其二，政府失灵是指政府的创新政策有可能导致经济动机的扭曲。建立健全的国家创新体系既可以保证政府在科技领域与经济活动之间的应有作用，又可以克服政府失灵问题。这是因为：第一，国家创新体系是一个综合性的社会建制，企业及其创新能力则是核心环节。创新体制化通过强调企业在技术创新中的主体地位来克服政府过度干预或错误干预造成的对创新活动的扭曲。第二，国家创新体系不仅不排斥政府的作用，而且还为政府干预创新活动提供了行为准则和分析框架，即政府干预创新活动不能超越或破坏国家创新体系的整体功能。政府的作用就是维系国家创新体系的正常运转。第三，国家创新体系可以通过创新活动把政府、大学、研究机构和企业等有机地结合起来，从而有效地发挥政府的主导作用（周正祥和李金宝，2002）。

（3）解决系统失灵问题。所谓系统失灵是指在国家创新体系中各个行为主体之间相互作用的缺乏。公共研究部门的基础研究与产业部门的应用研究之间的失衡，技术转移机制和信息的不对称，企业的技术吸收能力的减弱，都会导致一个国家创新活动的贫乏。对于系统失灵问题，理论工作者和政策制定者提出了种种整治方案。常见的有：资本大投入理论；工业化理论或进口替代理论；加入国际循环理论或外向型经济发展模式或贸易立国理论；技术引进战略或技术立国理论；各种形式的经济增长阶段理论；可持续发展理论等（周正祥和李金宝，2002）。构建国家创新体系是解决系统失灵问题的最佳方案之一。这是因为：第一，国家创新体系本身就是一个强调系统化的社会工程。第二，国家创新体系具有政策兼容性，它强调市场机制，但也肯定政府作用；它认为企业是创新的主体，但也极其重视大学和研究机构的重要作用。第三，国家创新体系更强调各种政策的互补及创新要素之间的互动。

四、基于演进范式的技术创新政策理论

变异（variation）、选择（selection）和遗传（retention）是达尔文生物进化论中的三个核心概念，被称为 VSR 范式。在演化理论中关于演化的动力机制和知识的增长机制是以 VSR 范式为基础的。技术创新政策也存在动态演化过程，如某些传统的技术创新政策还保留着，而另外一些却不再被使用，取而代之的是新政策。根据演化理论，新奇或者变异产生后，不管创

新主体主观偏好如何，市场过程将对其加以检验并进行选择。经过市场检验以后，创新将在经济社会系统中扩散，从而导致社会群体思维和行为发生变化。

选择机制同样也在推动着技术创新政策的演化。技术创新政策的选择依赖于需求的变化，需求的变化是以客观环境及技术的变化、经济的波动为背景的。通常情况下，技术创新政策选择包括内部选择和外部选择这两种不同的机制：①内部选择，在技术创新政策的选择中，公共机构内部的某些要素和过程发生了作用。例如，政府的预算限制导致R&D补贴的减少或者取消了某些公共研究项目。②外部选择，企业组成了技术政策演化选择中主要的决定要素。政策的效率是通过企业的研究活动和技术绩效来衡量的。如果政策效果没有在企业技术创新的过程中体现出来，政策往往会被淘汰。

选择机制和学习过程决定了技术创新政策的演化并且创造出一条政策轨迹。这个轨迹包括技术创新政策转变阶段（出现新的技术创新政策）、发展阶段和衰落阶段。这也可以称为是存在于技术创新政策上的生命周期。具体来说，技术创新政策演化的特征包括舍去某些传统的政策、某些政策的重新构造及新政策的出现和发展。通过外部选择机制，企业在技术创新的政策选择中具有一定的作用，技术创新政策演化的轨迹是与企业及技术的演化紧密相关的，因此技术创新政策、技术及产业结构存在协同演化关系，如图10-8所示。

技术创新活动的结果对产业结构的演化具有深刻的影响，反过来，产业内部的竞争程度也影响着技术变化的过程。创新过程和产业结构之间存在较强的相互作用的关系。在协同演化的构造中，技术创新政策起了至关重要的作用。例如，专利系统决定了创新的模仿程度，技术转移政策建立了基础研究和应用研究之间的关系，信息和扩散政策及公共研究计划则提供了一系列的技术机会。因此技术创新政策对技术和产业结构都有直接的影响。从另一方面来看，技术创新政策也必须适应于特定的技术和产业结构环境，例如，知识和技术的类型，技术的成熟程度等。总的来看，技术创新政策、技术和产业结构是协同演化的。在这一过程中，技术创新政策的演化与技术和产业结构的演化之间存在一定的时滞，政策的演化往往落后于技术和产业的演化。Niosi 和 Bellon 解释了时滞存在的原因是缺乏一个有足够流动性的政策市场，因此技术和产业层面的市场选择过程会快于政策选择过程，某些官僚主义的思想和内部困难都会影响对政策的效率和结果进行评价。

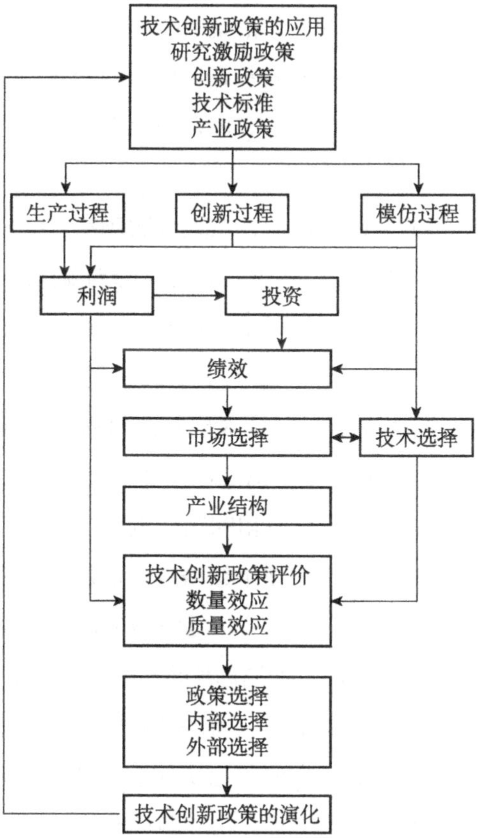

图 10-8　技术创新政策、技术和产业结构的协同演进

资料来源：金雪军和杨晓兰(2005)

第三节　创新政策的演变

一、20世纪60年代中期以前的创新政策

相对于技术创新的研究来说，创新政策的研究要晚得多。尽管熊彼特首次试图以一个统一的创新概念来研究技术进步促进经济增长的内在机制，但直到20世纪60年代中期以前，无论是熊彼特本人还是他的后继者，在将技术创新理论转变为一种具有明确政策含义的政策设计的理论基础方面，都没有表现出足够的兴趣，创新政策主要还是政府政策设计人员与决策者考虑的问题。

事实上，在相当长的一段时间内，在大多数国家，政府是以科学技术政策代行技术创新政策的职能的。在这一时期，或许确实出现了一些后来可以确认为技术创新政策的措施或是做法，但是，没有一个国家明确地将技术创新政策作为一种独立于科学政策或者技术政策的另一个政策体系来加以研究和实施。这一时期的许多所谓技术创新政策实际上是作为科学技术政策的附属产品而出现的。由于受到第二次世界大战期间以开发原子弹为主要目标的“曼哈顿计划”及雷达项目和军用飞机项目等大型科技项目成功的影响，各国政府普遍相信在科学与技术领域进行巨额投资将会产生惊人的回报，研究开发支出急剧膨胀。这种在20世纪40年代确立的研究开发支出格局，在此后的10余年时间里一直支配着世界研究开发支出的面貌。在许多国家，科学政策研究机构事实上是政府的核研究组织，而且当时人们对于资金的有效利用很少表示怀疑，人们普遍认为增加开支只会有好处。

然而，进入20世纪60年代以后，由于各国普遍出现了市场、竞争和盈利能力的压力，迫使许多企业更加严格地评估它们的研究开发项目和计划，各国政府开始寻找管理研究开发和其他技术活动的方法，并且更加注意成本问题，注意成本—效益分析，国会和公众也普遍要求对于巨额研究开发支

出进行严格的审查。与此同时，在 20 世纪 60 年代，由于经济与政治分析技术的日益成熟，军事研发和大科学的溢出论越来越受到人们的怀疑。许多人认为，科学进步既不是未来创新的必然保证，也不是政治上、社会上人们必然的需要。纳尔逊等在 1971 年进行的研究表明，不管是根据经济理论还是根据实际案例，政府资助下发展起来的许多大技术项目都具有惊人的浪费性。

在欧洲，政府官员和学者们在 20 世纪 60 年代中期也开始关注工业创新过程中的 R&D 项目评估。学术界进行的一系列研究，特别是英国的卡特（Carter）、威廉姆斯（Williams）和美国的霍兰德（Hollander）都明确指出大科学项目以外的其他科学技术活动及研究开发活动在工业创新过程中具有更大的重要性（Hollander,1965）。所有这些新发展的特点都是越来越关心成本收益，关心科学和技术对于提高经济实绩的直接贡献，重点并不是放在科学技术系统或者研究开发系统的健康运行上，而是更多地放在为更好地利用科学技术成果所必需的经济社会环境上。结果，在 20 世纪 60 年代的经济合作与发展组织国家中，普遍出现了两大趋势：第一是研究开发增长率的普遍下降；第二是人们更加关心研究开发成果的使用。正是在这一时期，科技政策和我们所说的创新政策，开始为人们所真正强调。一些政府、大学、国际组织相继在这段时间创建了不少科技和创新的政策研究机构。世界著名的英国苏塞克斯大学科学政策研究所（Science Policy Research Unit，SPRU），就是在这种背景之下于 1966 年创办的。有的学者认为，尽管一些政府很早就开始使用某些政策手段以促进技术创新的发展，但是，创新政策的真正诞生是在 20 世纪的 60 年代（柳卸林，1993）。尽管如此，直到 20 世纪 70 年代末期以前，技术创新政策并没有完全摆脱其作为科学技术政策附属的地位，因为它所针对的目标仍然是科学技术发展或者是政府的研究开发支出，而不是作为技术创新主体的企业。

二、20 世纪 60 年代中期到 20 世纪 80 年代初的创新政策

从 20 世纪 60 年代中期以后，特别是 70 年代初期的石油危机以后，各国普遍加强了有关技术创新政策的讨论和研究。以美国来看，从 20 世纪 60 年代中期到 80 年代初期，总共出现了三次活跃的技术创新政策讨论：第一次是 20 世纪 60 年代初期，肯尼迪政府试图提出一个民用技术项目，以其作为将美国经济从 50 年代末期的经济停滞中解脱出来的一揽子政策的一部分。但遗憾的是，实际情况表明，没有一个参与其中的政府机构曾经深入全面地研究过此前对于技术创新产生过重大影响的政府政策。第二次是在 20 世纪 70 年代初期，尼克松政府进行了一次类似的检讨，探索联邦政策如何能够更好地刺激工业创新。这次检讨也是出于对美国正在丧失其技术领先地位的关心而进行的，讨论的重点是政府方面的具体政策、法规及私人企业技术创新问题。第三次是 20 世纪 70 年代末至 80 年代初期，卡特政府进行了一次有关工业创新的国内政策检讨，以寻求能够恢复美国落后的生产率和国际竞争力的政策。根据 1978 年美国总统报告《工业创新国内政策综述》的分析，技术创新政策主要包括五个方面：经济和贸易政策；环境、健康及安全法规；工业结构与竞争法规；政府专利和信息方面的政策；政府购买政策和政府对开发的直接支持。然而，由于缺乏历史感和历史分析，以这些研究为基础而提出的建议很少引起总统和国会的注意。即使那些已经获得了国会或者总统支持的倡议，也往往在一两年之后就放弃了。总体来看，20 世纪 80 年代初期以前美国并没有制定并实施明确的技术创新政策。

除美国以外，其他西方国家如法国、德国在 20 世纪 70 年代末期以来也都越来越感到技术创新政策的重要性，对于技术创新政策的研究工作也都非常重视。根据美国国会图书馆国会服务部的报告，到 1980 年为止，世界各国在技术创新方面提出的有较大影响的技术创新政策有 205 条。瑞典提出在技术方面要走“第三条道路”，其战略要点是要在研究、开发、创新、培训和组织发展方面投资，而不是只着重在传统的企业和设备方面进行投入。

经济合作与发展组织（OECD）和欧共体（EEC）也都制定了技术创新政策。1974年，联邦德国、加拿大、法国、比利时、荷兰成立了一个技术创新政策的国际联合研究计划，后来澳大利亚和瑞典也相继参加，每两年召开一次国际会议，对推动各国技术创新政策的研究制定和实施起了推动作用（夏国藩，1993）。与此同时，在20世纪70年代上半期，西方其他各国包括英国出现了大量有关技术创新问题的研究成果，技术创新研究人员和技术政策分析人员在此基础上提出了大量促进技术创新的政策建议，包括把防务、航天和核心部门的研究和发展规划削减到更适中的比例，更大幅度地提高"面包和黄油"部门的技艺和增加创新活动的投资，工业要更注意市场意识，更注意生产、工程产品设计、销售和管理之间的畅通等。但是，研究机构向政府所做的这些建议，无论如何不是对政策最强有力的影响。他们的建议的确广泛地与政府眼中的发展巧合，简单的科学推力和政府需求拉力方法被更巧妙的观点所取代了，即打算把专门的技术刺激与广泛的政策结合起来，这些政策的目标是创造适合于创新的环境和更有效的管理。但是，把意图转变为政策手段仍是困难的和有争议的（库姆斯等，1989）。美国学者Nelson（1982）也认为，经济学家所使用的理论分析和经验观察只给我们提供了关于在不同情况下有效的政策种类的有限的和不完整的指导，事实上，关于这个问题的经济文献越来越不是结论性的了。尽管有着这样或者那样的一些不足，20世纪70年代末和80年代初期仍然可以说是技术创新政策研究的高潮时期，甚至OECD也受到感染，于1980年发表了一个技术创新政策声明，既表现了西方工业化国家对于创新政策的渴望，也展示了它们制定创新政策的立脚点（柳卸林，1993）。

三、20世纪80年代初期至今的创新政策

20世纪80年代初期以来，以信息技术、材料技术和生物技术为代表的新技术革命向人们展示了技术所具有的巨大潜力，并导致了技术创新政策在欧美各国的进一步拓展。正是在这种情况下，无论是西方发达国家，还是

发展中国家，无不采取措施调整本国的技术经济政策，以促进本国的科学技术发展和技术创新，这主要表现在两个方面。

（1）各国科技政策的重点发生了重大变化。各国在20世纪90年代普遍将科技发展的重点转向通过技术创新带动经济增长，强调技术成果的产业化，科学技术的发展不再是政府追求的目标而是达到目标的手段。1991年成立的美国国家关键技术委员会在其报告中明确提出，“技术本身并不能保证繁荣和国家安全。技术只有在我们学会将它更有效地应用于研制新型、高质而成本又有竞争力的产品时，才能对美国未来的国家利益做出重大贡献”。克林顿总统在其1993年就职后向国会提出的施政报告中明确提出，“投资于技术就是投资于美国的未来”，“美国的技术必须向新方向发展，以培育美国的经济实力并刺激经济增长。联邦政府在技术发展中的传统作用仅限于支持基础科学和国防部、国家航空航天局以及其他机构进行的使命性研究。这种战略对于上一代人可能是合适的，但是，它并不足以应付今天所面临的重大挑战。我们必须直接瞄准这些新的挑战，并将注意力集中于我们面临的新机会上，承认政府可以在帮助私人企业开发并从创新中获利方面发挥关键作用”①。在欧洲，1993年10月欧共体科技首脑会议提出了“科技领先，发展生产”的方针，并于1994年4月通过了《欧洲第四个科技发展和研究框架计划》(1994～1998年)，要求集中研究有重大社会经济效益的关键技术项目及其推广工作。日本则于1994年6月提出应该从科技立国转向科技创新立国，同年11月发表《科技白皮书》宣布将政府研究开发支出增加一倍，以补充企业因为经济条件恶化而削减研究开发经费的趋势。

（2）国际科技合作也越来越广泛和深化，区域科技合作成为当前国际科技合作中最为活跃的一种重要形式。以欧盟为例，它不仅从1984年就开始制定实施以欧盟成员国为主要参加者的研究与技术开发总规划（在1994年9月批准了欧盟第四个总体规划），而且还实施了将俄罗斯等东欧国家也包

① http://www.dtic.mil/dtic/tr/fulltext/u2/a261533.pdf

括在内的有25个国家参与的“尤里卡计划”。东盟各成员国也于1994年发布了东盟科技发展计划，按“经费分担，利润共享”的原则开展各成员国之间的科技合作活动。中国在第四次亚太经济合作组织非正式首脑会议上提出加强亚太地区经济技术合作的倡议，并表示中国愿意拿出几个办得较好的国家高新技术开发区与外国进行合作。北京、苏州、合肥和西安等地的国家高新技术产业开发区已被确定为APEC科技合作园区。有的外国学者认为，技术是国际经济竞争中的一只新的“圣杯”。一切国家，不论其经济规模大小和不同政治类别，都在设法取得、开发和利用技术。它已被看做是现代国家和世界威力的重要生命血液。经济学家蒂思得尔（C. A. Tisdell）认为，科技政策和产业政策是当代国家经济发展中不可缺少的有机部分，而技术创新政策更是一个国家所不能忽视的（夏国藩，1993）。

然而，经济发展的现实需求与理论研究的严重滞后形成了巨大的反差。实际上，仅仅依靠市场是不足以合理地配置技术创新资源的，而且政府应该在技术创新过程中发挥更大的作用，但是，到底什么样的技术创新政策才能够更为有效地促进技术创新发展？技术创新政策的作用机理是什么？什么样的技术创新政策工具是最有效的及它们为什么有效？这些问题，都还没有得到清晰的解答。严格地说，迄今为止，技术创新理论的发展并没有为技术创新政策设计与工具选择提供充分的依据。一方面，由于技术创新研究的发展时间不长，学术界、产业界及政府部门之间在技术创新的动力机制、发展速度和方向以及规模等问题上存在着极大的争议，并且在理论上形成了一些各具特色的理论流派，技术创新政策赖以制定的理论基础还相当不完善，不同的理论流派在研究过程中形成了不同的政策模式。事实上，在经济学领域，没有哪一个概念像创新这样具有如此重要的地位而又没有被完全纳入主流经济学之中。另一方面，各国政府虽然普遍认识到了技术创新和技术创新政策的重要性，但是，在采用何种政策工具以有效地促进技术创新这个核心问题上，即使在学术界内部也存在着非常激烈地争论。

弗里曼认为，虽然我们现在知道了对于私人企业在创新的竞争中成功或者失败的许多因素，但是，我们对于哪一种政府政策可能会鼓励创新者并促使它们成功，则知道的要少得多。妨碍人们对于后一问题的研究和认识的主要障碍是，我们很难把某一个政策措施如税收刺激、研究开发补贴等因素的重要性同对厂商行为有更为普遍影响的或者对单个厂商有特殊影响的无数其他因素区别开来（弗里曼，1987）。从某种意义上说，因为有了熊彼特的创新概念及后来学者孜孜不倦的努力，我们现在已经有了一个比较清楚的技术创新理论体系，能够给技术创新过程中的许多现象以合理解释，但在将这些技术创新理论转化为技术创新政策及技术创新政策工具方面，在以严肃的理论研究成果与政策分析家的经验研究结论相结合以构造新的技术创新政策原则方面，道路仍然漫长。无论是对于技术创新过程中主要障碍的确认，还是对于如何选择恰当的技术创新政策工具来解决这个核心问题，都还需要进一步地探索。

第十一章

创新政策工具

第一节　创新政策的分析框架

对创新政策进行深入的研究和分析，就需要根据不同的研究目的，建立有针对性的政策分析框架。为了从多个角度对技术创新政策进行分析，在研究技术创新政策时经常选择以下三种分析框架，一是从供给、需求、环境和基础四个方面展开的技术创新政策分析；二是从能力、环境、资源和过程四个方面展开的分析框架；三是按技术创新的阶段展开的分析框架（连燕华，1999）。上述常用的几种分析框架之间并无好坏优劣之分，只是各自的侧重点不同，各有特点。

一、创新政策分析框架之一

创新政策可以分为供给、需求、环境和基础四大类型，也就是创新政策的四个基本要素。这种分析框架所选择的四个要素，都具有外部特征，即都是技术创新活动的外部因素，如图 11-1 所示。

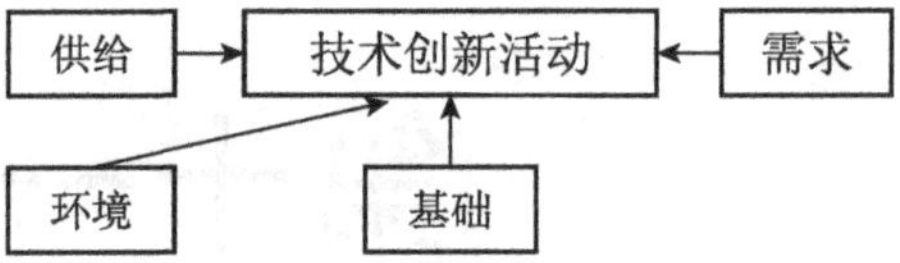

图 11-1　创新政策的分析框架之一

创新政策的这四个要素都与创新活动密切相关，是技术创新活动对外部因素依赖性较高的四个方面，也正是创新政策应当特别关注的四个方面。在这四个要素中，供给与需求是影响创新活动的直接因素，相比较而言，环境与基础是间接的因素。这种分析框架的突出特点是将创新主体的内部活动看成一个黑箱，创新政策并不试图直接进入黑箱干预创新主体的内部活动，而是将注意力放在黑箱之外，将国家目标和政府的意图通过各种政策工具对黑箱施加影响（姚静洁，2005）。这个分析框架是建立在一种基本的判断或前提条件之上的，即创新主体基本上具备自主、自律和规范的行为能力，政府则已经与创新主体完全分离（政府与企业分离、政府与大学及科研院所分离）。

在供给方面，以往人们比较关注的是技术的供给，有些人干脆直接叫技术供给。其实，技术创新活动是一项复杂的综合性活动，是生产要素的重新组合，需要筹集各种资源并进行集成和组合。因此，在研究分析创新政策时，应当从技术创新活动对外部资源的需求出发，综合地分析技术创新政策的供给子系统。也就是说，技术创新的供给政策不仅涉及技术的供给，也应当考虑其他要素的供给，包括资金、人才、信息等。

通过各种政策工具刺激需求历来是技术创新政策的重要内容。技术创新是一种技术经济活动，是以市场为出发点和落脚点的经营活动，需求是这种活动最关键的制约因素。技术创新活动既要根据市场信号来运作以满足市场需求，又必须积极影响市场，创造需求，开拓新的市场空间。同时，市场需求也正是政府通过各种政策工具进行调控，以间接影响市场主体行为的主要领域。在技术创新活动和技术创新政策的需求子系统中，对需求的影响包括两大类型：一是对一般的商业化需求的影响；二是对社会公共服务需求的影响。通过政策工具对这两类需求进行调控，都将直接影响到技术创新活动的规模、方向及创新主体的微观行为。

为创新主体创造良好的环境，也是创新政策的重要任务。环境因素是任何一种社会活动的主要影响因素，技术创新活动也是这样。技术创新环境既包括市场环境（如竞争环境）、政策法律等制度环境（如知识产权保护），也包括文化环境，包括人们的创新意识（如风险意识、正确看待失败者）。技术创新环境的好坏将对创新主体从事技术创新活动的积极性和活动方向产生影响。

基础是指创新主体开展技术创新活动时需要社会提供的基础条件，

这些基础条件通常不是单个企业所能够建立的，而是一种应当由政府和社会提供的公共服务，在很多研究中都把基础归入环境范畴。技术创新活动的社会基础条件包括技术基础设施（如国家的信息网络、重要的研究基地、技术推广中心）、人员培训基地、社会中介服务基础（如创业服务、咨询服务、法律服务、技术服务、行业协会等）。这些社会性的基础设施支撑着创新主体的技术创新活动，而这些社会性基础设施也应当是政府关注的重点，其中许多技术设施属于政府职责的范畴，应当是政府投资和监管的重点。

二、创新政策分析框架之二

在研究创新政策时，还可从创新能力、创新环境、创新资源和创新过程等四个方面分析技术创新活动对政策的需要，以及政策对技术创新活动的影响（图 11-2）。在这样的分析框架中，环境和资源属于外部因素，而能力和过程两个要素已经深入到创新主体的微观活动层次。这种分析框架是建立在这样一种基本判断之上，即当一个国家的创新主体尚未形成自主、自律和规范的行为能力，政府政策的关注领域尚不能完全集中到创新活动的外部因素和宏观因素上，微观活动过程中还有一些问题需要政府通过各种政策工具进行调控，以提高创新主体的行为能力，排除制约和阻碍微观创新活动过程的不良因素。

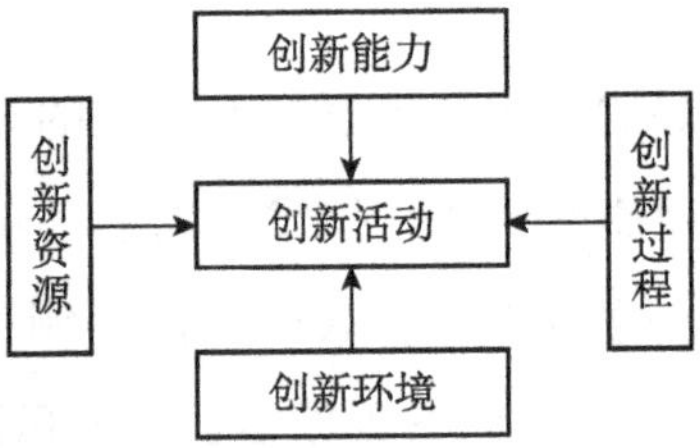

图 11-2　创新政策的分析框架之二

这里所讨论的创新能力专指企业的技术创新能力。企业是技术创新的主体，企业技术创新能力是企业竞争力的基础，也是一个国家经济和科技竞争力的核心部分。如果企业的技术创新能力不能实现大的飞跃，依旧依赖于其他社会组织，则国家的整体创新能力也不会得到实质性的进步。因此，应当把提高企业创新能力作为技术创新政策的重要目标和内容。企业创新能力是企业的核心能力，包括经营决策能力、研究开发能力、中试与工程化能力、生产制造能力、市场开拓能力、资源筹措与优化配置能力等。因此，国家创新政策的重要目标之一是提高企业的技术创新能力，而为了实现提高企业技术创新能力的目标，则需要从企业创新能力的各要素出发，确定更细的政策目标和政策内容。

技术创新是各种生产要素的新组合，而各种自然资源和社会资源正是这些生产要素的来源。资源短缺是技术创新主体不可回避的问题，任何时候都不会出现企业技术创新所需的所有资源都非常充足的情况，总是存在稀缺资源（资金、人才、信息或知识），成功的企业恰恰就是成功在能将各种资源（包括短缺的资源）合理地组合和有效地使用，这也正体现了熊彼特关于创新是生产要素的新组合的重要思想。资源的问题不仅是投入问题，也涉及布局和配置问题，技术创新活动不同方面、不同层次、不同阶段都需要资源，配置不当，将不能产生整体上的最佳效果。从宏观上看，资源问题是国家创新系统运行机制与运行效率问题；从微观上看，资源问题是企业技术创新能力问题。

技术创新环境是政府应当关注的主要问题，也是政府职责规定应当担负重要责任的领域。作为一种有目的的经济活动，企业技术创新行为是由企业的内部因素及企业的外部因素共同作用产生的。从本质上讲，企业是否追求技术创新最主要取决于企业的内因，但企业作为整个国民经济体系中的基本单位，由于社会分工及交换活动，必然会与企业外部产生商品、货币、信息及人力资源等方面的联系，外部环境在一定程度上对于企业的行为能够起到促进或者抑制作用。在市场经济条件下，企业存在的基本前提是为了获取利润（虽然利润并非企业的唯一目标）。技术创新作为企业的一种经济活动，创新本身不是目的，而只是一种手段。一般而言，外部作用对企业创新行为的影响可以分为竞争所产生的压力与获利所产生的吸引力。当企业面临激烈的市场竞争压力时，如果不进行创新就有被竞争淘汰的危险，企业外部的压力会迫使企业去进行创新；即使企业所面临的竞争压力不大，但如果创新能够给企业带来更多的利润时，企业也会去追求创新。因此，政府可以通过调节企业创新的外部环境，改变创新过程的投入产出比例，从而影响企业的创新决策。而且，企业不是一种无生命的经济体，而是由处在特定社会中具有复杂社会意识的人所组成的一种社会有机体，企业的行为实际上是人的社会行为，各种社会意识在一定程度上影响人的行为，从而最终形成一定的企业行为。

技术创新可以被看成是一种过程，各国学者关于技术创新过程已经有了许多深入的研究，创新过程模型已经从传统的技术推动型线性模型、传统的市场拉动型模型、交互式创新模型，发展到现在的一体化创新模型和系统集成和网络化创新模型。各种过程模型各有特点，都是抓住了创新过程的某些特点，因此是互补的而不是互相排斥的。在从创新过程的角度分析技术创新政策时，将各种创新模型综合起来显然非常有利。在分析技术创新政策时，应当根据创新过程中不同阶段的具体情况、根据不同的创新过程模型分析各个阶段及其各阶段间界面存在的问题，提出促进技术创新的具体政策与措施。

三、创新政策分析框架之三

技术创新是一个过程，这一基本的前提已经为许多研究者所接受，并将技术创新的定义及其相关的研究建立在过程概念的基础之上。关于创新过程的宏观研究是建立在大量微观实证研究的基础之上的，从而使从过程的角度开展的研究将微观层次与宏观层次紧密地结合在一起。在对创新过程的研究中，为了准确地描述技术创新实践活动，学者们构造出许多种不同的过程模型，使人们对技术创新活动的一些基本特征有了更深刻的了解。因此，利用过程模型开展技术创新研究是一种比较有效的技术路线。

在构建技术创新政策的分析框架时，为了能与以往利用过程模型所开展的对技术创新活动的研究相衔接，可选择利用过程模型研究技术创新政策的分析框架，也就是将技术创新政策的分析与不同的技术创新过程模型结合起来，将技术创新过程模型中的一些基本要素，如不同的创新阶段（环节）、各阶段之间的连接、各种创新资源与要素在不同阶段（环节）间的流动、不同阶段（环节）中不同行为主体的关系等方面分析技术创新活动对政策的需求，以及技术创新政策对技术创新活动的作用机制。

第二节　创新政策工具分类

一、创新政策工具的导向

创新政策规定了创新政策的基本内涵和主要目标，而创新政策工具则确定了实现这些目标的手段。但是，两者又是互相联系的，因为政策体系由理念变为现实必须依靠各种政策工具的支持及其相互配合。离开了技术创新政策工具的支持，任何技术创新政策都只能是一座空中楼阁。另一方面，技术创新政策工具的选择范围及其组合又是由技术创新政策体系及其所确立的目标所决定的，创新政策理念是各种创新政策工具的核心和灵魂。

技术创新过程是一个复杂的相互作用过程，其最突出特点就是不确定性。显然，能否有效地减少或者是消除这种技术创新过程中的不确定性，就成为制定创新政策或者是判断创新政策工具效力的一个重要标准。虽然有的学者认为技术创新过程中的多目标性和多角色特点决定了不可能找出一种最为有效的创新政策工具或者类似的政策工具组合。但是，既然承认创新政策的主要目标是减少甚至消除技术创新过程中的不确定性，而且选择创新政策工具的唯一依据也是能否有效地克服技术创新过程中的四种不确定性，那么这一标准同样也应该是对创新政策工具进行效率分析的主要标准，即从诸多创新政策工具中找出一种或者一组最为合适的工具组合。换言之，凡是有利于降低技术创新过程中不确定性的公共政策，都有助于缩短技术创新时滞，加速科技成果产业化的步伐，因而都是有效的创新政策工具。

二、创新政策工具的主要目的

1. 有效地降低技术创新过程中技术方面的不确定性

能有效地降低技术创新过程中技术方面的不确定性的公共政策，主要是促进科学技术研究开发的政策，其目的是增加科学技术知识的供应量，从而增加现实世界与人类未知世界之间的信息流动，加强人们对于未知世界的认知能力，使人们对于未来科学技术发展的主攻方向作出更为准确的判断。而增加科学技术知识供应量的唯一途径就是增加研究开发投入，提高研究开发能力和水平。这方面主要的技术创新政策工具包括研究开发的税收刺激与补贴、公共部门的研究开发支出及人力资源开发政策等。

2. 有效地降低技术创新过程中市场方面的不确定性

能有效地降低技术创新过程中市场方面的不确定性的公共政策，主要是确立并完善技术创新风险分担机制的政策，其目的是充分利用技术创新过程的多角色和多环节特点，将技术创新过程中市场方面的不确定性分散到不同技术创新阶段的共同参与者身上，最终实现技术创新风险的社会化，从而使单个参与者所承担的技术创新风险最小化，并促进技术创新的扩散。有资料表明，进入 20 世纪 90 年代以来，一项科学技术成果商业化所需要的支出相当于以前的 100 多倍。在这种情况下，没有有效的技术创新风险分担机制，科技成果产业化势必受到严重影响。在这方面，主要技术创新政策工具包括风险资本政策、中小企业政策等。

3. 有效地降低技术创新收益分配的不确定性

能有效地降低技术创新收益分配的不确定性的公共政策，主要是指保护创新者的技术创新收益的政策。能够获得全部或者是绝大部分技术创新收益是所有创新企业进行技术创新活动的主要原动力，但是，在实际生活中没有一家企业能够占有全部技术创新收益，技术进步的溢出实际上就代表了创新企业的技术创新收益的净损失。在这种情况下，如何能够既有效地保护创新者的技术创新收益又不致影响技术创新的扩散，就成为一个重要的政策问题。在这方面，西方国家目前普遍采用的技术创新政策工具是专利政策和知识产权保护政策及竞争政策等。

4. 有效地降低技术创新过程中制度环境方面的不确定性

能有效地降低技术创新过程中制度环境方面的不确定性的公共政策，主要是指能够为创新企业创造一个良好的技术创新环境的公共政策体系，因为政府所制定的任何政策法规及其调整都会对一国技术创新的速度、方向与规模产生重要影响。这种影响既可能是正面的，也可能是负面的。大体说来，这方面的政策包括政府管制措施、反托拉斯法政策及对于科学技术和技术创新活动的宏观调控政策等，主要目的是给科学技术知识的生产者与使用者一个有关宏观经济环境的稳定预期，从而能对从事研究开发和技术创新活动的成本和收益进行更准确地计算。

除了上面所列的一些技术创新政策工具以外，还有其他一些政策也会对企业的技术创新活动或者技术创新实绩产生影响。例如，一个国家的科学技术基础设施、教育培训等。政府将通过支持科学技术基础设施中的基础研究和应用研究来影响创新。这些基础设施包括大学、政府实验室及除了美国以外在所有工业国中普遍存在的工业合作研究协会制度。以大学教育为例，除了提供受过高等培训的技术专家（他们之中的有些人可能创办了自己的公司）以外，也通过从事研究工作作出贡献。研究成果最终将广为扩散而且有时可能成为以技术为基础的新企业生产产品的基础。由于大多数大学研究是基础研究而不是应用研究，因此，这种研究对于新企业的影响一般都是间接的。为了增加大学研究成果在工业中的应用，许多国家建立了工业联络办公室以促进这两者之间的相互作用。有的学者甚至认为，间接的政策措施在鼓励以技术为基础的新企业的产生方面较之直接措施更为有效。诸如针对特定公司的金融援助等直接计划，其目标就是促进创新（Bollinger et al.，1983）。

因此，能有效地减少或者说消除技术创新过程中的四种不确定性显然也就是政府选择技术创新政策工具的一个主要依据。事实上，由于不同学者考虑技术创新问题的着眼点不同，对于技术创新过程的理解不同，各自所提出的技术创新政策工具的具体内容也有所不同。

三、创新政策工具的典型分类

寻找、设计、确定合适政策工具并不容易，宏观措施并不是经常、明显有效的，因此，类似于普遍优惠政策这样的政策建议在一定程度上毫无意义。政策制定必须是能影响特定经济活动、特定产业、特定技术的政策。纳尔逊就认为真正的问题应该是如何扩大或重新设计政策体制、制度，而不是实施并固化某种特定的资源分配格局。罗斯韦尔（Rothwell）和泽格维尔德（Zegveld）将一般性的创新政策进行了归纳（图 11-3），他们将创新政策工具分为三类（表 11-1），这种分类方法被广泛引用，成为一种经典的理论研究思路。

图 11-3　创新政策工具

表 11-1 创新政策工具分类

供给面的创新政策工具	需求面的创新政策工具	环境面的创新政策工具
财政支援的政策工具 ①辅助 ②融资 ③创投资金 人力支援的政策工具 ①教育 ②培训 技术支援的政策工具 ①公营事业 ②研究发展组织 ③资讯服务	创造需求的政策工具 ①合约研究 ②合约采购 干预市场的政策工具 ①技术标准 ②贸易代理	建立产业基础结构的政策工具 公共服务 激励创新意愿的政策工具 ①租税优惠 ②专利 ③奖赏 引导创新的经济规范政策 ①经济规范政策 ②技术管制政策 ③贸易管理政策 ④外资管理政策

资料来源：Rothwell 和 Zegveld(1991)

从创新过程看，供给面政策、需求面政策和环境面政策都会对创新过程的各个环节产生影响，如图 11-4 所示。只有三个层面的政策工具组合使用，才能对创新产生强大的激励与推动作用。

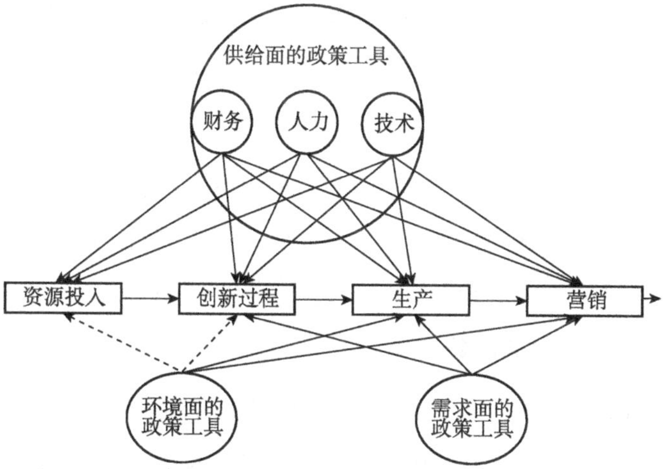

图 11-4 创新过程与政策工具

资料来源：参考陈劲(2003)，本书稍加修改

(一)供给方导向的政策工具

供给面政策工具是指政府通过人才、信息、技术、资金等的支援直接扩

大技术的供给，改善技术创新相关要素的供给状况，从而推动技术创新和新产品开发。通常包括：①建立公共企业（往往是针对特定的企业，如基础事业，对国计民生有重大影响的企业）。例如，工业的创新，国有企业去创建新企业或创造新技术、新用途，以及国有企业参与私人企业。②促进科学技术发展（主要是基础学科的发展）。例如，建立研究性实验室，对研究性协会给予资助，建立或资助学术社团、专业协会，设立并推广研究奖项等。③提供教育产品，体制和环境，如普及性教育、大学高等教育、技术教育、进修计划、继续教育、再培训教育等。④提供创新所需信息，建立良好的信息流通渠道。例如，建立信息网络与中心，图书馆，提供建议咨询服务、数据库，沟通和信息共享服务等。

(二)需求方导向的政策工具

需求面政策工具指政府通过采购与贸易管制等做法减少市场的不确定性，积极开拓并稳定新技术应用的市场，从而拉动技术创新和新产品开发。通常包括：①政府购买，包括中央政府和地方政府的购买活动及购买合约，公共的企业 R&D 合约，标准购买等；②提供公共服务，如公共设施的建立，公共服务项目和产品的购买及维护，健康服务中心的监督指导及创新，还有交通、通信服务等；③有关商业的取向引导，如贸易协定，关税、汇率管制条例等；④有关的海外机构，如国防采购组织等。

(三)环境方导向的政策工具

环境面政策工具指政府通过财务金融、租税制度、法规管制等政策影响技术发展的环境因素，为产业界进行技术创新提供有利的政策环境，间接推动技术创新和新产品开发。通常包括：①提供创新活动所需资金，完善社会融资渠道和体制（尤其针对企业的创新活动），如发放贷款、津贴，提供财务分担计划，提供设备安装与服务，提供贷款担保、出口信贷等；②提供税收优惠（针对特定的产业，特定地区或特定类型的企业，往往具有很明确的目的性），如公司直接或间接的工资优惠、税收津贴；③确立相关的法律规范，完善法律体制，维护公平的竞争环境，如专利、环境与健康法规、稽查人员派出体制、反垄断法规等；④确保政治环境的稳定性，经济社会体制的可预见性，如地区性政策、创新奖励、鼓励联合体的合并、公共咨询等。

政策工具是支持政策并使其实施的方法。由于发展目标不同，各个国家在政策和引导方向上各有差异。为了达到技术创新政策引导的效果，必须谨慎地选择足以影响其发展因素的工具。罗斯韦尔和泽格维尔德曾提出12种有效的政策工具，而结合各国业已实施的政策，可以归纳出20种技术创新政策工具。上述三类政策及20种政策工具对整个技术创新过程的作用，如图11-5所示，该图将技术创新活动系统与技术创新政策系统联系起来，可清晰地了解两个系统之间的联系方式，也概括地描述了技术创新政策的理论体系。

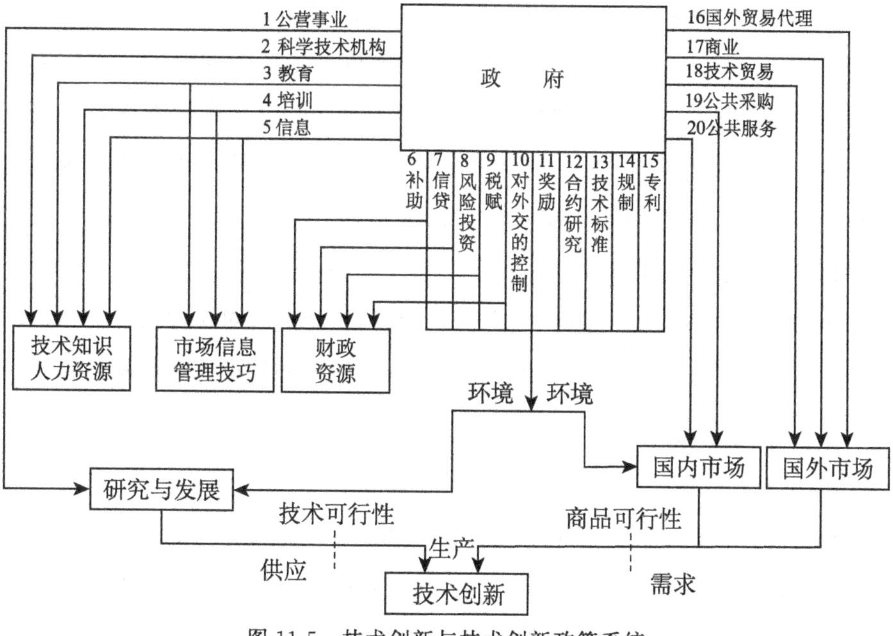

图 11-5　技术创新与技术创新政策系统

资料来源：顾新一等(1997)

第三节 主要创新政策工具分析

总体来看，各国采用的创新政策工具主要有以下几种。

一、财政激励政策

由于技术创新属于高投入、高风险、高收益的技术经济活动，商业银行的贷款为安全起见，一般不愿为企业技术创新提供资金支持，而企业的资金更多用于生产经营。为此，政府必须通过相关政策的安排，吸引投资者注入资金，强化现有企业自身的融资功能，逐步建立起以企业为主体、多渠道、全方位的资金支持和保障体系。在发达国家，政府通过直接的财政拨款和税收减免优惠是激励企业技术创新的普遍做法，其原因主要有两个：一是通过政府的财政扶持鼓励产业部门的多样化技术创新或研究开发活动，掌握一定时期内技术发展和技术突破的主流方向；二是增加科学技术的供应量，增加替代技术的选择可能性。对美国等发达国家技术创新体系的研究表明，这些国家之所以能够保持较高的技术创新能力，重要原因之一就是技术创新和研究开发的多样化使技术创新者通过替代技术的使用在相当程度上降低了技术创新过程中的技术因素风险（杜伟，2001）。

大致说来，政府对于技术创新的财政激励主要是针对企业和其他相关部门的研究开发活动的，基本上可以分为研究开发补贴和税收优惠两大类。

（一）研究开发补贴

1. 研究开发补贴的内涵

研究开发补贴主要用于支付单个企业的研究开发活动，通常是高技术企业的研究开发活动，另一类普通类型的补贴是通过赠款支持创新过程中的早期阶段来帮助个别发明家或者新企业。这类政策工具主要有政府向企业和一些研究机构提供研究资金、政府担保、政府贴息和政府贷款等。这类资助的对象主要是有着较高社会收益（如一些基本技术）或是能满足政府自己目标（如医疗、国防）的技术项目。政府的资助直接投向这些研究项目，对其发展起到直接的促进作用。中国的中小企业技术创新基金、美国的中小企业技术创新计划（SBIR）等都属此类。一些国家研究开发经费的情况，见表 11-2～表 11-4。

表 11-2　美国、日本、韩国 R&D 经费投入达到 1%和 2%的年份　单位：年

R＆D 投入强度	美国	日本	韩国
1%	1950	1959	1983
2%	1960	1978	1988

资料来源：高建(1997)

表 11-3　20 世纪 90 年代部分国家 R&D 经费来源与分配结构　单位：%

国家(年份)	经费来源			经费分配			
	政府	企业	其他	研究机构	企业	高等院校	其他
美国(1995)	36.0	59.9	5.0	10 .0	71.1	15.4	3.5
日本(1994)	21.7	68.2	10.1	13.3	66.7	20.0	—
英国(1994)	32.2	50.7	17.1	13.8	65.2	17.5	3.5
韩国(1990)	15.9	84.1	—	18.4	74.0	7.6	—
巴西(1993)	84	16	—	53	30	17	—
印度(1993)	73.6	26.4	—	73.6	26.4	—	—
中国(1993)	54.9	23.4	21.7	49.9	22.7	17.7	9.7

资料来源：中国科技统计年鉴(1998 年)

表 11-4　20 世纪 90 年代部分国家 R & D 经费按研究类型的构成　单位：%

国家	年份	基础研究	应用研究	开发研究
美国	1995	17.30	23.20	59.50
日本	1995	15.00	24.60	60.50
德国	1991	21.00	—	—
法国	1993	21.80	29.20	49.00
英国	1994	33.30	37.80	28.90
意大利	1991	17.70	46.60	35.70
澳大利亚	1993	28.60	33.30	38.10
韩国	1994	14.30	23.80	61.90
新加坡	1994	12.60	38.50	48.90
中国	1995	6.10	39.80	54.10

资料来源：中国科学技术指标(1998 年)

提供研究开发补贴是政府最为普遍使用的政策工具之一，政府补助的主要目的和作用是为了降低技术创新的成本，刺激企业技术创新投入的增加，从而弥补技术创新成果带来的私人收益与社会收益间的差额（这也是各国政府资助政策的基本目的和重点所在），这种差额在基础研究领域更为明显，因此也要求政府更多地应用政策工具支持基础研究。但研究开发补贴并不足以激励创新。

2. 研究开发补贴的经济学分析

经济学家们普遍认为，由于在私人部门的R&D和技术创新过程中存在市场失败和溢出效应，因此政府应该介入其中，以发挥政策指导作用，其原理，如图11-6所示。

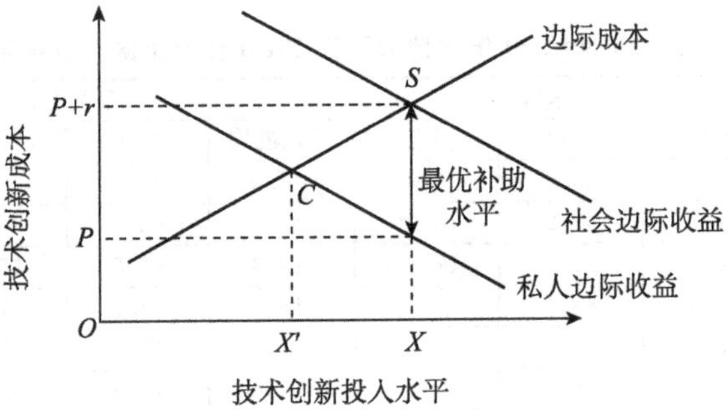

图11-6　技术创新的投入、收益与成本之间的关系

从图11-6可以看出，在技术创新过程中，由于技术创新的边际收益是递减的，因此边际收益曲线都向下倾斜；而社会所得的边际收益是由私人部门和公共部门的边际收益加总得到，所以社会总的边际收益曲线是在私人边际收益曲线之上的。对于边际成本曲线来说，我们假设技术创新的边际成本是缓慢上升的，因此该曲线略微向上倾斜。在S点，由社会边际收益曲线与边际成本曲线相交得到均衡投入水平X。当技术创新投入水平达到X时，相应的边际收益为$P+r$，这也就是其均衡价格。其中P是市场价格部分，它与私人边际收益曲线相对应，可以通过市场机制收费；而r是由于技术创新收益的公共品特性和溢出效应而得到的社会评价，是由公共部门支付的，应该通过政府补贴来支付给技术创新收益的生产部门。在C点，来自

研究开发的社会收益远远高于私人企业所得到的私人收益。这就意味着大多数企业并不能成功的独占其研究开发活动所产生的全部收益，因为其他企业可以从创新者的研究开发成果中学习到一些知识并在此基础上超过创新企业，从而把他们挤出市场。因此政府需要对其技术创新进行补助，从而提高私人部门对技术创新的投入，补助的最优水平 r 如图 11-6 所示。在 S 点上，由于政府补贴降低了企业技术创新的成本，完全弥补了企业技术创新成果带来的社会收益与私人收益间的差额，所以企业技术创新的投入水平才会从 X' 上升到 X，从而开展本来不会进行的技术创新活动。

（二）税收优惠

从各国技术创新政策的实践来看，税收刺激是一种更为普遍的政府资助形式（表 11-5），中国和世界多数发达国家都对企业的技术创新和 R&D 活动提供了税收优惠支持。

税收优惠的内容主要是：①允许企业从其应税收入（税基）中扣除当年发生的 R&D 费用；②允许企业从其公司上交的收入税中扣除基于一定基础的 R&D 费用；③允许企业对用于技术创新的机器、设备和建筑的投资进行加速折旧。

在一些国家，还为企业制定了专门的技术创新税收优惠政策。它们通过两种途径来减少或者消除技术上的不确定性：其一，通过鼓励多样化的研究开发活动来探索不同的研究开发领域，把握一定时期科学技术发展的主流方向，从而尽可能地减少人们在技术突破的主攻方向上存在的不确定性；其二，增加知识的供应量，从而增加替代技术选择的可能性。

表 11-5　各国及地区促进研究开发的税收政策

国家(地区)	研究开发的税收优惠	特别援助
美国	研究开发增加额的 20%，基础研究的 20%	—
日本	增加额的 20%	有利于研究开发设备的贸易政策
澳大利亚	—	研究开发支出的 150%，研究开发赠款
比利时	—	研究开发人员补贴

续表

国家(地区)	研究开发的税收优惠	特别援助
巴西	—	减免利润税
加拿大	20%(中小企业为35%)	—
法国	增加额的50%	对于某些工业部门的研究开发赠款
德国	—	投资增款,对于研究开发设备的税收刺激
荷兰	—	对于研究开发人员补贴
挪威	—	对于未来研究开发的补贴
新加坡	—	研究开发支出的200%
韩国	—	对于未来研究开发的补贴
西班牙	研究开发的15%,研究开发设备的30%	—
中国台湾	增加额的20%	—

资料来源:王春法(1998)

(三) 研究开发补贴与税收优惠的比较

赞同使用直接补助和津贴的研究者认为，政府直接补助较税收刺激有以下好处：一是直接补贴的作用较直接，而税收刺激则是间接的；二是税收刺激在增加私人部门R&D费用方面的作用不是很明显，代价高昂，但效果不大；三是有关R&D优惠的税法是如此复杂和多变，以至于一般只有大公司（有财力付给税务专家高额费用）才能利用这种优惠。而且，税收刺激在很多情况下会令公司更多地倾向于将以前并不列入研究开发账下的支出也列入研究开发支出一栏，以此获得税收减免的好处。

同意使用税收刺激的研究者则认为，税收刺激较之直接补助有更多优越性。税收优惠一般是用于纠正市场提供技术创新产品这种准公共产品时的不足和低效率，从而改善技术创新资源的配置条件，提高一国总体的技术创新的投入水平。税收优惠的作用不如直接资助那么直接和明显，但它的作用效果比直接资助要广，因为它一般采取法律法规的形式，符合其规定的企业都能享受到它的优惠。税收激励对于市场力量干预较小，因此允许私营部门保留自己的决策权，较之定期拨款更具预见性，也更为稳定。税收刺激需要较少的手续，涉及较少的官僚层次，因而可以减少管理成本和腐败的发生。税收刺激具有高度的政治灵活性，更为持久稳定，具有长期的或者说是无限期的生命周期，这较之赠款援助计划或者补贴将更可能导致企业调整其技术创新行为。

OECD 科学技术与工业理事会的专家们曾对这些政策工具的作用进行过比较和研究，他们在研究后得出结论：第一，政府资助的促进作用随着资助总量的变化而变化，作用效果先是增加，当资助总量占企业研究费用的比例达到某一极值后，作用效果就会降低（图 11-7）。对于 OECD 的 17 个国家来说，其平均极值为企业 R&D 费用的 13%。当然对于不同时间和不同国家来说，这一极值也有所不同。因此可以知道，政府对私人部门的资助并不是越多越好，多于或者少于这一极值，政府资助的作用就会下降。第二，精心设计的政府研究计划对促进企业 R&D 有很好的作用。第三，频繁调整和改变政策工具将会降低其作用。第四，政策工具之间既有相互排挤作用又有相互补充作用。

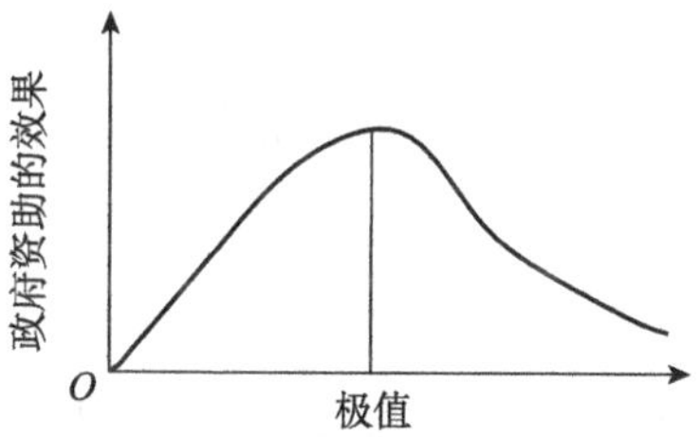

图 11-7　政府资助对企业技术创新的效果

二、公共采购政策

（一）公共采购的内涵

公共采购是指政府为了特定的需要，与研究开发机构达成协议购买其研究成果或创新产品。其实施对象主要是处于产品生命周期早期阶段的项目，以及产品的最终使用者是政府的那些项目。虽然企业是技术创新的主体，但政府作为企业技术创新的启动和推进者，可以通过创造一定的产品市场，鼓励企业的技术创新行为。为此，政府可以通过公共采购政策的安排，创造和增加企业技术创新产品的市场需求，产生技术创新的市场拉动效应。这种安排可以使企业的创新产品在市场开拓期有比较稳定的市场保证，同时也使企业在技术创新过程中与市场有关的风险得到一定程度的降低。在发达的工业化市场经济国家中，政府购买了大约国民生产总值15%甚至更多的商品和服务（杜伟，2001），因此，政府公共采购被普遍认为是影响工业中创新的方向和速度的重要政策工具。

（二）公共采购与技术创新

1. 公共采购政策的目标

SPRU和TNO在1977年进行的一项研究认为，政府影响创新的最重要的途径是通过公共采购。创新取向的公共采购政策的目标可以分为三类。

一是改进公共部门所使用商品的质量。要注意将长期成本—收益与短期成本—收益区别开来，因为短期目标主要是现成商品的比较，一般是中央公共采购机构的主要任务。而长期效率则在政府承担了额外的工业创新责任，并且明确地试图影响创新过程的早期阶段，就成为一个政策目标，政府所使用的主要手段是确定创新产品的专有性能并且实施价值刺激条款。

二是改进私营部门所使用商品的质量。创新取向的公共采购政策的第二个目标就是改进私营部门商品的质量，主要是那些市场条件不完善的领域，如能源和环境保护。

三是改进一国工业的整体竞争力。创新取向的公共采购政策的第三个目标是促进产业部门的国际竞争并摆脱传统的产业政策。

2. 公共采购对技术创新的影响

从合理性方面来看，无论是在短时期内还是在长时期内，大多数政府显然面临着来自商业、工会及国会议员要求利用公共采购以挽救或者创造就业岗位、促进长期工业竞争力的压力（Houttuin，1985a）。有的学者在对加拿大1945～1978年的1845项创新的创新者与第一个用户之间的关系及公共部门作为专利使用者和制成品买主等方面的情况进行分析之后发现，公共部门至少是25%的创新产品的第一个用户，是15%的专利的潜在用户，购买了10%以上的创新制成品。因此，第一，公共部门在新技术的发展过程中的作用是重要的。第二，从比例来看，公共部门是创新产品的第一大用户和潜在的专利发明用户。第三，公共部门在发展世界一流的或初创技术方面的重要性更大，这主要表现在政府订单趋向于集中在高性能产品上，而且往往是在其产品周期的早期阶段。第四，公共部门影响新技术发展的重要性主要是在研究开发密集型工业部门以及传统工业部门的新技术开发。第五，公共部门的影响也可以是间接的。我们的政策结论是，公共部门对于创新的需求是重要的，一部分公共服务需要创新性产品。所涉及的工业部门数量不多，但其中多数是研究开发密集型的而且是为其他用户提供创新产品的供应者（Dalpe et al.，1992）。

但同时，利用公共采购作为技术创新政策工具也存在一定的局限性。事实上，在这个过程中仍然存在着许多不确定性。罗斯韦尔和泽格维尔德列举了四个方面的局限性：第一，由于政府政策经常变化，可能增加企业的不确定性并减少市场成功的概率；第二，政府缺乏市场权力，因而在没有诸如管制等其他支持措施的情况下，不能有效地影响创新；第三，生产者之间可能缺乏竞争也排除了人们创办新企业的刺激；第四，由于在选定技术领域方面缺乏内部能力和受到党派偏见的影响，政府往往不能做出合理均衡的决策。结果是，一方面，他们可能丧失利用公共采购帮助以技术为基础的新企业的机会（Bollinger et al.，1983）。只有在特别的环境压力之下，买主才会接受一定的不确定性。另一方面，只有在提供了额外的补偿以后，制造商才会做出响应。困难也就是失败的可能性，因为需求专有化程度的降低而增加了。因为这个原因，政府公共采购的一般过程更多地关注现货购买而不是扩散或者技术转移。利用一般的公共采购来影响早期阶段的技术创新活动要求创新企业有冒比较大的风险及花费更大数量金钱的意愿（Houttuin，1985a）。

除了一般的公共采购活动以外，在大多数国家还存在着专有性公共采购活动，这在很大程度上是建立在政府的科学技术政策的基础之上的。这些活动倾向于集中在创新企业技术开发活动的早期阶段，因为这一阶段的需求专有化程度比较低，而且与成功地应用这种技术有关的不确定性比较高。这种方法的典型形态是购买创新产品的原型。然而，这些公共采购活动通常起着技术推动的作用，而忽略了必要的需求拉动因素的影响。

从国外学者的研究情况来看，在政府采购与技术创新这个问题上，各国学者的结论大体有：第一，政府的公共采购在创新中的作用在产品生命周期和一个工业部门的早期阶段是最具影响力的；第二，当政府是创新产品的最终使用者时，政府的公共采购是最具影响力的；第三，当政府的公共采购与供应商的商业市场战略相和谐时，政府的公共采购是最有效的；第四，具有较大技术能力的用户是那些可以对供应商的创新作出最大贡献的用户；第五，一定规模的公共市场是对工业发展的必要刺激；第六，除技术和产品质量以外的其他因素在公共采购决策中也很重要，这一事实降低了公共采购政策对于创新的影响；第七，在政府的公共采购过程中采购者与企业之间将发展起一种密切的关系，并且在企业是唯一供应商的情况下，公共采购对于创新的刺激不大；第八，政府政策之间缺乏协调使公共采购很难与其他政策工具同时使用（Rothwell and Zegveld，1985；Dalpe et al.，1992）。

三、风险资本政策

（一）风险资本政策的内涵

风险投资政策是指政府为了解决技术创新投资不足而采取的一种制度性措施。风险资本的主要来源是私人资本、风险基金和政府投入，运用风险资本的主要目标是通过投资实现资本的高回报率。作为一种技术创新政策工具，风险资本较之其他工具可能更为有效，因为，任何一项技术创新都需要数量不等的投入，技术越复杂、预期效用越大，需要的初始投入就越多，靠政府购买和财政支持显然难以满足为数众多的技术创新，而且可能出现“只花钱不办事”或“多花钱少办事”的情况。作为一种投资方式，风险投资获利的特性决定它支持技术创新旨在获得更大的回报，因此，对技术创新主体而言，如果没有技术上的实质性突破，它们就必须承担相应的经济责任。 这样，投资主体和创新主体都会在具体的技术创新方向上进行慎重选择，而不会盲目进行技术开发。 通过风险投资政策，可以在更广泛的领域为技术创新提供激励和约束，这正好弥补了前面两种政策手段的不足。 而作为一种承担风险的融资，风险资本通常以长期股权投资的形式提供给私营企业的建立、扩张和收购活动，一般由专业人员组成的风险资本企业所提供。

技术创新是一项具有高度风险的事业，要消除这些不确定性，一种有效的风险分担机制是创新企业迫切需要的。 那么，由谁或者什么机构来承担这种风险分担机制呢？ 在这种情况下，风险资本作为一种技术创新的风险分担机制就产生了。 如果说研究开发的财政激励由于增加了技术供应的数量和质量从而降低了技术创新过程中技术方面的不确定性，公共采购因为为创新企业和创新产品提供了一个稳定而且可以预期的市场而降低了技术过程中市场方面的不确定性的话，那么，风险资本就因为与创新企业分担了技术创新过程中各种潜在的风险从而使整个技术创新过程中的不确定性有了全面地降低。

(二) 风险资本与技术创新

关于风险资本在技术创新过程中的作用，西方学者有着完全不同的看法。 自由市场主义者与管制主义者之间存在着尖锐的对抗。 自由市场的倡导者认为风险资本并不承担风险，因为政府在货币市场上进行了过度干预。相反，管制主义的辩护者们则认为，对于政府管理的货币当局来说，资本被用于长期而不是投机就足够了。 实际上，风险资本作为一种技术创新政策工具较之其他任何工具都更为有效。 这是因为，技术创新过程中存在着多种不确定性，创新者不可能确切地预见到技术创新的所有可能结果并预先做出适当的安排，因此迫切需要一种有效的风险分担机制。 显然，创新企业的风险资本就是在这种情况下作为一种技术创新的风险分担机制产生了，其主要功能就是与创新企业共担技术创新过程中的各种风险，从而将技术创新过程中的不确定性降低到最小。

OECD提交的研究报告也认为，风险资本对于创新过程的融资至关重要。被传统金融机构所忽略了的小企业需要风险资本家支持高风险投资，特别是以技术为基础的企业，尤其如此。政府支持风险资本和中小企业的主要方面就是创立市场可以有效地将资本输送给新的和创新性企业的合适经济制度与管制框架。例如，政府可以鼓励二级证券市场的发展，鼓励金融机构提供范围广泛的金融产品，刺激在大小企业之间建立网络，资助企业家等。通过建立一些财政和法律框架模式，政府为风险资本和创新性小企业创造了一种环境，并且确定了将要设计和市场将要使用的金融工具的类型。实际上，各国政府实施各种促进风险资本发展的政府计划的主要理由就在于，各国政府相信风险资本计划能够产生的社会收益率将大于私人收益率，而单纯依靠市场力量是不可能克服技术创新过程中的不确定性及由此所诱发的技术创新风险的，其结果必然是技术创新投资不足。当然，强调风险资本在技术创新政策工具篮子中的重要性并不意味着我们不承认风险资本作用在国与国之间存在的巨大差别。实际上，这种技术创新政策工具在美国是相当重要的，而在欧洲实际上只是在英国比较重要。瑞典和荷兰似乎有了一个良好的开端，但其他欧洲国家还远远地落在后面（图11-8）。这是因为，风险资本既要求企业家有从事研究开发活动的动力，也要求企业家必须愿意接受外来的干预，如其他股东和管理者的干预。这两者在很大程度上都是一种社会文化现象，因而比较难于掌握。

四、中小企业创新政策

从技术创新的角度看，实际上具有两种中小企业的政策，一种是将中小企业作为促进技术创新活动的一个政治工具；另一种是仅仅从企业的角度即大企业与中小企业均衡的角度看待中小企业的发展，在这里运用的是前一个概念。

中小企业作为技术创新的一个主要动力是有其缘由的。历史证明，日本、法国及德国在衰退来临以前所享有的强有力的经济增长是与它们有着强有力的中小企业部门分不开的。在很多发达国家，尽管大企业承担了大部分渐

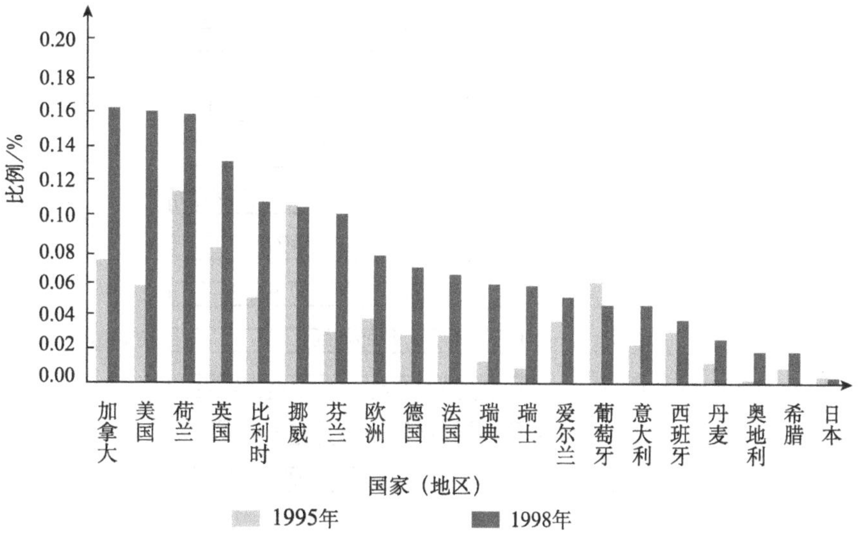

图 11-8　20 世纪 90 年代主要国家和地区风险资本占 GDP 的比例

注：风险公司的投资主要是早期阶段（种子期）和扩张期的资金占 GDP 的比例

资料来源：OECD(2000)

进性创新，但在重大创新方面它们高度依赖于外部的创新者和小企业，甚至在工艺创新方面也是如此（图 11-9）。中小企业大多数是市场补缺者，精心服务于市场的某个细小部分。不仅如此，中小企业还是经济增长和就业机会的重要来源。小企业的创办者大多是来自大企业、科研机构或者大学的高级技术人员，并且大都是以自己所拥有的技术成果为基础，在风险资本的帮助下开始创业的。大学和其他非商业性研究机构的研究越是多样化，它就越能在更为广阔的范围内更好地成为小企业的新技术和新工艺的源泉。

根据 OECD 的研究报告，支持中小企业发展的创新政策主要有以下几个方面。

其一，政府融资。公共部门支持风险资本的主要作用就是降低私人股权融资的风险和成本，补充并鼓励私人资本工业的发展。直接的政府金融资助措施有：成立开发银行；实施贷款担保计划；提供财政刺激；制定有关创新待遇的管制规则，管理保险公司和养老基金的股权投资的规则；以优惠利

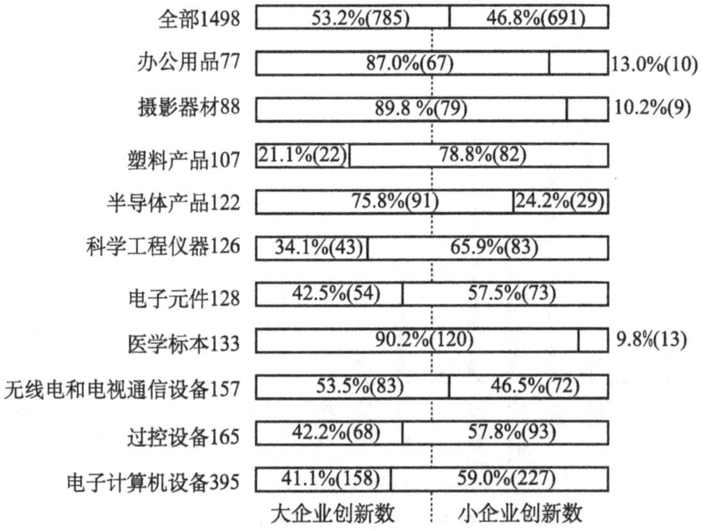

图 11-9　美国 1982 年主要产业大小规模企业的创新

注:左边一列的数据和圆括号内的数据是创新数,大小规模企业的创新数总和并不总是等于全部的创新数,因为有些创新无法按企业规模归类

资料来源:Acs 和 Audretsch(1996)

率提供贷款的规定；为特定类型投资直接提供风险资本以补充私人融资的不足等。间接措施包括市场支持与管制，培训、通信、研究开发的支持、私有化等。

其二，保障其良好发展商业的制度环境。即对于政府管制条例进行系统而仔细地评议，保证有一个有利于中小企业发展的良好经济制度环境。扩大利用信息技术，以降低包括中小企业在内的所有企业的官僚主义负担。在这方面，制度环境和良好的基础设施是至关重要的。

其三，通过技术扩散项目向中小企业提供技术支持。这种技术扩散项目应该保证股权控制，即技术扩散计划应该采取步骤保证服务提供者的质量、顾问培训和当地传送机制的有效性；促进面向消费者的技术创新活动，即技术扩散计划应该把注意力集中于创新产品的消费者和用户，并将目标放在满足不断变化的公司技术需求上；提高企业的创新能力，即技术扩散计划应该促进管理者对于创新价值的普遍认识，并在企业内部刺激对于技术和组织变革的需求；在现在的国家创新体系中建立联系，如德国的网络基础战略（network—based strategy）强调发展中介机构和伙伴关系以促进信息流动与技术扩散和商业化，并在项目设计与服务提供之间建立更为密切的联系；引进技术评估和评价机制，即技术扩散计划应该有一种机制来评估何种方法可以持久性地指导和改进其经营和管理。

其四，加强经营管理能力的培育。包括对于咨询和培训提供津贴，在这方面最为成功的是日本，它已经建立了高度发达的咨询服务体系和中小企业学院。早在 1962 年，日本就已经有了八所学院为中小企业的雇员、顾问和管理者提供合格的教育，正规的培训包括长达 12 个月的上课教育，然后获得通产省发放的证书。西方发达国家政府大多寻求加强中小企业所有者和管理者的“质量”，这一方面通过鼓励培训实现，另一方面通过提供顾问与咨询服务的机会而实现。

其五，促进市场进入。促进市场进入的措施一方面集中在国际市场上，另一方面集中在公共采购上。就公共采购而言，政府是中小企业创新产品的重要市场。尽管从个别小企业购买某些产品要便宜一些，但对于政府来说，与大企业达成某件供应广泛系列产品合同较之与许多小企业达成许多购买某一特定产品的合同往往在行政管理成本上要节约许多。尽管如此，美国和澳大利亚等其他经济合作与发展组织成员国都在努力提高小企业在政府采购合同中所占的份额。美国的经验是留出一定比例的政府合同（大约占政府全部采购合同总金额的 20%左右）给中小企业，这种做法从中小企业的角度来看显然是有积极意义的。这是因为，政府留出一定比例的政府采购合同给中小企业，这就意味着中小企业在其市场开拓时期有了一个稳定可靠的市场，技术创新过程中与市场有关的不确定性因而有了较大幅度地降低，这对于促进技术创新显然是非常有利的。

五、专利政策

专利是政府依法向创新者（发明者）授予的，在一定时期内对其某项实用新型产品、工艺、物质或设计的独占权利。专利制度产生的首要目的就是通过保证发明人为其发明活动获得一定数量的回报来激励发明研究。

(一) 专利制度促进技术创新和经济发展的历史回顾

英国是欧洲工业革命的发源地，也是世界上实行专利制度最早的国家。1624 年，英国颁布了堪称现代专利法鼻祖的《垄断法》。由于专利制度的实施，极大地刺激了英国工业的发展，使之成为当时世界上经济最发达的国家。美国也是世界上建立专利制度较早的国家之一，它于 1790 年颁布了美国第一部《专利法》，这部专利法是世界上自有专利制度以来最系统、最全面的专利法。正如美国总统林肯预言的那样，“专利制度就是给天才之火添加利益之油”。正是由于这部《专利法》的实施，给发明创造之火添加了精神和物质的利益之油，使美国涌现出了一批像爱迪生、爱因斯坦这样的天才发明家，也使美国成为世界上的专利大国，它每年专利申请量约占世界总量的 1/5 左右。正是由于成功实施了专利制度，使美国这个仅有 200 多年历史的年轻国家拥有了世界上最先进的技术和最强的经济实力。

日本是后起的资本主义国家，专利制度始建于 1885 年，至今不过 100 多年的历史。但日本却是世界技术立国的典型代表。日本于 1902 年加入确定工业产权制度的国际框架的巴黎公约，并力求完善专利制度，以真正完善从国外引进技术的体制。到 1930 年，外国人的专利高达 35%，这些国外引进的技术对扶植日本本国技术起了很大的作用。日本特许厅的万井正在分析了自 1885～1940 年的 55 年间，日本专利、实用新型（自 1905 年后）、商标的申请数和机械工业产值、制造业产值的变化情况后得出这样一个结论：日本在这一时期，专利、实用新型、商标的申请数，其各自的变化趋势恰好同制造业产值的变动趋势相一致，从而说明日本产业的活动和专利、商标申请活动之间有密切的关系。由于专利制度的建立与先进技术的引进，使日本的工业化进程大大加快。其按工业生产指数的增长率在第二次世界大战之前为 5.3%，远远超过了同时期的西欧各国。第二次世界大战后，日本产业、经济陷入大混乱，濒于崩溃的日本技术水平要想缩小与以美国为中心的先进国家的差距几乎是不可能的。对此，日本在完善专利制度的同时，从欧洲等国引进技术，并致力于自主技术的开发与创新。从1955～1975年，日本国民生产总值、引进技术与专利数这三个指标按同一方向增长的趋势更加明显，也就是说，日本在这一阶段的创新政策是：依靠完善的专利制度，力图引进先进的技术，通过掌握吸收消化引进技术而进行自主技术的开发和创新，使经济得到了全面、持续的发展。进入20世纪70年代，日本技术出口额超过了技术进口额，进入了真正的自主开发和技术交流时期。特别是从20世纪70年代起，日本在电子工业、生物科学等所谓高技术领域取得了重大的技术进步。日本在1975～1984年几年间，在美国获得专利数已超过英国、法国、德国三国在美国获得的专利数的总和。专利制度的建立与完善，使日本易于引进外国技术，因此，就可能掌握、改进和继续开发这种技术，并推动日本本国的发明。

法国是继英国、美国之后较早建立专利制度的国家，于1791年制定了第一部专利法；德国于1877年颁布了第一部专利法，并在世界上首创了实用新型保护制度。由于法国和德国成功地实施了专利制度，使得它们相继步入了世界科技与经济强国之列。到目前为止，世界上已经有170多个国家和地区实行专利制度，这说明实行专利制度已成为一种世界潮流，当今世界的年专利申请量已突破100万件，它在各国科技进步和经济发展中发挥着越来越重要的作用（郑友德和高华，1999）。部分国家2001年发明专利的授权情况，见表11-6。

表11-6　部分国家2001年发明专利授权数量　　单位：件

国家	美国	日本	德国	法国	英国	韩国	意大利	荷兰	西班牙	中国
本国人	87 606	109 375	19 242	11 010	3 975	21 833	882	2 956	1 781	5 395
外国人	78 432	12 367	28 965	31 953	35 674	12 842	24 248	17 668	17 928	10 901
合计	166 038	121 742	47 207	42 963	39 649	34 675	25 130	20 642	19 709	16 296
合计位次	1	2	3	4	5	6	7	8	9	10

（二）专利制度在技术创新过程中的作用

一方面，专利可以为独立发明家或者从事研究开发活动的企业提供一定的利益保障，并通过保护发明家和创新企业的发明收益而刺激技术创新所必需的科学技术成果供应的数量与质量，进而刺激研究开发资源的最优配置，增加科学技术知识的供应，从而有助于减少与技术创新过程中技术方面的不确定性。从这个意义上说，专利制度无疑是有利于技术创新活动的。另一方面，由于专利制度规定发明者具有在一定时期内独家使用该发明的排他性权力，这又会在很大程度上限制可供交易的科学技术成果供应量，从而减少科学技术成果从潜在生产力变为现实生产力的可能性，延长发明与创新之间的时滞。即使在企业内部，由于雇主对于其雇员所开发的任何专利都拥有所有权，也可能不利于创新技术的溢出。

阿罗（Arrow）在其 1962 年的文章中提出专利制度的确能鼓励发明，但它也会由于授予发明者垄断权力而使技术成果的扩散过程过于缓慢。剑桥大学的泰勒和西尔伯特逊在 1973 年发表的研究结果表明，专利制度对于研究开发活动的影响因行业而异，在医药工业中会影响到 64％的研究开发支出，在其他成品和特殊品领域中可以影响 25％的研究开发支出，在机械工程领域可以影响 5％的产出。总之，如果没有专利制度的保护，大约 85％的研究开发支出将会受到影响。施勒（Scherer）在 1980 年的文章中指出，尽管促进发明是专利制度最主要的目标，但是，它也促进了发明的开发和商业化应用并促进了信息扩散。曼斯菲尔德（Mansfield）在 1981 年进行的一项有关化学、制药、电子及机械工业中模仿成本与模仿时间的研究表明，在 48 项创新中，有 70％是获得专利的，只有一项是向其模仿者发放了专利许可的。但是，在引入这些新技术之后的四年之内，有 60％已经获得专利的成功创新被模仿了，但模仿成本因为专利制度的存在而提高了大约 11％。由此可见，专利制度在保护发明者的权益方面是有一定作用的。

至于专利制度在技术创新过程中的重要性，曼斯菲尔德所研究的样本表明，如果没有专利保护，大约有半数以上已经获得了专利的技术创新可能不会付诸实施。这说明，在研究开发密集型的企业样本中，研究开发支出取决于专利所提供的刺激，1985 年，曼斯菲尔德再次选取了 12 个产业中的

100 家企业进行研究，并估算了在 1981～1983 年如果没有专利保护其发明活动及其商业化应用不会出现的比例，结果发现：在医药工业中，如果没有专利保护，则 65%的发明不会被利用，60%的发明活动不会进行；在化学工业，这两个比例分别为 30%和 38%。除此之外，办公设备、汽车、橡胶、纺织品等领域，这两个比例均为零，其结果见表 11-7。这说明，专利保护对于企业的技术进步是至关重要的，它至少是比较有效的技术创新政策工具之一。

表 11-7　专利对各产业发明的保护作用

产业	发明不被利用的比例/%	发明活动不会进行的比例/%
医药	65	60
化学	30	38
石油	18	25
机械	15	17
金属制成品	12	12
初级金属	8	1
电机设备	4	11
仪器	1	1
办公设备	0	0
汽车	0	0
橡胶	0	0
纺织品	0	0

资料来源：转引自柳卸林(1993)

但是，反对专利制度的学者也很多。英国著名科学学专家贝尔纳早在 20 世纪 40 年代就已经指出，专利制度是严重干扰科学成果和应用过程的一个因素。在他看来，专利制度是针对一种独立的小生产者的状况而制定的，在这种情况下发明家自己也能够找到资本。但是，对于一些重大发明来说，情况是否果真如此就值得怀疑了。实际上，由于大型垄断企业的兴起，现在大部分专利都是由大公司所持有的，因为只有它们才有力量开展研究开发活动，与此同时，也只有它们才有足够的资金保护自己的专利权不被侵害。因此，专利法无法奖赏发明家又在相当大程度上损害了公众利益。美国学者纳尔逊（Nelson）与温特（Winter）设计了一套调查表以研究厂商占有其创新收益的不同方式，并根据在创新中已经申请了专利及没有申请专利的情况下竞争企业模仿竞争对手的创新所需要的成本与时滞的差异，来解释专利制度对于保护创新收益的有效性。他们的发现显示把专利作为一种有效的创新收益保护手段的工业部门是有限的。尽管在厂商占有其创新收益的三大类方式即专利制度、保密及各种利用领先一步带来的有利条件中，不同产业对于占有产品创新收益的最有效方式的评价有很大差异，但是，与广泛持有的见解相反，仅有较少的企业把专利评为最有效的手段，这类企业主要是生产化工产品的企业和生产比较简易的机械或电动设备的企业。根据曼斯菲尔德的观点，围绕一项专利进行发明只需比初始专利少得多的成本和更少的时间。尽管专利提供了强大的保护，当企业重复其他企业的发明项目时，或者当竞争者努力扩大研究开发以包围一项初始专利时，它们也刺激了在研究开发上的过度投资，出现研究开发方面的过度竞争。

关于专利制度在技术创新中的作用也存在一种折中的观点（张鹏和李新春，2002）。例如，纳尔逊认为，有关专利制度对于技术创新的影响，应该在具体的部门分析的基础上作出客观评价，这与曼斯菲尔德的研究结论类似。他认为，在医药行业，如果生产新药的公司要想从中获利的话，那么为一种新药申请专利是至关重要的，如果法律判定新药作为一种物质不能取得专利的话，则整个医药工业的历史就会发生重大改变。但在其他工业领域，对于专利的法律保护似乎比不上在医药工业中那样重要。

（三）专利制度的经济学解释

许多国家规定，发明者获得专利的条件是他所发明的成果具有实用性、新颖性和必要性。发明成果本质上是一种信息。信息可以自由传播，信息的使用没有排他性。如果信息可以免费地获得，即不从法律上规定给予信息生产者、创新者或发明者以拥有排他性的权利，其他人就可以轻易地进行模仿而挫伤创新者的创新积极性，从长期看可能不利于社会进步。但是若给予创新者过长的专利保护，使其垄断地位长期存在，又使厂商市场力得到强化，难免要产生福利损失。所以，专利制度必须在刺激创新和市场力增强之间进行比较，然后确定一种最优的社会专利制度。专利制度具有限制模仿、鼓励创新、鼓励信息披露等效应。

假设有一个厂商从事 R&D 活动以寻找成本节约型的技术，R&D 投资 X 会使厂商成本由 C 降至 $C-X$。在创新较小时，创新厂商利润最大化的价格是 $P=C$（假设所有竞争厂商的单位生产成本仍然是 C）。所以创新并不会引起产量的变化。图 11-10 描述了创新使单位生产成本减少 X 单位的市场情况。需求曲线为 $P=a-Q$，其中 $a>C$。因为价格不变，所以图中 M 部分表示创新者的创新利润，假设政府给予专利保护期为 T，$T\geqslant 0$。那么创新者就可以从 T 时期的保护中获得利润 M，而从 $T+1$ 以后的时期中获得零利润。区域 DL 则代表由于专利保护期 T 而导致的垄断力量所造成的社会福利损失。也就是在 $T=1, 2, \cdots, T$ 时期内，创新的社会福利仅是垄断利润 M（假设该利润可以平分给消费者）。在时期 $T=T+1, T+2, \cdots$，即专利保护终止时，所有厂商均可获得新技术，这时市场均衡价格回落到 $C-X$。所以在专利保护期满时，社会收益就是 $M+$DL 区域。这是因为垄断力量的消除将使产量扩大，从而增加了消费者剩余 DL（董如合和李素杰，2002）。

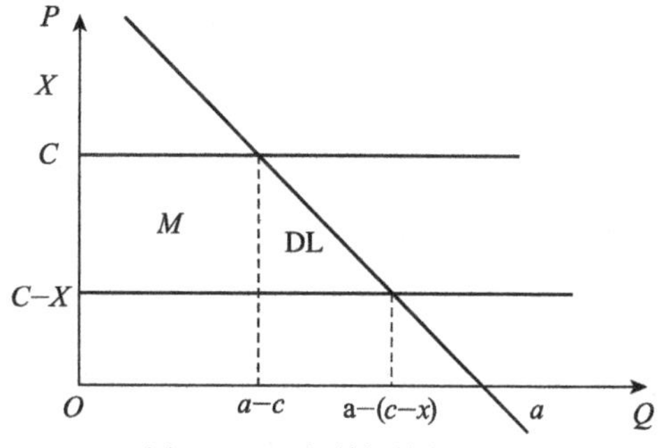

图 11-10　专利保护的得失

由此可见，专利政策的主要功能在于激励创新活动和尽最大可能地使创新的私人收益率与社会收益率接近（因为大部分创新的私人收益率要低于社会收益率），但专利制度也会给垄断以合法地位，可能不利于市场竞争和产生更多的创新，所以，政府必须在创新激励与垄断权力之间做出权衡，但是多数人仍然认为专利制度是有效的。

由此可见，专利制度在技术创新过程中的作用非常复杂，它既有减少技术方面的风险、促进技术创新过程的一面，也有过分强调保护发明家的发明收益而延缓技术创新的一面。这反过来就会影响企业研究开发资源的配置。在这方面，显然需要学术界和政府探寻更为合理的制度安排，从而更好地在促进技术发展与促进技术创新方面达到平衡。例如，德国的《特殊专利法》就是一个很好的尝试方法，德国的《雇主发明法》规定，如果雇主没有充分利用其雇员所做出的发明，则雇员可以开发利用他的发明，并可以投入到商业化应用之中。

六、政府管制

所谓政府管制，是指依据一定的规则对构成特定社会的个人和构成特定经济的经济主体的活动进行限制的行为（植草益，1992），一般分为社会性管制和经济性管制。社会性管制是以保障劳动者和消费者的安全、健康、环境保护和防止灾害为目的，通过为物品和服务的质量及由此而生产的各种活动制定一定的标准，制止和限制特定行为的准则。经济性管制是指在存在自然垄断和信息偏差的部门中以防止出现无效率的资源配置和确保需要者的公平利用为目的，通过各种手段对企业的进入、退出、价格、服务的质和量以及投资、财务和会计等方面的活动进行的管制。经济性管制的主要目的是确保资源配置的最优性和服务供给的公平性，其主要内容包括进入管制、退出管制、价格管制、投资管制及对于物品和服务质量的管制等。一般来讲，管制的主体是政府有关部门，而被管制的对象则是从事特定行业如电信、运输、通信广播、金融等的企业。这种管制的规则包括了各种各样的法规、条例、政府标准及行政命令或者指导等。例如，美国食品和药品管理局有关新药批准的各种各样的标准和规定、各国政府有关农药生产的法规、对于所有企业都有法律约束力的环保法规以及行业管理法规等都是政府管制的重要组成部分。其中，最为常见的一种典型的管制形式就是反托拉斯法。这些管制规则通过赋予行动权来影响某一行业中企业的进入、退出、联合，以及生产产品的质与量等（植草益，1992）。

政府管制的必要性和效率一直是争论的对象。因为政府管制基本上是在原有的技术创新目标之外附加了新的目标约束，它在很大程度上是增加了而不是减少了技术创新过程中的不确定性。政府管制还直接影响了技术创新的资源配置。因此，相反，放松政府管制往往是一个非常重要的技术创新政策工具。

综上所述，能得到普遍应用的技术创新政策工具并不一定是完全有效的，而且各种不同的技术创新政策工具只能是针对技术创新过程的一个环节。因此，技术创新过程中的多种不确定性决定了技术创新工具选择的多样性，决定了任何国家的技术创新政策都必然是由多种技术创新政策工具组成的技术创新政策工具组合。

第十二章

典型国家的创新政策

第一节　美国的创新政策

一、美国创新政策的演变

美国长期以来一直都是通过市场机制来创新配置资源，所以在围绕政府在创新方面应起什么作用的问题上，美国历届政府认识不一，做法也不相同。

（一）20世纪60年代

在第二次世界大战结束后的15年中，政府一直是美国R&D的主要资助者。1961年后，情况有了新的变化，公众不再赞同政府对R&D的大规模资助。政府的政策也有了很大的改变，对于一般科学的资助骤减。

肯尼迪在执政时期认为，政府应该在技术创新过程中起直接、积极的作用。当时政府成立了一个隶属于总统科学顾问委员会的"民用技术小组"，于1962年提议开始一项民用工业技术项目（civilian industrial technology program，CITP）。该计划是针对煤炭、住宅与纺织三个被认为在研究开发方面投资严重不足的工业部门而制定的。根据该计划，联邦政府将向大学研究人员提供资金以从事有关的研究开发活动。其研究成果将通过工业—大学推广机构被传送到工业界。然而，由于工业界的强烈反对，该计划没有得到国会的支持，因而没有获得通过（Atkinson，1991）。1965年，商务部负责科学技术的助理部长霍罗曼（J. Herbert Holloman）提出了一份建立州技术服务计划的建议。作为CITP计划的倡导者，他基本上是把CITP计划重新包装了一下以便在国会获得批准。这一个新计划没有包括政府的研究开发部分或者是以政府为主的分部门解决方法，而只要求大学研究中心必须对工业界的需求而不是单个企业的需求做出反应。此外，将在各州建立STS中心，由联邦政府与州政府对等分担资金。然而，尽管从各州得到了有利的反应，而且对于该项目的分析表明它是成功的，但该项目还是在尼克松政府时期被终止了。

（二）20 世纪 70 年代

尼克松执政期间，提倡“科学技术新合作”。这一方针要求联邦政府、州政府、大学和研究中心在研究开发上联合起来。1971 年，尼克松批准了“新技术机会”的评估工作，启动了两个实验项目：一个是“实验技术激励项目”（ETIP），设在美国科学基金会（NSF）；另一个是“实验研究开发项目”（ERDIP），设在国家标准局（NBS）。

尼克松政府比较关注 R&D 的税收优惠，并修订了反托拉斯法政策和政府对创新商品的订购办法，但直接资助仍是主要的政策工具。尼克松提倡“科学技术新合作”，要求联邦政府、州政府、大学和研究中心在研究开发上联合起来。总体来说，尼克松对于美国技术创新政策的最大贡献是：扩大了政策手段，指出了政府在创新管理上存在的不足，但对各种政策手段的效果缺乏了解，不能正确选择激励手段（柳卸林，1993）。

然而，从 20 世纪 70 年代中期起，美国外部的竞争环境发生了变化，产品生命周期日益缩短，美国之外的许多企业开始加快技术创新步伐。因此，技术转移、开发与扩散更多地转向私营部门。冷战的结束也减少了对新国防系统的需求，因而也促成了在商用技术上的投资。与过去国防技术一般代表着创新的尖端情况相反，现在商用技术开发往往走在国防的前面。结果，美国国防项目变得越来越依靠民用技术的溢出，使商用技术适合于军事目的。尽管美国仍然从其使命性研究开发中获得巨大的商业利益，但由于创新环境的不断变化，国防产品和民用技术领域的溢出从其蜜月时期的 20 世纪 50 年代和 60 年代以来已经减少了。在这种情况下，从 1980 年起，美国联邦政府开始努力促进科学技术研究成果的商业化。

由于认识到了技术创新在美国经济中的重要性，卡特总统在 1978 年 3 月召开了一次国内工业创新政策评议会，来自工业界、公共部门、劳工及科学界与学术界的 150 多名高级代表讨论了联邦政府干预工业创新的效果问题，包括经济与贸易政策、环境、保健与安全管制、产业结构与竞争的管制、联邦专利与信息政策、联邦公共采购政策、研究开发的联邦直接援助政策等，并且认为联邦政府能够影响工业创新的未来速度和方向。同年国会通过法案，降低资本收益税，从而大大刺激了美国风险资本工业的产生与发展。1979 年 10 月 30 日，卡特向国会提交了一份咨文，提出了许多旨在增强美国工业中的创新与生产率的重大倡议，包括扩大信息转移；为方便工业界利用联邦实验室和研究开发中心发布的科学技术信息，建议在商业部下设立联邦技术利用中心，充当联邦专利的销售和发放机构；成立生产率、技术与创新办公室，其主要职责之一就是执行前述创新倡议（Baruch，1982）。

（三）20 世纪 80 年代

1981 年上台的里根总统继续了卡特时期政府资助技术创新的政策，强调帮助企业建立合作研究关系，为企业提供一个有利于创新的环境，技术创新政策主要由减税和废除被认为妨碍创新的联邦管制构成。非军事和非空间应用的研究与开发预算减少了，而与此同时，对于基础研究和与国防有关的应用研究与开发的支持却增加了。在里根政府时期，许多特别的政策提案被付诸实施。这些措施包括 1981 年开始实施的研究开发税收减免 25％和 1982 年的小企业创新研究项目（SBIR）。1983 年，里根政府设立了工业竞争力委员会以研究联邦政府政策如何有效地影响创新，其成员多为来自大公司的总裁，其主要任务是研究高技术发展与提高工业竞争力的关系，并调查联邦政府政策对创新的影响。里根政府还一再推动并促进国会放宽对于企业进行合作研究开发活动的反托拉斯法的限制，鼓励企业合作从事竞争前的研究开发活动。里根执政的八年间，美国国会相继通过了包括《技术创新法》（Stevenson-Wydler Technology Innovation Act）（1980 年）、《大学与小企业专利程序法》（Bayh-Dole University and Small Business Patent Procedures Act）（1980 年）、《小企业创新发展法》（Small Business Innovation Development Act）（1982 年）、《全国合作研究法》（National Co-operative Research Act）（1984 年）、《技术转移法》（Federal Technology

Transfer Act)(1986 年)、《综合贸易与竞争力法》(Omnibus Trade and Competitiveness Act)(1988 年)等在内的一系列法律以促进企业的合作研究开发及联邦政府实验室向私营企业的技术转移活动。

老布什政府期间，继续执行里根的自由放任政策，鼓励企业的研究开发与技术转移活动，并通过强化科学技术政策办公室的权力来加强现有联邦政府科学技术活动及在重大技术问题上的协调，从而加强了联邦政府的技术创新政策(Atkinson，1991)。

(四) 20 世纪 90 年代至今

克林顿总统可以称得上美国历史上对技术创新活动最热心的总统。克林顿政府是在人们越来越关心美国的技术和竞争力状况的情况下开始执政的，其创新政策建立在两个基本认识的基础之上：其一，美国不可能在长时期内同时维持军用和民用两个强大的技术基础。由于商业技术开发往往走在国防研究开发的前面，许多军用尖端技术实际上是由迅速变化的商业市场所驱动的，因此，发展并加强国民经济的技术基础对于国防越来越重要。在过去，人们普遍认为技术是从军事开发向民用市场溢出的。现在，许多技术具有军民两用的特点，既可用于军事目的，也可用于商业目的，技术溢出变为溢入，即商业技术被修改以后用于军事目的。在这种情况下，必须从富有活力的商业市场上获得新技术，以一种更低的价格向美国纳税人提供更为成熟和强有力的军事国防。其二，技术在现代经济增长中的核心作用越来越明显，技术是经济增长的发动机。为此，克林顿政府确定了一项使技术对于持续的经济增长、工作岗位创造、改进生活质量及国防的贡献最大化的政策。该政策承认只有私营部门才有技巧和能力来管理开发新技术并将其投入市场的复杂过程，同时也承认政府在保障私营部门的努力方面发挥着至关重要的作用。由于将一项新发明投入市场的成本在 20 世纪 90 年代可能达到研究开发成本的 10～100 倍以上，联邦政府直接介入技术创新活动并促进科技成果的商业化就成为保证美国拥有一个世界水平的强大技术基础的必要条件。

1993 年 2 月，克林顿总统在《将技术用于美国经济增长：构筑美国经济实力的新方向》报告中勾画了美国国家技术政策的蓝图，明确指出，联邦政府在技术开发方面的传统角色仅仅是支持基础研究和国防部、国家航空与航天管理局和其他机构从事的使命性研究。这一战略对于上一代人来说是适当的，但是对于今天我们所面临的深远挑战来说就不合适了。我们不能依赖于国防技术在私营部门的偶然应用。我们必须直面这些新挑战并将我们的精力集中于我们所面临的这些新机会之上，承认政府可以发挥关键作用以帮助私营企业利用创新并从中获利。报告中明确提出了美国创新政策的三个核心目标：其一，能够创造工作岗位并保护环境的长期经济增长；其二，建立一个更具生产性并且对于其公民的需要更负责任的政府；其三，在基础科学、数学与工程学领域居于世界领导地位。在克林顿政府的第一个任期中，美国政府的技术创新政策一直强调影响国家开发、扩散、采用新技术及使新技术和现有技术商业化的能力，国家的繁荣要求有一项综合性的技术创新政策，将国家的经济、贸易、教育和培训、科学、国防政策等融合为一体。

1993 年，美国政府提出永久性延长研究试验性开发的税收减免以便刺激美国企业投资于将加强美国明天的产品和服务的新技术。尽管国会最终只将这一税收减免延长到 1995 年 6 月，但克林顿政府继续支持减免并且已经与国会讨论继续延长减免时期。克林顿政府一直在寻求以一种对于企业负担最小的方式来满足公共安全、消费者保护及保健目标，消除阻碍研究开发和国内生产的不必要的法律和管制壁垒。1993 年，克林顿总统签署法令修订 1984 年《全国合作研究法》以减少针对合作生产活动的反托拉斯壁垒，为美国企业提供了一种对付生产设施成本上涨的新方法。1995 年，全国卫生研究院在其合作研究与开发协议中取消了“合理定价”条款，因为这一条款被工业界视为与国立卫生院（NIH）建立伙伴关系的一个重要障碍。在促进技术开发与扩散方面，克林顿总统在 1993 年 11 月以总统行政命令的形式设立了一个内阁一级的全国科学技术委员会（NSTC），以协调联邦政府的科学技术政策、消除重复劳动，并有效地管理联邦政府的研究开发活动。

在技术转移方面，1992～1994 年，联邦实验室向工业部门发放的联邦专利许可数目翻了一番，联邦政府获得的许可费增加了 77%，达到每年 2450 万美元。更为重要的是，联邦实验室已经向私营部门伸出了援助之手，组成伙伴关系以允许工业部门和政府在共同感兴趣的领域互相补充共同进行研究开发活动。这些努力的结果，使联邦实验室和工业界之间的合作研究开发协议迅速增长。此外，由国防部高级研究项目局负责管理的技术再投资项目（the technology reinvestment project，TRP）是国防部的第一个重要的两用技术项目，1993～1995 年该项目拨款近 10 亿美元用于对一系列竞争性研究开发项目资助。由于每一个资助项目要求充当合作伙伴的工业企业至少承担一半的成本开支，该项目的政府投资实际上带动了几十亿美元的研究开发支出。

克林顿政府认识到信息在社会各个领域的作用，因此在执政初期就提出了国家信息基础设施计划，以促进信息的发布与利用。1993 年，政府制订了国家信息基础设施（NII）计划，一个密切无间的通信网、计算机、数据库和消费用电子将大量的信息置于用户的手指尖上。商务部的全国技术信息局（NTIS）开始承担一种向企业和大学的研究者提供和发放具有商业价值的技术信息的职能。该局目前拥有 260 万件文件而且仍然以每年 10 万件文件的速度增加。1994 年 3 月，副总统戈尔提出了全球信息基础设施（GII）建设计划。由于信息跨越了州、区域和国家边界，进行协调以避免设立不必要的障碍并消除阻碍美国工业的不公正政策是非常重要的。像国家信息基础设施一样，全球信息基础设施是针对促进竞争、创造灵活的管制政策并向所有的信息提供者和用户提供一个开放的网络而提出的。

在建立联邦与州之间的技术伙伴关系方面，美国各州和地方政府制订了无数个计划以便在区域经济的水平上促进以技术为基础的经济增长和就业岗位创造，包括新的企业孵化器、种子资本金、制造业推广计划、与联邦和大学实验室的伙伴计划及援助企业家等。同时，联邦政府已经实施了旨在促进技术竞争力的项目。在美国，联邦一级的实力包括基础研究、使命性研究开发，以及强调全国性技术问题的能力。州一级的实力在于与企业家和年轻公司、中小企业和区域性工业集团以及在基层一级支持企业家和成熟技术领导地位的地方委员会之间的密切合作。将这些互相补充的倡议结合在一起将使各级政府能够取得较之它们独立运行时更大的成就。美国国家科学基金会在其1997年提交的一份题为“技术服务于国家利益”的研究报告中，明确提出联邦政府所应该追求的五个技术创新政策目标，包括创造一个可以充分发挥私人部门创新性竞争努力的商业环境、鼓励技术开发及其商业化、投资建立世界水平的基础设施以促进美国工商业的发展、促进军用和民用工业基础的一体化，以及“保证美国拥有一支世界水平的、能够参与到迅速变革的以知识为基础的经济之中的劳动力队伍”等。

从上面的分析可见，美国政府对技术创新政策所追求的目标保持了良好的延续性，创新政策表现出三个特点：一是强调资助基础科学，以推动技术创新；二是历届政府制定了许多有关创新的法令、法规，为企业提供了一个有助于创新的环境；三是美国的税收政策、政府采购政策、国防工业在推动工业创新中，都起了巨大的作用。

奥巴马非常重视科技创新在实现国家目标中的作用。他在2008年竞选总统中就承诺，要加强美国在科学、技术和创新领域的领导地位，并将其作为本届政府的中心要务，由此而获得包括美国61位诺贝尔奖得主在内的科技界的广泛支持。刚开始履职，他就提出了一项7800亿美元的“恢复和再投资”(recovery and reinvestment)计划，其中部分资金将用作刺激手段(stimulus)以推动从2008年就陷入金融危机的美国经济的发展（温纳，2010）。

奥巴马主张使研发项目税收优惠政策常态化。因为税收优惠政策的常态化可以使公司能安心地向美国国内研发项目进行长期投资。他还提出改革移民政策吸引科技人才，其中包括增加技术人才的绿卡数量；使工作移民在居留权方面少受雇主操控等；尤其重视改善专利制度，因为高质量的专利对提高美国 21 世纪的全球竞争力至关重要，提出要打造“金边专利”，营造鼓励创新的良好环境[①]。

2011 年，奥巴马政府坚持通过创新确保美国经济增长和繁荣的战略，在国情咨文中大力倡导创新，提出美国要想赢得未来，就必须在创新、教育和基础设施方面超越其他国家，并发布了新的《美国创新战略》，以明确国家的创新目标和战略措施。奥巴马政府通过削减国防研发经费来尽量保证非国防研发的经费投入，并重点保证对基础研究的投入。2011 年 2 月，奥巴马政府发布了《美国创新战略：确保经济增长与繁荣》，对 2009 年发布的《美国创新战略：推动可持续发展，创造高水平就业》进行了深化与升级，提出了未来一段时期推动美国创新的战略规划和措施。从“创造就业”到“确保经济增长和繁荣”，这一措辞上的变化体现了美国政府对创新的重视和实施创新战略的决心。

2011 年,《美国创新战略》提出了五个新的行动计划：①无线网络计划，在未来 5 年内使美国高速无线网络接入率达到 98%；②专利审批改革计划，将专利的平均审批时间从 35 个月缩短到 20 个月；③教育改革计划，要在未来 10 年内新培养 10 万名科学、技术、工程和数学教师；④清洁能源计划，到 2015 年使美国成为全球第一个电动车数量过百万的国家，2035 年使清洁能源发电占全国发电总量的比例提高到 80%；⑤创业美国计划，要帮助中小企业创业并提高就业，使科研成果能尽快从实验室走向市场，从而增加新公司成功的机会。[②]

2011 年 9 月 16 日，奥巴马在弗吉尼亚州托马斯杰弗逊科技高中签署了对美国现行专利体制进行重大变革的《美国发明法案》，并宣布了一系列旨

① 奥巴马：用技术和创新解决最迫切的问题．环球财经，2011-12-07

② 2011 年世界科技发展回顾：盘点各国科技政策．光明日报，2012-01-01

在促进科研成果转化的政策措施，包括以下几个方面[①]。

（1）建立新机构支持生物技术产业发展。在NIH建立一个新的国家转化科学促进中心（National Center for Advancing Translational Sciences，NCATS），以帮助生物医药企业缩短新药和诊疗方法商业化的时间，降低成本。例如，NCATS将和国防部高级研究计划署合作，开发更为迅速有效的药物筛选芯片。

（2）制定国家生物经济蓝图。政府计划在2012年1月制定出台国家生物经济蓝图，在政府范围内采取切实行动促进生物技术研究创新，以应对健康、食品、能源和环境挑战。蓝图将聚焦于有利于加速商业化和开发新市场的改革、加速创新的战略性研发投入、减少创新障碍的政策变革、培养下一代科学家和工程师以及加强公共、私营部门合作等。

（3）促进大学科研成果商业化倡议。美国大学协会、公立和赠地大学协会、135个大学承诺将与产业界、发明者和机构密切合作，鼓励创新创业，促进经济发展。40余所大学，包括佐治亚理工大学、弗吉尼亚大学、卡耐基梅隆大学等，响应总统号召发布了促进科研成果商业化的项目和目标。

（4）设立大学商业化奖。NSF和库尔特基金会共同出资40万美元设立大学商业化奖，用于发现并奖励大学促进科研成果商业化的最佳实践，该奖项将由美国科学促进会负责设计并组织实施。

（5）支持研发成果从大学实验室向市场转移。库尔特基金会宣布约翰霍普金斯大学等四所大学加入其“转化研究伙伴计划”（translational research partnership program）。作为该计划的一部分，每个大学将建立一个总额为2000万美元的捐赠基金，用于促进生物医药工程师和临床医师开展合作研究，开发改善人类健康的新技术。

（6）支持创业新措施。NIH技术转移办公室将设立新企业评估许可协

① 美国总统奥巴马宣布一系列促进科研成果转化的政策措施．http://www.most.gov.cn/gnwkjdt/201110/t20111011_90204.htm

议和新企业商业许可协议。通过上述协议，成立时间少于 5 年、雇员少于 50 人的新企业将可以获得 NIH 和 FDA 院内研究所产生的早期生物医药发明的使用许可，并以此吸引更多的投资以促使研究成果商业化。

（7）支持小企业发展新措施。美国专利商标局将和 NSF、中小企业局共同开发一项新计划，以帮助 NSF“小企业创新研究计划”（SBIR）资助对象更好利用专利商标局小企业计划和资源。实验阶段，专利商标局将为 100 个 NSF 小企业创新研究计划资助对象，提供全面的知识产权服务支持，以便帮助他们更好地利用新专利法提供的专利快速审查和其他好处，同时也将和外部机构合作为这些企业提供低成本的知识产权服务。

二、美国创新政策工具的选择

美国的创新政策工具组合是在美国特定的历史环境下形成的，主要包括研究开发的财政刺激政策、各级政府的公共采购政策、中小企业政策、风险资本政策及政府管制等，它们是美国用以刺激和促进技术创新活动的主要政策手段。进入 20 世纪 80 年代后，这些政策工具的发展与使用在美国日益完善，对于促进美国创新政策的战略转变起了重要作用。20 世纪 90 年代初期开始，美国经济连续保持长达 80 多个月的强劲增长态势，创新政策的调整功不可没。

（一）财政激励政策

1. 研究开发补贴政策

美国创新政策的一个最突出的特点是规模非常大，其在 R&D 方面的投资几乎与 OECD 其他国家的总和相当，这使美国在基础科学和高新技术领域研究上保持绝对领先地位，这也证明政府对创新的支持是很重要的。美国的国家创新战略和政策由联邦政府、州政府和企业三个层次组成，具有三个特点：一是研究开发的很大一部分经费用于国防；二是政府对创新的直接介入很少；三是美国的高科技企业在技术创新活动中非常活跃。1996 年后，美国在逐年持续减少联邦政府开支、削减财政赤字的同时，不仅没有减少对科技的投人，反而逐年增加了联邦 R&D 经费预算。除了将大量 R&D

投入国防外，美国政府主要还对那些私人企业无法实现的、为国家科学技术总体发展目标服务的科技计划（如公共卫生保健、基础科学领域、环境保护等方面的研究）提供资金，组织人力物力开展研究。当某些重要技术创新投资规模和风险过大，私人投资难以承受时，政府就出面支持。

在美国，政府支持创新项目有很强的选择性。政府支持的R&D项目大致有三种类型：第一类是基础研究；第二类是政府需要的项目；第三类是能提高特定产业和企业群的商业竞争力的项目。从实际上看，政府支持第三种类型的R&D研究经费非常少，其投入领域主要是工业界。美国1970～1999年R&D经费的来源状况，见表12-1，美国1970～2009年R&D经费的使用结构，见表12-2。

表12-1　1970～1999年美国R&D经费来源

年份	1970	1980	1990	1993	1997	1999
R&D经费/亿美元	262.0	631.0	1517.0	1652.0	2116.0	2470.0
政府/%	57.2	47.4	40.5	36.6	30.1	26.7
企业/%	39.7	49.0	55.5	58.5	64.4	68.5
其他/%	3.1	3.6	4.0	4.9	4.5	4.8

资料来源：谢宗孝(2001)

表12-2　1970～2009年美国研究与发展经费的结构　　单位：%

年份	基础研究	应用研究	试验发展
1970	13.60	21.89	64.52
1975	13.35	22.00	64.65
1980	14.00	21.85	64.16
1985	12.93	22.05	65.02
1990	15.17	22.82	62.00
1991	14.87	23.07	62.06
1992	16.59	24.11	59.30
1993	16.40	23.04	60.57
1994	17.03	22.59	60.38
1995	17.17	21.72	61.11
1996	15.66	22.36	61.99
1997	15.31	22.44	62.25
1998	15.59	22.57	61.83
1999	15.87	21.26	62.87
2000	15.98	21.28	62.73
2001	17.21	23.30	59.49

续表

年份	基础研究	应用研究	试验发展
2002	18.59	18.45	62.96
2003	18.97	21.34	59.68
2004	18.67	23.43	57.90
2005	18.37	21.41	60.22
2006	17.47	21.78	60.74
2007	17.56	22.04	60.40
2008	17.42	18.44	64.14
2009	18.97	17.81	63.22

美国政府资助产业和大学科技人员从事基础研究的主要机构是国家科学基金会，但是政府各个部门由于自己工作职能的需要也用基础研究的大部分资金资助大学的基础研究工作。例如，能源部、国防部和卫生部分别支持各自领域的基础研究工作。政府资助方式一般有三种：以研究合同或研究资助方式支持开展研究活动、对有重大贡献的科学家予以奖励、以政府采购的方式促进技术创新和技术扩散。

2. 税收优惠政策

美国对于R&D的财政刺激主要表现为对于R&D支出的税收减免而不是政府的R&D补贴。美国联邦政府对于R&D的税收刺激主要由四个部分组成（谢宗孝，2001）。

第一，对于研发活动支出的税收减免，即对于企业进行研究开发活动所引起的投资支出增加直接给予一定比例的减免税优惠。一般来说，这种税收减免不是针对研究开发的收入的，而是针对研究开发的支出的，也就是针对技术创新成本的税收减免。这种研究开发支出包括企业为研究开发人员支出的工资和供应品、合同研究支付额的65%、公司向大学和科学研究机构提供用于基础研究赠款的65%等。这是对研究开发活动的最主要的金融支持。

第二，对于跨国企业的收入和支出的处理。由于研究开发活动作为一种投资所创造的是这样一种资产，这种资产在用于生产国外销售的产品的同时并不阻碍其在生产国内销售产品方面的使用，因此，如何安排相应的支出就存在着概念上的问题。在企业面临的国外收入税率有时高于有时低于国内收入税率的情况下，配置规则就显得特别重要，因为它将直接影响到研究开发的税后成本。

第三，对于资本设备投资的税收优惠。在最近的20年里，美国的大多数工业研究开发支出都是由资本设备工业承担的，如计算机、汽车及几乎任何一种机器设备工业。这就意味着对于资本设备投资税收支持的同时也对资本设备工业产出的需求存在影响，而且通过这一途径，对于工业研究开发的需求产生影响。

第四，累进性的税收优惠，这涉及所有的工业部门和所有类型的企业，包括大企业。从某种意义上说，美国的研究开发税收优惠政策与其他国家政策的一个重要区别就表现在这里——对于企业的税收优惠并不依企业类型而定。

美国政府对于R&D活动的税收优惠早在20世纪50年代就已经开始了。1954年的美国《内部收益法典》(Internal Revenue Code）第174条扩大了有关研究开发支出的税收支持，允许企业在缴纳税款时全部扣除当年发生的研究与实验开支。如果不愿意，企业也可以在5年内将研究与实验开支资本化并从实现收益的当月开始分期偿还。这一延期选择被认为有利于在发展初期只有很少或者几乎没有利税收入的小企业。此后，《内部收益法》明确规定这一延期选择只限于直接的研究实验支出而不适用于进行研究实验活动所必要的其他资本资产。然而，购置诸如机器、设备或设施等可折旧资产的成本可以部分地通过一般折旧规则得到偿还。后来，财政部将试验和实验室R&D支出定义为包括下列所有开支：开发一个实验用或者小规模试验性模型、一种生产工艺、一件产品样品、一个配方、一项发明或者类似资产及与此类活动相似的现有设备改良等方面的开支。此外，它还包括申请获得专利所必需付出的成本，如在获得或完善一项专利时的律师费等。除174条以外，税收法典的其他有些条款也被认为是促进研究开发的税收措施（Bozeman and Link，1984）。

1981年，里根政府又实施了《经济复兴税法》（Economic Recovery Tax Act），对于R&D支出提供三方面的税收优惠：①R&D支出抵税。在美国，研发支出可以立即从应税额中扣除，或者在纳税人首次从研究开发中获得收益的那个月开始的至少60个月内扣除。因此，创造新技术知识的成本可以较之其他相关的成本更为迅速地得到扣除。②R&D资产折旧。创造新技术知识的税后成本受到有关研究开发过程中使用的设备和建筑物的税收折旧规则的影响。在1980年以前，这种研究开发资产与用于其他活动的资产适用同一税则。从1981年起，根据《经济复兴税法》和TEFRA，研发设备与用于其他活动的设备适用不同的折旧规则。特别是，所有的研究开发设备，不管其使用年限如何，都归入三年期完成折旧的ACRS一类（王春法，1998）。③研究开发的税收优惠。税收优惠可以通过提供一定的研究开发支出折扣而降低生产新技术知识的成本。从1981年起，企业在任何一年的研究开发支出如果超过基期的研究开发支出额，超过额可以获得25%的税收减免。在1981～1985年，企业都可以获得这种减免。国会在1986年《税收改革法》中又恢复了这一税收减免，但其比例调整为20%而不是25%（Cordes，1989）。

实际上，在整个20世纪80年代和90年代上半期，美国政府一直不断调整对于研发的税收刺激政策。1982年《税收平等与财政责任法》（The Tax Equity and Fiscal Responsibility Act）规定对于经济寿命超过七年的研究开发设备提供10%的税收优惠，国防部的《独立研究开发计划》（independent research and development）也为企业的研究开发活动提供财政优惠。美国1981～1991年R&D税收优惠的历史发展，见表12-3。

表 12-3 美国研究开发税收优惠的历史发展(1981～1991 年)

时期	优惠率	公司税率	税基定义	享受优惠开支的条件	174 条减免	国外配置规制
1981.7～1985.12	0.25	0.46(1981 年为 0.48)	最大为前三年平均数或者当年数额的 50%	剔除在美国以外进行的研究、人文与社会科学、其他机构或个人资助的研究	无	100%减免国内所得
1986.6～1986.12	0.20	0.34	同上	将定义缩小为技术研究，不包括许可	无	同上
1987.7～1987.12	0.20	0.34	同上	同上	无	国内所得减免 50%，配置减免 50%
1988.1～1988.4	0.20	0.34	同上	同上	无	国内所得减免 64%，配置减免 36%
1988.5～1988.12	0.20	0.34	同上	同上	无	国内所得减免 30%，配置减免 70%
1989.1～1989.12	0.20	0.34	同上	同上	无	国内所得减免 64%，配置减免 36%
1990.1～1990.12	0.20	0.34	同上	同上	无	同上

资料来源：OECD(1996)

研究开发的税收优惠对于美国企业研究开发和技术创新活动投资的刺激作用是很明显的。这是因为，对于企业增加的那一部分研发支出提供减免税 25%的税收优惠意味着企业的技术创新成本下降了 1/4 以上，意味着企业用于研发活动的投资越多，企业获得的税收优惠也就越多。从美国工业部门研发的增加可以看出这种影响。根据美国科学基金会 1997 年的资料，美国全国的研发支出在 1953 年为 51.46 亿美元，其中工业部门的支出为 22 亿美元，占 42.75%。到 1963 年，美国全国的研发支出增加到 174.46 亿美元，其中工业部门为 53.60 亿美元，所占比例为 30.72%。1973 年，美国全国的研发支出总额进一步增加到 309.05 亿美元，其中工业部门为 131.04 亿美元，所占比例为 42.4%，1981 年《经济复兴税法》实施时，全国的研发支出达到 721.9 亿美元，其中工业部门为 354.28 亿美元，占全国研发支出总额的 49.1%。 20 世纪 80 年代以后，特别是 80 年代中期以后，美国工业部门的研发支出迅速增加，在全国研发支出总额 1997 年达到 2057.42 亿美元的较高水平的情况下，工业部门的研发支出又进一步增加到 1306.31 亿美元，从而使工业部门在美国研发支出总额中所占的比例提高到 63.49%，最终使工业部门取代政府部门成为美国研究开发的主体。

有关美国工业部门对基础研究投资的数字能说明美国政府这种研究开发投资的税收优惠政策的影响，因为企业对于基础研究的投资较少从功利主义考虑。 有资料表明，从 1981 年开始，美国工业部门的基础研究投资占全国基础研究支出的比例急剧上升，从当年的 16.54%增加到 1983 年的 18.2%，1996 年进一步增加到 24.83%。 1953～1963 年，美国工业部门的基础研究投资从 1.53 亿美元增加到 4.25 亿美元，增长 2.78 倍；1963～1973 年则从 4.25 亿美元增加到 6.05 亿美元，增长 1.42 倍；1973～1983 年进一步从 6.05 亿美元增加到 21.21 亿美元，增长 3.05 倍；1983～1996 年，工业部门的基础研究投资进一步从 21.21 亿美元增加到 73.90 亿美元，增长 3.44 倍。 按 1981～1996 年美国工业部门的研究开发支出增加 1124.3 亿美元，而增加的研究开发支出减免税收 25%来计算，仅此一项美国政府就为企业界提供了 281 亿美元以上的研究开发税收优惠，每年平均将近 20 亿美元。

布劳恩·H·哈尔（Bronwyn H. Hall）认为，由于美国政府将用于研发资本设备、直接研发支出及其他与研发有关的支出，均包括在享受政府的研究开发税收优惠的范围之内，因此，实际上，这意味着大多数企业向国内收益局或者在公司公开声明中所报告的全部研究开发支出中，事实上平均有 65%可以享受税收减免优惠。 有资格减免的比例在企业与企业之间各不相同，但从公共数据库中很难知道具体数额。 在哈尔的研究结果中，工业研究开发的税收价格弹性是大于 1 的，这意味着 5%的研究开发税收优惠将导致平均大于 5%的企业研究开发支出增加（OECD，1996）。

从图 12-1 可以看出，税收刺激对于美国研发支出的影响首先就是降低了

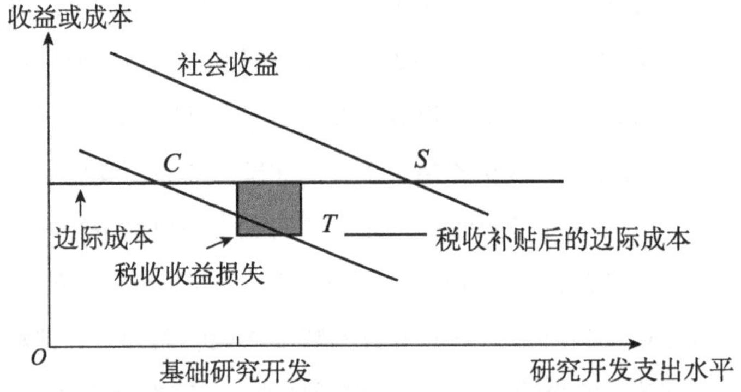

图 12-1　增加部分的研究开发税收优惠

资料来源：OECD(1996)

研发成本。在该图中，假定基础研究开发是根据企业以前的行为所确定的一个水平，在联邦政府实施税收刺激以前，企业从事最优数量的私人研发活动的点为 C；在税收刺激以后，它们位于点 T，并从事略高水平的研究开发活动。一个累进性的税收优惠旨在做一些在财务管理人员看来更为敏感的事情，即只支持企业的一部分研发支出，这一部分将影响其行为。曼斯菲尔德的研究也证明了研发税收优惠对于美国企业研究开发支出的影响。根据他对美国1975～1984 年预期研发支出与实际研究开发支出之间差额的计算，研究开发税收优惠对于美国企业的研究开发支出的影响程度，见表 12-4。

表 12-4　美国 1975～1984 年的预期研究发出与实际研发支出的比较

年份	预期研究开发支出/亿美元	实际研究开发支出/亿美元	差额/%
1975	257	235	－8.5
1976	280	262	－6.4
1977	309	289	－4.9
1978	342	321	－6.1
1979	381	367	－3.6
1980	419	427	＋1.9
1981	459	499	＋8.7
1982	484	568	＋17.4
1983	513	644	＋25.5
1984	551	699	＋26.8

资料来源：Cordes(1989)

(二) 公共采购政策

1. 美国公共采购政策的历史

美国联邦政府采购体制是在发展中不断完善的。1949年前由各部门依法自主采购。1949年胡佛委员会(议会以牵头议员命名的专项调查组)对政府采购的情况进行了调查，指出分散采购有四个缺点：一是缺乏有效的采购组织，采购效率低；二是采购价格高于私营部门采购价格；三是多层采购形式浪费；四是无法进行有效的监督和评价。在此报告的基础上，1949年国会通过了《联邦财产与行政服务法案》，依据此法设立了联邦事务服务总局(以下简称服务总局)，在全国设11个地方分局，负责联邦政府的采购工作。服务总局依据有关法律制定了《政府采购条例》，统一了政府采购政策和方法，实行政府采购的范围包括工程、货物和服务三项。在集中采购的程度上，该局实行“放大集小”和“集大放小”相结合的政府采购体制。所谓“放大集小”，一是将政府采购业务量大的部门(如能源部、农业部、商业部等)，授予完全的依法自行采购权。二是将采购业务量相对少的部门，由服务总局集中采购。所谓“集大放小”，是将实行集中采购的各部门的采购量大、需要专业技能的采购项目(如汽车购买和维修)实行集中采购，将其余各类采购由各部门依法自行采购。这类采购也可委托该局代为采购，但要收取一定的服务费用，一般货物收1%，信息系统采购收7%。

2. 公共采购对美国技术创新的影响

公共采购在美国企业的技术创新活动中起着非常重要的作用。如果将由联邦政府提供财政帮助的州及地方政府也考虑在内，再加上政府管制和其他政府目标，政府几乎是任何东西的采购者。事实上，美国政府一直在有效利用公共采购来促进创新并刺激以技术为基础的新企业的产生。原因是，一种新产品在刚刚推向市场时，常常面临需求不足的问题，因而在产品开发的初期阶段，政府订购是一个非常重要的激励手段。美国政府支持技术进步的公共采购政策分为两大类：一是与公共采购有关的研究开发政策，主要是指与公共采购或者其他明确阐明的公共目标相联系的政府研究开发政策；二是直接政府采购政策。

由于美国的政府采购中与技术进步关系最为密切并且其采购数量最大的政府部门是国防部，因此，许多经济学家都用国防部采购对于美国技术创新的影响来评估政府采购对技术创新的意义。1984 年，意大利经济学家乔万尼·多西（Giovanni Dosi）对美国国防部在供给方面促进技术创新的作用做出了如下概括：促使 R&D 资源用于某些特定工业的方向、领域；对某些技术发展的可能路径给予激励；最大限度地推动技术进步；对国防需要的项目给予津贴；推动标准化；降低市场进入壁垒。Rothwell 和 Zegveld（1985）的研究也表明，第二次世界大战后美国一直走在创办新的工业部门的前列，如半导体、计算机、计算机辅助设计（CAD）及宇航领域，国防部对刺激美国产业技术创新起着非常重要的作用。

不过，也有不同的观点。例如，理查德·纳尔逊虽然也承认公共采购活动在美国的技术创新政策体系中具有重要地位，但他认为，试图通过活跃的有意识的政府采购活动来刺激技术进步的产品领域范围是相当有限的。事实上，关于政府在为某些种类的技术进步“创造一个市场”方面的作用问题人们已经说了许多，而且隐含的假定是：这是与政府支持导致这种技术进步的研究开发活动完全不同的政策。然而，他发现这两者之间的区别是模糊的，不是非常明显的，政府采购不可避免地将介入某些研究开发支持活动，进取型公共采购政策是旨在促进公共部门所使用的技术进步的政策的一个方面，而且它也可能具有某些非政府类型的应用价值。这种公共采购政策是在这些领域中政府研究开发支持活动的补充品而不是其替代品（Nelson，1982）。在《将技术变迁理解为一个演进过程》（1987 年）一书中，纳尔逊再次分析了与公共采购有关的计划在促进民用技术进步方面作为一个政策工具的作用问题，认为，在现在的条件下，将人们对于一个工业部门的商业能力的希望或者担心与从军工项目的溢出联系在一起是非常愚蠢的。有许多理由说明为什么这种溢出可能是有限的，而且将是以非常高的成本实现的（Nelson，1982）。

3. 美国公共采购的部门分布

从部门分布来看，美国政府的公共采购活动主要集中在航空、半导体与计算机等存在着强烈而公认的政府需求的部门，而这些部门大多直接或间接地与国防需求联系在一起。有资料表明，从第二次世界大战以来，政府用于研究开发的资金大多用于与特定军事应用有关的活动之中。几十年来，美国国防部的科研经费一直占全国科研经费的50%～90%。政府部门对于某些类型技术改良的需求导致在技术创新政策领域出现了两个重要特点：第一，它意味着政府或者相关的政府机构能够根据其自身的职能标准确定技术创新目标的位置；第二，众所公认的公共需求使政府促进和指导相关技术发展的企图具有了合法性。由于这些领域大多与军事工业直接有关，因此政府采购的首要目标不是创新产品的价格而是其卓越性能或者说是优良的技术标准，对于企业的技术创新活动有着强烈的刺激效应。从某种意义上说，在这些领域中，政府采购及相关的研究开发合同直接决定着企业技术进步的方向、速度与规模，如飞机的大型化或高速化，计算机的巨型化或小型化等，而企业进行的技术创新资源配置也相应地直接取决于政府采购资金的流向。

研究证明，国防部的许多研究都具有巨大的溢出效应，这也是美国的民用飞机制造业一直在世界上占领先地位的重要原因。在计算机和半导体技术的发展过程中，奠定基础的大部分早期工作虽然是由私人部门资助的，政府的研究开发资助来得比较晚，但是，关于计算机的大部分试验性研究是根据政府合同进行的，而且政府订货占了这两个工业部门早期销售额的很大份额。当该工业部门开始进入商业市场时，尽管政府采购和研究开发资助逐步减少，但政府市场仍然是非常重要的。以集成电路为例，1962年，美国政府购买了所有的此类产品，1963年，购买了所有产品的44%，到1968年，政府对集成电路产品的购买量仍占37%以上。在半导体、计算机和民用飞机等第二次世界大战后新兴的产业领域之中，美国在这些领域中所拥有的突出商业地位无疑与20世纪50年代和60年代的军事采购计划和军事研究开发计划相关联。

在美国联邦政府的非国防部门，虽然公共采购并不必然导致公共部门积极参与和促进技术进步，而且联邦政府采购打字机、办公计算器、汽车及其他产品与非政府用户购买的产品几乎一样，但在这些政府采购部门中，有关政府机构仍然谨慎地试图引导产品的技术发展方向以适合它们的特定目标。至少在打字机、办公用计算机及汽车领域，政府为了公共部门的目标而促进技术进步的努力可以起到加强创新企业满足私营部门需求的技术能力。

到了 20 世纪 70 年代中期，国防部向民用领域的技术溢出越来越困难。在这种情况下，从卡特政府时期美国就开始放弃仅仅依靠政府采购和国防技术的溢出效应来促进技术创新的传统政策，并且提出为选定的通用性技术研究提供公共资助。里根政府又开始资助由工业界自己建立通用性合作研究活动，第一个此类活动就是在加利福尼亚成立的加州半导体工业协会。但是，这种变化决不否定公共采购活动对于技术创新的促进作用，决不否定公共采购作为一种技术创新政策工具的重要地位，而是反映了美国经济技术条件变化对于技术创新政策工具选择的影响，反映随着已有技术的成熟和以高技术为基础的新企业的发展壮大，它们要求有一种比公共采购政策更为有力的技术创新政策工具。而这恰恰是公共采购活动所推动的国防技术向民用领域溢出的结果。

(三) 风险资本政策

1. 美国风险投资业的发展

美国是风险投资业发展最早和最成熟的国家，其发展过程可分为四个阶段（卓悦等，2000）。

(1) 第一阶段：启蒙阶段，从 20 世纪 40 年代至 60 年代末。1946 年，美国研究和发展公司（American Research and Development Corporation）成立了，这标志着风险投资业的诞生。但在 20 世纪 50 年代，美国的风险投资业没有一定的组织形式，还未形成一个行业，只是个别的投资项目，风险投资业对经济的影响不大。1958 年，美国通过了《小企业投资法》支持小企业投资公司（SBIC）。SBIC 直接受美国小企业管理局的管辖，可从政府获得低息贷款和税收优惠。这项政策在早期刺激了 SBIC 的发展。1963年，美国约有 692 家 SBIC 公司，筹集到的私人权益资本为 4.64 亿美元。但由于 SBIC 是由政府直接支持的，政府行为有时会导致官僚主义的形成，而且由于缺乏经验丰富的投资家，使得 SBIC 不会投向真正的高新技术产业。自 20 世纪 60 年代后期，SBIC 的数目和规模都减少了，到了 1977 年，SBIC 只剩下 276 家。

（2）第二阶段：停滞阶段，从 20 世纪 70 年代初至 80 年代初。这一阶段，美国的风险投资业基本上处于停滞状态。这主要是因为：①经济的萧条。越南战争的爆发和经济的“滞胀”使得美国的经济处于 60 年代的最低谷，经济增长率平均为 1%。②税收的不利。1969 年，美国国会将长期投资的资本收益由 29%提高到 49%，这使得风险资本额的净增值由 1969 年的 1.71 亿美元锐减为 1975 年的 0.1 亿美元。而且，对雇员的股票期权收益的处理也发生了变化。当期期权的实现要交收益税，而不是等到股票出售时才交税。这造成风险投资的投资报酬率大大减少。③金融市场的不景气。20 世纪 70 年代中期，IPO 市场基本不存在了。同时由于经济的萧条，公司的并购活动大大减少了。

（3）第三阶段：发展与挫折阶段，从 20 世纪 80 年代至 90 年代。这一阶段，美国的风险投资业在发展和挫折的交织中前进。20 世纪 80 年代中前期，风险投资业快速发展，1987 年新筹风险资本规模达到 41.84 亿美元。这主要是因为：①税收的优惠。1978 年，国会将资本所得税由 49%调到 28%。1982 年，又将税率调到 20%，风险资本额由此增加 18.2 亿美元。1981 年国会通过《股票期权法》，允许实现股票期权时不必纳税，可在股票被出售时才交所得税。②1979 年，劳工部修改了《雇员退休收入保险法案》（EBISA），允许养老基金在不影响整个投资组合的安全时，可投资于小的或新兴的企业中，这使得养老基金逐渐成为风险资本的重要来源。1976～1978 年，获得的养老基金平均每年不足 500 万美元。但在 1979 年的前 6 个月就获得 5000 万美元的养老基金。③1980 年，国会解决了普通合伙人作为投资顾问的登记问题（刘曼红，1998）。不再要求风险基金的管理人按《投资顾问法》的规定进行登记，这使得普通合伙人可获得同经营业绩相联系的酬金。

（4）第四阶段：大发展阶段，从20世纪90年代至今。20世纪90年代以来，美国的风险投资业处于快速发展阶段。主要原因是纳斯达克市场的繁荣。在1996年，风险投资新筹资本额为66.01亿美元，1997年为146.42亿美元，比1996年增长121.8%，1998年为240.1亿美元，比1997年增长64%。不过，进入21世纪以来，美国的风险投资业出现了较大波动，来自美国风险投资协会和汤姆森路透的统计数据发现，2010年，美国157家风险投资基金共筹资123亿美元，这是美国风险投资筹资额连续第四年减少，创下2003年以来的年度新低。

2. 风险资本的构成和运作

美国的风险资本主要有三个来源：①由大型工业公司或者金融机构提供的风险资本。这种风险资本一般以垄断基金的形式存在，并且一般都附属于大型工业公司或金融机构。②公共部门的资金，由政府机构为公共部门的资金提供风险基金。政府的风险资本计划采取多种形式，既有完全公有的，也有公私混合的。③独立基金，主要来自私人（包括商业天使资金）、机构投资者、公司、政府及外国投资者等。20世纪80年代，由家庭和个人所提供资本的重要性相对于来自金融机构和公司的资本有所下降，机构投资者成为风险基金资本的主要来源。美国养老基金提供了大部分风险资本，到1984年，养老基金已经成为美国最重要的独立风险资本合伙基金的来源，提供了11亿美元的风险资本，占到当年风险资本总额的35%（Houttuin，1985b）。到1994年，美国受机构支持的独立资本基金承诺资本中（按所占百分比计），养老基金占47%，捐赠和基金会占21%，保险公司为9%，公司为9%，个人及家庭为12%，外国投资者为21%（Brophy，1996）。2002年，美国的风险资本构成中，养老保险基金占40%，私人基金占21%，外国投资者占12%，如图12-2所示。

美国的风险资本市场大致有五类风险资本家：①单个的风险资本家。这些人具有充足资金和管理能力，虽占风险资金的份额很少，但他

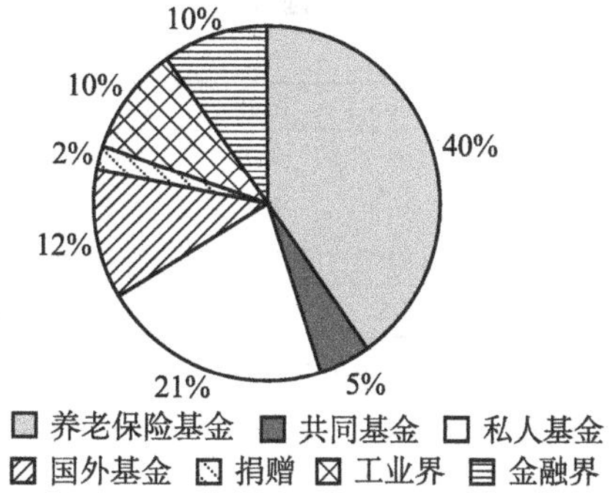

图 12-2 2002 年美国风险资本来源部门分布

资料来源:《中国风险投资年鉴》(2003 年)

们是在风险企业开始阶段缺少风险投资公司介入的情况下提供资金的，所以对风险投资创立有极为的重要作用。②高技术互助基金。这是风险资本市场上最重要的一类风险资本。每一项资金都由合伙人（所谓的有限合伙人）提供资金，并且由以盈利为目的的合伙人（所谓的一般合伙人）管理。大多数有限合伙人是传统的金融机构，如养老基金等。一般来讲，由最杰出的风险资本家使用来自传统金融机构的资金这一事实本身就说明了风险资本的主要特点。它不仅仅是提供高风险资本以换取高利润，它也提供确认、评估和指导企业使用这种新技术的特别技能。近年来，有些高技术互助基金变成了股份公司，以便得到更多的资本并在更多的风险项目上投资以分散风险，典型代表是 Merrill Lynch Venture Partners，Fidelity Technology Fund 及 Twentieth Century Ultra 等。③小企业投资公司。这些公司由联邦政府管理并发放许可。它们可以从联邦政府借入相当于自身资本三倍的资本，其职责是促进小企业的发展。事实证明，这种公司是第一代风险资本家的最好培训场所。④投资银行。这种由传统的银行进行的风险资本活动是非常有限的。⑤主要企业集团的风险资本分部和子公司。尽管这些企业主要是在公司内部进行活动，但如果这些项目与该集团的发展与技术多样化有关的话，它们也对外部项目进行投资。美国 1978～1986 年风险资本业各类资本的状况，见表 12-5。

表 12-5　20 世纪 90 年代前美国风险资本业的各类资本状况

单位：10 亿美元

年份	1978	1980	1982	1983	1984	1985	1986
独立私人风险基金	—	—	3.7	8.2	11.8	14.2	18.1
团体(金融和工业)附属的	—	—	1.8	2.5	3.4	3.4	3.9
小企业投资公司	—	—	1.2	1.4	2.0	2.0	2.1
总计	3.5	4.5	6.7	12.1	17.2	19.6	24.1

资料来源：美国《风险资本》杂志：1982(10)、1985(6)、1986(6)、1987(4)

从美国风险资本企业的组织形式来看，最典型的是风险资本有限合伙。一般来讲，在最初几年有限合伙的风险资本企业积极进行投资，随后的时期就用于使所投资的风险公司股票上市或者与其他企业合并。由于其生命周期有限，有限合伙制风险资本企业一般寻求尽快培育公司并清理投资，以便尽快实现资本收益（Florida and Kenney，1988），具体周转情况，如图 12-3 所示。

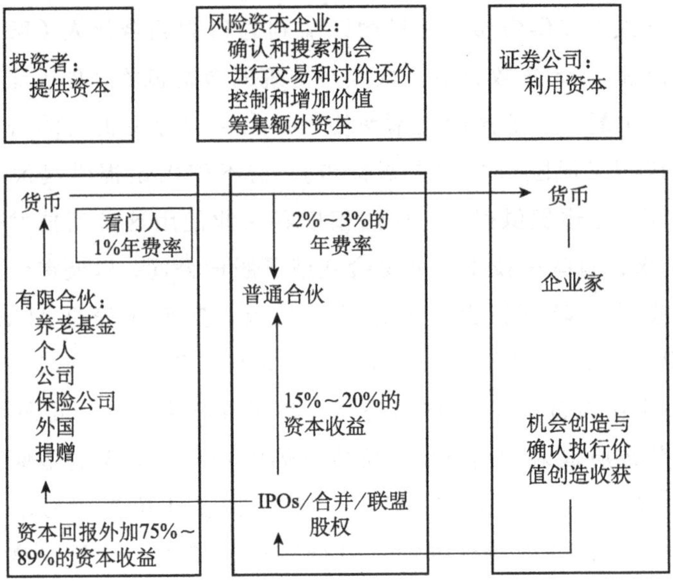

图 12-3　美国风险资本运作示意图

资料来源：Brophy(1996)

从产业投向来说，美国风险资本的分布在各个产业部门极不均衡。

1981 年和 1984 年美国的风险资本投向，见表 12-6。

表 12-6　1981 年和 1984 年美国风险事业对各行业投资情况比较

单位：%

年份	计算机	通信	其他电子工业	遗传工程	医疗保健	能源	产业自动化	产业用制品	消费品	其他	合计
1981	34.3	11.2	13.1	11.2	5.8	5.8	5.3	3.4	1.9	8.0	100
1984	40.0	15.0	13.0	2.0	8.0	2.0	3.0	3.0	7.0	7.0	100

资料来源：美国《风险资本》杂志：1982(6)、1985(1)

高技术领域得到美国风险资本的青睐。 1998 年，美国风险投资公司的投资总额是 160.2 亿美元，比 1997 年增长了 12%。 其中，计算机软件及其服务行业的公司接受的风险资本为 54 亿美元，通信类公司接受的风险资本额为 28 亿美元，医疗和健康类公司接受的风险资本为 22 亿美元，见表 12-7。

表 12-7　1998 年美国各类公司接受的风险资本情况

行业	比例/%	投资额/百万美元
计算机软件及其服务行业	33.9	5428.5
通信类	17.3	2763.5
医疗/健康类	13.9	2221.2
其他产品和服务	10.1	1622.5
消费品类	6.8	1085.5
生物技术	6.4	1022.5
半导体及其他电子	5.2	834.9
计算机硬件	4.5	727.3
工业/能源	1.9	311.3

资料来源：卓悦等(2000)

从美国风险投资的阶段分布看，绝大部分资金分布在扩张期，创业的早期和后期基本持平，种子期相对较少，如图 12-4 所示。

3. 风险资本对美国技术创新的影响

风险资本的兴起使美国技术创新方式发生了戏剧性的变化，产生了一种将企业家驱动与公司导向两部分结合起来的新型技术创新模型。 在传统的

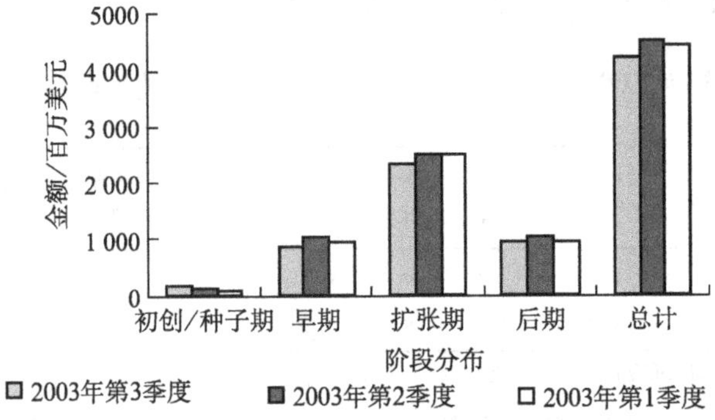

图 12-4 美国风险投资额的阶段分布

资料来源:普华永道

企业家创新模型中，单个企业家或企业家群体推动着创新过程；而在公司或有管理的创新情况下，则是由大公司组织研究开发过程并将大多数技术创新活动内部化。风险资本对美国式创新具有深远影响，许多小型高技术企业就是依靠风险资本而发展起来的。在美国，一些如今闻名遐迩的高技术企业，都是依靠风险资本成长起来的，如仙童（Fairchild）、英特尔（Intel）、数字设备公司（Digital Equipment Corporation）、苹果（Apple）、微软（Microsoft）、太阳微系统（Sun Microsystems）及基因泰克（Genetech）等。

在风险资本的帮助下，这些公司通过企业内部的研究开发活动以保证公司处于新技术的前沿，并且促进了连续的技术创新浪潮的出现。在这个过程中，积极地与大企业、大学、金融机构及在创新过程中各种各样起重要作用的机构建立联系的风险资本家，就成为这样一种扩大了的技术创新网络的核心。从这方面来看，风险资本家在新企业形成过程中具备了将来自各种机构的人力与资源结合起来的独一无二的地位。规范化的风险资本工业改变了美国创新的性质。风险资本资助的创新克服了许多困扰技术进步的障碍，包括成熟金融市场上令人讨厌的风险，大公司的组织惰性，新企业发展对于技术、组织与金融等的多方面需要（Florida and Kenney，1988）。一般而言，风险资本资助的创新由于将来自各种组织的人员和资源结合在一起，从而加快了技术创新和企业形成的过程，如图 12-5 所示。

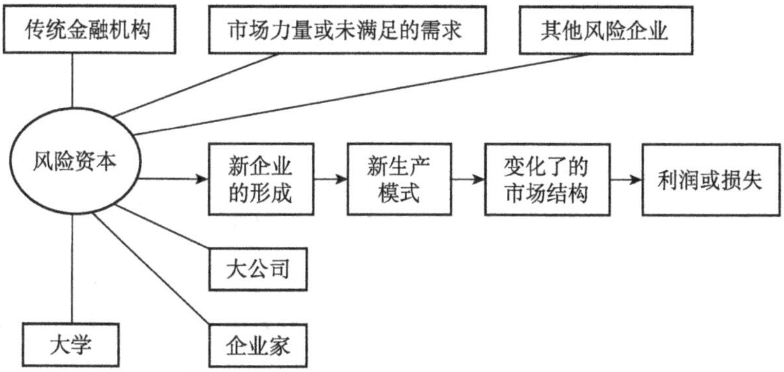

图 12-5　创新制度框架中的风险资本

资料来源：Florida and Kenney(1988)

但是，风险资本并不是美国创新性小企业最重要的资本来源，而且其规模之小令人惊讶。有资料表明，美国的许多风险资本基金只有 1000 万美元左右的资本。尽管有少数基金可以称为大基金（有些拥有大约 20 亿美元，最大的一家拥有 45 亿美元），但在美国的风险资本市场上，普遍有一种抵制大型风险资本基金的倾向。原因之一是管理这种风险资本基金的许多人本身就是企业家，他们不喜欢大型金融机构中的那种本能的官僚主义。因此，尽管这些基金中有些试图发展到较大规模，但市场偏好小的风险资本基金。根据库柏和利布兰德（Coopers and Lybrand）进行的一项研究，风险资本公司以比 500 强企业快得多的速度成长并且具有更高水平的劳动生产率。小的风险资本公司较大的成熟企业在人均研究开发支出上投资更多。另外，由于大公司很难接受高风险、创新性的观念，做出反应的时间往往较长，而风险资本家是作为一个在确认高成长机会方面受过良好训练且富有经验的中介人来行事的。每当计算机工业进入下一代时，这一工作总是由取得了风险资本支持的公司完成的。例如，当微型计算机在 20 世纪 60 年代初期开发出来时，IBM 是主机的领导者。DEC 作为一个竞争者出现时得到了波士顿风险资本的支持。随后的下一代计算机是苹果计算机公司率先开发出来的个人微机，该公司也得到了位于西海岸的风险资本的支持。可以说，是由风险资本支持的公司改变了世界计算机工业的面貌。

三、美国的中小企业创新政策

在美国，中小企业被称为“美国经济的脊梁”，是美国技术创新的重要源泉。研究表明，美国的中小企业创造的技术创新成果和新技术在数量上占全国的55%以上，中小企业人均技术创新量是大企业的2.5倍。在1952～1977年的25年中，美国最重要的319件科技研究项目有200多件为中小企业所创造。在高科技企业中，中小企业占93%，一批科技型中小企业现已发展成为世界级的大企业。由于中小企业规模小、筹资难等方面的原因，与大型企业相比在技术创新中处于不利的竞争地位。因此，美国政府高度重视中小企业的技术创新，并采取了一套行之有效的措施（田玉敏等，2002）。美国政府一般不直接参与中小企业技术创新，而是通过制定法律、采取务实的政策措施等间接方式鼓励和引导中小企业的技术创新，为中小企业技术创新提供一个良好的外部环境，主要做法包括以下几个方面。

1. 制定促进中小企业技术创新的专门法律法规

为了使中小企业健康发展，促进中小企业技术创新，美国政府高度重视对中小企业技术创新的立法保护，制定了一系列有关中小企业技术创新的法律法规。美国以《小企业法》（1953年）作为其指导中小企业工作的主要依据，在此基础上，先后制定了《小企业投资法》（1958年）、《机会均等法》（1964年）和《小企业经济政策法》（1980年）。1982年美国政府颁布了《小企业技术创新发展法》，该法规定，凡是研究与开发经费超过1亿美元的联邦政府部门，都要将超额部分按法定比例，用于资助小企业的技术创新研究。近年来，联邦政府又相继颁布了《加强小企业研究与发展法案》（1992年）、《减税法》（1992年）、《新税法》（1998年）。这些法律法规为中小企业技术创新提供了强有力的支持与保护，对中小企业的技术创新具有明显的推动作用，新的税法给中小企业创新开发以较大的减税空间（宁军明，2000）。

2. 建立专门机构——小企业管理局

为了加强对中小企业技术创新的宏观管理和指导，经美国国会授权，美国政府于 1953 年成立了小企业管理局（SBA）。小企业管理局是美国政府的一个独立机构，其主要目标是帮助美国的企业家组建成功的小企业，并与各州成千上万的信贷、教育及培训机构合作，为它们提供财务、培训及其他各种帮助。小企业管理局主要通过设在全国各州和哥伦比亚特区、维尔京群岛等地的 100 多个地区办公室开展具体工作，包括根据小企业的需要向美国总统提交报告，就保护小企业的利益问题向联邦政府提供具体措施和建议，并在有关的国会政策辩论中代表小企业的利益，协助信贷、教育与培训机构及志愿人员设立若干具体计划来帮助小企业。小企业管理局还根据 1958 年通过的《小企业投资法》设立了小企业投资公司，负责向小企业发放信贷。美国还设立了白宫小企业委员会和国会小企业委员会，协助小企业管理局开展工作。作为美国中小企业的最高政府管理机构，小企业管理局的主要职责是执行法律和政策，协调政府部门与中小企业的关系，为中小企业提供直接或间接的资金援助及经济、技术、法律等方面的服务与指导。

3. 设立小企业技术创新奖励项目

美国联邦政府先后于 1983 年和 1994 年设立了小企业技术创新奖励项目（SBIR）和小企业技术转让奖励项目（STTR），支持中小企业的技术创新。SBIR 分三个阶段：①对小企业技术创新的构想和可行性由联邦有关机构进行评估，如被认可，则在 6 个月之内可获得最高金额为 10 万美元的资助奖金；②对完成第一阶段工作进入批量生产阶段的项目给予最高金额为 75 万美元的资助资金；③技术创新成果进入批量生产，实现商业化，资金可由商业贷款解决。STTR 由国家科学基金会等五个部门负责，旨在推动非盈利性科研机构向科技型小企业转让科技成果。该项目分为三个阶段：①论证科研产品是否具有商业开发价值，如论证通过，可在一年内获得 10 万美元以内的资助奖金；②确认第一阶段的商业潜力，如被认可，本年内可获得 50 万美元以内的资助奖金；③研究成果市场化阶段，所需资金由商业贷款解决。小企业技术转让奖励项目在1994～1997年三年间，共有108亿美元用于该项目的奖励（孙晓芹，2000）。

4. 提供技术创新的金融扶持

美国政府根据中小企业技术创新的不同需求向中小企业提供贷款担保、投资等方面的金融扶持，包括：①为中小企业提供创业资金和经营资金的长期贷款担保、简化手续贷款担保、CAPline贷款担保、Fastrak贷款担保及微型贷款担保。②为中小企业提供国际贸易贷款担保、出口风险贷款担保及向购买美国产品的外国进口商提供多种贷款。③鼓励私营金融机构向中小企业贷款、投资，向从事小企业投资的私营投资公司提供贷款担保；开设第二市场，允许向小企业提供贷款的金融机构在该市场上自由买卖政府的担保权，以提高资金的效益和流动性。

5. 为中小企业技术创新提供全方位服务

美国政府非常重视社会中介组织在促进中小企业技术创新过程中的作用，建立了一批中介组织为中小企业技术创新提供信息、咨询、技术、人才培训等全方位服务，具体包括以下几个方面。

（1）创办小企业发展研究中心。小企业发展研究中心是在小企业发展中协调各中介机构、社会团体和政府关系的组织，其成员来自专业贸易协会、法律界、银行界、学术界、商会及退休人员服务社，均是志愿者和兼职人员。

（2）建立小企业信息中心，定期公布市场的最新发展动态，向小企业提供技术创新方面的计算机硬件、软件和资讯等信息。

（3）组织退休经营服务队。联邦、州及地方小企业局的商业杂志和计算机程序图书馆对小企业开放，免费提供政府支持小企业发展的有关项目和服务资料。通过联邦小企业局的因特网系统，向小企业提供迅速、简易的帮助；通过小企业导航网，为小企业提供产品广告、销售信息和政府采购合同信息等。

（4）支持以培育小企业为主要职能的技术孵化器的发展。美国技术孵化器的大多数完全或者部分是由大学或者学院赞助的，一般都是作为非营利的独立实体而成立的，其他赞助机构包括州与地方经济发展机构及医院和研究所等私营机构。美国在50个州都有技术商业孵化器活动。在20世纪80年代中期和90年代初期，美国曾出现了一个戏剧性的创办技术孵化器和科学/研究园区的高潮。

第二节 日本的创新政策

第二次世界大战后，日本通过实施技术立国战略，再次很快崛起成为世界经济大国。在这一过程中，通过多种方式激励工业创新是日本宏观政策的一大特色，在经历早期的以技术引进为主的创新政策后，日本通过加强产学研合作、鼓励民营企业技术创新、提高对基础技术的研发投入，实现了从追赶式创新到引领式创新的转变。

一、日本创新政策的演变

现代意义上的日本科技创新政策是在第二次世界大战后才发展起来的，大致可分为两种：一是以科学技术厅和文部省为主制定的接近基础研究的政策，即科学研究政策；二是通产省工业技术院领导制定的与产业直接有关的政策（小宫隆太郎，1988），即技术创新政策，两者的区别，见表12-8。

表12-8　日本科学研究政策与技术创新政策的区别

区别	科学研究政策	技术创新政策
所管官厅	文部省及各省厅	主要为通产省工业技术院
研究开发对象	基础科学及应用科学	技术开发、技术实用化、企业化(商品化)
政策实施机构	大学、国立试验研究机构的大部分	民间企业、国立试验研究机构一部分
研究的自由度	比较有保障	不太有保障
取得研究成果期限	中长期的	短期的
与之相关的其他政策	学术行政、教育政策等	经济政策、产业政策等

资料来源：阎莉(2000)

（一）第二次世界大战后到20世纪60年代末期的日本创新政策

全面引进西方发达国家的先进科学技术并将其应用于本国的工业生产

之中，是日本科学技术创新政策百年不变的一个主题。1945～1972年，日本大力引进西方先进技术并投放巨额研发费以资助适用性技术的研究，推动西方开发出来的先进技术，对于适用性研究进行长期投资，销售利用改良技术生产出来的新产品等，技术引进及其改良成为日本科学技术发展的一种主要形式。日本政府主要利用贸易政策保护日本企业免受外国竞争的影响并且限制在日本的外国投资。1950年，日本政府颁布了《外资法》(引进外资的基本法规)及《外资委员会设置法》，从而迈出了实施技术引进战略方针的第一步。《外资法》规定改善国际收支项目置于优先地位，并对引进外国技术项目具体规定了三条审批标准：一是有利于改进国际收支，二是有利于重要产业部门的发展，三是有利于公益事业的发展。

为了帮助民间企业更加具体地了解这一技术引进政策，日本政府还于1950年公布过33项鼓励引进的技术项目一览表，后来科学技术厅每年还发表《引进国外技术年度报告》，内容包括引进技术数量、不同技术领域的引进情况、本年度技术引进的重点及倾向、同上一年度技术引进情况的比较分析等，从而为企业引进技术提出了具体的方向。1953年5月，经团联、日经联及关经联三个垄断资本的经济团体又发表了《关于基本经济政策的意见》，明确提出了日本科学技术政策应该以提高日本产品的国际竞争能力从而保证“输出第一”为前提，以技术引进为中心展开。与此同时，日本还对当时的重点产业部门给予优惠待遇，实行引进补助金制度，给引进国外先进技术的企业一笔相当于引进技术费用一半的补助金。这样，技术引进政策就同产业政策紧密配合，既促进了日本科学技术的发展，又推动了日本经济的迅速恢复与增长。1950～1959年，日本总共引进外国技术1029件，其中655件引自美国，占64.6%(Oshima，1984)。

20世纪60年代以后，由于日本经济的自由化及大部分保护措施被废除，日本政府1962年开始贸易自主化，1967年前后开始资本自主化，1968年开始技术自主化，1973年前后开始全面自主化，通过市场竞争机制以充分发挥企业的自主性和积极性。这样，在这一时期，技术进口成为日本最重要的技术来源，日本引进技术的件数在1950～1959年平均每年引进103件，1960～1967年平均每年引进469件；实行自由化后的1968年为1061件，1969年为1154件。仅1955～1975年的20年中，日本就引进了国外先进技术24 8000项，其中以日本工业技术革新部门重化工业的技术为主，约占到85%（张利华，1992）。

（二）20世纪60年代末期到70年代初的日本创新政策

随着日本技术引进的大幅度增长，日本企业的技术力量具备了相当强的国际竞争力。20世纪60年代末期，除了一小部分军事航天方面的尖端技术以外，日本已经把欧美从20世纪30年代以来所采用先进技术的全部重大项目都引进了，产业技术水平已经大体赶上了欧美国家。在这样的情况下，无论是政府还是企业，都不重视独创性技术开发。即使是有些独立的研究开发活动，其主要目标也是针对工业部门的实际应用而展开的。在日本，研究和开发活动首先是针对工业创新而进行的，这意味着最能干的工程师和研究人员都在从事工业研发工作。这样的后果是，1945～1970年世界110项重大创新中，日本仅占4项，而美国则占74项。这些差距不仅深深地刺激了日本政府，也使日本认识到一味地追求技术的拿来主义无法引领国家科技创新的持续发展。尽管第二次世界大战后日本通过大量引进国外先进技术成为新兴发展中国家的一个好榜样。但随着科技创新竞争的日趋激烈，要想引进技术越发困难。

在这一时期，尽管日本的科学技术政策重点是技术引进及其改良，但日本在提高自主技术创新方面也采取了两个重要措施：一是加强产业界与大学的结合，并且20世纪50年代中期以后形成了一种加强科学技术教育的高潮。二是从经济发展总体战略来规划日本的科学技术发展。1960年10月，科学技术会议提出了一份共计九章20万字的答询报告，对日本今后10年的科学技术政策做出了全面规定。其中，正论部分规定了今后10年应该达到的各种科学技术发展目标，并列举了为达到上述目标所应该采取的各种措施。其中包括培养科学技术人才，以及扩大和完善科研活动、加强和促进情报交流，以及科学技术的普及活动、推动有关技术向中小企业的转移、促进和吸收先进国家的科学技术、加强科研管理体制增加科学研究投资等方面。1966 年 8 月，科学技术会议又在向总理大臣提交的《关于振兴科学技术的综合性基本方针的意见》中提出了完善科技研究基础的 102 个课题，包括重视研究环境与尊重科研人员的创见、重视综合性的研究活动、加强进行长期计划、重点推进民间研究活动及把科学研究投资提高到国民收入的 2.5%等。可见，日本在 20 世纪 60 年代所确立的科学技术政策主要是从整体上提高科学技术水平，缩短日本与欧美先进国家之间的差距，并由此建立加速日本经济增长所必需的技术基础。

(三) 20 世纪 70 年代初到 80 年代初的日本创新政策

进入 20 世纪 70 年代以后，由于 60 年代出现的严重环境恶化及 70 年代初期的能源危机，日本政府不得不对其战后初期的科学技术政策进行调整，将核心放在为了日本经济的可持续发展而培育日本的内生性和创新性技术能力。为此，需要突破以企业为主导的日本研究开发体制，由国家承担起规划与指导技术发展的重任。在这种思想的指导下，1973 年日本政府在《日本科学技术白皮书》中明确建议重建日本的研究开发体制，提出了日本研究开发活动的一个新领域，即从事与开发环境健康技术有关的基础研究，制订了一些新计划以资助创新性研究，包括在大学实行的竞争性赠款援助研究计划及以定期聘任方式资助工业界和大学的年轻科学家的新机制，将国立实验室的研究方向重新定位于长期性基础研究等。1973 年 5 月，通产省进行大幅度结构改组，成立产业技术审议会。

根据时任通产省大臣的中曾根康弘的要求，从 1973 年 8 月起，产业技术审议会就“适应社会、经济的要求，有助于提高国民福利和推进国际合作的产业技术现状如何，技术开发的进展状况如何，特别是应该如何开展有助于环境保护以及避免将来所预想的能源危机的能源技术开发”问题进行了研究，并由八个部会分别提交了报告。在这些专题报告的基础上，产业技术审议会于 1975 年 8 月提出了中间报告《关于今后的产业政策》，就日本产业技术的环境变化、产业技术的现状与问题、产业技术政策的基本方向等问题进行了深入阐述。1978 年 6 月，日本政府在通产省的推动下通过了《特定机械信息产业振兴临时措施法》(简称《机信法》)，有效期为七年，并于 1978 年 7 月 1 日起开始实施。该法将软件业列为振兴对象产业，并且强调电子工业、机械工业与软件工业之间的相互关系。

与此同时，由于日本在第二次世界大战结束后初期所建立的科研体制建立在所谓“贸易立国”的基础上，对于开发创造性的科学技术极为不利。民间主导型的研究开发体制尤其有碍于独创性研究和开发研究。在这种情况下，日本政府也开始从总体上调整日本的技术创新方向。1977 年 5 月，日本科学技术会议完成了对总理大臣的第六号答询报告。这篇长达九万多字的答询报告包括了“科学技术政策的基本思想及其实施”和“推进重要的研究开发项目”两大部分，提出了石油危机以后的科学技术政策，主要内容包括科学研究投资要提高到国民收入的 2.5%、长期目标达到 3%；加强研究开发中政府、学校及民间之间的有机联系，以资源、能源、粮食、环境、安全及保护与增进国民健康等政治、经济、社会等方面的问题作为今后科学技术的重大课题等。该报告同时指出，作为今后技术开发政策的基本方向，那些规模大、周期长、风险高的技术开发，国家必须发挥火车头的作用，亲自领导实施开发。国家还要支援民间实施的产业技术革新，进一步促进产业技术的国际性发展，系统地整顿扩充振兴产业技术的基础。为使技术为人类社会顺利地接受，还必须切实实行产业技术管理（日本通商产业政策史编纂委员会，1996b）。

（四）20 世纪 80 年代初到 20 世纪 90 年代初的日本创新政策

进入 20 世纪 80 年代后，日本政府开始对科学技术政策进行重大调整，开始更多地强调基础研究对于日本未来经济发展的极端重要性。如果说在

20 世纪 70 年代以前日本政府还非常注重发展促使经济高速增长的科学技术，因此其科学技术政策明显地倾向于产业并围绕着产业政策而加以展开，那么从 20 世纪 70 年代中后期开始日本政府制定和实施的科学技术基本政策明显地转向培育新的“技术种子”，倡议自主创新和技术开发。早在 1978 年，日本野村综合研究所就“综合安全战略保障”问题发表了一份研究报告《国际环境的变化与日本的对策》，最早清晰地阐述了科学技术对于日本今后的重要意义，第一次明确提出了“技术立国”的口号。1980 年，日本各大报纸的新年特刊均以“技术立国”、“确立自立技术”、“培养尖端技术”等作为主题内容，以此为科学技术立国的科技政策造势。1980 年 3 月，通商产业大臣的咨询机构产业结构审议会发表了《80 年代的通商产业政策》，把提高创造性的自主技术的开发能力作为今后的基本政策。这是日本第一次在官方文件上明确提出了“技术立国”政策。

为促进《80 年代的通商产业政策》提出的“产学官合作”体制的建立，日本政府实施了一系列有关政策措施，如民间企业可以充分利用国家的试验研究设施和设备，给予国有专利权的处理以一定的弹性，推进国际性合作研究，充实企业所有权制度，促进国家研究人员的流动，促进民间接受国家委托研究课题等。日本科学技术会议于 1981 年正式制定促进科学“技术种子”产生的设想，科学技术厅则据此制定了《创造性科学技术推进制度》，并责成成立于 1961 年的国家特殊法人“新技术开发事业团”作为具体的实施机构。该制度的核心是努力振兴科学技术，开展富有创造性的科学技术活动，加强基础研究以创造“技术种子”。

1983 年 8 月，日本内阁通过《80 年代经济社会的展望和方针》，对科学技术的期望值达到了前所未有的高度。1984 年 11 月，日本科学技术会议对总理大臣中曾根康弘于 1983 年 3 月向科学技术会议提出的第 11 号咨询《新形势下立足于长期展望的振兴科学技术的综合性基本政策》提交了答询报告，包括“科学技术和各有关形势的变化以及科技政策的基本方向”、“振兴科学技术的各项措施”、“推进重点开发的研究项目”等，对今后 10 年

（1984～1994 年）的科学技术发展提出了基本政策及其实施的大纲。此外，日本政府还根据 1985 年 6 月通过的《基础技术研究顺利进行法》，而于同年 10 月成立了作为特别许可法人的“基础技术研究促进中心”，旨在对日本民间的基础技术研究活动提供帮助。1985 年 7 月，内阁总理大臣就《科学技术政策大纲》向科学技术会议提出了第 13 号咨询。科学技术会议则在 1985 年 12 月提交了答询报告，并于 1986 年 3 月在日本内阁获得通过，确立了日本政府此后 10 年有关科学技术发展的基本政策。

（五）20 世纪 90 年代初至今的日本创新政策

进入 20 世纪 90 年代以后，日本的科学技术政策制定者越来越意识到仅仅依靠引进技术的改进并不会使日本在新的迅速发展的技术领域如生物技术、基因治疗及计算机网络软件等领域拥有更强的技术能力。来自亚洲新兴工业经济体的强有力竞争也使日本进一步认识到日本需要拥有建立在基础研究之上的更为先进的工业。1992 年，日本内阁决定使政府的研究开发预算尽快增加一倍，扩大对于新的研究开发计划的支持，并且采用了一种支持创新性研究的新机制。为此，日本政府建议采取重大措施更新大学和国家研究机构中的实验室设施和设备，扩大竞争性研究赠款。1995 年，日本政府通过了《科学技术基本法》，明确提出了“以科学技术创造立国”的技术创新政策，从而为增加科学技术预算创造了法律依据。

根据 1996 年科学技术基本计划，日本科学技术体制的基本结构仍然大体维持不变，但其各组成部分将协同工作。1996 年 6～8 月提交给大藏大臣的计划还进一步讨论了技术改进和在三个主要科学部门之间消除壁垒的手段。除了这些新计划以外，日本政府的科学技术机构还实施了一系列给下面四个领域以优先考虑的政策：通过资助来源的增加和多样化及提高研究设施和设备的水平以改进大学和国家实验室的科学研究环境；通过改进研究生院扩大奖学金并促进研究人员流动来刺激研究人员的培训；改进合作研究体系和优秀的开发中心；通过支持学者交流和国际研究来为国际科学研究作出贡献。

二、日本创新政策工具的选择

日本政府比较偏好的创新政策手段主要有政府对民间研究开发采取的扶植政策，即对研究开发的财政刺激特别是研究开发补贴。对技术创新的法律保障，主要是采取专利政策及政府对研究开发进行直接参与的政府协调政策，而政府采购政策、风险资本政策和中小企业政策的作用非常小。可以说，日本更倾向于采用直接干预的方法来促进技术创新。

（一）政府对民间研究开发的扶植——财政刺激政策

日本政府对民间研究开发活动的扶植主要采取财政刺激措施，包括直接的财政科技投入、为研究开发采取优惠的税收措施、直接的研究开发补贴制度、为企业的研究开发活动提供优惠的融资安排。

1. 直接的财政科技投入

重视增大科技投入是第二次世界大战后日本的一贯方针，这从 20 世纪 80 年代初提出“科技立国”战略后更为明显。如 1970 年、1980 年、1990 年的科研经费分别是 1960 年的 6.5 倍、25.4 倍和 65.6 倍。科研经费占 GDP 的比例在 1960 年、1970 年、1980 年、1990 年、2000 年、2009 年分别为 1.11%、1.59%、1.91%、2.78%、3.18%和 3.33%。从表 12-9 可以看出，近年世界先进工业国家的科技投入占 GDP 的比例呈逐年上升趋势，其中日本的 R&D 投入占 GDP 比例高居第一。

表 12-9　部分发达国家科技投入占 GDP 比例　　单位：%

年份	1995	1996	1997	1998	1999	2000	2001	2005	2006	2007	2008	2009	2010
日本	2.87	2.93	3.03	3.14	3.11	3.18	3.29	3.32	3.4	3.44	3.44	3.33	—
美国	2.48	2.53	2.55	2.58	2.63	2.68	2.79	2.57	2.61	2.67	2.79	—	—
英国	1.95	1.88	1.81	1.80	1.88	1.85	1.90	1.73	1.75	1.78	1.77	1.85	1.82
德国	2.26	2.26	2.29	2.31	2.44	2.45	—	2.49	2.52	2.53	2.68	2.78	2.82
法国	2.31	2.32	2.22	2.18	2.20	2.18	2.20	2.10	2.10	2.07	2.11	2.21	2.26

资料来源：根据王宏业（2003）以及 OECD《主要科学和技术指标》整理而成

而从表 12-10 可以看出，美国、日本的科技投入呈上升趋势。日本每年科技投入几乎是德国、法国、英国三国之和。

表 12-10　21 世纪以来部分发达国家在科技投入情况

单位：百万美元

年份	2000	2005	2006	2007	2008	2009	2010
美国	268 121.0	323 047.0	347 809.0	373 185.0	398 194.0	403 668.0	401 675.0
日本	98 896.4	128 694.6	138 612.9	147 768.2	148 719.2	137 908.6	137 314.2
德国	52 357.7	64 298.8	70 156.4	74 071.8	81 849.4	82 730.7	82 209.6
法国	32 967.0	39 235.7	41 969.6	44 044.8	46 262.3	47 953.5	49 990.8
英国	27 863.3	34 080.7	37 007.5	38 760.4	40 096.4	40 279.5	40 384.4

资料来源：OECD(2011)

由表 12-11 可以看出，尽管各国科技总投入在增加，但政府在各国的科技投入比例并不高，日本尤为明显，这说明日本的民间企业的研发投入在以更快的速度增长，企业对创新投入占据了主导地位。

表 12-11　21 世纪以来部分发达国家的政府科技投入占全国科技投入比例

单位：%

年份	2000	2005	2006	2007	2008	2009	2010
美国	25.8	30.2	29.3	28.3	27.1	31.3	—
日本	19.6	16.8	16.2	15.6	15.6	17.7	—
德国	31.4	28.4	27.5	27.5	28.4	29.7	—
法国	38.7	38.6	38.5	38.1	38.9	38.6	39.7
英国	30.2	32.7	31.9	30.9	30.7	32.6	30.7

资料来源：OECD(2011)

2. 研究开发的税收优惠措施

在 20 世纪 70 年代中期以前，税收优惠措施是日本政府刺激企业技术创新活动最重要的政策工具。税收优惠政策的作用，主要在于鼓励企业技术创新的积极性，对那些企业犹豫不定的研究开发项目产生一定的利益驱使效果。日本政府的税收优惠措施包括：①对于重大技术的研究开发设备的税收优惠。制定了实验研究用机械设备特别折旧制度和新技术企业用机械设备特别折旧制度。②增加实验研究费的税额扣除制度。这项制度于 1966 年设立，企业的年度试验费超过历年最高额的时候，其超过额的 20%部分的税额予以扣除。③对于引进外国技术的税收优惠措施。规定减轻外国技术使用费的预扣赋税率及免征重要机械产品的进口关税。此外，政府还制定基础技术研究开发促进税制、中小企业技术基础强化税制等一系列税收优惠制度。这些税收优惠措施加快了企业的研究开发和技术革新进程，对实现迅速的技术进步和经济的高速增长作出了贡献。

3. 研究开发补助费

第二次世界大战结束初期，日本政府实施了以振兴工矿业技术为主要目的的工矿业重要技术研究开发费补助金制度。1968 年，日本政府将工矿业重要技术研究开发补助费制度改为重要技术研究开发补助金制度，主要对那些在产业政策方面急需开发的重要技术、对技术领域和产业领域产生巨大波及效应的核心技术，特别是对那些提供补助金就有可能提高研究开发效率的技术开发活动给予了重点高额补助。

为了推进企业的研发活动，日本政府除了进行直接的研究开发补助之外，从 20 世纪 60 年代中期开始还设立了其他一些研究开发补助金制度，向企业提供研发补助。这些新设立的补助种类有：大型工业技术研究开发委托费、技术改善补助金、促进电子计算机开发补助金和民间运动机械开发费补助金、下一代产业基础技术研究开发委托费等。在 20 世纪 70 年代以前，政府对民间研究开发的资助是以缩小与先进国家的技术差距，提高本国的产业技术水平，形成一定水平的研究开发能力作为目标，所以，资助的对象基本上是不具有特定政策课题的项目。进入 20 世纪 80 年代后，日本技术水平在赶超先进国家的过程中也得到了相当地提高，与经济结构相对应的技术结构的进步与高级化显得更重要，因而那些公益性的和将成为今后产业发展动力的高新技术领域的研究开发，逐步成为政府产业技术政策的主要课题。

4. 优惠融资措施

日本政府扶植产业研发的另一个政策手段是为进行 R&D 的企业和项目提供低息或无息的优惠融资，即政府以低于民间金融机构的利率向企业的研究开发活动提供资金，其利息差额可以视为政府对于研究开发的实质性补助金，以鼓励企业的研究开发活动。日本此项融资资金主要来源于日本开发银行和中小企业金融公库。日本开发银行于1951年设立了新技术企业化贷款，1964年又设立了重型机械开发贷款，1968年又在这两项制度的基础之上设立了新机械企业化贷款。这三个贷款制度合在一起构成了日本推进国产技术振兴资金贷款制度，旨在促进在国内开发的新技术、新产品的实际应用和商品化。此后，优惠融资的范围进一步扩大。1980年，新技术企业化贷款为新技术开发贷款，对新技术实际应用融资对象及为把新技术研究开发成果转化为实际生产而进行的尚处于投产试验阶段的设备投资也提供技术开发融资，从而使在新技术企业化试验阶段所需的设备也成为贷款对象，这样就从根本上进一步补充和充实了技术振兴融资功能。从融资对象可以看出，与对研究开发活动本身的促进相比，日本更倾向于对研究开发成果企业化过程的资助。

（二）政府对研究开发的直接参与——政府的协调政策

这表现在三个方面：政府对于科学技术研究活动的规划与指导，对于研究开发活动的直接资助与协调，对于企业之间合作进行研究开发活动的激励与支持。

政府对于科学技术研究活动的规划与指导，主要体现在中央政府所公布的综合性国家科学技术基本计划和专门性科技计划，计划中一般规定日本政府未来一段时期内发展科学技术的基本方针，发展目标及所需要采取的重点措施，并逐项制订计划中提出的各个重点专业领域的研究开发计划。例如，1996年科学技术基本计划就是为实现《科学技术基本法》提出的以科学技术创造立国而制订的行动计划，还有就是日本政府各部门根据国家总体科学技术计划所制订的部门重大科技发展计划。

日本政府还直接参与科学技术活动的组织与协调，即决定项目的取舍，并提出标准。如果选定了一个工业部门，资源就集中到所选定的技术领域中的国家实验室和主要公司的研究开发实验室中，并提供包括加速折旧扣款、特别研究开发资金、税收优惠及贷款等。通过提供这些刺激，以利用市场来鼓励商业行为，这种动态寡头垄断的结果就是通过鼓励效率和生产率而降低了成本，从而使这些企业成为国际的竞争者。

日本政府对产业研发活动进行直接协调的一个突出表现，是对大型项目制度的选择及资助。20世纪60年代中期以后，日本经济虽然已经逐步国际化，但在内生性研究方面远远落后在西方国家后面，这是由于长期以来日本主要采取吸收性技术战略所致。为此，通产省采用大型工业技术研究开发制度，由国家选定重要的技术开发课题，投入大量的国家资金，将官产学与私营部门的研究开发能力结合起来提高日本的技术水平。

日本政府还通过研究组合制度对企业间研发合作进行支持。研究组合制度是指企业可以就特定的研究课题共同提供研究人员和资金（资金并不是投资而是采取分散付款的形式）结成的非盈利性的工矿业技术研究组合，进行共同研究。它是企业进行共同研究开发的典型形式。参加组合的成员可以享受成果，也可以享受对该研究活动所必需的资金和设备所给予的优惠待遇。日本的研究组合数量分布在各行业中，根据经济发展的不同阶段而设立，几乎都集中在大企业。课题大部分与尖端技术有关，其组织上的特点是以特定的研究课题为目的而设立，课题完成，立即解散。研究组合的突出特点是它不是以产业为单位而是以研究课题为轴心组织的，优点是可以在不同技术基础的企业之间开展共同研究。这种研究组合制度在协调企业研究开发方面发挥了民间企业无法代替的作用。

（三）政府对研究开发的法律保障——专利政策

在利用专利政策促进产业技术创新活动进而加强国际竞争力方面，日本堪称全球最为成功的国家之一。第二次世界大战后，日本把“技术立国”作为国家经济发展战略，出台了一系列有关促进技术进步的法律，各种与产业政策相关的法律也都有关于技术创新的内容。其中，专利政策在日本的科学技术活动中占有举足轻重的地位，申请专利已成为企业从事科学技术活动的主要目标，成为最有效的技术创新政策手段之一。

日本政府十分重视专利制度在经济技术发展中的重要性。从1965～1985年，按各国的专利申请数量看，美国从94 626件增加到121 188件，西德从 66 470 件增加到 752 311 件，法国从 47 793 件增加到 54 766 件，而日本却从 81 923 件增加到 305 345 件。日本政府还极力支持企业及个人向外国政府申请专利。1965 年，日本海外专利申请只有 8421 件，到了 1985 年增加为 74363 件，并集中于少数发达国家，尤其是美国。1971 年日本的专利申请数为 105785 件，批准数为 36 477 件，1994 年已经分别达到 353 301 件和 82 400 件，年均增长 5.4%和 3.6%，1992 年世界全部的专利与实用新型申请数为 285 万件，日本最多，为 47.91 万件，占 16.8%，其次是美国，为 18.73 万件，占 6.6%（阎莉，2000）。

2001 年 3 月，日本政府制订的“科学技术基本计划”将生命科学、信息和通信、环境技术、纳米技术及材料、能源、制造技术、社会基础设施和尖端技术 8 大领域确定为战略性技术研发的重点。2002 年，日本政府确立知识产权立国战略，以创造、保护和应用知识产权作为国家发展战略，将借助知识产权高新技术作为振兴国家经济和提高国际竞争力的重要手段。据日本专利办公室（JPO）统计，2002 年日本在上述技术领域的专利申请公开量大幅增长，尤其是生命科学和制造技术领域的增长率高达 55.8%和 36.0%，见表 12-12。

表 12-12　2002 年日本专利申请公开量、授权量及八个重点领域的相关数据

重点领域	公开量/件	较上年的增长率/%	授权量/件
生命科学	5 720	55.8	457
信息和通信	76 961	6.5	16 073
环境技术	7 899	24.8	1 286
纳米技术、材料	26 247	23.9	5 279
能源	5 847	31.3	1 044
制造技术	17 818	36.0	3 233
社会基础设施	3 024	23.5	681
尖端技术	639	11.1	121
总量	423 230	9.0	117 794

三、日本的中小企业创新政策

日本政府的扶持和推进中小企业技术创新方面取得了卓越的成就和可

行的经验，采取了一系列政策措施，这包括制定相关的政策法规、设置有效的组织管理机构等。日本堪称全球中小企业立法最健全、最完善的国家。

（一）中小企业发展的法律规范

从1949年以来，日本政府颁布了30多项有关中小企业的法律，形成了相对独立的、较完整的中小企业法律体系。例如，1949年颁布的《中小企业协同组合法》，鼓励中小企业联合起来与大企业抗衡和竞争；1950年颁布的《防止不正当竞争法》，禁止企业之间不择手段的过度竞争，确保中小企业有更多的发展机会；1950年颁布《中小企业信用保险法》，1953年颁布《中小企业信用保证协会法》、《中小企业金融公库法》，1955年修改了《中小企业协同组合法》；1956年制定了《中小企业振兴资金助成法》（1966年改为《中小企业信用保险公库法》）；而1963年颁布的《中小企业基本法》，是在总结第二次世界大战结束后日本的立法实践的基础上制定的，是中小企业发展的纲领性法规，被称为日本中小企业宪法。之后，1963年制定了《中小企业现代化促进法》；1980年制定了《中小企业事业团法》等。

进入20世纪80年代后，日本经济不景气，中小企业面临种种困难。为此，从1985年开始日本政府先后颁布（修改）、实施了一系列有关振兴中小企业的法律。例如，1985年颁布了《中小企业技术开发促进临时措施法》，1986年颁布并实施了《特定中小企业者事业转换对策临时措施法》、《特定地区中小企业对策临时措施法》，1988年颁布了《关于融汇不同领域中小企业者知识、促进开拓新潮领域的临时措施法》。此外，还修改了《中小企业指导法》和《承包中小企业振兴法》。

这些法律的制定和实施，确立了中小企业的法律地位，对保障中小企业的利益，促进中小企业的发展和技术创新发挥了积极的作用。

（二）中小企业发展的组织管理机构

日本政府于1948年设立了中小企业厅，隶属于通商产业省，并在各级地方政府商工科内设有中小企业指导课，构成了中小企业的行政体系，主要任务是根据有关法律，对中小企业的经营管理、资金、技术、发展方向给予指导和扶持，同时对国会和政府部门制定的中小企业的方针政策提出意见，反映中小企业的要求和愿望，保证中小企业得到政府订货机会，调解大企业和中小企业之间的矛盾及中小企业内部劳资之间的矛盾等。此外，还有各种民间团体如中小企业振兴事业团、中小企业共济事业团、中小企业团体中央会、日本商工会议等，共同形成了官民结合的中小企业扶植指导网络。

日本还建立了一个以中小企业振兴事业团的中小企业情报中心为核心的、庞大的中小企业情报体系。这个体系主要是收集国内与中小企业有关的各种经济、技术信息，并通过中小企业地区情报中心和各都道府县的中小企业综合指导所，将情报提供给中小企业。1983 年，政府为此提供了 1.45 亿日元的补助金。

（三）推进中小企业技术创新的税收优惠政策

1. 增加试验研究经费的税额抵扣

这是 1967 年修改税制时出台的一项政策，侧重于对企业在各年度试验研究经费的增加部分给予税收上的优惠，其目的是促进企业的试验研究经费能够正常、合理地增加，增强技术开发能力。具体规定：法人（或个人）适用于 1967 年度以前的各事业年度到该税制适用事业年度之间的各年度，以用于试验研究经费最高额为基准，其增加额的 20%部分可从法人税（或个人所得税）中扣除，但抵扣额以不超过应缴法人税或个人所得税总额的 10%为限。该项措施所包括的试验研究范围有很多涉及中小企业。

2. 中小企业技术基础强化税制

该措施设立于 1985 年，目的是为了进一步调动中小企业开展试验研究的积极性，侧重在试验研究费用上给予税收优惠。具体规定：中小企业在税制适用年度投入试验研究总额的 6%可从法人税或个人所得税中扣除。但扣除额不能超过税制适用年度法人税或个人所得税的 15%。

（四）鼓励中小企业技术创新的财政、金融政策

日本政府专门制定了技术开发补助金制，对中小企业的产品技术开发给予 50%的资助，资助下限为 500 万日元，上限为 2000 万日元。政府还制定

了促进中小企业技术改造的措施，1985 年对中小企业技术改造提供 5000 万元的补助金，20 世纪 80 年代以来已达到 10.7 亿元。

日本政府通过各种中小企业金融机构，帮助中小企业筹措资金。据统计，在 1956～1970 年实施《机械工业振兴法》的 15 年间，日本政府通过中小企业金融机构给了中小企业 366 亿元的低息贷款，年息为 4%。1985 年日元升值以来，众多中小企业陷入困境。1986 年，日本国会设立了“特别地域贷款制度”，政府出资 30 亿日元给中小企业年息 3.95%～5%的低息贷款，以扶持其渡过难关。

通产省的 1997 年度（1997 年 4 月～1998 年 3 月）技术开发政策重点，在研究开发方面设立了 5.15 亿日元的对构思阶段技术开发进行补助的制度，支持风险企业、中小企业进行技术开发，并对处于基础—应用阶段的构思技术或自有技术的技术开发进行资助。此外，在推进中小企业的技术开发方面，扩大对进行创造性开发的中小企业的支援（61.55 亿日元），改善中小企业提高技术能力的支撑环境（47.19 亿日元）。

（五）其他措施

为帮助中小企业进行产品开发研究，日本政府建立了技术顾问制度，对产品的设计、试行到投产提供具体的技术指导，有两个主要措施：一是在全国设立 200 多个公立试验机构，聘用技术上有丰富经验的专家、工程技术人员担任顾问，就提高企业产品的技术水平进行可行性研究和试验，对所存在的问题提出具体建议，并派人到现场具体指导。这些机构还为中小企业免费提供试验设备和技术人员。二是促进中小企业管理现代化，1983 年建立了中小企业办公室自动体系中心，对企业管理部门使用计算机、提高管理水平进行业务指导。

四、日本的风险投资政策

尽管日本风险投资的发展受到美国模式的重要影响，但由于日本社会独特的金融体制、社会文化背景及政策导向，使得日本风险投资的发展在组织模式、资金来源、投资方向、功能发挥等方面表现出区别于欧美的一些特点。日本风险投资的运作如图 12-6 所示。

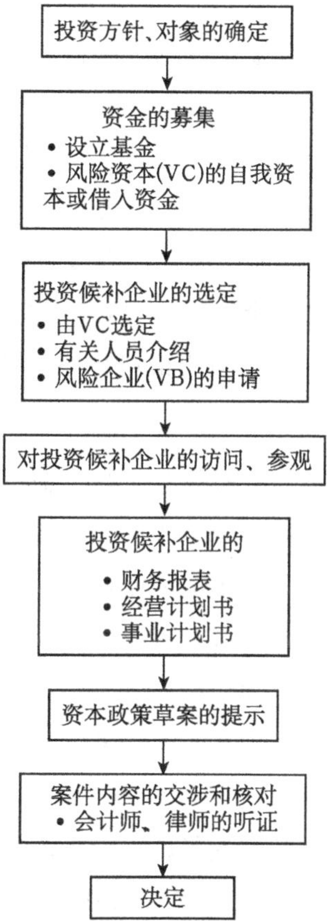

图 12-6　日本风险投资的运作模式

资料来源:蔡志平(2000)

(一)组织模式

在组织模式上，日本风险投资以大金融机构、大企业集团附属的风险投资公司为主体，独立的私人风险投资公司发展相对滞后。与私人风险投资公司为主体的美国模式、以国家风险投资公司为主体的西欧模式不同，日本的风险投资主要以附属于金融机构、企业集团的风险投资机构为主体。

在日本，风险投资主要采取两种组织形式：一是类似于美国小企业风险投资公司的半官方或准国家投资公司，二是各类风险投资公司。前者主要包括通产省下设的风险投资公司、科技厅下属的新技术事业开发团以及财团法人中小企业培育会社等官方、半官方机构，它们通过低息贷款、提供担保、购买企业的股票和可转让债券的形式进行债权、股权融资；后者则主要是附属形式的风险投资机构，它们占据了日本风险投资的主体地位，其中银行业、证券业开办的风险投资部门又处于主导地位，六家最早的日本风险投资公司就出自三菱银行、野村证券、第一劝业银行等大财团。到 20 世纪 80 年代中期，前七家最大的风险投资公司仍为金融机构控制，其中四家由证券公司创办，三家由银行创办；全部 60 家风险投资公司中，27 家是由四大证券公司等机构创建，18 家为长期信用银行和地区银行创建。

(二)资金来源

在资金来源方面，日本的风险资金主要以金融机构如银行、证券公司、保险公司等大公司出资为主，这些机构的资本占所有资本总额的大部分。与西方国家的风险投资来源范围较广（独立民间基金、大公司的风险资金、各类金融机构风险资金及政府出资）不同，日本的风险投资公司多为机构创办，并且所投资金中约有 3/4 属于自有资金，以基金方式募集的仅占 1/4。同时，由于日本法律规定养老金不能用作风险投资，又由于追求投资安全性的国民心理，基金投入和个人出资也极为有限。这样，创办风险投资机构的母公司特别是金融机构自然成为了风险资金的主要提供者，以至于各风险投资公司的费用中约有 64%要用于支付利息。1988 年的有关数据表明，金融机构资金占了整个风险投资基金的 46%，大公司则达 37%。到 2001 年，银行和保险公司的资本占总资本额的 58%，约有 32%的风险资本来源于法人企业（图 12-7）。另外与美国不同的是，日本最大的风险投资公司大部分都是与证券业紧密相关的。

(三)资金投向

在资金的投向上，日本的风险投资表现出投资分散、对高科技企业和创业初期的企业投资相对不足的特点。表 12-13 显示了 1984 年日本风险投资的领域分布。

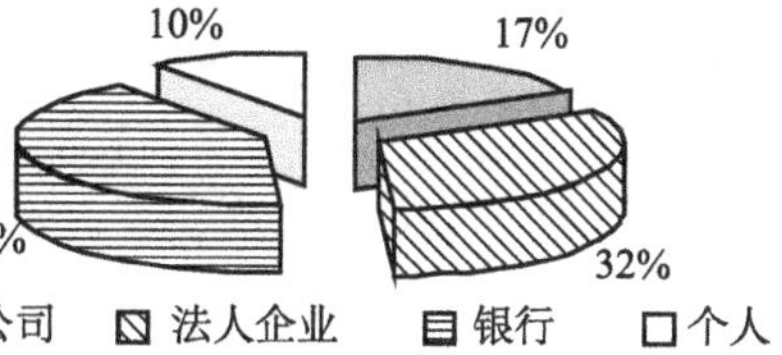

图 12-7　2001 年日本风险投资来源部门分布

资料来源：Mika Kaneyuki(2002)

表 12-13　1984 年日本风险投资的投资领域分布

领域	金额/百万日元	比例/%
电子	16 576	27
精密机械	5 182	9
计算机软件	3 217	5
服务	6 700	11
食品、建筑等	9 421	16
其他机械	3 804	6
其他	1 554	26

在日本，风险投资企业多具有金融机构的背景，因此多数从业人员来自其创办机构，银行或证券公司，这一人员结构缺陷制约了风险投资企业对受援企业的技术评价能力，使得资金投向领域过于分散。许多风险较低的项目如服务业投资比例过高，与传统领域相比，高科技企业并没有得到应有的青睐（表 12-14）。到 1996 年 12 月末，日本柜台交易公开企业数有 779 家，其中批发行业数量最多，达 129 个，占 16.6%；零售业位居第二，占 12.3%；而电子、通信等高科技产业只有 61 家，仅占 7.8%。

表 12-14　1999～2000 年日本风险投资行业的分布

行业	投资数在各行业比例/%		投资额在各行业比例/%	
	1998.4～1999.3	1999.4～2000.3	1998.4～1999.3	1999.4～2000.3
网络业	3.8	11.6	4.4	15.0
计算机行业	20.4	22.0	24.1	25.3
零售业	7.9	8.3	3.8	10.4
商业服务	7.5	10.1	7.9	18.8

续表

行业	投资数在各行业比例/%		投资额在各行业比例/%	
	1998.4～1999.3	1999.4～2000.3	1998.4～1999.3	1999.4～2000.3
半导体/其他	21.8	13.9	26.4	15.6
财务/保险	3.2	2.5	1.8	0.4
通信业	1.0	2.7	3.7	3.9
医药	1.5	2.1	1.7	3.1
生物科技业	3.7	1.7	9.7	2.7
建筑业	3.7	3.7	2.7	1.7
工业/能源	1.7	1.2	1.2	0.6

资料来源：METI(2001)日本经济产业值

日本的风险投资行业分布广泛，包括传统制造业、零售业、通信技术、计算机等，仅有不到40%的投资额投资于高科技行业，见表12-15。

表12-15　2001年日本风险投资行业的分布

行业	计算机	电子行业	信息技术	医药/生物技术	通信	高科技行业总计	其他行业
比例/%	7.3	9.9	5.3	1.9	10.8	35.2	64.8

资料来源：亚洲风险投资杂志(AVCJ)

日本风险资本家偏好于将资本投向于成熟型企业。据统计，1994年日本获得风险资本的企业中约有48.7%的企业是至少成立了20年的企业；1995年，该比例略有降低，为35%。但从1998年7月至1999年7月，投资于成熟型企业的比例仍然很大。1999年后情况发生了改变，投资于成熟型企业的比例迅速下降，投资额仅为78.38亿元，占11.6%，而投资于成长型企业的比例在逐渐增大，投资额为400.04亿美元，占59.2%，见表12-16。

表12-16　1998～2000年日本风险投资额的阶段分布

时期	1998.7～1999.6				1999.7～2000.6			
	投资公司数	比例/%	投资额/百万美元	比例/%	投资公司数	比例/%	投资额/百万美元	比例/%
初创期	19	4.4	251	1.3	41	3.7	2 010	3.0
0～5年	127	29.7	9 516	48.9	481	43.7	40 004	59.2
5～10年	65	15.2	1 735	8.9	197	17.9	10 094	14.9
15年及以上	145	33.9	6 306	32.4	212	19.3	7 838	11.6

资料来源：METI(2001)

第三节 韩国的创新政策

韩国是后发国家通过积极的科技创新一跃成为经济强国的典范之一。从20世纪60年代开始，韩国经济持续高速增长。尽管在1997年的东南亚金融危机中韩国经济遭遇重创，它凭借长期积累的科技和产业基础，很快就振兴了经济发展，是近年来被公认的最具经济发展潜力的亚洲国家之一（李晶雨，2002）。韩国政府在创新政策设计和实施上的成功经验，对产业开展二次创新的大力支持，使韩国产业和企业的技术创新能力不断得到提高。

一、韩国创新政策的演变

众所周知，韩国是从落后的农业国发展起来的，引进外国先进技术是韩国经济发展战略的重要组成部分之一。韩国政府一直把技术引进作为发展经济的一个重要方面，积极扩大国外先进技术的引进。韩国政府深刻认识到，在缺乏技术、资金和经营管理知识的情况下，发展工业只有依靠技术引进，才能收到立竿见影之效和事半功倍之利。在经济发展的不同时期，引进技术的方式和目的是不同的。韩国技术引进方式基本上有四种：①一般形式的技术引进，即企业从发达国家的相关企业引进成熟的生产技术，将其加以消化，直接用于本企业的生产；②由一些科研单位从国外研究机构引进开发阶段的技术，通过创新，开发出新产品，然后再转让给有关企业；③通过吸引外国直接投资从而引进外国先进技术和设备；④通过向国外的电子、生物等尖端技术部门进行新技术投资的手段来进行间接的技术引进，掌握核心技术后再运用于国内。

从历史上，韩国在20世纪50年代主要靠美国的无偿技术援助。从20世纪60年代开始引进有偿技术，主要是引进劳动密集型的纺织工业技术，使其成为出口的主导产业，促进了产业技术的较快发展，奠定了以劳动密集型产业为核心的轻工业基础。这期间，对引进技术管制较严，引进的技术层次较低。20世纪70年代，韩国适时的把技术引进重点放在技术密集型的重化工业、电子工业和汽车工业。因为这时韩国的产业结构逐步从以轻纺工业为主转变到以重工业为主的新型结构。这一时期重点引进重化工业技术，建立了钢铁、化工、造船、汽车、机械等工业，创立了以资本和技术密集型产业为核心的重化工业基础。20世纪80年代初，韩国提出了“技术立国”口号，把重点转向于形成独立自主的技术研究和开发能力，强调引进和开发高精尖技术。1962～2000年，引进技术10 049项，引进的项目也逐年增加。1997年金融危机前后韩国的技术引进项目有所减少。支付引进技术费用总计达239.76亿美元。1962～2000年各年度韩国技术引进情况见表8-8、表8-9。

韩国遵循的技术引进再进行模仿创新的模式，具有投资少、风险小、见效快的特点，它使韩国的技术水平一跃而起，超出了中等发达国家水平而接近发达国家水平，但同时这也造成了韩国对外国技术的严重依赖性，在一定程度上造成了其经济发展后劲不足。无论如何，经过多年的发展，韩国已初步形成了以企业为开发主体，国家承担基础、先导、公益研究和战略储备的技术开发，产学研结合和有健全法律保障的国家创新体系。韩国国家创新体系的发展过程实际上正是其创新政策的发展过程。

（一）初始创新系统阶段（1962～1971年）

韩国从20世纪60年代开始采取出口导向型经济战略，为适应经济发展战略转移的需要，从1962年开始，韩国便大量引进外国先进技术和外资，实施一系列五年计划，其目的是为了迅速实现国家的工业化，加速技术的发展和人才的培养，这期间处于技术引进的起步阶段。从技术引进的项目数及其结构可以明显看出，韩国希望利用外国直接投资，重点引进劳动密集型产业所需的技术，并逐渐建立以出口为导向的劳动密集型工业。由于韩国在此阶段尚缺乏自主开发技术的能力，不得不依赖于引进技术，包括设备及一些生产技术知识，此阶段的科技政策重点是加强科学技术教育，建立技术发展所需的基础设施，以促进外国技术的引进和初步消化。

从技术引进的战略目标来看，由于受到当时技术水平低、劳动力过剩和资金短缺的限制，技术引进首先是劳动密集型的，技术要求相对简单的一些组装技术，并依靠进口原材料及中间产品来完成最终产品的批量生产。随着技术水平的初步积累，引进的技术项目逐渐扩展到中间产品技术和零部件制造技术，以提高产品的国产化率和生产水平，从而使整个制造业生产技术得到迅速提高。

（二）发展国家创新系统阶段(1971～1980年)

此时韩国政府开始把注意点转移到积极消化、吸收扩散引进的先进技术上，并实施了一整套行之有效的支援制度、措施，以监督和诱导技术创新活动，为此韩国政府采取了以下措施。

韩国在引进先进技术的同时，大力发展本国的技术力量，并不断开发自主技术，从而提高国家整体的技术适应能力和创新能力。在技术引进方式上，韩国开始严格禁止一揽子引进成套技术设备的做法，而是鼓励企业有选择地引进一些关键性的技术、设备，政府对技术引进实行严格的监督和审查制度，引进技术的主导权主要掌握在政府手中，这一方面是由于外汇资金的紧缺，另一方面也是出于强化企业自主技术开发、自主创新能力的考虑。

为促进科技的发展和产业结构向重化学工业的转变，1973年1月，韩国内阁处决定建立大德研究中心，这是韩国最大的科学技术研究中心，对集中发挥科学技术力量，提高技术创新效率起了重要作用，并为满足日益增长的工业技术开发需要起了积极的作用。另外，为鼓励民间企业培养自身的R&D能力及技术创新能力，政府采取一些激励措施，诱导企业建立自己的技术开发部门，包括技术研究所，主要的一些激励措施有：①技术开发准备金制度，企业可以将不超过其收入的20%作为技术开发准备金，以用于技术引进、消化吸收及技术开发、技术培训等，并享有税收上的优惠；②技术开发资金制度，由产业银行提供资金给将技术率先运用到生产并取得效益的企业，或应用到开发新产品提高生产率和生产质量等方面，并享有利率优惠；③对风险投资业的支援制度。此外，还有一些税制方面的优惠措施，这些措施在客观上推动了研究开发活动及创新活动的开展，对提高企业的技术消化吸收与自主创新能力起了积极作用。

(三) 深化国家创新系统阶段(20世纪80年代至今)

此阶段最显著的特点是技术引进与技术创新的重点逐步转移到高新技术产业。韩国优先发展高新技术，是以最大限度地利用所认识到的比较优势的基本战略为出发点的，原因有两个方面：一是资源状况，韩国的自然资源相对贫乏，资金相对不充裕，但在前两个阶段的发展中，技术能力得到了培养和提高，拥有了具备一定技术开发创新能力的人力资源。二是外在压力，此时国际市场保护主义抬头，且竞争日益加剧，韩国为摆脱对日本、美国等发达国家的技术依赖，并提高本国国防工业独立程度的迫切需要，这种客观上导致从国外引进高新技术困难加大。因此韩国提出“振兴科技”和“技术立国”的口号，科技政策的重点开始转向通过技术创新产品的多样化来增强本国经济竞争优势，并对资金密集型行业进行重点发展。

从引进技术的战略看，高技术引进项目的比例不断加大，呈上升趋势，且引进技术的主导权逐步转移到民间企业，政府的作用重点主要放到国家规模的技术引进项目与高科技引进项目的组织、管理、协调和促进上。为提高国家系统的创新能力，政府采取一系列措施促进公共R&D机构，工业与大学三者之间的技术合作，这样充分发挥了工业的资金优势，大学的技术优势及R&D机构的技术与设备优势，对国家系统的整体自主创新能力起到了促进作用。韩国还通过一系列法律、税收等优惠制度来促进民间企业部门对科学技术事业方面的投资，这方面的投资已与发达国家不相上下。

进入 20 世纪 90 年代后，韩国开始大量发展基础研究以推动尖端技术的开发，并把基础研究视为整个国家规模上的技术源泉，同时注重重点工业行业的自主技术开发，力求提高技术的国产化，降低对国外技术的依存度。韩国进行了全面市场经济体制改革，其科技发展战略正由“引进—消化—吸收”向“自主创新”转变，“科学技术导向”开始成为韩国科技政策纲领和经济发展的立足点。1999 年，韩国制订面向 21 世纪的国家中长期科技发展规划——《科技发展长远规划 2025 年构想》（以下简称《2025 年构想》）。在《2025 年构想》中，提出了增强国家创新体系的四个方向，即政策方向从政府主导变为私营部门推动；投资战略推动从量的增长到高效分配；研发体系从在国内完成转变为全球联网；技术开发战略目标从满足短期需要变为开拓长期市场（刘蔚然和程顺，2004）。

韩国致力于建立一个科技推动的国家管理体制。《2025 年构想》强调，科技应成为引领经济和社会的重要角色，用科技思想全副武装的国家可以创造新价值，国家应建立一个国家管理体系，使科学技术成为包括社会、政治、经济和文化在内的所有领域的主导。另外还提出，政府在决策过程中应把科技放在特别优先的地位，提高以科技为主导的决策气氛既适用于国家层次的决策过程，同时也适用于私营部门和普通公众。要强化国会与科技有关的职能，并将科技思想提高到更高的水平。

二、韩国的技术创新政策的主要特点

韩国的科技发展走得是“技术引进→技术消化吸收→技术创新”的道路。在科技发展的过程中，政府起了关键的作用。20 世纪 60 年代，韩国处于初始创新系统阶段，政府采取出口导向型经济战略大量引进外国先进技术和外资，迅速实现国家的工业化，加速技术的发展和人才的培养。20世纪70年代是韩国创新系统的发展阶段，政府开始把注意力转移到积极消化、吸收和扩散引进的先进技术上，并制定了一整套行之有效的支援制度、措施，以监督和诱导技术创新活动。20世纪80年代至今是韩国国家创新系统的深化阶段，最显著的特点是技术引进与技术创新的重点逐步转向高新技术产业。1982年韩国通过了《技术发展促进法》，由此以科学技术部为主开展了一系列国家R&D计划，包括“先导技术计划”（HAN）、“创造研究项目”（CRI）和“国家研究实验室计划”（NRL）等。各个时期的科技计划特点，见表12-17。

表12-17　20世纪60年代以来韩国政府科技计划特点

年代	计划特点和重点	R&D的投入占GDP的比例/%
20世纪60年代科技政策初始阶段	引进外国技术 科技促进法 成立科学技术部和科技研究院 模仿和反向工程	0.3
20世纪70年代基础设施建设阶段	R&D促进法 成立了16个国家研究机构	0.4～0.8
20世纪80年代国家R&D计划	发展本国技术 开始实施国家R&D计划 鼓励私有部门的实验室	0.8～2
20世纪90年代R&D投入多样化	发展高科技 鼓励大学科研 开展先导技术计划(HAN)	2～3
21世纪以来精心规划阶段	发展知识经济开展创造研究计划 国家研究实验室计划 21世纪前沿计划	3～5

资料来源：谈毅和仝允桓(2004)

韩国政府在技术引进的每一个阶段都会采取的政策措施（图12-8）。在产业发展的初级阶段，韩国主要政策性课题是国外先进技术的引进。在技术引进的方式上与直接投资及购买外国许可证相比，更重视以交钥匙方式的成套设备引进的非正式技术转移。其特点是主要依赖于国外贷款保障产业化及技术引进资金，在国内培养进口替代及出口型产业，支援这个领域的技术发展。在消化、模仿技术为主的第二阶段，政府从20世纪60年代后半期开始着手建立化工、机械、电子等战略性产业的政府出资研究所。20 世纪 70～80 年代初期，随着工资的急剧增长，国内企业在国际市场中的比较优势丧失已尽，不能只靠模仿和消化吸收赶超世界先进水平，而必须进行技术的自主开发。20 世纪 80 年代后半期，政府实施国家研究开发事业，通过技术改进，解决技术难题，自主开发新技术和尖端技术，为过去 10 年韩国自主技术能力的扩充作出了很大贡献。而韩国之所以能够取得技术的飞跃发展，与政府在引进技术并消化、改进的过程中，采取的一系列相应的政策分不开的。

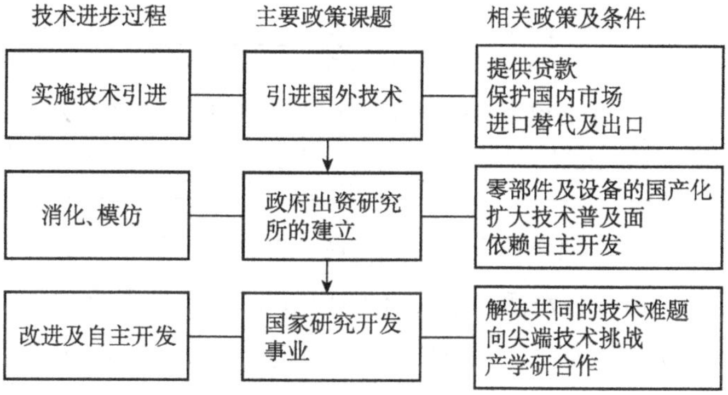

图 12-8　韩国技术进步过程中政策的演变

资料来源：金宣根(1996)

总之，韩国的技术引进战略从一开始就很注重技术创新能力的培养，而不是简单的模仿。通过对国外流入技术的急速国产化而推进反求工程（reverse engineering）和重新发明（reinvention），韩国加速了科技和经济发展的步伐，缩短与发达国家的技术差距，促进产业升级，提高了产品在国际市场的竞争力，大大增强了经济、技术的自立能力。

三、韩国创新政策工具的选择

（一）财政激励政策

1. 研究开发补贴

韩国在研发上的投资速度增长之快令世人瞩目。在 1971～1994

年，韩国的 R&D 费用在 GDP 中的份额从 0.32%增加到 2.61%，超过了英国。从各国研究与开发投资按人均国内生产总值年平均增长率计算，1981～1991 年韩国是最高的，为 24.2%，新加坡为 22.3%，中国台湾为 15.8%，西班牙为 11.4%，日本为 7.4%（金麟珠，1998），韩国各年度 R&D 占 GDP 的比例，见表 12-18，20 世纪 80～90 年代韩国研发的增长比例态势，见表 12-19。

表 12-18　1976～2010 年各年度韩国 R&D 投资占 GDP 的比例表

年份	1976	1978	1984	1990	1992	1995	1998	2000	2005	2006	2007	2008	2009	2010
比例/%	0.46	0.67	1.26	2.60	2.17	2.69	2.83	2.30	2.79	3.00	3.21	3.36	3.56	3.74

资料来源：袁世升（1999；2000）、OECD《主要科学和技术指标》（历年）

表 12-19　20 世纪 80～90 年代韩国研究开发投资的增长比例动态

年份	1982	1983	1984	1985	1986	1987	1988	1989	1990	1991	1992	1993	1994
增长率/%	44.5	28.0	33.0	36.4	30.0	23.5	23.6	14.8	18.9	24.1	20.0	23.3	36.2

韩国政府对技术创新的支持表现在两个方面，一是政府设定研究开发的方向，对企业的研究开发活动直接给予补贴；二是采用税收和金融手段优先支持企业的研究开发活动。对技术开发的资金支援主要有政策金融、技术开发基金等形式。政策金融中包括政府财政拨款和各种政策性贷款。财政拨款主要用于政府部门主管的和国家级技术开发计划，对企业的研究开发费用在 50%～90%的范围内给予无偿支援。1999 年政府用于研究开发的财政支出有较大幅度增长，如对特定研究开发计划的资助增长 6.8%；对企业的研究开发费支出也达到 1300 亿韩元，比 1998 年增加 311 亿韩元，增长了 31.4%。政策性贷款以低息向企业开发项目提供资金支持。目前韩国的技术开发基金主要有科学技术振兴基金、产业基础基金、产业技术开发基金、中小企业创业基金等，用于对特定部门的技术开发活动进行支援。

尽管就 R&D 占 GDP 的比例而言，韩国已居于世界最先进国家的行列，但以研发投资额、技术人力、研究机构数等表示的绝对规模来比较，韩国仍远远落后于美国和日本。在韩国研发资金的来源上，民间部门占有绝对的比例，政府与民间负担的比例在 1976 年为 78 : 22，1982 年为 50 : 50，1994 年达到 16 : 84。日本的政府与民间负担的研究开发费的比例，与韩国 20 世纪 90 年代水平相似，而美国、德国、法国、英国等政府负担比例相当高，见表 12-20。

表 12-20　20 世纪 90 年代部分国家研究开发费中各投资源所占比例

单位：%

国家(年份)	韩国(1994)	美国(1994)	日本(1993)	德国(1993)	法国(1993)	英国(1993)
政府负担比例	15.5	20.4	43.0	37.1	44.3	35.4
民间负担比例	84.0	79.5	57.0	60.1	47.0	53.7
外国负担比例	0.5	0.1	0	2.8	8.7	10.9

韩国的基础研究一直是其薄弱环节，基础研究规模和水平与其经济发展速度极不相称。虽然韩国 R&D 投入逐年大量增加，但基础研究投入所占的比例一直很低。例如，1996 年韩国研究开发投入为 138 亿美元，其中基础研究投入仅占 3.4%，主导基础研究的大学普遍感到经费不足。为了振兴基础科学研究，韩国政府近年来加强了对基础研究的投入，国家较大幅度地提高了基础科学研究的预算比例，加大了对基础研究的投入。1998 年韩国在经济危机情况下，政府对各研究机构拨款比上年减少 20%，而资助基础研究的经费却增加了 25%（韩立达，2003）。

在韩国，公共科研机构和大学一般从事基础研究和应用研究，而企业的研发机构则主要从事研究开发和技术创新，是技术创新的中心，两者相互结合促进了整个国家 R&D 的进步。到 1998 年，韩国的各类研究机构已达 2640 多个，其中公共科研机构 217 个，占 8.2%；大学研究机构 244 个，占 9.2%；企业研究机构 2179 个，占 82.6%。韩国在光州、全州等地建成七个尖端科技研究园，在汉城大学、全北大学等选定 17 家优秀科学研究中心和 28 家优秀工学研究中心。韩国各地的科研机构的分布数量，见表 12-21。

表 12-21　截至 1998 年年底韩国科研机构的分布　　单位：个

地区	科研机构总数(A+B+C)	公共科研机构(A)				大学(B)		私立研究机构(C)	
		政府资助机构	国家实验室	小计(A)	A 所占比例/%	B	B 所占比例/%	C	C 所占比例/%
汉城	1673	13	20	33	1.97	319	19.07	1321	78.96
釜山	188	1	2	3	1.60	71	37.77	114	60.64
大丘	128	2	2	4	3.13	39	30.47	85	66.41
仁川	252	2	2	4	1.59	18	7.14	230	91.27

续表

地区	科研机构总数(A+B+C)	公共科研机构(A)				大学(B)		私立研究机构(C)	
		政府资助机构	国家实验室	小计(A)	A所占比例/%	B	B所占比例/%	C	C所占比例/%
光州	74	0	2	2	2.70	35	47.30	37	50.00
大田	199	16	1	17	8 54	33	16 58	149	74 87
蔚山	85	0	0	0	0.00	7	8.24	78	91.76

资料来源：梅丽霞和聂鸣(2003)

在韩国，科学技术部（MOST）、商业、产业和能源部（MOCIE）和信息信讯部（MIC）是最主要的科技计划管理机构（表12-22）。为解决长期缺少一个有效的计划管理机制的问题，1999年3月韩国成立了一个全面协调国家资助的R&D计划和机构的机制——国家科学技术理事会（以下简称NSTC），由总统亲自担任主席。NSTC秘书处设在科学技术部，负责每年分析、评估和预算前审核国家R&D计划，并将结果向NSTC报告。

表12-22　韩国的R&D管理机构

部门	R&D管理机构	领域	开展R&D计划时间/年
MOST	KISTEP	各个领域	1982
	KOSEP	目标导向的基础研究	1987
MOCIE	ITEP	产业技术	1987
	RACER	替代能源	1988
MIC	IITA	信息和通信领域	1991

资料来源：谈毅和仝允桓(2004)

2. 税收优惠政策

1972年，韩国首次制定直接针对科技实行税收鼓励的政策，颁布了《技术开发促进法》，规定了“技术开发准备金制度”，以后陆续出台了其他科技税收优惠政策。经过20世纪七八十年代的发展，基本形成了比较系统的科技税收政策体系。1993年后，韩国推行“新经济政策”，确立了“科技立国”和“技术主导”的发展方针，有关科技立法不断进行，科技税收政策总体上得到进一步巩固和完善。1997年开始，韩国不断扩大科技税收优惠政策的实施范围，强化完善现行的有关科技税收政策。目前，韩国政府主要通过提取准备金、减免所得税（或法人税）、特别消费税、关税和地方税等10多项政策，来激励研究开发和科技成果企业化、市场化活动（高小萍，2000）。

（1）在鼓励科技研究开发活动方面，韩国的科技税收政策十分注重对科技研究开发的激励。第一，受到企业普遍欢迎和实施效果较好的政策是“技术开发准备金制度”，有关行业的企业可按收入总额的3%（技术密集型产业为4%，生产资料产业为5%）提取技术开发准备金，并允许在三年内用于技术开发、技术信息及培训、引进技术的消化改造、技术革新投资及研究设施等。三年期满，未使用的准备金应计入企业利润并纳税，纳税时还要加收该税金按年利率10.95%～14.6%计算的利息。第二，研究试验用设备可按投资金额的5%（国产器材10%）享受扣除或按购置价款的50%（国产器材70%）实行快速折旧。第三，技术及人才开发费可按课税年度技术和人才开发费用总支出金额的5%（中小企业为15%）进行扣除；或以课税年度前两年技术、人才开发费用的平均值为基数，对超过基数的部分给予50%的扣除。第四，企业的专职研究开发机构和产业技术研究合作组，进口科学研究或产业技术开发所需的物品，符合免税条件的，可享受减免一定比例的关税；按有关法令规定设立的特定研究机构和非营利法人研究机构，进口用于科技开发的物品，享受减免关税的优惠。

（2）在鼓励成果转化、企业化和市场化方面，韩国的做法是：第一，对新技术企业化的资产投资实行税前扣除或快速折旧，企业可以按投资金额3%（国产器材为50%）加速折旧。第二，对转让或租赁专利、技术秘诀或新工艺所获收入，公民按照合同提供自行研究开发的技术秘诀所获收入，可减免个人所得税或法人税（对转让给本国人所获收入，全额减免；对转让给外国人所获收入，减征50%的税金，但对于不可能在国内实现商品化而转让给国外的，全额免征）。第三，对技术开发先导物品在进入市场的初级阶段给予一定期间的减免特别消费税。第四，对工程技术振兴法规定的工程技术项目的信息处理及有关使用电子计算机的行业，自其开工后有收入年度起，六年内对该项目所获收入减半征收法人税。第五，对技术密集型中小企业（政府有明确规定），在创业初期给予一定期间的税收减免。

（3）在鼓励新技术投融资方面，韩国政府的做法是：第一，对新技术事业金融公司的投资获得的红利收入，所得税税率定为20%，并对该项收入分别课税。第二，新技术事业投资合作组或中小企业创业投资合作组在投资新技术中获得的红利收入，所得税征收税率为20%。第三，新技术事业投资公司转让其投资于新技术事业的股票或股份所获得的所得，免征法人税。第四，新技术事业金融公司投融资亏损准备金计入损耗的限度为该课税年度的投资金额和附加条件的融资金额及规定融资总额的50%。第五，中小企业创业投资公司，计入损耗的限度为该年度投资额的50%。投融资发生亏损时，其亏损金额应首先从投融资亏损准备金中抵扣，投融资亏损准备金在计入损耗的事业年度终了日以后的四年内抵扣，期满后的余额在计算事业终了年度的金额时，计入收益。

（二）韩国的风险投资政策

1. 韩国风险投资的发展状况

风险投资业在韩国整个新兴产业的形成和商品化过程中发挥了主要的促进作用，使科技成果由潜在的生产力转化为现实的生产力，使引进技术得到创新发展，直接造就了成千上万的就业机会，开辟了研究与开发经费的新用途，培育出许多企业家和管理人才，产品大量出口创汇，给政府带来巨额财税收入。2000年左右，韩国拥有有创业投资公司75个，总资产9663亿韩元（1美元约等于1200韩元），有创业投资组合103个，资产9194亿韩元（鲍晓华，2001）。

20世纪90年代后，韩国政府设立了产业基础基金和高技术产业发展资金。由于科技成果转化的风险大，过去投资公司采用投资项目群（很多不同行业的项目）来分散风险，以成功项目的高回报来弥补失败项目的损失，近年来则多投资高新技术产业，如信息产业、计算机、生命科学、新材料等，2001年韩国风险投资行业的分布情况，见表12-23。

表12-23　2001年韩国风险投资行业的分布

行业	计算机	电子行业	信息技术	医药/生物技术	通信	高科技行业总计	其他行业
比例/%	8.3	8.5	10.3	1.4	10.7	39.2	60.8

资料来源：亚洲风险投资杂志（AVCJ）

2. 韩国风险投资的特征

强调文化多元性的韩国，风险投资的形式也非常多样，既有类似于纯西方文化和经济学色彩的利用股权资本投资获取收益的美国模式，也有东亚文化与西方模式融合的金融机构和准政府投资公司提供贷款的日本模式。例如，韩国的银行、综合技术金融股份公司（KTB）等金融和准金融机构，提供各种附加条件贷款、技术开发贷款及垫付、租赁、代理融资等，为风险企业创新提供资金支持；也有大企业和庞大的以政府资金作后盾的养老基金、技术信用保证基金和创业投资公司等，作为高新技术的投资主体。

为了实现投资的创新目标，韩国还利用多元文化倾向改善投资环境，实行风险企业认证和评估制度，为风险企业经营提供政策咨询。同时扩大政府援助风险企业的资金规模，增加国家所属创业投资公司的低利贷款，设立韩国风险投资基金，吸引国外投资者参与韩国创新技术与新兴产业的投资与管理。在宽松政策的呵护下，韩国的风险企业从 2001 年的 10 431 家增至 2005 年的 40 000 多家，风险产业占 GDP 的比例从 5%增加到 18%，风险投资领域中知识技术含量高的制造业占 60.3%，信息和软件业占 33.5%（朱根，2003）。

3. 韩国政府对风险投资的支持

韩国风险投资的发展伴随着政府强有力地支持。经济出现复苏和进入快速增长的关键是要培育出新的经济增长点，以带动其他经济部门的发展，最终推动整个国民经济的成长，韩国政府正力图以发展风险投资为契机，发展高新技术产业，占据 21 世纪的战略制高点。韩国政府发展风险投资的特征表现在以下几个方面。

（1）政府对风险投资启动阶段的支持。为解决中小风险企业起步资金不足的困难，韩国政府部门积极参与风险投资，将它作为推进企业结构调整的重要内容。具体表现在：第一，创业资金上的支持。1999 年 10 月，时任韩国总统金大中亲自主持召开韩国政府第一届“全国中小企业代表大会”，提出发展中小企业和风险企业的五点方针以促进中小企业和风险企业更快地发展。第二，金融政策上的支持。1999 年，韩国政府把年均贷款利率维持在 4%～5%的超低水平上。利率调整主要是为了重点支援中小风险企业和出口部门。金大中总统就任后，曾把中小企业贷款利息降至 12%～13%，并努力使其降至 10%以内。第三，提供法律保障。韩国政府大力加强科技立法，1999 年专门颁布了《科技创新特别法》，明确规定了国家运用行政手段发展中小型风险企业的责任；在税收、金融、销售等方面实行优惠政策；组织国内外专家开展技术援助；向参与国家重点科研项目的中小型风险企业提供经费和技术指导；积极鼓励大学及研究机构创办风险企业等，以加大中小型风险企业的扶持力度。

（2）政府对风险投资运作阶段的支持。1998 年，韩国政府颁布了《风险企业特别措施法》（以下简称《特别措施法》），筹集 15 亿美元和民间资金参股共同建立风险投资公司（政府资金一般占 30%的股份），支持风险企业。《特别措施法》规定有政府股份的风险投资公司必须用 50%的资金用于风险企业，另 50%可经营其他产业。政府不派代表，不参与风险投资公司的管理，但有监督、制裁、退出等权力。《特别措施法》还制定了许多支持风险企业发展的条款。例如，国家建立 10 个风险企业评估机构，依据企业项目的发展前景、专利技术产品销售额等条件进行评估。凡被评为风险企业，可以享受所得税、法人税头七年全免、后三年减半的优惠；注册税和所得税 10 年间全免；免原料和设施进口关税等，甚至规定创办风险企业者可以免服兵役。

（3）政府对二板市场的支持和管理。韩国的二板市场又称"高斯达克"（Korea Securities Dealers Automated Quotations，KOSDAQ）市场，是为科技创新型中小企业服务的资本市场。1999 年，韩国政府先后出台了《搞活"高斯达克"市场的综合方案》、《健全"高斯达克"市场的政策》，为二板市场的进一步发展铺平了道路。2000 年，韩国政府将发行专门向二板市场上市企业投资的"二板市场专用证券"，到 2002 年这种证券的发行量扩大到 1 兆韩元。迅猛发展的二板市场有效地推动了风险企业的创业潮。

另外，民间投资对风险企业发展的作用不容忽视。自进人 1999 年以来，有利于风险企业发展的环境逐步形成，民间资金大量投向风险企业，解决了有发展潜力的风险企业的资金问题，增强了企业的技术力量，也改善了其财务结构。第一，从专业投资公司看，1999 年韩国先后成立了九家新的风险投资公司，到 1999 年年底，其总数超过了 80 家，这些风险投资公司建立的风险基金从 1998 年的 855 亿韩元上升到 1999 年的 1380 亿韩元。第二，韩国的一些大银行、证券公司也纷纷开展风险投资业务。第三，大企业有的是直接发掘有前途的风险企业进行投资，有的则是成立风险基金。第四，不少个人投资者或者自己寻找风险企业进行投资，或者通过“个人投资者俱乐部”对前景看好的风险企业进行投资。目前这种松散的、以个人直接投资为主的“个人投资俱乐部”又开始向有组织、间接投资为主的“个人投资合作社”发展。在 1999 年的研究开发投资中，民间部门投人达 10.2 兆韩元，比 1998 年增长 14.6%，1999 年以风险企业为主体的企业研究开发投资占企业销售额的比例已超过 30%（张玉柯等，2000）。

（三）韩国的公共采购政策

政府市场在韩国的经济中占有较大比例，主要包括中央、地方机关团体和其他政府组织（包括韩国一些大的国有企业）的经济活动及政府投资的项目。与世界上许多发展中国家一样，韩国一直实行公共市场集中采购制度，由专门的政府部门负责公共部门所需物资的计划审批、合同的制定、价格的确定、签订合同及货物的供应。按照韩国《国家合同法》规定，金额超过 5000 万韩元的政府采购合同应由中央政府专设采购部门“采购供应厅”执行。1995 年，通过这个中央部门集中进行的公共采购总额为 4.4 万亿韩元。

1. 政府采购制度规定

韩国的政府采购制度规定，合同金额在 2000 万韩元以上时，要使用竞争的程序授予合同。政府采购合同的签约方式有四种：①公开竞争合同，即通过公开招标授予政府物资、劳务和工程采购合同；②有限竞争合同，指通过有限竞争招标授予采购合同，即在一定的范围内发出招标通告，进行投标人资格预审限定投标人数量，经过投标、评标，选出合格中标人并授予合同；③指名竞争合同，即对于有特殊规格、技术要求的采购，特邀数个企业参与投标；④随意合同，指当采购金额在2000万韩元以下，或有采购内容机密等其他特别情况，符合有关法律规定的条件时，可用直接洽谈的方式签约。

2. 有关政府采购的立法

韩国的政府采购法有基本法规也有实施细则，各项规章十分详尽，法规对于招标采购前后的每一过程都有一个专门的条文或文件，多达几十种，其中直接规定招标程序方面的条文主要是：①《供货商或制造商的登记程序与资格的规定》，韩国实行参与招标的供应商或制造商的登记制度，由企业自愿申请，国家定期审查，合格的供应商或制造商录入供应商的企业名单，政府招标采购时，名单内的供应商可参加投标，不必再进行资格审查；②《标底制定的程序与方法》，用以保证标底制定得科学、合理，使招标达到预期的效果；③《投标商资格条例》，主要用于在国际招标时对外国投标人的审查，其中规定了资格审查的标准和程序，从而保证了国际招标的透明度和公平性；④《国内外采购条款》，规定采购应有的形式，招标的程序等；⑤《投标文件、标单标准格式》，根据国际招标与国内招标的不同，招标项目的不同，设计制定出13种招标文件格式，作为招标采购法细则的一部分。

3. 集中招标采购的效果

第一，通过招标管理使行政采购作业标准化、专业化，带动了相关部门工作效率的极大提高。第二，实现了组织机构的集中、方便统一管理；各部门的采购制度趋向完整一致。第三，由于部门集中、管理集中，管理人员和招标采购操作人员分工更细，突出了工作人员的专长，同时考核了其能力，为科学化人事管理定下了基础。第四，加强了各部门之间的联系。每一个招标采购环节都有相应的法规细则和工作程序，在改善部门工作方法的同时也推动了其他部门工作效率的提高。

（四）鼓励创新的法律法规建设

1967 年，韩国政府将原隶属于经济企划院的科技处升格为科技部，先后颁布了《科学技术振兴法》、《韩国科学与工程基金会法》、《韩国科学财团法》、《基础科学研究振兴法》、《新技术事业金融支援法》、《科学技术创新特别法》等数 10 项鼓励创新的科技法规。在财政预算中设立“技术开发资金”、“技术开发预备金”、“共同研究资金”等，对创新主体的 R&D 活动提供低息贷款和财政补贴，所需设备免征进口关税；对经营性的科研机构减免税收；成立韩国技术银行咨询公司，专门为企业科研机构的技术开发、转让和创新活动提供金融支持。

1982 年，韩国政府设立了直接由总统出任主席的国家科学技术最高审议机构——科学技术振兴扩大会议，政府、产业界、学术界和金融界共同制定符合国家发展目标的促进科学技术发展和创新的政策。1990 年 7 月，时任总统卢泰愚宣布“科技立国大德宣言”，动员全民集中力量和智慧建立“官、民、学、研”四位一体的科技创新体制，力争全面赶上国际先进水平。1991 年年底，韩国政府制订了雄心勃勃的官产学研合作的“高级先进国家计划”，其目标是到 2001 年把韩国的科技力量提高到世界一流工业发达国家的水平。1994 年韩国政府制定了《产业技术基础设施促进法》，提出加强技术人员培养；建立技术信息网络，扩散产业技术信息；扩充对大学、研究机构和中小企业的基础设施；构筑产学研合作体制；支持高新技术企业的孵化和创业等。

1997 年 3 月，韩国政府通过《科学技术创新特别法》，它是韩国建立国家创新体系的法律基础。该法制订了 1997～2002 年科学技术创新五年计划，包括国家研究开发事业推进计划、基础研究振兴计划、企业技术开发与援助计划等八项计划。该法律规定增加对科学技术的投资，该投入占政府总预算的比例将从 1998 年的 3.8％逐步提高到 1999 年的 4％和 2002 年的 5％。为促进国家重点研究开发成果的产业化，该法律还规定：技术开发成果的产业化将优先得到长期低息贷款；国家重点研究开发事业的知识产权和产业财产权无偿转让给企业实施；参与国家重点研究开发事业的研究人员派遣到企业；参与开发成果产业化的企业研究人员派遣到海外研修等。

从20世纪90年代末起，韩国政府相继制订了“韩国科学技术发展长期计划”（1995～2001年）、“开创性研究振兴10年计划”（1997～2006年）、“科学技术创新5年计划”（1997年7月～2002年6月）等，力争使韩国整体科技水平和创新成果到2010年达到西方七国的水平。1998年4月，政府提出建立技术创新网络，提高研究效率，构建以科技为中心的国家创新体制的中长期科技政策，新设立了总统任委员长的国家科学技术委员会，以加强政府制定和实施创新政策和科技政策的宏观调控能力，健全和完善国家创新系统。

四、韩国的中小企业创新政策

从20世纪50年代起，韩国的经济得到了迅速发展，中小企业的贡献很大，而这又是与韩国政府对其的大力支持和扶植分不开的。

（一）韩国中小企业及其创新现状

1997年韩国中小企业的数量总计约为267万个，占韩国企业总数的99.1%，雇员人数达到826万人，占全国雇员总数的74.3%。中小企业产品出口占韩国总出口量的41.8%。韩国大约有96 000家中小制造企业，占制造企业总数的99.1%。每个企业雇工在5～300人，总计雇工约200万人，占制造业雇工总数的69.2%。他们生产的产品价值总量及新增价值量分别为187.92万亿韩元和82.28万亿韩元，相应的，分别占该行业的46.8%和47.2%。最具活力的中小型制造企业是那些雇工5～48人的企业，代表了91.6%的中小制造企业，同时也代表了58.6%的雇工总数、45.0%的总产量和46.4%的新增价值量，见表12-24。

表 12-24　韩国中小企业在全国企业中的地位

分类	企业数量	雇工数/千人	产量/百万吨	新增价值量/十亿韩元
1996 年企业总计	97 144.00	2 898.00	401 953.00	174 215.00
其中中小企业总计	96 144.00	2 006.00	187 926.00	82 281.00
1996 年中小企业的比例/%	99.10	69.21	46.80	47.20
1997 年中小企业的比例/%	99.60	69.30	46.30	46.50

资料来源：丁士军和朱丽芳（2000）

20 世纪 80 年代初期，韩国的中小企业与大企业比较，技术相对落后，资金相对匮乏，劳动力成本相对较高，中小企业的竞争力相对较弱，韩国政府对提高中小企业的技术含量颇为重视。从 20 世纪 80 年代中期开始，政府实施 R&D 计划，鼓励企业建立自己的科研机构，承担国家的科研计划任务，从事科技创新活动。大企业的科研机构从 1982 年 96 个增加到 1997 年 782 个，中小企业从 1982 年的 1 个研究所增加到 1997 年的 2278 个，出现了超常规发展。这些科研机构的建立，极大地促进了中小企业的技术创新能力，推进了产品的升级换代。目前，韩国中小企业的 R&D 投入平均占各企业销售产值的 2.6%，进入了发达国家的行列，中小企业 R&D 的投入主要集中在医学、精密光学仪器、电子和电器设备等行业。

（二）韩国鼓励中小企业创新的各种政策

为了发展中小企业，增强中小企业的创新能力，提高其产品在国际市场上的竞争力，韩国政府制定了一系列与中小企业有关的技术与资金方面的优惠政策，并通过韩国中小企业事务管理局具体组织实施（尹邦奇，1999）。

（1）免除兵役政策。针对中小企业的科研机构聘用科技人员和工厂中聘用技术人员的困难，中小企业事务管理局实施了科技人员聘用计划，在中小企业研究所中工作满五年的科技人员可免除兵役；在中小企业工作满三年的技术人员可免除兵役。

（2）中小企业的技术开发财政援助政策。中小企业技术创新的最大难题就是资金问题。因此，在新产品的开发和现有产品的改进过程中，其开发成本的 75%由政府提供援助，最高额可达 1.5 亿韩元。项目开发成功后，政府将拿出原提供给该项目开发援助金额的 30%奖励企业。

(3) 地方中小企业科技创新的财政援助政策。为发展地方中小企业，解决产品的关键技术，在某地只要有10个以上中小企业和大学就可以建立一个技术协会。这个技术协会的科研活动的经费由中央政府出资50%，当地政府出资25%，协会中的中小企业共同出资25%。1995年全国已建立了50个技术协会。

(4) 国家技术开发信贷担保基金。为解决中小企业贷款困难的问题，国家规定中小企业可向中小企业事务管理局申请，通过中小企业事务管理局向国家技术开发信贷担保基金推荐，就可获得贷款。其中当企业贷款额在600万韩元以下时，无需评估只通过简单程序就可以得到贷款。企业贷款金额超过600万韩元以上时，则要通过正常的评估程序，进行贷款，但还可获得比申请贷款额多25%的额外贷款。

(5) 为不同领域的中小企业合作与交流提供财政援助。政府为加强和鼓励不同领域中小企业之间在技术、组织和管理能力、信息等各方面的合作和交流，达到优势互补、取长补短、共同发展的目的，建立中小企业合作组织、相互交流、共同参加R&D活动。对成熟技术的产业化进行指导，对各企业进行一系列的技术服务和技术咨询等，每年提供相应的补助经费。

(6) 中小企业技术指导政策。针对当前国内外日趋严峻竞争的环境和日新月异的技术发展，充分利用企业、大学和科研机构的专家对中小企业提供技术服务，及时解决当前中小企业所面临的技术和生产困难，不断提高技术创新能力，特别注重自动化技术和质量控制技术等方面的问题。在中小企业促进会中建立中小企业的工作环境、更新工作技能、提高企业的生产率等提供全方位的培训服务。

(7) 免费提供测试和试验设备。由中小企业事务管理局将大学、政府研究机构和大企业的仪器设备清单和使用方法公布给中小企业，中小企业可以免费使用，或者只收取极低的成本费用，这样有利于中小企业开展技术创新活动，同时提高了企业的技术含量和产品质量。

(8) 政府优先采购政策。政府部门和国有单位优先采购经中小企业事务管理局推荐的中小企业生产的产品，这项措施有利地促进了中小企业产品质量的提高。

（9）中小企业初创时期的财政援助政策。包括三个优惠政策：第一，中小企业事务管理局通过国家技术开发信贷担保基金提供中小企业三年以内的财政资金；第二，中小企业事务管理局通过中小企业促进会提供七年期贷款；第三，中小企业事务管理局通过风险公司提供风险资本，提供 14 年以内的风险投资。目前，韩国共有 61 个风险投资公司。

（10）中小企业初创时期的孵化政策。拥有产业化前景技术成果的科技人员，在缺乏资金、设备和管理能力时可以得到孵化中心提供各种条件进行孵化，时间一般不超过两年，韩国已建有八个产业孵化中心。

第四节　欧盟的创新政策

一、欧盟创新政策的演变及现状

20 世纪 90 年代，欧洲经济普遍出现停滞，创新被欧盟各国用来作为促进经济增长和创造就业机会的一个重要战略。1995 年 3 月初，欧盟在西方七国集团信息社会部长级会议上提出建立“全球信息社会”，计划在未来 10 年投入 2000 亿欧元发展欧洲的“信息高速公路”。1995 年，欧盟发表了具有深远影响的《创新白皮书》，各成员国将创新作为促进经济增长的重要途径，给予了高度的重视。1996 年，欧盟制订了首个《欧洲创新计划》，确定了创新是一个系统的观点，提出了三个主要目标：第一，形成一个真正的创新文化；第二，创造一个有利于创新的法律和金融环境；第三，促进知识生产。扩散和使用各部门之间的联系（陈劲和王飞绒，2005）。1999 年，欧盟发布了“创新趋势图”计划，搜集和分析全球创新政策信息，以发现促进经济发展的创新政策和趋势。

创新政策在欧盟发挥着重要作用，欧美都重视通过政策引导和结构改革提高经济绩效。在2000年的经济政策指导纲要，欧盟推荐了一些政策措施，主要通过提供适合的创新条件，增加私营企业参与创新，改善研究与开发的合作关系，启动高新技术项目和改善风险基金的功能，来培育知识驱动型经济在欧盟的发展。

欧盟不仅高度重视科技的创造发明，更重视科技的产业化，把科技与经济的结合作为其科技创新政策的主旋律。这些政策集中反映在"尤里卡计划"上。"尤里卡计划"创立于1985年7月18日，是西欧国家在20世纪80年代为应对美国、日本日益激烈的竞争所制订的一项在尖端科学领域内开展联合研究与开发的计划，目标主要是提高欧洲企业的国家竞争能力，进一步开拓国际市场。"尤里卡计划"最显著的特点是，它并确立具体的研究项目，而是一个供欧洲合作的"开放框架"，实行"自下而上"的原则，由基层参加单位自立地选题和确立合作伙伴、合作范围及合作方式。

"尤里卡计划"规定，申请的项目必须具有明显的技术创新和商业化性质；项目的最终目标必须是获得一个新产品、一种新工艺或一种商业化的新服务。不仅如此，这一计划还有"三包"策略：包研、包产、包出厂，即只有当产品真正出厂才算完成项目。这样就能把企业和科研机构紧密地结合在一起，解决了科学研究与市场需求相脱节的难题。据欧盟的统计，20多年来该组织支持的科技合作项目超过2600个，金额超过220亿欧元，汇集了600多家大型企业集团、1100多家中小企业、500多个研究机构、400多所大学、50多个政府部门和36个成员国，有力推动了欧盟国家中小企业进行跨国科研合作①。目前正在开展的项目已达740个，研究预算超过54亿欧元。另外，还有来自公共与私人基金的230亿欧元为尤里卡计划的展开、科研与创新的成功提供了强有力的资金支持，并由此取得了一些关键性的研究成果，包括：移动电话(GSM)标准、高速列车(TGV)的控制系统，用于安全系统的微型电子晶片，以及未来能给所有欧洲汽车提供卫星定位的

① 欧洲尤里卡计划投入金额已超过220亿欧元．中华工商时报，2005-04-07

共用软件系统、水泥构件储存二氧化碳和淡化水的新技术等。

除了“尤里卡计划”外，欧盟还制订了“欧洲科技合作计划”，提倡各成员国之间的科技交流和产业合作。1997 年 7 月，欧盟委员会发表了《2000 年议程》，提出“将知识化放在最优先的地位”。2002 年 3 月，欧盟在里斯本召开的理事会提出：欧盟应该提升创新水平以应对全球化和知识经济的挑战，强调社会整合，在未来的 10 年中争取成为全球最有竞争力和具有活力的知识经济区域。同时发布了《在知识经济中的创新》(2000 年）的文件。为达到设定的目标，欧盟从 2000 年开始颁布欧盟创新政策的年度报告、汇报、定性分析和展望各成员国的创新政策；并从 2001 年开始正式发布欧盟成员国创新成绩表，利用创新指标体系对成员国的创新成绩进行定量比较，分析优势和劣势。这些文件从 2002 年的版本开始都包括了申请加入欧盟的候选国家的数据和信息（黄灿，2004）。

高度重视创新政策，是近 10 多年来欧盟的一个新特点，创新政策已成为连接教育、工商业和研究等传统领域的一种新的政策。目前，各成员国的创新政策呈现一些共同的趋势：①各成员国制定了一些创新政策，如刺激企业从事科技研究，增强企业的创新融资能力，提高中小企业技术吸收和创新管理能力；②一些国家正考虑优先制定构建创新系统方面的政策，如加强研究机构、大学和公司之间的创新合作，提高企业间和在创新过程中涉及的其他组织之间的“集群化”和其他形式的合作，鼓励成立技术型企业；③制定创新型企业简化管理的程序，利用税收和其他直接方法来鼓励创新和研究，提高公众对创新的意识；④研究创新的系统方法，增强国家和地方创新系统之间的互补性，寻求公共机构和私营企业之间合作的新形势，探索作为创新加速器的公共政策的新作业，实现创新的全球化（陈劲和王飞绒，2005）。

经过多年成功与失败的尝试，欧盟各国现在一般将政府有关创新的决策目标主要放在四个方面：第一，在竞争前的研究阶段，重点放在信息和通信科学、新材料和生物技术；第二，在商业化阶段，重点放在技术对整个工业的传播和扩散上；第三，承认在发展以科技进步为基础的新工业活动中，风险资本在企业的诞生中起着非常重要的作用；第四，注意到创新和扩散问题的国际性，给予国际合作以最优先的考虑。

例如，在德国，面向21世纪的中长期研究科技创新政策的核心是发展用于工业生产和服务行业的尖端技术，保证德国企业的市场竞争能力，加速信息社会的进程，大力发展生物科学技术、核聚变、航空等具有长远战略意义的高科技领域内的科学研究工作，提高技术创新能力，促进科技成果尽快实现工业化和商品化。在德国的科研创新体系中，政府除承担一部分科研项目外，主要是进行技术推广和帮助创办高新技术企业①。

铸造产、学、研一体化链条，加速创新知识的产品转化方面，是德国创新政策体系的核心内容。德国特别重视科技界、高校、企业界和政府部门的交流，千方百计促使各类相关单位和人员参与创新网络，并通过他们的紧密合作，全力以赴把各种创意、方法和研究成果转换为成熟的新产品。同时，综合运用政策导向，实行社会研发资源共享，充分利用现有设备，快速传播信息和知识，使研究成果得以迅速应用。德国还高度重视企业创新活动，先后制订“工商企业研究开发人员增长促进计划”、“企业技术创新风险分担计划”、“中小企业研究合作促进计划”、“小型企业服务投资促进计划”和“欧洲复兴创新计划”等，形成强有力的推动企业开展创新活动的政策体系。德国还加强普通教育与职业培训，为创新提供高素质的人力资源。德国有关法律和政策规定，实行12年制义务教育，公立学校学费全免；教师为终身公职人员，必须受过高等教育（张明龙，2008）。

法国对科学研究的组织和管理起步较早，1930年就设立了国家科学基金会，并于1938年创立的国家研究中心（CNRS）。1958年，戴高乐总统设立了直属于总理的科学技术研究总务厅（DCRST），加强了科学技术活动的整体计划性（林慧岳，1999）。根据查纳隆（1990）的研究，法国创新政

① 德国的“科研创新体系”——国家、企业和人的统一．科技日报，1999-08-26

策的基本设想表现在两个方面：第一，认为“大的效率高”，认为要提高研究开发项目的规模，国家制定的研究开发计划不论是在创造科学知识方面，还是在将技术转让给工业的机会方面，都是最有效的。第二，认为“分散化好”，这一观点始于 20 世纪 80 年代末，在 1983 年 1 月成为法律。当年，此法律赋予地方当局具有使用自己财政的手段，实行自己经济政策的权力。“合同规划”的概念使地方当局发挥了制定和管理地区科研项目的积极性和创造性。在 1081～1985 年，法国科学政策的许多根本性变化之一就是成立了地区科技顾问委员会，它包括地方当局和当地的大学，以便采纳对科技政策有益的各种意见。

英国在 1916 年设立了科学与工业研究部（DSIR），协调科学应用与产业的关系，接着又在 1920 年设立医学研究会议(MRC)，1931 年设立农业研究会议（ARC），成功地推进了生物领域和农业领域的研究开发，1959 年，设立科学部（林慧岳，1999）。

二、欧盟的主要创新政策

鼓励企业大力开展技术创新活动，得到欧盟各国的普遍重视。这就要求各国政府制定各种有关技术与创新的政策手段，以适应不同的经济与社会发展背景。这些政策集中反映在一些重要的创新报告中。

（一）欧盟《创新绿皮书》

认识到技术创新被认为是国际间经济竞争的重要因素，欧盟于 1995 年 12 月发表了《创新绿皮书》（Green Paper on Innovation），详细分析了欧洲创新的环境，提出了一整套改善创新环境的建议（汤世国，2002）。其重点包括以下几个方面。

1. 促进创新文化的发展

主要措施包括：第一，改进教育与培训。第二，鼓励科技人员流动。欧盟采取各种手段和措施来促进人才流动，如在研发的长期合作项目中，把科技人员流动费用记人有效成本。建立一套有效的可运作系统，鼓励科技人员流向企业。第三，提高全社会的创新意识。欧盟将逐步完善各种措施，尤其是通过与欧洲电视网络系统的合作来推动全民参与技术创新计划。第四，改进和完善企业管理。欧盟决定采取一些实验性措施来促进区域创新网络化的建设。

2. 营造一个有利于创新的环境

主要内容包括：第一，建立有序的法律与行政环境。包括建立欧盟专利体系、加强智能财产保护、简化新兴产业申办的手续等。第二，建立有利于技术创新的金融与税收环境。包括发展资本市场、建立有利于创新的财政与调控机制、加大对创新的投入经费、改进无形投资的税收制度等。

3. 建立研究与开发机制

主要内容包括：第一，加强产学研之间的有效联系。包括强化企业的研究与开发，兴办高科技产业，加强公共研究机构、大学和企业间的合作，增加中小企业吸收新技术和新知识的能力，开展创新示范活动，注重创新的社会效益。第二，将中小企业与创新有关的问题纳入总体规划。包括建立与之相匹配的各种政策与法规，修改和严格执行项目计划评审标准，更加注重计划的新颖性，通过示范项目，强化各专项计划研究成果的开发和知识的扩散；加强大企业在技术创新过程中与中小企业的合作，加快技术转移，促使中小企业更多地参与研发活动中。

（二）欧洲创新的第一个行动计划

欧盟于 1996 年 11 月 20 日通过了第一个欧洲创新行动计划（First Action Plan），充分展示出欧盟以技术创新为重点的跨世纪发展战略。

第一个创新行动计划采纳了仍在发展和研究之中的创新的系统观，提出了欧盟创新政策发展的建议和方案。其中重要的一个内容是开展趋势图表（trend chart）项目，该项目的宗旨是为欧盟创新政策的决策者提供各成员国在创新方面综合信息，包括统计资料、政策汇总、各成员国的竞争态势和未来的趋势等。趋势图表项目可以说是欧盟成员国之间进行创新标杆比较（benchmarking）、政策的相互学习和交流的一个平台，也是欧盟层次上创新政策协调的一个体（汤世国，2002）。

第一个创新行动计划不仅适用于20世纪90年代末占主导地位的社会—经济环境，也是欧共体当前和今后创新政策的发展框架。在这一点上，于1999年初正式推出的欧盟第五个框架计划引入的若干新的要素特别是“创新与中小企业”专项计划，反映了欧盟委员会为了更好地将欧洲的研究同创新联系在一起所提出的新挑战。

“创新与中小企业”专项计划属于横向计划，其经费总额达到3.63亿元，跨度为四年。这一专项计划的目标是促进为促进第一个创新行动计划而开展的创新活动，鼓励欧洲中小企业发挥更加积极的作用，并为它们参与第五个框架计划提供方便。

第一个创新行动计划重点解决三个主要问题：①如何促进欧洲创新文化的形成（重点在教育培训、人才流动、公司的创新管理）；②如何保证欧洲的环境使创新能够成长（重点在建立有利的法规和行政管理框架及知识产权）；③如何改善欧洲研究能力与创新的联系（重点在新科技企业的创办，特别是大学科技人员创办科技企业）。围绕这三个问题，共提出了17条实施行动方法建议（汤世国，2002）。

（三）欧洲创新趋势图

“欧洲创新趋势图”（Trend Chart on Innovation in Europe）是欧洲委员会（EC）于2000年年初，在“创新与中小企业”专项计划的框架下建立的，其作用是介绍有关欧洲创新的共同参考框架。主要意图是发展一种分析欧洲创新政策的工具，收集与创新政策相关的统计和指标信息，从而从定量和定性两方面评价欧洲的创新绩效。创新趋势图的最终目的是鼓励政策制定者在鉴别和交流先进经验基础上的学习过程，从而改善创新政策的决策基础。从这种意义上说，创新趋势图可被认为是欧洲旨在促进政策知识扩散的一种重要的创新政策计划和协调工具（汤世国，2002）。

“欧洲创新趋势图”的主要目标包括：①改进资料基础与分析基础，以便更好地理解创新的法律框架与管理框架及创新的政策影响；②分析政策趋势，比较创新的成就，并揭示卓有成效的方法、成功的实践和一些措施的效果；③提供持续更新的创新政策信息，便利成员国、协作国和欧共体之间就创新的成就与政策进行的多变信息交流；④建立一个用于讨论、分析、跟踪和制定有利于创新的政策建议与方案的欧洲平台，建立共同的欧洲参照框架；⑤改善创新政策决策过程的基础。

三、欧盟的中小企业创新政策

在欧盟的创新政策中，对中小企业的扶持占有重要地位。中小企业在欧盟的技术创新中占有十分突出的地位。据统计，在欧盟的全部企业中，高科技中小企业站到总数的 1/3。近年来，欧盟推出了大量的创新政策，以鼓励中小企业技术创新、扩大融资、拓展市场空间等。

欧盟认识到，中小企业自主创新对于增强欧洲工业竞争力至关重要。为此，欧盟将大力促进中小企业创新列为其中小企业政策的总目标之一。在欧盟《创新绿皮书》的行动路线中，专门为加强中小企业的创新设立了一项行动计划。欧盟的《中小企业多年度计划》提出了许多支持中小企业创新的措施，如支持有潜力的中小企业特别是高技术企业的发展，鼓励和促进私人资本投向高新技术产业，鼓励中小企业参加欧盟的研究开发计划和创新计划等①。

欧盟促进中小企业技术创新的主要措施体现在金融支持、技术支持和环境支持三方面。

（一）欧盟中小企业的金融扶持政策

1. 欧盟举办中小企业与银行的圆桌会议，帮助建立良好的银企关系

中小企业与银行的圆桌会议开始于 1995 年 9 月，以后每年召开一次，目标是邀请来自银行和各中小企业部门的专家就中小企业和商业银行的关系发表看法，以此建立中小企业与银行的良好关系，欧盟委员会

① 一些国家和地区如何扶持中小企业．经济日报，2007-01-09

在此扮演会议秘书和“催化剂”的角色，帮助解决彼此之间的分歧，以求达成共识。

2. 成立针对中小企业的资本市场

1995年和1996年，欧盟执委会相继正式通过了两个关于“为中小企业服务的欧洲资本市场”的决议。自1995年以来，一些股票市场被建立起来以满足中小企业的需要，尤其是那些高速成长的中小企业。伦敦的“选择投资市场”（Alternative Investment Market，AIM）于1995年成立，巴黎的“新市场”于1996年建立，法兰克福、阿姆斯特丹和布鲁塞尔的股票市场也于1997年建立，一起组成“欧洲新市场”（EURONM）。另一个泛欧洲市场欧洲证券商自动报价协会（EASDAQ）于1996年在布鲁塞尔建立，集中为中小企业，特别是高成长的中小企业筹集资金。

1995年6月，伦敦的“选择投资市场”（AIM）启动，到2000年4月融资总金额就超过了50亿英镑（75.8亿美元），AIM市场的资本价值已达141亿美元，是开业初期的150倍；1996年3月20日，巴黎“新市场”正式开始运作，四年后在巴黎“新市场”上市的公司已达123家，累计融资22.65亿欧元；EASDAQ由来自12个国家（其中九个欧盟成员国）的90多个金融机构所拥有，并于1996年9月30日正式开始交易，不到两年就有26家上市公司，总值达12.3亿欧元。

3. 加大欧洲投资银行对中小企业的政策支持力度

在改善中小企业融资条件方面，欧盟设立了专门的融资机构：欧洲投资银行和欧洲投资基金。

欧洲投资银行（EIB）是欧盟的发展银行，其资金的90%用于欧盟不发达地区的资金项目，其余的10%用于东欧国家或者与欧盟有联系的发展中国家，它对中小企业的支持主要体现为对创新型中小企业或处于扩大期的中小企业优惠贷款，为修建跨欧洲基础设施网（交通、通信、能源）进行投资，为企业与第三国合作提供融资方便。欧洲投资银行通过综合贷款间接地为中小企业投资筹措资金，这是由负责研究中小企业项目的商业银行根据欧洲投资银行的指导原则做出的贷款。

欧洲投资基金被认为是世界上第一个国际性中小企业信用担保机构，它向中小企业提供信贷融资担保的工具包括：中小企业担保机制，为企业有关信息和通信技术投资提供担保，重点是帮助雇员不超过 50 人的小企业；欧洲技术推广机制，为具有潜力的、处于开创或成长时期的高新技术企业提供风险投资，最多占投资总额的 25%[①]。

1）欧洲投资银行对中小企业的综合贷款

自从 1990 年以来，欧洲投资银行向 45 000 家以上的中小企业提供融资，这些资金中的将近 45%给予工业和服务业，这些中小企业的 80%以上雇员少于 50 人，97%少于 250 人。超过 25 000 项业务涉及被援助地区的投资，大约 13 000 项在这些地区之外。为了促进商业银行对中小企业贷款，欧洲投资银行综合贷款项目同时向 12 家银行和金融机构提供超过 20 亿欧元的信贷限额。

2）欧洲投资银行为中小企业提供更多的就业机会

欧洲投资银行专门启动 10 亿欧元的贷款基金，对每创造一个工作给予的最多贷款为 30 000 欧元，并且在五年中给予每年 2%的利率补贴，这样每创造一个工作在五年中获得的利率补贴可达到 3000 欧元。这种利率补贴由欧盟财政预算支出，由欧洲投资银行管理。

3）阿姆斯特丹特殊行动项目

1997 年，欧洲投资银行根据阿姆斯特丹欧盟理事会关于“增长与就业创造”的结论通过了一个三年项目即阿姆斯特丹特殊行动项目（ASAP），该项目向银行或者金融机构提供 21 900 万欧元，将欧洲投资银行融资的重要部分用于对高度劳动力密集型中小企业的投资。其投资项目包括四个方面：城市重建；教育和健康投资；落后地区发展和经济结构调整；保护环境。

---

① 一些国家和地区如何扶持中小企业．经济日报．2007-01-09

4）欧洲投资基金对中小企业的政策性投资成为中小企业发展重要的资金来源

1996 年创立欧洲投资基金（EIF）的目的是对跨欧洲的项目和中小企业提供贷款和担保。在欧洲投资基金的 20 亿欧元的捐赠资本中，40%来自欧洲投资银行、30%来自欧洲联盟、30%来自所有成员国中的 80 多家金融机构（大多数是银行）。

EIF 对中小企业的支持表现在两个方面。

第一，给予中小企业贷款担保。欧洲投资基金可以提供的担保总额最多能够达到其捐赠资本的 8 倍，即 160 亿欧元。中小企业的业务额占欧洲投资基金总业务额的 35%。欧洲投资基金也可投资于那些专为中小企业资本融资的企业股票。在这种股票投资中（占其业务额的 5%），欧洲投资基金集中参与具有高增长潜力企业的风险资本投资，特别是那些发展和利用新技术或者新产品的企业。

第二，“增长和环境”引导项目。1995 年 12 月，欧盟执委会与欧洲投资基金签订了一个关于实施“增长和环境”引导项目的协议，根据协议，欧洲投资基金为少于 100 名雇员的中小企业（倾向于少于 50 名雇员的企业）提供部分贷款担保，用于可以带来重大环境利益的投资。这种贷款担保措施使中小企业能够获得更为有利的融资贷款条件。欧洲投资基金的担保使得中小企业不仅能够获得贷款资源，而且具有较低的利率。

（二）欧盟中小企业的技术扶持政策

1. 制定欧盟企业统一的质量技术标准和认证体系

欧盟成立后的初期，各成员国企业缺乏统一的质量技术标准。欧盟委员会致力于统一中小企业的技术标准，并将其上升到增强中小企业国际竞争力的全球战略的高度。欧洲质量管理委员会于 1997 年设立了面向中小企业的欧洲质量奖，以鼓励欧盟中小企业采用欧盟统一的质量体系和技术标准；同时欧洲商业与工业委员会和欧洲信息中心（EIC）启动欧洲质量工程，以帮助中小企业了解各行业的技术基准。

为了更进一步推进中小企业统一的质量标准，欧洲标准化委员会（CEN）和欧洲电子技术标准化委员会（CENELEC）联合设立了手工业中小企业标准化局(NORMAPME)，专门负责推进中小企业标准化。

2. 激励中小企业参与研发

为激励中小企业参与研发，欧盟委员会设立中小企业研发奖金，各成员国的中小企业提出一个为大家共同关注的项目均可获得一定的资助，一般可承担 75%的研发费用或 45 000 欧元。同时欧盟推出合作研究计划（CRAFT），鼓励中小企业与大企业共同开发，欧盟的资助一般可达到 50 000欧元或承担 50%的研发费用。欧盟中小企业的研发主要涉及工业技术、生命科学、环保、非能源、运输、信息技术等。

3. 组织技术交易，建立技术流通网络

作为创新系统模式的一种反映，网络和集群的形成、创新因素的相互作用及知识的流动已逐渐成为各成员国优先考虑的政策。过去一些国家倾向于鼓励双边合作，很少涉及其他主体或部门之间的合作。现在从单一企业支持开始转变为多边支持。

比利时的 PLATO 是一个指导 SMEs 的计划，培育了大公司与小公司之间的互换机制。通过公共机构和大型企业的帮助来促进中小企业的发展。该计划的第一个目标是通过吸收大企业的经验，培训中小企业来支持他们的发展与壮大。第二个目标是提高中小企业的管理能力和培育企业家，通过雇工在大企业的工作来更好地理解中小企业的含义。该计划被证明非常有利于中小企业的发展，促进中小企业与大型企业之间的合作与网络建设，有利于经验的交流，因此，被广泛推广，已在五个欧盟国家执行。1999 年丹麦政府执行了一系列计划，通过组织创新来促进集群化，特别是提高企业组织创新能力来提高企业运用创新的比例。未来几年里，更具弹性的组织模式将从 20%提高到 50%。已有 11 个地方超过 239 家企业签订“人员交换合同”，通过建立网络来使企业的组织更具弹性。

1996 年 11 月在布鲁塞尔举办第一个“欧盟中小企业技术日”，会议吸引来自 21 个欧洲国家的 800 多家企业和投资机构的代表，与会的企业中绝大多数为中小企业。会上，中小企业可寻找新的研发项目，同时也可以出售研究成果或寻找合作伙伴，此后“欧盟中小企业技术日”每年举办一次，逐步成为技术交易和转化的中心。

欧盟还成立创新传播中心（Innovation Relay Center）。创新传播中心是非营利组织，创新传播中心有 52 个分中心，每个中心为当地的这些中小企业创新技术提供潜在购买者的信息。创新传播中心的工作人员都在相关的领域有相当的经验，对相关领域的技术进展有很好地了解，他们的建议往往对技术交易产生重大的影响，1995 年通过创新传播中心完成的技术转让达 489 项，1995～1996 年与之保持联系的中小企业达 39 337 家，得到帮助的达到 7052 家。

（三）欧盟改善中小企业生存环境政策

中小企业由于本身力量较弱，在市场竞争中往往处于不利地位，因此欧盟对中小企业的支持首先是改善中小企业生存环境。1997 年，欧盟委员会发起了一个题为 BEST（Business Environment Simplification Task Force）的行动计划，以改善企业的生存环境。企业生存环境主要包括行政、立法、财政、金融等方面的内容。

1. 在行政上，简化行政机构和行政手续，避免给企业带来负担

欧盟委员会和各成员国达成共识：在对中小企业提供最好的服务的同时，尽可能避免给企业带来负担。为此欧盟委员会成立中小企业专家委员会，对中小企业进行调研，与来自欧盟各成员国的中小企业代表对话，在此基础上形成意见书，供欧盟委员会和各国政府参考。

2. 在立法上，本着“先考虑小的”的原则保护中小企业利益

欧盟的经济立法原则是市场的公平和效率。但由于中小企业竞争的弱势地位，欧盟立法将保护中小企业的利益放在首要位置这一精神体现在欧盟单一市场法案（Single Market Pyogram）及其补充文件 SLIM（Simpler Legislation on the Internal Market）上，其目的是保证市场更透

明、更有效率。

3. 在财政上，实施财政补贴，制定统一税则，简化关税条例

欧盟对中小企业普遍给予一定的补贴，主要用于中小企业的技术创新和环保改造，而这种补贴一般比对大企业的同种补贴高出 10%。 1996 年欧盟委员会成立税收政策小组，税收政策小组发布一篇题为“欧盟的税收：关于税收体制改革的报告”的报告，建议制定统一税则。 1996 年 12 月欧洲会议通过新关税法案《关税 2000》，新法案简化税收目录，使中小企业易于操作。

4. 在信息服务上提供经济的支持

为中小企业进行技术创新的信息服务主要包括以下几个方面。

（1）为中小企业获得信息和咨询服务提供方便。 首先，可利用现有欧共体各成员国的、地区性的和当地的网络优势改进技术信息，还可以利用欧共体科研计划和技术成果的传播制度，帮助中小企业弄清它们所需要的技术。 其次，鼓励中小企业利用战略管理、质量、金融、研究与开发计划和技术创新等领域提供的高质量的咨询服务。 最后，提高进行合作研究项目的效率，改善其条件。

（2）充分利用网络和网络提供的多种功能与各成员国合作，与其他社会团体和经济实体（包括服务性企业）一起，实现中小型工业企业及其协会参加的现有网络的合并，并达到最优化。 适当的时候，鼓励适合需要的网络发展。

（3）提供经济和技术方面的信息。 为了帮助中小企业认识到自己的需要，要预测技术发展的趋势，并为它们提供信息和形势分析，最后满足它们的这些需要。 为它们参加欧共体的计划提供指导可通过以下方式：第一，利用现有的资源，明确与市场发展趋势和技术状况有关的信息；第二，利用现有的信息网络和服务（包括因特网的服务），使中小企业得到这些信息更加便捷。

（4）科学研究、技术转让和技术创新的欧盟支持网络。 这样做的目的

在于：第一，使提供有关欧共体的科学研究和创新活动的信息和援助网络合理化并协调地运行，充分利用现有的创新中转中心（IRCS）网络和CRAFT网络节点，以便提供全面有效地针对中小企业的信息、援助、合作和促进创新的手段等。第二，进一步提高公司的技术接受能力，以帮助它们提高自己的创新能力。

（5）电子信息服务和其他信息传播方式。这样做的目的在于：在提供联合信息服务过程中，更加有效地宣传科学研究和技术创新活动。

此外，欧盟首脑会议还通过了《欧盟小企业宪章》，注重加强对创业精神的培训和教育，改善立法规定，简化行政手续，以方便新企业，特别是富有潜力的高新技术企业的创立。欧盟还大力促进企业孵化器的发展，目前欧盟企业孵化器超过900家。为了提高新办企业的存活率和巩固其增长期，欧盟及其成员国在不同阶段为企业提供有针对性的培训和服务[①]。

第五节 中国的创新政策

一、中国创新政策的演变

回顾中国创新政策的发展史，可以追溯到1978年在全国科学大会邓小平关于“科学技术是生产力、科技人员是工人阶级的一部分”的论述。1982年的“经济建设必须依靠科学技术，科学技术工作必须面向经济建设”的战略思想，成为指导中国包括科学技术工作在内的社会主义现代化建设的基本方针之一。1985年，中国正式出台并实施《关于科学技术体制改革的决定》，对科技管理机制、科技拨款制度、国家重点项目管理、科研机构的组织结构、人事制度等方面进行改革。1992年的《国家中长期科学技术发展纲领》进一步确立将大部分科技力量用于国民经济建设主

① 一些国家和地区如何扶持中小企业．经济日报，2007-01-09

战场，注重技术创新，努力吸收和尽快应用世界上先进的适用技术，加速国民经济各领域的技术改造，以国家的经济、社会发展的目标和部署为依据，运用现代科学技术增强综合国力和提高人民生活水平，着重解决工农业大规模现代化生产中出现的问题。1995年中国做出《关于加速科技进步的决定》及随后召开的全国科技大会上，进一步表明了政府加速科技进步、推进技术创新的决心。1999年8月下旬召开的全国技术创新工作会议，更进一步贯彻了科学技术是第一生产力的思想。在国家科技方针及战略目标的调整过程中，政府先后出台了一系列技术创新政策，以促进全国范围内的技术创新活动。图12-9对中国1985～2000年的技术创新政策进行了总结。

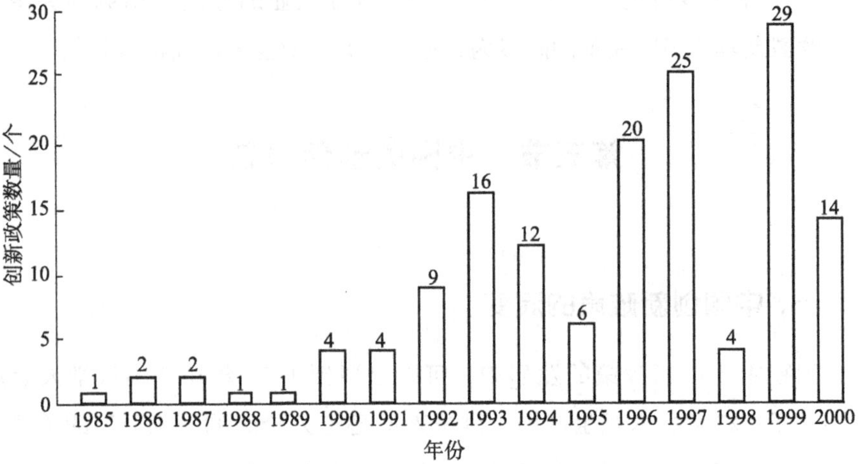

图12-9　1985～2000年中国创新政策的变化

注：2000年的数据只统计到9月份，并不代表整个年度

资料来源：陈向东和胡萍(2004)

中国创新政策的主要特点表现在以下几个方面。

(一) 第一阶段：20世纪80年代

20世纪80年代以来中国各个时期已颁布的技术创新政策的变化趋势大体上是逐年递增的，"科技创新"、"科学技术是第一生产力"等政府提出的治国战略已取得成效，“创新”一词已深入人心（陈向东和胡萍，2004）。这一阶段的主要特点是：①在计划经济体制下推出多项科学技术计划，政府是推进技术进步的主要力量。②政府对技术引进与技术改造较为关注。20世纪80年代初期，鉴于已建成企业存在设备老化、技术陈旧、产品落后的状况相当严重，国务院做出了《关于对现有企业有重点、有步骤地进行技术改造的决定》。从技术改造的迫切需要出发，引进先进技术和关键设备也成为当时的工作重点。政府除了加强技术改造、技术引进的计划管理外，还出台了一系列相关的政策。在这一阶段，企业的技术开发活动并不活跃，还依赖于政府的计划安排，而且企业处于卖方市场条件下，感觉不到竞争的压力，没有创新的动力。③科技体制改革逐步推进。1985年3月《中共中央关于科学技术体制改革的决定》发布，提出“经济建设必须依靠科学技术，科学技术工作必须面向经济建设”的基本方针，实行“稳住一头、开放一片”的政策，致力于促进科技与经济的结合。④政策允许技术作为商品进行转让。20世纪80年代中期，《中共中央关于经济体制改革的决定》提出了社会主义经济是以公有制为基础的有计划的商品经济。在社会主义商品经济条件下，政府允许单位、个人可以不受地区、部门、经济形式的限制进行技术转让，技术市场应运而生。《中华人民共和国技术合同法》的颁布，推动技术市场走上了法制化轨道。在此期间，专利制度、风险投资机构、高新技术开发区等开始被引入。

（二）第二阶段:20世纪90年代早期

20世纪90年代以前，中国每年颁布的技术创新政策数量基本持平。20世纪90年代以后，中国的技术创新政策数量呈递增趋势（陈向东和胡萍，2004）。这一阶段的主要特点是：①适应社会主义市场经济发展的需要，深化科技体制改革。1992年中国共产党“十四大”确定了中国经济体制改革的目标是建立社会主义市场经济体制，而科技体制改革的目标是建立适应社会主义市场经济发展、符合科技自身发展规律、科技与经济密切结合的新型体制。为此，中国政府鼓励研究开发机构投资兴办科技企业；通过联营、参股、控股等形式组建科技产业开发集团；支持研究型机构改制转型为现代科研型企业；改组或创办生产力促进中心、工程技术中心、高新技术创业服务中心、科技咨询与服务中心等技术创新组织。②科学技术成果转化为生产力备受关注。在20世纪80年代，由于政府的倾力支持，中国产生了大量的科技成果。进入20世纪90年代，中国认识到仅仅是科学技术政策并不能解决科学技术与经济脱节的问题，因而对科学技术成果如何转化为生产力的问题给予了特别关注和支持。这一时期开始实施的“国家重点科技成果推广计划”、“国家工程（技术）研究中心建设计划”、“国家重点新技术推广计划”、“产学研联合开发工程计划”、“企业技术中心建设计划”等，都是为了加速科技成果转化而确立的。一批相关的法律、法规，如《科技进步法》、《农业科技成果推广法》、《促进科技成果转化法》等的颁布，为科技成果转化创造了较好的环境。③政府逐步进行技术创新相关服务体系建设。生产力促进中心和高新技术创业服务中心的建设，相继发布的加快发展科技咨询、科技信息和技术服务业的政策意见，进一步培育和发展技术市场的政策意见等，表明政府逐步进行技术创新相关服务体系建设，以间接的手段推动技术创新活动。④一系列加快高新技术产业发展的政策出台。这一时期，有关高新技术开发区的各种扶持政策相继出台，意在探索一条孵化高新技术企业、加速高新技术成果转化的新路。国家要把高新技术开发区建设成发展高新技术产业的基地，造就科技实业家的学校。

（三）第三阶段:1995年至今

与前两年相比，1996～1997年颁布的创新政策的数量急剧增长，这主要是因为中国当时的经济建设出现了新的情况。1994～1995年中国的经济建设取得了较大发展，实现了经济的“软着陆”，通货膨胀现象有所遏制，但这一成绩很大一部分是依靠高投入、牺牲能源优势的粗放型经济模式，在高效率的集约式经济增长方式上投入不足，技术创新含量相对较少。为此，1996～1997年中国政府调整了战略，倡导由粗放型经济转向集约型经济，加大了技术投入。1999年度的技术创新政策数量达到了历史最高纪录，一年中颁布了29条创新政策。这与中国始终坚定不移地贯彻“科技是第一生产力”的方针路线及崇尚“把技术创新作为经济增长的动力”的国际大环境是一致的（陈向东和胡萍，2004）。

这一阶段的主要特点是：①技术创新概念为国家接受，技术创新工程开始实施。随着经济体制改革的不断推进，中国的技术创新也逐渐兴起。1995年中共中央、国务院《关于加速科学技术进步的决定》明确提出开展技术创新工作，中国的技术创新终于开始从研究进入实践。1999年8月20日，中共中央、国务院做出了《关于加强技术创新、发展高科技、实现产业化的决定》，把技术创新推向高潮，这表明中国的经济发展将走技术创新之路。1999年，中国设立了《科技型中小企业技术创新基金》，决心大力推动中小科技型企业的技术创新。②明确企业在技术创新中的主体地位。在这一阶段的技术创新政策中，中国明确了在市场经济条件下企业是技术创新的主体，促使企业成为决策的主体、开发的主体、投资的主体、利益分配的主体和承担风险的主体，同时把建立健全企业的技术创新机制作为建立现代企业制度的重要内容和搞好国有大中型企业的关键环节。③独立科研院所的改革方向逐渐明确，即实行科研院所的企业化，从根本上解决科研与生产两张皮的问题。1999年，中国提出中央所属242个院所企业化的决定，进一步深化科技体制改革。④鼓励科研人员创业，肯定科研人员的知识产权并从分配上确认其份额，这是科技体制改革的另一个重点方向。在1999年3月23日公布的七个部委的《关于促进科技成果转化的若干规定》中指出，科技人员出资入股的高技术成果入股作价可达到公司注册资本的35%；强调从技术转让所得的净收入中应提取比例不低于20%作为一次性奖励；科技人员可离岗创办高技术公司。所有这些措施都放宽了对科技人员从事创新的限制和束缚。

二、建设创新型国家的战略

进入21世纪，随着中国不断融入全球经济，中国经济在获得飞速增长的同时，也面临着日益严峻的科技和创新竞争，加上以往的发展模式造成了对能源的过度使用，经济增长的同时也支付了高额的环境成本。如何将经济与社会的发展转向科学发展的轨道，成为新时期中国科技创新面临的重要现实问题。另外，尽管改革开放以来，中国产业尤其是制造业日益庞大，在全球经济中的地位日益重要，但产业的国际竞争力仍然主要依靠由便宜的劳动力和土地资源形成的低成本优势，中国企业的技术创新能力仍然薄弱，成为产业发展的短板。面对在新经济下日益形成的基于知识和创新的新竞争范式，如何提高中国企业的自主创新能力，成为中国政府决策者们思考的重大问题。

在 2005 年通过的《中共中央关于制定国民经济和社会发展第十一个五年规划的建议》中，增强自主创新能力被作为重要内容，并将“形成一批拥有自主知识产权和知名品牌、国际竞争力较强的优势企业”列为未来五年经济社会发展的重要目标之一。

2006 年 1 月 9 日，胡锦涛在全国科学技术大会上发表题为“坚持走中国特色自主创新道路　为建设创新型国家而努力奋斗”的讲话，指出“科技竞争成为国际综合国力竞争的焦点。当今时代，谁在知识和科技创新方面占据优势，谁就能够在发展上掌握主动”，提出中国在未来一段时期的总体目标是“到 2020 年，使我国的自主创新能力显著增强，科技促进经济社会发展和保障国家安全的能力显著增强，基础科学和前沿技术研究综合实力显著增强，取得一批在世界具有重大影响的科学技术成果，进入创新型国家行列，为全面建设小康社会提供强有力的支撑”①。

2006 年 1 月 26 日发布的《中共中央国务院关于实施科技规划纲要增强自主创新能力的决定》（以下简称《决定》）明确提出，“增强自主创新能力，努力建设创新型国家”，指出“增强自主创新能力，关键是强化企业在

---

① 胡锦涛：坚持走中国特色自主创新道路 为建设创新型国家而努力奋斗——在全国科学技术大会上的讲话. http://eydj.shsmu.edu.cn/bvnews/shownews.asp? newsid=486

技术创新中的主体地位，建立以企业为主体、市场为导向、产学研相结合的技术创新体系。采取更加有力的措施，营造更加良好的环境，使企业真正成为研究开发投入的主体、技术创新活动的主体和创新成果应用的主体”。《决定》还提出要“从财税、金融、政府采购、知识产权保护、人才队伍建设等方面制定一系列政策措施，加强经济政策和科技政策的相互协调，形成激励自主创新的政策体系”。

2006年2月9日，国务院发布《国家中长期科学和技术发展规划纲要（2006～2020年）》（以下简称《纲要》），再次提出，到2020年，要使“我国的自主创新能力显著增强”，“进入创新型国家行列，为在本世纪中叶成为世界科技强国奠定基础”。《纲要》提出了未来15年的科技发展的指导方针、发展目标和总体部署、重点领域及其优先主题、重大专项、前沿技术、基础研究，科技体制改革与国家创新体系建设，并提出了促进自主创新的若干重要政策和措施，以及科技投入与科技基础条件平台，加快建设人才队伍等。《纲要》提出了今后15年科技工作的指导方针是：自主创新，重点跨越，支撑发展，引领未来。其中的自主创新，指从增强国家创新能力出发，加强原始创新、集成创新和引进消化吸收再创新。《纲要》还确定，到2020年，全社会研究开发投入占国内生产总值的比例提高到2.5%以上，力争科技进步贡献率达到60%以上，对外技术依存度降低到30%以下，本国人发明专利年度授权量和国际科学论文被引用数均进入世界前五位。这些指标，正是创新型国家的主要标志。

建设创新型国家，是在我国处于社会主义初级阶段，经济、社会尤其是科技发展程度相对较低的国情下的国家发展战略。创新型国家的核心在于自主创新，其核心就是把增强自主创新能力作为发展科学技术的战略基点，走出中国特色自主创新道路，推动科学技术的跨越式发展。关键在于把增强自主创新能力作为调整产业结构、转变增长方式的中心环节，建设资源节约型、环境友好型社会，推动国民经济又快又好发展。

在2011年3月14日通过的《中华人民共和国国民经济和社会发展第十

二个五年规划纲要》中，“创新驱动，实施科教兴国战略和人才强国战略”成为关键内容之一，并要进一步“加快建设国家创新体系，着力提高企业创新能力，促进科技成果向现实生产力转化，推动经济发展更多依靠科技创新驱动”。

2012年7月6日至7日召开的全国科技创新大会上，胡锦涛再次提出，到2020年中国要基本建成适应社会主义市场经济体制、符合科技发展规律的中国特色国家创新体系，原始创新能力明显提高，集成创新、引进消化吸收再创新能力大幅增强，关键领域科学研究实现原创性重大突破，战略性高技术领域技术研发实现跨越式发展，若干领域创新成果进入世界前列；创新环境更加优化，创新效益大幅提高，创新人才竞相涌现，全民科学素质普遍提高，科技支撑引领经济社会发展能力大幅提升，进入创新型国家行列。

三、产学研协同创新战略

尽管21世纪开始中国政府加大了对研发的投入，企业研发也逐步成为全社会研发投入的主体，但是在中国，科技与经济“两张皮”现象仍然突出，一方面是大学和科研机构中闲置了大量的科技成果尚未转化，另一方面是企业的技术创新能力仍然偏低。这种情况，不仅削弱了政府科技投入的社会效益，也造成大量的科研人员游离于产业创新与发展之外。因此，加强政府、企业、大学/科研机构甚至银行、中介服务组织之间开展全面协同创新，是提高企业技术创新能力、优化科技资源配置的重要途径。中国政府对产学研协同创新的组织和管理实际在20世纪90年代就陆续开展。1992年国家经济贸易委员会（以下简称经贸委）、教育部和中国科学院就曾联合组织实施了“产学研联合开发工程”。但总的来看，过去的产学研协同创新，实际取得成果的并不多，这其中有体制的原因，也有各组织之间尚未形成互动共赢的理念和关系的原因。

《国家中长期科学和技术发展规划纲要（2006—2020年）》在促进高校、科研院所、企业的科技教育资源共享、推动高校创新组织模式、推进产学研用结合方面都提出了明确要求。2011 年 4 月 24 日，胡锦涛在庆祝清华大学建校 100 周年大会上的讲话中指出，“要积极推动协同创新，通过体制机制创新和政策项目引导，鼓励高校同科研机构、企业开展深度合作，建立协同创新的战略联盟，促进资源共享，联合开展重大科研项目攻关，在关键领域取得实质性成果，努力为建设创新型国家做出积极贡献”。

2012 年 4 月 24 日，教育部正式发布“高等学校创新能力提升计划”（简称“2011 计划”）实施方案，着力建立一批“2011 协同创新中心”。按照“2011 计划”的目标，未来，国内一批高校将从重大前瞻性科学问题、行业产业共性技术问题、区域经济与社会发展的关键问题及文化传承创新的突出问题出发，充分发挥高校多学科、多功能的综合优势，联合国内外各类创新力量，建立一批协同创新平台，形成“多元、融合、动态、持续”的协同创新模式与机制，培养大批拔尖创新人才，逐步成为具有国际重大影响的学术高地、行业产业共性技术的研发基地和区域创新发展的引领阵地，在国家创新体系建设中发挥重要作用。截至目前，已成立了 80 个各种类型的协同创新中心。

协同创新的就是要促进政产学研用等多主体间的深度整合、紧密融合、集中优势力量联合攻关，通过全面开放、深度合作，实现价值创造、引领创新。这对于中国的创新政策提出了新的要求。未来科技体制改革的主要工作就是要建立、发展具有公共科技性质的研发机构，协同创新的开放式合作创新组织体系，而这些新型的研发与创新组织体系（包括国家公共科研机构和面向协同创新的产学研合作组织）决不能由少数的科技专家主导，而是要具有科学的治理结构，建立由科技专家、政府官员、企业家、投资家、管理学家、经济学家等参与的决策委员会制度，按照“产权清晰、权责明确、知识服务、管理科学”的现代科研与创新制度，实现科技与经济、科技与教育的更有效结合。

四、中国的主要创新政策工具

尽管中国三个阶段的创新政策对技术创新起到了一定的推动作用，但总体而言中国创新政策的制定与实施还处于起步水平，相比美国、日本、德国等发达国家的创新政策，中国的创新政策在变量种类与力度上略显欠缺，效果尚不够显著。

（一）政府资助研发的政策

中国政府为了增强综合国力，非常重视 R&D 经费的投入，但相比而言政府投入强度不够，结构不甚合理。2000 年以前，中国 R&D 投入占 GDP 的比例约为 0.5%，低于发展中国家平均水平（1%左右），只有主要发达国家的 1/5，尚未达到日本 20 世纪 50 年代末（0.63%）和韩国 20 世纪 70 年代（0.60%）的水平。相比而言，从 20 世纪 80 年代到 90 年代末，各国的 R&D/GDP 指标都稳定上升，而中国却在下降，1984 年是 0.79%，1988～1992 年，一直徘徊在 0.65%左右，1993 年下滑至 0.57%，1994 年降至 0.47%，后缓慢回升，到 1997 年升至 0.49%（彭纪生，2000）。近 10 多年以来，中国的 R&D/GDP 比例连续保持增长，从 2000 年的 0.90%上升到 2011 年的 1.83%。按可比价格和同口径计算，2000～2011 年，中国 R&D 经费支出快速增长（表 12-25）。近年来，受自主创新战略的促发，中国的 R&D 投入不断增加，已跃居世界第二位，但 R&D/GDP 仍然未超过 2%。

表 12-25　全国 R&D 经费及其占国内生产总值的比例(2000～2011 年)

年份	2000	2001	2002	2003	2004	2005	2006	2007	2008	2009	2010	2011
R&D经费/亿元	895.7	1042.5	1287.6	1539.6	1966.3	2450.0	3003.1	3710.2	4616.0	5802.1	7062.6	8610.0
占 GDP 比例/%	0.90	0.95	1.07	1.13	1.23	1.32	1.29	1.40	1.47	1.70	1.76	1.83

资料来源：各年度的《中国科技统计年鉴》

从世界各国情况看，政府投入在 R&D 总经费中的比例，发达国家一般并不高，如日本为 20%，美国、德国、英国等国在 35%左右，法国、意大利、加拿大、荷兰、奥地利等国在 45%左右，但印度、土耳其等国则在 70%以上（冯之浚，1999）。越是经济落后的国家，政府投入的比例越大，甚至超过 90%（杨晓升，1998）。中国 R&D 经费的来源结构为：政府约占 50%，企业占 35%，其他（各单位自有资金）占 15%。另外，2002 年中国政府在全面增加科技投入的同时，加大了对基础研究的投入力度，当年全国基础研究经费支出为73.8亿元，比上年增加18.2亿元，增幅高达32.7%。基础研究经费支出占R&D总支出的比例达到5.7%，比“九五”初期提高了0.7个百分点。同年，应用研究经费支出为246.7亿元，比上年增长33.4%，占R&D经费总额的19.2%；试验发展经费支出为967.2亿元，增长20.6%，占R&D经费总额的75.1%。但是从基础研究、应用研究和试验发展三类投入的变化情况看，若以基础研究为1，2002年三者之间的比例关系为1∶3∶13，而到了2010年，基础研究、应用研究、试验发展的投入比例变为1∶12.8∶20，基础研究的比例进一步下降（表12-26）。从国际上看，美国2000年的比例为1∶1∶3，法国1999年的比例为1∶1∶2，意大利1998年的比例为1∶2∶2，日本1999年的比例为1∶2∶5。2008年，美国的这一比例为1∶1.3∶3.5，法国为1∶1.6∶1.6，意大利为1∶1.6∶0.9，日本为1∶1.7∶5.4，韩国为1∶1.3∶4.3，俄罗斯为1∶0.9∶3.7。总体来看，发达国家在基础研究和应用研究上的投入都占了R&D经费总投入的30%以上，较高的甚至超过65%。近几年，中国各级财政虽然加大了对国有科研院所和高等学校的科研经费投入，但由于作为R&D活动投入主体的企业的科研能力较低，基础研究和应用研究投入比例很小，中国基础研究和应用研究的投入比例在短时期内很难有较大幅度地提高。与发达国家比较，中国基础研究、应用研究两类活动的投入比例长期是偏低的。

表12-26　中国R&D经费投入的活动类型构成　　单位：%

年份	1999	2000	2001	2002	2003	2004	2005	2006	2007	2008	2009	2010
全国总计	100.0	100.0	100.0	100.0	100.0	100.0	100.0	100.0	100.0	100.0	100.0	100.0
基础研究	4.99	5.22	5.33	5.73	5.69	5.96	5.36	5.19	4.70	4.78	4.70	4.60
应用研究	21.32	17.0	17.7	19.2	20.2	20.4	17.7	16.3	13.3	12.5	12.6	12.7
试验发展	74.3	77.8	76.9	75.1	74.1	73.7	77.0	78.5	82.0	82.8	82.7	82.7

资料来源：中国科技统计网 http://www.sts.org.cn/；《第二次全国R&D资源清查数据公报》

另一方面，在现阶段，中国企业在技术改造和技术引进方面有较大的投入，但消化吸收仍不够，R&D执行结构不甚合理。中国科技开发经费及有关的科技活动经费过分侧重于下游，即技术引进、技术改造。即使是技术开发费用，其中用于R&D的仅25%左右，新产品开发的费用也只占45%左右，其他30%属于对国内已有生产工艺和过程的采用，或只做一些适应性的试验（冯之浚，1999）。从表12-27和表12-28可以看出，尽管中国的大中型工业企业在新产品开发费用和技术开发费用上每年都在增加，但技术开发经费支出占销售收入的比例仍然普遍偏低，基本维持在1%～2%的水平。

表12-27 1991年和1998年中国大中型工业企业新产品开发费用与技术开发费用增长速度

行业种类	新产品开发费用/千元			技术开发费用/千元		
	1991年	1998年	年均增长率/%	1991年	1998年	年均增长率/%
纺织业	408 175	799 541	10.08	979 450	1 334 743	4.52
化纤业	83 857	436 349	26.57	174 871	898 343	26.34
化工业	653 332	1551 468	13.50	1 756 785	3 658 084	1.05
医药业	167 038	764 814	24.27	331 120	1425 011	23.18
机械工业	1 929 361	2 116 847	1.30	3 539 657	3 098 769	−1.88
电气机械业	590 079	3 104 602	26.77	1 011 254	4 432 601	23.50
电子通信业	764 226	4 712 650	29.68	1 157 290	6 666 473	28.42
交通设备业	810 587	3 549 200	23.49	1 804 663	5 657 589	17.73
全行业平均	7 135 070	24 654 031	19.38	16 599 337	47 868 519	16.33

资料来源：《中国科技统计年鉴》(1992～1999年)；《中国科技发展研究报告》(2000年)

表12-28 20世纪90年代中国大中型工业企业技术开发经费支出占销售收入的比例

单位：%

年份	1991	1992	1993	1994	1995	1996	1997	1998
纺织业	0.86	1.06	2.23	1.06	0.86	0.71	0.66	0.70
化纤业	0.59	0.77	0.20	1.15	0.87	1.35	1.42	1.62
化工业	1.88	1.78	1.52	1.66	1.60	1.30	1.43	1.47
医药业	1.35	1.36	0.49	1.52	1.58	1.71	1.90	1.74
机械工业	3.14	3.21	2.64	5.36	2.57	2.96	2.82	2.36
电气机械业	2.16	2.28	1.39	2.10	1.84	2.30	2.11	2.46
电子通信业	2.26	2.45	1.54	2.79	1.85	1.72	1.98	2.37
交通设备业	2.47	1.47	1.63	1.68	1.93	1.81	2.01	1.93
全行业平均	1.39	1.37	1.30	1.34	1.19	1.24	1.29	1.28

资料来源：《中国科技统计年鉴》(1992～1999年)

（二）税收优惠政策

近年来，中国政府制定了一系列促进创新的税收优惠政策。1996年4

月，财政部和国家税务总局联合发出了“关于促进企业技术进步有关财务税收问题的通知”，对于以税收方式刺激企业技术创新活动的政策做了进一步的明确规定。例如，企业研究开发所需各项费用，不受比例限制，计入管理费；研究开发费用年增长幅度在10%以上的企业，可按实际发生额的50%抵扣应税所得额；中试设备的折旧年限可以在国家规定的基础上加速30%～50%。1998年，国家科技部会同财政部和国家税务总局共同制定了国家级新产品调控管理的新规定。例如，对当年技术开发费用超过上年10%以上的企业，按开发费实际发生额的15%扣除所得税税金；仪器设备计入成本的限额从5万元增加到10万元（冯之浚，1999）。

但是，从总体上看，目前中国政府的税收优惠政策针对性和可操作性不强。例如，中国目前的税收优惠政策只是对企业开发的新产品所带来的利润予以一定的税收减免，对企业开发过程中可能的失败没有给予适当的考虑，这对激励企业技术创新显然是不够的。如果企业从事的一项技术创新很有可能成功，但在起步阶段得不到一定的支持，技术创新活动根本无法开展，或在头几年很有可能微利、无利甚至亏损，则所得税税收减免政策就完全失效。再如，目前的税收政策中对企业技术改造和技术引进给予的支持和优惠，明显强于对企业自主开发性技术创新的优惠，对引进技术的消化吸收，也缺乏配套的措施，客观上起到了不鼓励自主开发性技术创新的效果。还有，将各种研究开发费用计入管理费的做法，实际上是将企业发生的研究开发费用及设备费用成本转嫁到消费者身上。在企业产品产销对路时是可行的，但一旦产品销路不畅，这种优惠政策的作用就无法充分发挥，也就无法有效地刺激企业的技术创新活动。

（三）政府采购政策

虽然目前中国部分省市（如上海、河北、深圳、重庆、江苏等）已着手开展政府采购，国务院也于1998年7月4日下达《国务院办公厅关于印发财政部职能配置内设机构和人员编制规定的通知》（国办发〔1998〕101

号），将拟定和执行政府采购政策明确作为财政部的主要职责之一，但中国的政府采购制度仍处于起步阶段，对技术创新的推动作用还不明显。

从当前的政府采购制度来看，存在几个突出问题。一是操作不规范。中国还没有法律制度及操作规程规范政府采购行为，各地试行均是“摸着石头过河”，无法可依，且管理体制不顺，现行的事业、行政会计制度和财务管理体制与政府采购不相适应，政府采购节约资金在预算上体现不出来，在财政部门和用户就如何分享实行政府采购所带来的好处时产生摩擦，给试行带来阻力。二是效果不明显。政府采购具有三方面（创造市场需求、引导技术创新、保护本国产品或产业）的功能，在中国没有充分发挥出来。但是由于政府采购实行公开、公平、公正的原则，实行公平竞争，增加了透明度，有效地遏制了腐败行为，较大幅度地节省了政府财政支出，提升了政府形象（楼继伟，1998）。

（四）风险投资发展政策

1. 中国风险投资的发展

中国政府高度重视风险投资的发展。1985 年，中共中央发布了《关于科学技术体制改革的决定》，决定中指出，“对于变化迅速、风险较大的高技术开发工作，可以设立创业投资给以支持”。这是中国首次提出要通过设立风险投资的方式支持高新技术产业的开发。在这项政策的支持下，1985 年 9 月，经国务院批准，中国第一家风险投资公司——中国新技术创业投资公司正式成立，这是专门从事风险投资的全国性金融机构。此后陆续又有中国招商技术有限公司、江苏省高新技术风险投资公司、广州技术创业公司等一些风险投资机构问世。受当时经济体制和经济环境的影响，这些风险投资机构并没有按设立计划运作起来。1991 年，国务院在其发布的《国家高新技术产业开发区若干政策的暂行规定》中又一次提出发展风险投资，指出，“有关部门可以在高新技术产业开发区建立风险投资基金，用于风险较大的高新技术产业开发，条件成熟的高新技术开发区可以创办风险投资公司”。

1995 年国务院发布了《关于加速科技进步的决定》，1996 年又发布了《关于九五期间策划科技体制改革的决定》。在这两个决定中，再次强调发展科技风险投资。在政府的重视和推动下，中国的风险投资逐步兴起，涌现出大量的各类科技风险投资公司，具有一定的风险投资能力，已经支持多项高新技术开发和向多家高新技术企业进行风险投资，有些风险投资已经取得了很大的收益。但由于中国风险投资发展时间短，没有发展经验及受经济体制和思想观念束缚，风险投资发展还远远不能满足新技术产业发展的需要，更没有美国风险投资那样成熟。

2003 年 10 月至 2004 年 1 月，中国风险投资研究院对中国风险投资业行业的情况进行了问卷调查研究，表 12-29 反映了不同地区风险投资机构的数量分布，图 12-10 反映了不同性质的风险投资机构分布。可见，中国的风险投资中仍然是政府主导和控股，但整个行业的控股方式正在不断地多元化。

表 12-29　中国不同地区风险投资机构的数量分布

城市(地区)	北京	上海	深圳	东北	华北	华东	中南	西部	合计
数量/个	20	18	27	8	11	33	22	41	180
比例/%	11	10	15	4	6	19	12	23	100

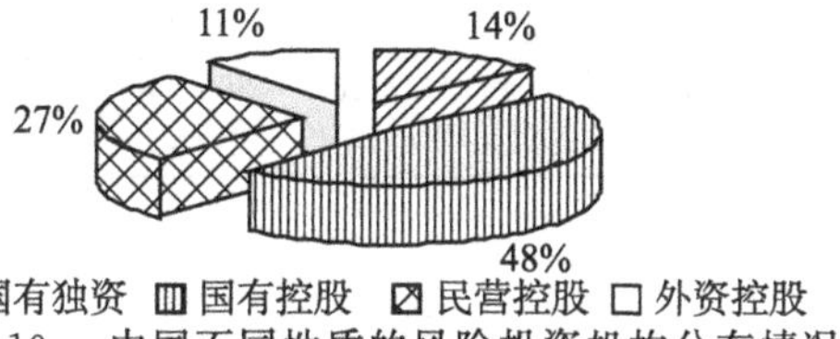

图 12-10　中国不同性质的风险投资机构分布情况

从风险投资机构的资本规模来看（表 12-30），10 000 万元～20 000 万元的风险投资机构占 24%，0 万元～5000 万元的占 23%，20 000 万元～50 000万元的占 21%，50 000 万元以上的占 13%，可见风险投资机构的整体规模并不是很大。风险投资相对发达的地区主要分布在深圳、北京、上海及华东地区相对较发达的省份，见表 12-31。

表 12-30　中国风险投资机构资本管理规模总体分布情况

资本管理规模/万元	0～5 000	5 000～10 000	10 000～20 000	20 000～50 000	50 000 及其以上	合计
数量/个	39	31	40	35	22	167
比例/%	23	19	24	21	13	100

表 12-31　中国风险投资资本的地区分布

城市(地区)	北京	上海	深圳	东北	华北	华东	中南	西部	合计
管理风险资本总额/万元	491 392	310 976	853 420	210 600	203 548	458 810	345 432	379 349	3 253 416
占全部资本管理比例/%	15	10	26	6	6	14	11	12	100
机构数量/个	20	18	22	8	10	31	20	31	160
平均管理风险资本额/万元	24 567	17 276	38 792	26 325	20 355	14 800	17 266	12 237	20 334

在风险投资机构的管理资本来源中，企业、政府是风险投资机构管理资本的主要来源，所占总的比例分别达到 49%和 25%，来自个人的资本也占 10%，而来自金融机构、外资、事业单位的资本所占比例分别为 6%、5%和 4%，比例很小，见表 12-32 和图 12-11。

表 12-32　中国风险投资机构管理资本的来源分析

资金来源	政府	金融机构	企业	事业单位	个人	外资	其他	合计
金额/万元	732 743	176 037	1 407 549	118 261	298 640	145 959	35 181	2 916 350
比例/%	25	6	49	4	10	5	1	100

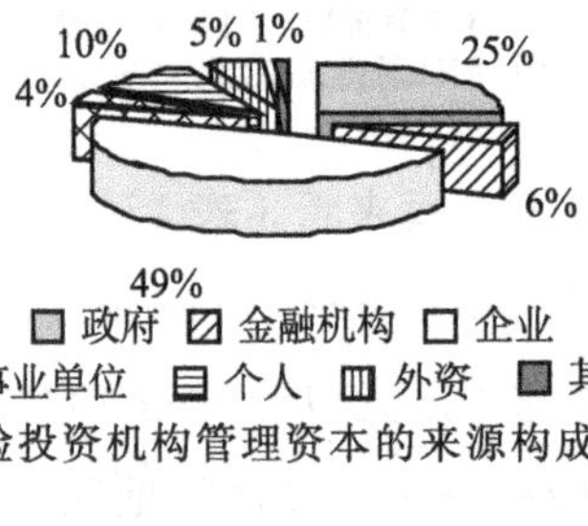

图 12-11　中国风险投资机构管理资本的来源构成对比(单位:万元)

从风险投资的行业分布看，前 10 大投资行业偏好的次序依次为生物科技、网络/通信、新材料、医药保健、软件、环保、光机电一体化、新能源、其他 IT 产业和医疗设备（表 12-33），在 2003 年新增的投资项目中也基本覆盖了这些行业，见表 12-34。

表 12-33　中国风险投资机构前 10 大投资行业偏好

行业种类	生物科技	网络/通信	新材料	医药保健	软件	环保	光机电一体化	新能源	其他 IT 产业	医疗设备
回答公司数目/家	85	76	75	70	53	50	49	45	41	39
回答率/%	46	41	41	38	29	27	26	24	22	21

表 12-34　2003 年中国 139 个新投资项目投资金额的行业分布

行业种类	有投资额数据的项目数/个	行业投资金额/万元	比例/%
电子信息	31	61 118	38
软件	12	6 177	4
生物医药和医疗器械	30	21 035	13
高新农业	10	17 938	11
新材料	10	6 986	4
新能源	20	6 100	4
环保	30	1 250	1
光机电一体化	4	1 950	1
传统制造业	12	3153	2
房地产	3	14 000	9
教育产业	2	1 200	1
金融服务	16	17 440	11
其他传统行业	4	2711	2

从风险投资的阶段偏好看，成长期是风险投资机构偏好投资的重点，回答率达到了 73%；其次是后期阶段的扩张期，占 53%；种子期的回答率仅占 31%，见表 12-35 和图 12-12。 2003 年新增的风险投资项目也主要集中在成长期，见表 12-36。

表 12-35　中国风险投资机构阶段偏好

投资阶段	种子期	成长期	扩张期	成熟期	上市筹备	其他阶段
回答公司数/家	59	138	101	43	70	28
回答率/%	31	73	53	23	37	15

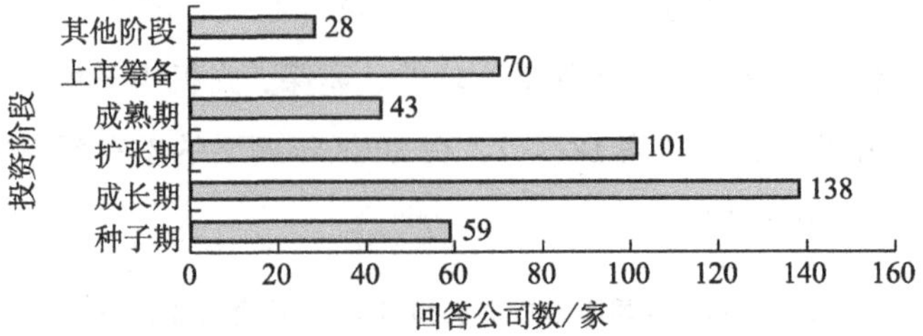

图 12-12 中国风险投资机构的投资阶段偏好对比

表 12-36 2003 年中国 156 个新投资项目数量的投资阶段分布

投资阶段	种子期	成长期	扩张期	成熟期	上市筹备	其他阶段	总计
投资项目数/个	43	78	17	11	4	3	156
比例/%	28	50	11	7	3	2	100

注：其他阶段包括周转困难、MBO、MBI 等时期

资料来源：中国风险投资研究院 2003 年 10 月～2004 年 1 月所进行的中国风险投资业行业问卷调查的分析结果

2. 中国风险投资存在的问题

与美国的风险投资相比，中国风险投资存在几个明显的问题：一是规模较小。中国目前仅有不到百家的风险投资机构和不足 40 亿元人民币的风险投资能力，无法完成发展高新技术产业的重任。二是资金来源单一。中国风险投资资金来源于财政拨款和金融机构贷款，基本上是计划经济的资金分配模式。三是投资难以收回。中国证券市场还处于发展规范阶段，且规模小，对上市公司的资格审查严格，所以风险投资投入的风险企业不能在短期内上市。四是投向过于保守。由于中国风险投资资金属于国家，要尽可能保证投资安全，所以投资对象基本上是列入国家各级课题的项目，或列入国家重点发展的或已发展到一定阶段的高新技术企业。五是不参与管理。中国风险投资是属于国家政策性支持资金，并不是机构或个人投资者为了获取高额收益的投资，而且提供贷款资金额度又较小，所以风险投资公司唯一的任务是提供资金，而不考虑如何通过参与企业的管理降低资金的风险、提高资金的效益、缩短资金的回收期和提高资金的回报率。六是政策不到位。目前中国支持风险投资发展的政策多数只是停留在表面的宏观支持上，缺少微观可操作性的带有导向性鼓励性的具体政策。现有的政策不具有充分吸

引资金进入风险投资领域的能力。七是缺少筹资工具。由于存款利率的不断下调，收益率已经相当低，有很大一部分到期的储蓄存款急需购买新的投资工具，但由于中国风险投资领域没有类似美国那样的面向社会大众的风险投资基金，所以社会上这部分闲散资金无法成为风险投资的资金来源（杜莉，1998）。

（五）中小企业政策

20 世纪 80 年代，中国国务院批准的《关于改进技术进步的若干政策的暂行规定》、《关于加速技术进步的决定》等一系列法规基本上是为大中型企业而设定的，中小企业的研究开发能力很少提及。20 世纪 90 年代，国务院做出《关于加强技术创新、科技改革，实现产业化的决定》，并陆续出台了扶持中小企业技术创新的政策措施，主要有法规的颁布、科技计划实施、促进服务中心建设、创新扶持基金建立。

1. 政策法规

1984 年 3 月 12 日，为了保护知识产权，中国颁布了《专利法》。1987 年 6 月 23 日，颁布了《技术合同法》；1993 年 7 月 2 日，颁布了《科技技术进步法》；2002 年 6 月 29 日，公布了《中小企业促进法》。遵照上述法规，国家有关部委，相继出台了一系列政策措施。主要有：原国家科委（现为科技部）于 1986 年、1988 年、1993 年和 1995 年相继出台了《星火计划》、《火炬计划》、《关于建立生产力促进中心的若干意见》和《关于推动中国高新技术创业服务中心工作的原则意见》。

借鉴工业化国家政府扶持科技型中小企业技术创新的做法并结合中国的具体情况，1999 年，国务院转发了由科技部、财政部联合发布的《科技型中小企业技术创新基金的暂行规定》。1999 年 6 月，中国人民银行发布了《关于进一步改善对中小企业金融服务的意见》，1999 年 6 月，国家经贸委相继出台了《关于建立中小企业信用担保体系试点的指导意见》、《关于出售国有小型企业中若干意见的通知》。2000 年 8 月，国务院办公厅转发了国家经贸委《关于鼓励和促进中小企业发展若干政策意见》，该文件提出了“切实加大对中小企业特别是高新技术类中小企业的扶持力度”，这是改革开放 20 多年来，国家出台的第一个鼓励和促进中小企业发展的文件。2000 年，国家经贸委又出台了《关于培育中小企业社会化服务体系若干问题的意见》。这样，初步形成了支持中小企业创新的法律框架。

2. 中小企业服务中介机构

（1）中小企业技术创新服务中心。该机构是中小企业技术创新服务体系的核心，其主要职能是提供信息服务，通过网络和媒体为企业提供政策、法规、行业发展趋势、投融资渠道、科技成果、人力资源等信息服务；新技术交易、开发与推广；提供技术创新筹资服务；组织创新政策、专业技术咨询和培训服务等。

（2）中小企业担保中心。该机构是为中小企业融资提供便利；为金融机构贷款分担风险；为中小企业的成长创造良好的外部环境而设立的。通过对中小企业提供信用保证，创造企业信用，促进资金融通，在确保担保资金安全运行的基础上，为符合担保条件的中小企业提供信用担保和中介服务等。

（3）生产力促进中心。该机构主要职能是提供科技、经济、人才、政策等方面的信息；提供企业诊断和改善管理方面的服务；提供人才培训服务；组织企业与研究开发机构的交流与合作，协助企业建立技术依托；组织新技术（包括管理技术）的开发应用、示范和推广，协助企业导入新技术、新产品和新工艺；协助企业开拓国际合作渠道；研究在市场经济条件下促进企业科技进步和中小企业发展及提高生产力的对策，向政府提供相关建议；承担政府委托的任务。

（4）高新技术孵化器。该机构的主要功能是：提供孵化场地；提供各种服务设施；孵化场所的物业管理；工商服务与协调；信息咨询；企业管理；人员培训；融资服务；营造适合创新的先进文化氛围等。

3. 实施科技计划

例如，《火炬计划》是由国家火炬中心参与制订并组织实施，推动高新技术成果商品化、产业化和国际化，组织实施中小企业创新基金；《星火计划》，依靠科学技术促进中小企业经济发展，通过扩散先进技术，提供先进的技术装备，培训人员等方式促进乡镇企业、中小企业的技术创新。中国政府自1985年以来，先后出台了支持乡镇企业的《星火计划》和支持高新技术产业发展的《火炬计划》，为中小企业提供技术来源、技术开发和成果转化等方面的资金支持。这一举措有力地推动了中小企业技术创新活动的开展，提高了中小企业的技术创新能力。

4. 建立中小企业技术创新基金

1999年6月25日，由中国政府设立的科技型中小企业技术创新基金正式启动。经国务院批准设立的科技型中小企业技术基金，是一项专门用于促进中小企业技术创新活动的专项基金，首期经费总额10亿元人民币。根据中小企业和项目的不同特点，创新基金分别以贷款贴息、无偿资助和资本金（股本金）投入等方式支持科技型中小企业的技术创新活动。创新基金的设立主要体现了政府的政策导向，通过这一举措促进中小企业的技术创新和发展。

五、中国创新政策的未来展望

在科技经济日益全球化的今天，中国的发展离不开世界，中国的创新政策也是全球创新政策的一部分。因此，在制定中国的创新政策时，必须考虑同国际接轨，借鉴其他国家成功的经验，同时也要结合国情制定创新政策，选择合适和有效的政策工具。

（一）创新政策设计的理念和概念性框架

中国创新政策的设计要基于国情，尤其需要考虑三方面的特殊因素：①无论从经济发展还是从科技进步上看，中国都属于后发国家和追赶型国家；②中国目前处在典型的体制转型时期，即逐步从计划体制向市场经济过渡，完善的社会主义市场经济体制尚未完全建立，市场充分发挥资源配置作用的体制环境不成熟；③从政治和传统文化的角度看，中国政府仍然明显带有某种强势政府的思维烙印。因此，中国的创新政策理念应该立足于解决包括市场失灵和系统失灵问题，仅仅解决创新中的问题也是远远不够的，需要在更大范围内更充分地发挥国家力量和政府作用。依据非线性创新过程模型和国家创新系统的理论，可以得到中国创新政策设计的概念性框架，如图 12-13 所示。

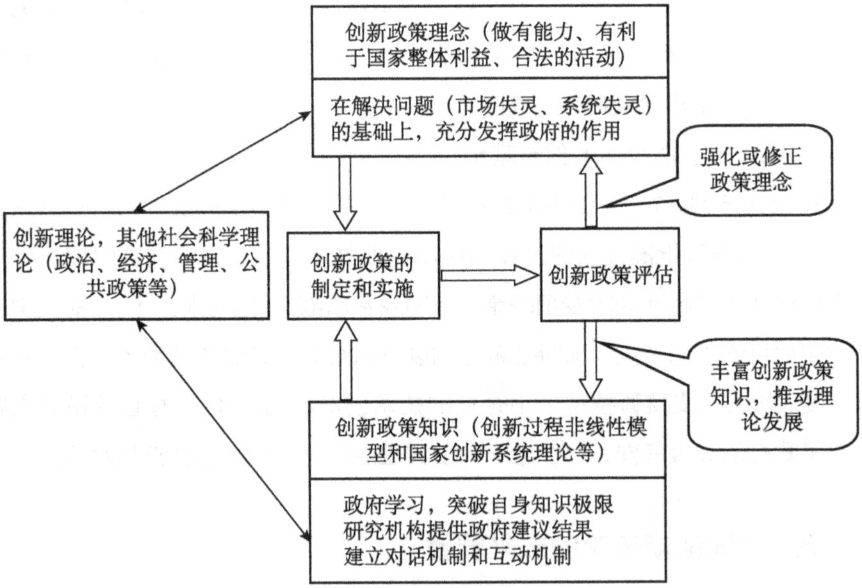

图 12-13　中国创新政策设计的概念性框架

资料来源：徐大可和陈劲（2004）

在这个框架中，强调了社会科学理论、政府学习和政策实践反馈三者之间的互动，具体表现为：①政府和政策制定者要建立有效的学习机制，不断突破自身知识极限，以便充分吸收创新理论等社会科学研究的成果。②创新理论及其他社会科学研究能够提供易于被政策制定者应用的研究成果，包括提供高技术质量、统计精细、数量化的资料，客观的、不偏不倚的分析，前后一致的观点，明确的政策建议等。③建立政策制定者、创新理论等社会科学研究者和政策目标对象之间的知识共享机制，包括对话和交流机制、共同政策委员会制度、科学的政策咨询机制等。④创新政策实践的反馈。来源于创新理论等社会科学研究的政策理念和政策知识，总是存在一定的不完善，甚至是错误的成分，其检验依赖于政策实践。政策执行、评估等政策实践活动的反馈会强化或修正政策理念，丰富政府的知识库，并进一步推动社会科学理论研究的发展。

（二）中国创新政策工具选择的展望

政府的政策工具应在国家技术战略基础上体现出灵活性、多样性和层次性，各类政策应长短互补，刚柔相济，形成一套完整的政策工具体系，从而更好地促进技术创新。

1. 政府资助政策

与西方发达国家相比，中国要重视如何更高效地利用财政政策支持技术创新，在政府资助政策的制定上，需要考虑以下几个方面。

（1）要千方百计增加政府科技投入。何祚庥院士认为，中国 2000 年在科技投入上没有达到 R&D/GDP1.5%的目标，并不是指标过高和财政缺钱，而是对科教兴国战略的认识跟不上。只要规定 R&D 的投入占全部财政收入的 5%，就能实现 R&D/GDP1.5%的目标（杨晓升，1998）。有的学者认为，中国更重要的是要增加地方财政的科技投入，因为现在中国政府财政科技拨款中，中央占 70%，地方占 30%，中央的财政科技拨款已占中央财政支出的 10.78%，而地方的财政科技拨款只占地方财政支出的 1.80%（冯之浚，1999）。以 2002 年为例，中国的研究开发机构科技经费筹集总额为 702.7 亿元，其中政府资金 498.0 亿元，非政府资金 204.7 亿元，分别占总量的 70.9%和 29.1%，如图 12-14 所示。

（2）要积极发挥资助导向作用。一是要更多地着眼于引导企业从事增强国家竞争力的技术创新上来，注重引导企业间及企业与其他创新主体间的合作。二是除继续重视上游的 R&D 外，也逐渐加强对下游的支持，可以考虑在技术开发费、技术引进费、技术改造费中，用财政拨款、贷款优先、贷款贴息等办法引导和鼓励企业创新。三是在继续关注大企业的同时，积极帮助中小企业的创新活动。

（3）要主动发挥中介机构的作用。政府对民用 R&D 的资助，可以更多地

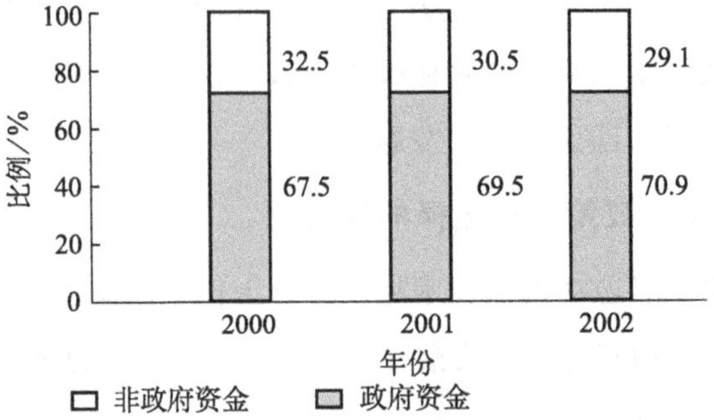

图 12-14　研究与开发机构科技经费筹集额来源结构的变化(2000～2002 年)

利用非官方或半官半民的中介组织来实施。另外，在选择财政资助对象时，除了要保持政策平衡和加强考察外，还应该向潜在的技术创新企业或受国家产业政策激励的创新型企业倾斜，在保证政府财政资助效率的同时，保持一定程度的多样化。同时，政府的财政资助应当适度地打破所有制的界限，对于符合国家产业政策发展方向的创新型企业，采取同等待遇的政策。技术创新的核心机制就是科学技术成果的产业化，创新政策的首要任务是减少或者消除技术创新过程中的不确定性来缩短发明，即技术创新的时滞，因此应该将资助的重点从研究开发阶段扩大到研究开发阶段后期（柳卸林，2001）。

2. 税收优惠政策

中国的税收政策对技术创新的激励功能尚不到位，在个别具体措施上仍存在偏差，需要予以调整。税收政策调整应在税基减免和扩大优惠面两方面进行。在税基减免方面，应该更侧重于引导，强调事先优惠，而税额减免则侧重于利益的直接让度，它强调事后让度。建议以税基减免为主，并与税额减免有机结合，将事先优惠与事后优惠并重，运用税收抵扣、加速折旧等手段（夏兴萍，1999）。例如，企业 R&D 经费超过其当年销售额 5%（视不同行业的情况增减）的部分，可冲抵该企业当年的所得税等，以鼓励企业科技投入[①]。在扩大优惠面方面，对

① 中共中央国务院关于加强技术创新，发展高科技，实现产业化的决定．新华日报，1999-08-25

技术创新企业的税收优惠不仅惠及科技工业园内企业，也惠及高新技术工业园区外的企业，尽量一视同仁。

3. 政府采购政策

中国的政府采购政策中直接针对技术创新的部分相当少，主要原因是政府对新技术的采购一般集中于国防和民用航空等领域。但是这些也是中国技术水平总体上较低、生产能力比较弱的领域，政府虽然希望购买本土产业，但为解燃眉之急常常要从国外进口。从长远来看，中国应该在一些重要领域尽可能地增加政府购买，以刺激在尖端技术领域的创新，培育一批有实力的高新技术产业。对那些具有战略意义的领域来说，政府购买无疑是最有力的一种激励。从中国的现实国情来看，政府还应该增加基础设施领域采购中的技术含量。

中国在政府采购上要重视三个方面的工作：①加快制定政府采购政策。要出台和完善关于招标行为的法律法规，尽快明确政府采购主管机构和管理体制，明确采购模式，设立、培育招标代理机构或采购代理机构。②结合国家重大创新产品开发规划，实行政府采购计划，以协助规划的实现，尤其是国家“863”计划这类针对高新技术产业的科技计划而言，在技术成果转化中需要政府采购对初期市场的激励，降低高技术成果的市场风险。③运用政府采购政策对高新技术产品开发与高技术产业培育予以必要保护。所谓必要的保护，并非意味着保护落后，而是保护本土的自主创新，增强本土企业自主创新的动力。另外也能有效减少或避免重复、盲目引进国外技术。

4. 风险投资政策

随着金融体制改革的深化，中国应该制定一些鼓励风险投资发展的政策，扩大风险投资的资金来源，发挥不同投资主体的作用，建立“多方投入、风险共担、利益共享”的风险投资运行机制，包括拓宽风险投资资金来源、大力发展风险投资公司、加大股票市场对风险投资的促进作用、加大风险投资专业人才的培养等（王亚平，1999）。

5. 法律法规建设

应不断尽快制定或完善有利于技术创新的法律法规：①知识产权保护法。政府应对国家出台的有关知识产权的法律法规（如《成果转让法》等）制定更具可操作性的实施细则，并特别注意对发明人的激励，以及对发明人合法权益的保护，鼓励到国外申请专利。②中小企业法。应借鉴国际上的成功做法，进一步完善《中华人民共和国中小企业促进法》(2003 年)，提高中小企业在技术创新中的地位，规范中小企业的登记管理和财产权属，保护中小企业的各项权利。③风险投资法。在不断完善《公司法》、《合伙企业法》、《专利法》、《合同法》等风险投资的相关制度环境的基础上，中国应该加快制定专门的《风险投资法》，为风险投资提供完备的法律体系，强化激励与约束机制，尽量降低风险，激励投资者介入技术创新。④人员流动法。人员的流动及其所携带的知识是国家创新系统中的主要流动形式。中国应通过深化科技体制改革，采取各种有效措施，鼓励企业、高等学校和科研机构研究人员之间的双向流动和互动。⑤技术创新法。随着中国对技术创新的需求日益增大，尽快组织研究制定专门的技术创新法规，以法律形式把整个技术创新体系和所有相关环节相对确立下来，将会为技术创新体系的有效运作创造出必要而规范的环境条件，从而为企业的发展、产业结构的升级创造出持续的动力。⑥协同创新法。在制定协同创新法的过程中，应由全国人大立法委员会统筹考虑，避免各部门从本位主义出发而导致的政出多门和相互抵触，另外鼓励协同创新的法规在促进国内各技术创新行为主体协同创新的同时，积极鼓励国际合作，包括人员流动、项目合作、产学研合作等，而且要充分发挥中介组织（知识产权服务组织、协会、学会及一部分科研机构转变成的创新咨询服务中心）的作用。

（三）中国创新政策的展望

技术创新政策对国家创新与发展的重要性，在知识经济和全球化时代得到普遍的认可，这是由 20 世纪 70 年代以来国际经济秩序的变迁、国家产业竞争力的持续发展与贸易平衡的需要所引起的，创新政策将日益成为一个国家产业政策与科技政策的结合点。由于中国积极推行社会主义市场经济及技术创新的国际化趋势，未来的中国创新政策将有如下特征。

（1）从技术创新的过程看，将着重干预创新的两头，即基础研究和创新成果的产业化、市场化。经济和社会的持续高速发展对基础研究提出了越来越高的要求，许多科学问题都迫切需要通过基础研究从深层次上探求解决办法。基础研究的重大突破，往往会引发经济和社会的重大变革。而随着国际科技、经济竞争的加强，技术创新成果只有当其实现产业化甚至规模经济时，才表现为推动经济发展的主导源泉。因此创新成果的产业化及规模生产与经营阶段也必须进一步加以重视。

（2）从技术创新的供求关系来看，中国技术创新政策应以创造“需求”为要旨，正如 SPRU—TNO 合作研究的“六国计划”报告中所指出的，政策干预技术创新的最重要的途径是通过需求来进行的。因此，规制和公共采购这两种创新政策工具应得到更多的重视。

（3）财政、金融政策将在中国市场经济中发挥重要作用。中国鼓励技术创新的财政政策应该主要采用降低税收，其手段可以通过延长技术创新收入免税期来实现。在金融政策方面，需进行一定的金融制度的改革，才能发挥利率对技术创新的调节作用。

第十三章
结语与展望

随着知识经济时代的到来，科学、技术与创新的重要性越来越明显，各国经济和军事竞争归根到底是科技实力和创新能力的竞争，因此从政策上为推进科学、技术与创新的发展提供支持，成为各国政府最近 60 多年来的一个世界性趋势。反映在理论上，总结科学、技术与创新的所以可能的政策及相互联系，是非常必要的。科学政策、技术政策和创新政策并不是在时间上前后相继的历史阶段，实际上，这三者之间紧密联系（图 13-1）（Fagerberg et al.，2005）。但是，从目前来看，将科学政策、技术政策与创新政策融合起来的研究还非常少，因此研究三类政策的协同发展显得十分重要。

科学政策

重点：产生科学知识
手段：
以竞争的方式批准公共研究资金
公共（半公共）的研究机构（如实验室、大学、研究中心等）
对企业的税务激励、高等教育、知识产权保护

技术政策

重点：产业技术知识的进步和商业化
手段：
公共采购
对战略性产业进行公共支持
建立机构之间的联系（研究与产业界之间）
劳动力培训和提高技能
设立标准
技术预测
对产业部门进行基准测试

创新政策

重点：经济中创新的总体表现
手段：
改进个人技能和学习能力（通过普通教育和劳动培训）
改进组织绩效和学习（如 ISO9000 标准、质量监控等）
改进获取信息的渠道——信息社会
环境管制、生物伦理限制
公司法、竞争管制、消费者保护
改进区域发展的社会资本——集群和工业区
智能对标，智能、灵活性和民主性预测

图 13-1　科学政策、技术政策、创新政策之间的关系比较

资料来源：Fagerberg 等（2005）

在这方面，美国是一个成功的典型。美国由于建设了比较完整的科学政策、技术政策与创新政策，并进行了较好的协同，所以其科技与创新取得了显著的成就。为创新培育良好的氛围和环境，是美国创新政策的特色和重要经验。随着科技创新竞争日益激烈，“美国优势”受到严峻挑战，这刺激着美国联邦政府进一步强调21世纪在全球经济中的作用不是在低成本、低工资、大宗产品和服务方面领先，而是要在高价值、以创新为动力的增长方面出类拔萃，因此美国在公共政策、商业管理体系和大学发展计划等方面加大资助最丰富的创新源泉，其中包括美国已经具有优势的领域，如风险资本体系、先进的技术部门和区域创新“集群”等（谢富纪，2008）。

我们认为，从建设创新型国家的视角来看，制约中国的科学、技术和创新发展的制度和政策因素仍然存在，在未来，这些因素都需要着力加以完善。

首先，中国应该加强对科学、技术和创新政策的顶层设计，将科技资源和创新要素的投入与优化配置作为公共政策的主要内容。首先，要确保基础研究能够得到充足的公共资助。近年来，中国尽管加大了科技创新的投入，R&D经费在2010年已位居全球第二。但是，中国科技投入的大部分资金是投入到试验发展（development）而非研究（research）。由于中国R&D经费占GDP的比例一直未超过2%，而基础研究投入占R&D投入又长期偏低，这导致中国对长期性研究的投入偏低及结构失调，进而引致中国企业缺乏强大的核心技术创新能力。

其次，中国应该坚持并加强构建以企业为主体、市场为导向、产学研结合的自主创新体系。《国家中长期科学和技术发展规划纲要（2006—2020年）》、党的十七大和十八大都强调，要深化科技体制改革，加快建设国家创新体系，着力构建以企业为主体、市场为导向、产学研相结合的技术创新体系。从科技创新政策来看，中国应该积极引导和支持创新要素向企业集聚，促进科技成果向现实生产力转化。深化科技管理体制改革，优化科技资源配置，完善鼓励技术创新和科技成果产业化的法制保障、政策体系、激励机制、市场环境。

第三，中国应该将培养创新型人才、培育创新氛围作为科学、技术和创新政策的核心要素。近年来，中国 R&D 人力资源总量快速发展。我国的全时 R&D 人员于 2000 年、2002 年、2008 年相继超过日本、俄罗斯、美国，目前已成为全球第一大研发人力资源国。2010 年我国 R&D 人员总量（354.2 万人年）占世界总量的 23.6%，几乎是排在第二的美国（193 万人年，占 18%）的一倍。但是，中国科技人力资源的结构及质量都亟待提高，目前我国每千名劳动人员中研发人员所占比例只是日本的 1/10。科技创新政策应更多围绕如何设计促进科技创新人才涌现的机制和环境，创新人才评价制度，创造适宜创新的氛围与文化。

第四，中国应该着力提高科学、技术和创新相关政策的法律化程度。与美国、日本等国不同，中国目前的许多科技创新政策大多都是官方指导意见，或以“规划”或“管理规定”等形式发布，缺乏从法律层面上提高政策的有效性并对其实施效果进行评价。我国的《中华人民共和国科学技术进步法》等相关政策法规，大多只具有指导作用，缺乏强制力，影响了政策的执行与实施。在美国、日本和韩国，政府在制定指导性政策措施的同时，出台了大量的法律性文件，并通过相关监督和审核机构开展评价，这对刺激本国科技创新资源的投入及配置起到良好的引导和督促。尽管并非所有的科技创新政策都应采取诸如经济和行政法律的形式，需要在某些基本的和至关重要的领域上将相关政策上升到法律高度。在过去，中国习惯于使用红头文件的形式制定和发布科技创新政策，在市场经济条件下，还需要运用一定的法律手段，提高重要科学、技术和创新政策的法律化程度。

第五，中国应加强对科学、技术和创新政策的评估，提高政策的有效性。在实践中，既要制定针对三类不同政策的评价方法和指标，也要制定三类政策是否协同发展的评价方法和指标。由于三类政策的互动和融合比单个政策更复杂和更不确定，因此在评价上也更具系统性，涉及的相关部门更多，需要采用更为动态的评估方法。中国目前的科技创新政策评估相对欧美日国家来说具有较大的差距，缺乏成熟和系统的评估实践，评估方法的科学性亟待提高。我国各级政府应重视对科技创新政策的评估，逐步完善评估的指标体系，在参考国外评估方法的基础上，采用定性和定量相结合的方法，将科技创新政策评估纳入制度化轨道。另外，定量分析有助于建立政策的合法性，如果科技创新政策的影响效果能被评估和衡量，政府显然就会对这类政策给予更多的关注（Fagerberg et al.，2005）。

第六，在创新政策上，重视从创新需求的层面开展政策制定。创新活动与科学和技术活动的一个重要区别是，创新在本质上是一种经济行为，创新的主体应该是经济的主体，即企业。因此，政府的创新政策，要改变过去那种只重视供给型政策的导向，因为许多这类政策尽管能产生较多的重大科技成果，但对这些项目的鉴定往往是论文导向和评奖导向，缺乏对市场和经济效益的考虑。因此，要在原有的国家科技攻关计划、国家科技重大专项、产业发展规划等供给型政策的基础上，加大需求面的政策制定，并促进二者的协同发展，以弥补在传统的政策导向系下，科学研究与市场需求之间相互脱节的缺陷。

展望未来，中国需要进一步加大对科学研究的投入、推进产业关键技术的研发、促进科技成果的转化与技术转移。而这些，都不能完全寄望于市场机制给出满意的答案，在市场失灵的地方，需要政府的公共政策进行有效弥补。即便是在市场机制起作用的地方，政府的政策也能起到放大的作用。科学、技术和创新活动的特殊性，以及国家经济和社会发展及国际竞争的极端重要性，使得科技和创新资源的资源配置成为公共政策的重点。研究表明，制定科学技术创新政策需要遵循七个原则：一是活力，即决策和社会结构应经得起未来不同情况的考验；二是灵活，即有关部门应该能够对突然出现的社会经济变动做出反映并迅速改变政策的方向；三是内部多样性，即所建立的结构不相似的特点必须能够适应所在环境的变化；四是外部多样性，即不同机构的不同关联有助于在环境变化时及时作出调整；五是机会之窗，即面对路径依赖的系统性环境时，政策的选择要注意时机和次序；

六是累积性，即政策是一个体系，只有积累了每个小的变化才可能改变全局；七是谨慎试验，即一项新的政策理念需要在全面实施前开展试点进行检验（Fagerberg et al.，2005）。中国应该在积极学习与借鉴国外科技创新政策的先进经验的基础上，切实结合本国国情，以点带面，积累经验，规范有序，逐步建立符合中国科技和经济发展实际及未来战略的、有中国特色的科技创新政策体系。

总之，中国应该制定出符合科技、经济和社会发展规律的科学、技术和创新政策，三类政策既要有相对的独立性，也能相互衔接和融合，共同服务于建设创新型国家的伟业。中国的科技创新政策应坚持三个面向：面向创造出具有世界性水平的原创性科学成果和技术发明，提高国家的科学技术竞争力；面向构建科技成果到生产力的畅通渠道，加速科技成果向现实生产力转化；面向激励创新、培育创新的自主创新能力建设，推进中国产业建立基于技术创新能力的全球领导力。

主要参考文献

鲍克，周卫民．1997. 技术创新与产业问题研究．北京：经济科学出版社

鲍晓华．2001. 韩国国家科技创新体系的建设及其启示．科技进步与对策，(7)：144～146

博多·巴托恰．1989. 发展高技术产业政策之比较．北京：中国友谊出版公司

蔡虹，许晓雯．2002. 对日本科技政策形成机制改革的分析及其思考。中国软科学，(8)：82～85

蔡志平．2000. 日本的风险投资业．科技与法律，(4)：113～119

查纳隆．1990. 法国科学政策和地方高技术产业．国外科技政策与管理，(2)：13～18

陈建安．2002. 产业结构调整与政府的经济政策．上海：上海财经大学出版社

陈洁．2008. 基础研究在自主创新中的作用．安徽科技，(1)：35～36

陈劲．2003. 超智孵化——大学科技园研究．杭州：浙江大学出版社

陈劲．1998. 国家技术发展系统初探．北京：科学出版社

陈劲，王方瑞．2006. 技术创新管理方法．北京：清华大学出版社

陈劲，王飞绒．2005. 创新政策：多国比较和发展框架．杭州：浙江大学出版社

陈劲，谢靓红．2004. 原始性创新研究综述．科学学与科学技术管理，(2)：23～26

陈莉敏．2008. 基础研究的投入效应与产出效应分析．武汉理工大学学报，30(3)：457～460

陈文涛，陈淮．2004. 美国2002年研发经费投入及启示．中国基础科学，30(6)：12～14

陈向东，胡萍．2004. 中国技术创新政策效用实证分析．科学学研究，(1)：102～112

陈悦，宋刚，郑刚，等．2011. 中国创新管理研究的知识结构分析．科研管理，32(2)：10～19

陈云伟，Katy Börner. 2009. 论科学地图的科学价值．图书情报知识，132(11)：27～33，74

陈在佴，余林．1995. 日本科学政策的新动向．国外科技动态，(12)：38～39

成良斌．2002. 论科技政策的本质和目的，科技管理研究，(4)：1～4

成思危．1993. 九十年代中国技术政策研究的展望．中国软科学，(1)：13～14

储节旺．2008. 公众科学素养的培育是科技创新的基础．安徽科技，(7)：54～55

崔杨乐．2003. 韩国的科学技术：发展与课题．汉城：科学技术政策研究院

邓树增．1987. 技术学导论．上海：上海科学技术文献出版社

蒂斯德尔．1985. 科学技术政策研究．上海：中国展望出版社

丁厚德．2007. 自主创新要从基础研究抓起．中国地质大学学报(社会科学版)，7(2)：61～65

丁士军，朱丽芳．2000. 韩国政府对中小企业的管理与扶持．世界经济研究，(3)：34～38

丁太顺．2005. 克林顿政府科技政策．北京：中共中央党校博士学位论文

董娟．2008. 日本科技人才培养政策与企业实践．中国人力资源开发，(9)：74～78

董如合，李素杰．2002. 国外技术创新政策：理论与启示．辽宁大学学报(哲学社会科学版)，(5)：113～115

杜莉．1998. 美国风险投资发展及对中国的启示．经济纵横，(11)：41～45

杜伟．2001. 激励企业技术创新的政策工具分析．科学管理研究，(4)：9～11

樊春良．2005. 全球化时代的科技政策．北京：北京理工大学出版社

樊春良．2009. 奥巴马政府的科技政策探析．中国科学院院刊，24(3)：265～272

范冬萍．2006. 提高公众科学素养与科学教育新理念．华南师范大学学报，(6)：9～14

方新．2001. 论科技政策和科技指标．科技管理研究，(1)：6～9

冯昭奎，张可喜．1997. 技术立国之路——科学技术与日本社会．西安：陕西人民教育出版社

冯之浚．1999. 国家创新系统的理论与政策．北京：经济科学出版社

弗里曼．1987. 创新//约翰·伊特韦尔·新帕尔格雷夫．经济学大辞典．(第2卷). 北京：经济科学出版社

傅家骥．1998. 技术创新学．北京：清华大学出版社

盖红波．2004. 白宫筹划美国新一代创新．全球科技经济瞭望，(7)：5～6

高建．1997. 中国企业技术创新分析．北京：清华大学出版社

高亮华．1994. 技术的伦理与政治意含．自然辩证法通讯，(4)：10～16

高石赞，金寅换．1993. 科学技术政策与地域发展．汉城：科学技术政策研究院

高小萍．2000. 韩国、英国科技税收政策比较分析．湖北财税(理论版)，(12)：40～41

龚旭．2009. 科学政策与同行评议．杭州：浙江大学出版社

谷秋芳．2004. 建国初期的科技政策．法制与社会，(4)：151

顾新一，陈劲，朱祖平．1997. 企业技术创新研究．杭州：浙江大学出版社

郭碧坚，韩宇．1994. 同行评议制：方法、理论、功能、指标．科学学研究，12(3)：64～74

国家计委规划司、科技司产业技术政策课题组．1998．产业技术政策的国际比较研究报告
国家科学技术委员会政策局．1988．科学技术和政策．北京：中国展望出版社
国家科学技术委员会．1992．中国科学技术政策指南．北京：科学技术文献出版社
国务院发展研究中心．2007．加强知识创新在创新体系中的基础地位．调查研究报告，(36)：1～16
韩立达．2003．韩国科学技术政策的新动向及借鉴．科技进步与对策，(4)：136～137
侯国清．2004．韩国促进公私技术转移的举措．中国科技成果，(8)：55
侯蓉．2006．创新型人才的培养与科学教育．湖南第一师范学报，(4)：47～49
侯新杰，赵红枝．2006．公众科学素养调查分析及其提高措施．现代物理知识，(4)：70～78
华长明．1994．各国科技实力研究．北京：航空工业出版社
黄灿．2004．欧盟和中国创新政策比较研究．科学学研究，22(2)：212～217
黄先智．2003．美国科技政策的演变及特点．云南科技管理，(4)：50～52
吉海正宪．1988．日本的产业技术政策．东京：东洋经济新报社
贾蔚文，马驰，汤世国．1994．技术创新——科技与经济一体化发展的道路．北京：中国经济出版社
姜柏歧．1997．日本科技政策初探．科学学与科学技术管理，(4)：30～33
蒋敬东．2004．战后日本科技政策及其演变．苏州：苏州大学硕士学位论文
金麟珠．1998．从模仿到创新——韩国技术学习的动力．北京：新华出版社
金宣根．1996．工业化过程中外国先进技术的应用：韩国的经验和教训．第三届中韩产业技术政策研讨会论文集
金雪军，杨晓兰．2005．基于演进范式的技术创新政策理论．科研管理，(2)：55～60
金周英．2001．软技术：创新的空间与实质．北京：新华出版社
柯曾斯．1991．普赖斯与科学政策的范式．魏捷，译．北京：知识产权出版社
科学技术政策史研究会．1996．日本科学技术政策史．北京：中国科学技术出版社
库姆斯，萨维奥蒂，沃尔什．1989．经济学与技术进步．北京：商务印书馆
兰登·温纳．2010．复兴还是衰落？——对巴拉克·奥巴马技术政策的思考．自然辩证法通讯，32(1)：33～39
李保红．2006．基于标准生命周期的信息通信技术标准化策略研究．北京：北京邮电大学博士学位论文

李凤云．2004. 美国标准化调研报告．冶金标准化与质量，(2)：27～31

李工来．1996. 国家创新系统的组成．第二届中韩产业技术政策研讨会论文集

李红林，孙喜杰，曾国屏．2008. 典型国家基础研究投入及其协调机制研究．科学学研究，26(6)：1174～1180

李基钟．2002. 科学技术基本计划的主要内容和推进战略．汉城：韩国科学技术计划院

李晶雨．2002. 中韩产业技术政策及其社会文化背景比较研究．沈阳：东北大学博士学位论文

李仁．2001. 创新时速与竞争之道．北京：中华工商联合出版社

李文凯．2005. 2004年美国科技发展综述．全球科技经济瞭望，(23)2：26～29

李小群．1998. 韩国科技管理体系与科技政策概述．云南科技管理，(5)：47～48

李雪凤，仝允桓，谈毅．2004. 技术路线图——一种新型技术管理工具．科学学研究，(12)：89～94

李雪凤，仝允桓，谈毅．2005. 技术路线图和技术路线图思维．科学学与科学技术管理，(8)：26～29

李瑛喜．2000. 科学技术的社会学．汉城：大井图书出版

李振兴，杨起全，程家瑜．2008. 对中国基础研究投入问题的研究．中国科技论坛，(11)：11～15

李志军．2002. 韩国的关键技术选择及其借鉴．科技导报，(2)：51～55

连燕华．1991. 关于技术创新政策体系的思考．科学学与科学技术管理，20(4)：12～14

连燕华．1998. 技术创新政策概论．科学管理研究，(5)：7～12

良翰．2004. 标准化与美国航天工业．航天标准化，(1)：42～45

林慧岳．1999. 论科技政策的体系结构和决策模式．自然辩证法研究，15(10)：24～28

林仲海．2002. 日本科技政策推进机构——日本综合科学技术会议．全球科技经济瞭望，(8)：49～50

刘宝存．1989. 六十年代的美国科学政策和大学科研．外国教育研究，(2)：8～13

刘奔．1998. 从唯物史观看科学和技术——关于探讨科学和技术问题的方法论．哲学研究，(2)：3～8

刘立．2008. 改革开放以来中国科技政策的四个里程碑．中国科技论坛，(10)：36

刘曼红．1998. 风险投资：创新与金融．北京：中国人民大学出版社

刘蔚然，程顺．2004.《韩国科技发展长远规划2025年构想》剖析．科学与社会，(3)：8～11
刘文海．1996. 技术的政治价值．北京：人民出版社
刘云，董建龙．2002. 英国科学与技术．北京：中国科学技术大学出版社
刘则渊，陈悦．2007. 新巴斯德象限：高科技政策的新范式．管理学报，4(3)：346～353
刘志高，李奇明．2001. 美国科学技术政策的历史沿革．世界科技研究与发展，(12)：86～89
刘仲华．1997. 韩国的科技决策体系及科技发展战略．国际技术经济研究学报，(2)：32～40
刘作仪．2002. 作为科学政策分析工具的文献计量指标．研究与发展管理，14(2)：24～29
柳卸林．1993. 技术创新经济学．北京：中国经济出版社
柳卸林．2001. 21世纪的中国技术创新系统．北京：北京大学出版社
楼继伟．1998. 政府采购．北京：经济科学出版社
鲁宁．2007. 国家创新体系下国家实验室的结构功能研究．武汉：华中科技大学硕士学位论文
吕铁．2005. 论技术标准化与产业标准战略．中国工业经济，(7)：43～49
罗伟，连燕华，方新．1996. 技术创新与政府政策．北京：人民出版社
马集庸．1990. 人类的发展与新技术政策//赵祖光，李国光．技术史、技术政策、技术哲学、国际学术会议论文集．北京：北京理工大学出版社
马莱茨基．1979. 科学政策研究的主要趋向，科学与哲学，(2)：35
马秀山．1996. 美国专利与科技纵横．北京：专利文献出版社
马跃，陈光，曾东红．2006. 发达国家基础科学研究政策及其对中国的启示．创新论坛，(6)：10～14
梅丽霞，聂鸣．2003. 国家创新系统与韩国个案研究．科技管理研究，(3)：12～16
美国国家科学技术委员会．1999. 技术与国家利益．李正风，译．北京：科学技术文献出版社
闵京基，潜伟．2003. 1960年以来韩国科学技术政策的发展历程．科学学研究，(6)：603～610
尼古拉·阿克塞拉．2001. 经济政策原理：价值与技术．郭庆旺，刘茜，译．北京：中国人民大学出版社
宁军明．2000. 美、日、德中小企业政策比较．世界经济研究，(1)：82～85
潘建红．2007. 科技文化：内涵、层次与特质．理论月刊，(3)：93～95
彭纪生．2000. 中国技术协同创新研究．北京：中国经济出版社

浦根祥，孙中峰，万劲波．2002. 试论技术预见理论的基本假设．自然辩证法研究，(7)：40～43

浦根祥，周志豪．1998. 从技术生命周期看企业“技术机会”选择．自然辩证法研究，14(6)：48～50

秦涛．2004. 发达国家基础研究投入分析与借鉴．中国基础科学，(3)：49～51

丘磐，林化驹．1992. 中国科学政策的工业景象——本世纪末最大的诱惑与挑战．大自然探索，(1)：94～103

日本科学技术厅．1989. 日本科技白皮书．项丽芳，金小青，译．北京：科学技术文献出版社

日本通商产业政策史编撰委员会．1996a. 日本通商产业政策史(第16卷). 北京：中国青年出版社

日本通商产业政策史编纂委员会．1996b. 日本通商产业政策史(第14卷). 北京：中国青年出版社

山崎正胜．2002. 日本科学技术政策的特征．科学学研究，(8)：402～405

尚勇，朱传柏．1999. 区域创新系统的理论与实践．北京：中国经济出版社

申义俭．1996. 战后50年日本的科技政策的变迁．国际技术经济研究，(3)：37～40

盛世豪，赵奇军．1991. 国外技术政策研究概述．国外科技政策与管理，(2)：10～13

石峰．1994. 科技系统及其基本规律：对科技体制改革理论基础的探讨．自然辩证法研究，(9)：41～47

世界银行《1999/2000年世界发展报告》编写组．2000. 1999/2000年世界发展报告：迈向21世纪．北京：中国财政经济出版社

斯米尔诺夫．1997. 关于制定国家科学政策的方法论问题．国外财经，(2)：74～85

宋健．2008. 中国科技政策的演变．中国科学院院刊，23(6)：505～512

宋力．2008. 改革开放以来中国科技政策的四个里程碑．中国科技论坛，(10)：3～5

宋钟谷，苏诸海，陈丽玲．1996. 韩国私营部门和政府在技术转让中的地位和作用．学术研究，(4)：32～35

隋映辉．2002. 科技产业转型．北京：人民出版社

孙孟新．2004. 21世纪美国科学政策．科学学研究，22(6)：610～612

孙晓芹．2000. 美国如何推进中小企业技术创新．管理科学文摘，(3)：23～25

孙迎联，陈燕燕．2002. 全球技术变动中的美国国家技术政策．南京政治学院学报，18(2)：46～48

谈毅，全允桓．2004. 韩国政府科技计划评估模式分析与借鉴．科学学与科学技术管理，(6)：53～56

汤世国．2002.“欧洲创新趋势图”：欧洲完善科技创新政策的一项重要举措．北京：科技部中国科技促进发展研究中心调研报告

田玉敏，赵艳芹，李秀文．2002. 美国促进中小企业技术创新的政策措施及其启示．天津职业技术师范学院学报，(1)：53～56

万钢．2008a. 基础研究是科技创新之源．中国软科学，(3)：1～3

万钢．2008b. 以科学发展观为指导 推动基础研究服务于创新型国家建设．中国基础科学，(5)：5～7

汪力．2001. 美国基础研究概况．全球科技经济瞭望，(9)：41～44

汪凌勇．1995. 美国科技政策的演变．中国科技奖励，(1)：34～37

王春法．1998. 技术创新政策：理论基础与工具选择——美国和日本的比较研究．北京：经济科学出版社

王国进．2002. 技术预见在韩国．世界科学，(11)：39～40

王宏业．2003. 经济高速增长时期的日本科技政策．全球科技经济瞭望，(5)：25～27

王宏业．2004. 2003 年日本科技发展综述．全球科技经济瞭望，(3)：42～46

王辉．2001. 美国国家技术信息服务中心．全球科技经济瞭望，(12)：46～47

王卉珏．2008. 科技政策的理论与方法研究．武汉：华中科技大学出版社

王秦．2003. 农业科学研究公共投入和公共政策的经济学分析．南京：南京农业大学博士学位论文

王续琨，陈悦．2002. 技术学的兴起及其与技术哲学、技术史的关系．自然辩证法研究，(2)：37～41

王亚平．1999. 发展高新技术产业风险投资的政策建议//冯之浚，罗伟．国家创新系统的理论与政策文献汇编．北京：群言出版社

王艳．2000. 二战后美国科技政策的演变以及对中国的启示．世界科技研究与发展，(1)：100～104

王志勤．1993. 自然科学与高技术概论．北京：中共中央党校出版社

王宗林．1985. 关于战后日本技术引进及有关问题的综合探讨．日本研究，(3)：8～13
魏宜瑞，何吉成．1991. 技术政策与科技发展规划研究．技术经济与管理研究，(6)：56～57
温珂．2008-11-11. 奥巴马时代的美国科技政策展望：从保守走向积极务实．科学时报
温珂，方新．2003. 从模仿中实现跨越：韩国发展对中国的启示．科研管理，(1)：134～139
文剑英．2008. 从纯研究到基础研究转变的背后．自然辩证法研究，24(5)：63～66
吴述尧．1998. 再论同行评议的功能．中国科学基金，(3)：215～219
吴文环．1997. 中国科技文化政策历史研究．科学管理研究，(5)：16～20
伍蓓，陈劲，王珊珊．2007. 科学、技术、创新政策的涵义界定与比较研究．科学学与科学技术管理，(10)：68～74
伍蓓，王姗姗．2006. 论科学与科学政策的内涵．浙江工商大学学报，77(2)：56～60
夏国藩．1993. 技术创新与技术转移．北京：航空工业出版社
夏兴萍．1999. 当前中国财税政策对企业技术创新的政策取向//冯之浚，罗伟．国家创新系统的理论与政策文献汇编．北京：群言出版社
小宫隆太郎．1988. 日本的产业政策．北京：国际文化出版公司
肖坤．2008. 浅议科学素养．大众科学，(7)：8～9
谢富纪．2008. 典型创新型国家建设的经验与借鉴//陈劲，柳卸林．自主创新与国家强盛. 北京：科学出版社
谢伟．1994. 美国科技政策调整的背景与内容．世界研究与发展，(8)：18～20
谢宗孝．2001. 美国的技术创新政策．政策与管理，(3)：56～57
徐彩荣，李晓轩．2005. 国外同行评议的不同模式与共同趋势．科学学与科学技术管理，(2)：28～33
徐大可，陈劲．2004. 中国创新政策设计的理念和框架．国家行政学院学报，(4)：26～29
许航宇．2001. 从美国 90 年代以来科技政策的发展谈我国 21 世纪科技政策的制定．世界科技研究与发展，23(4)：85～89
许庆瑞．2000. 研究、发展与技术创新管理．北京：高等教育出版社
许治，周寄中．2008. 影响中国基础研究强度因素：基于 AH 模型的一种解释．科研管理，29(5)：63～69
阎莉．2000. 日本技术创新政策制定的理论依据及其政策手段选择．日本研究，(4)：24～30
颜振军，刘海波．1997. 科技政策的兴起和研究现状．科学学研究，15(2)：34～39

杨怀中，裴志刚．2007. 科技文化：中国社会现代化的必然选择．武汉理工大学学报，(3)：297～301
杨起全，吕力之．2004. 美国知识产权战略研究及其启示．中国科技论坛，(2)：102～105
杨壬飞，夯允桓．2005. 发达国家技术市场特征及其管理模式研究．科学学与科学技术管理，(12)：41～44
杨晓升．1998. 告警——中国科技的危机与挑战．北京：百花文艺出版社
杨耀武．2006. 技术预见学概要．上海：上海科学普及出版社
姚凤阁，周洪武．2002. 日本风险投资的发展及其对中国的启示．哈尔滨商业大学学报(社会科学版)，(5)：79～83
姚静洁．2005. 我国企业技术创新政策的特征和实施效果分析．东南大学硕士学位论文
叶明．1995. 中国大中型企业科技队伍创新能力研究．科研管理，(10)：8～14
尹邦奇．1999. 韩国中小工业企业发展与科技创新政策．华东科技，(2)：37～38
尤建平，梁勇．2002. 当代科技政策的特点．科技管理研究，(6)：31～32
余彬．2006. 谈国人的科学素养．百科知识，(8)：49～50
余珊萍，赵自强．2003. 发达国家技术政策调整的分析与启迪．科技与经济，(6)：87～91
余志良，谢洪明．2003. 技术创新政策理论的研究评述．科学管理研究，21(6)：32～37
宇泽弘文．1989. 日本经济——蓄积与成长的轨迹．东京：东京大学出版社
郁国民．1997. 韩国基础研究的国家目标和政府对策．科学对社会的影响，(3)：56～62
袁凤．2005. 美国标准体系的最新发展趋势．企业标准化，(10)：32～33
袁国敏．2006. 经济政策评价．北京：中国经济出版社
袁世升．1999. 韩国对科研开发及成果转化的支援政策．全球科技经济瞭望，(11)：20～21
袁世升．2000. 1999年韩国科技发展综述．全球科技经济瞭望，(4)：42～44
袁媛，张月瀛．2004. 日本经济高速增长时期的产业技术政策及启示．郑州航空工业管理学院学报，(3)：101～102
约瑟夫·熊彼特．1991. 经济发展理论．北京：商务印书馆
曾海军．2002. 国际电子政务发展初探．http://www.vschool.net.cn/jsancp/dianzzw/dzzw0016.htm
张超然．2005. 韩国强化科技宏观管理的重要举措．全球科技经济瞭望，(9)：18～19
张承友．1998. 国外科技政策的发展与变化．科学学研究，(6)：40～48

张崇乾 . 2009-03-31. 奥巴马政府的科技创新议程 . 学习时报，002

张德明 . 2005. 美国培养、引进高技术人才的做法 . 全球科技经济瞭望，(8)：32～35

张登义 . 1987. 中国科学技术的发展 . 重庆：重庆出版社

张利华 . 1992. 日本战后科技体制与科技政策研究 . 北京：中国科技出版社

张明龙 . 2008. 德国创新政策体系的特点及启示 . 理论月刊，(2)：103～104

张鹏，李新春 . 2002. 专利制度与技术创新之间关系的思考 . 自然辩证法研究，(6)：72～73

张圣尧 . 2004. 科技创新政策 . 工业参考，(7)：35～54

张一鸣 . 2000. 韩国风险投资的特征及对中国的启示 . 科技智囊，(11)：33～35

张玉柯，张学英，王媛媛 . 2000. 韩国风险投资浅析 . 世界经济与政治，(8)：16～19

赵祖华 . 1998. 现代科学技术概论 . 北京：北京理工大学出版社

赵作权 . 1997. 可持续发展：理性反思与我国的科学政策选择 . 科学导报，(8)：18～20

郑大勇 . 2000. 关于技术政策理论和实践的四个问题 . 技术经济，(1)：27～29

郑伟 . 2005. 美国科技信息基础设施建设的经验 . 全球科技经济瞭望，(11)：30～33

郑笑 . 2004. 美国技术转让法律政策简介 . 全球科技经济瞭望，(11)：4～7

郑友德，高华 . 1999. 论专利制度对创新的激励 . 科研管理，(3)：69～74

植草益 . 1992. 微观规制学 . 北京：中国发展出版社

中国科学院文献情报中心 . 2003. 中外科技政策评论 . 北京：北京理工大学出版社

周柏春 . 2005. 美国科技政策跃迁及其对中国的启示 . 大连：大连理工大学硕士学位论文

周寄中 . 1991.“科学—社会”学：人类两大体系的交叉 . 合肥：中国科学技术大学出版社

周正祥 . 李金宝 . 2002. 技术创新的创新政策集成 . 中国软科学，(2)：81～85

朱葆伟 . 1995. 关于技术与价值关系的两个问题 . 哲学研究，(7)：29～32

朱葆伟 . 2001. 技术哲学研究综述 . 哲学动态，(6)：29～32

朱斌 . 2000. 当代美国科技 . 北京：社会科学文献出版社

朱根 . 2003. 东亚模式的文化倾向及其前景——以近年日韩经济发展为中心 . 日本学刊，(5)：105～119

朱丽兰 . 2000. 海外技术创新参考读本 . 北京：新华出版社

卓波 . 2010. 韩国科技创新体系及评价机制概述 . 全球科技经济瞭望，(11)：24～32

卓悦，陈德棉，刘延生 . 2000. 美国风险投资业发展的历史过程和现状分析 . 科研管理，(5)：25～30

Arrow K J. 1962. Economic walfare and the allocation of resources for innovation //Nelson R R. The Rate and Direction of Invention Activity. NJ：Princeton University

Atkinson R D. 1991. Innovation policy making in a federalist system：lessons from states for U S federal innovation policy. Research Policy, (20)：559～577

Baruch J. 1982. The United States Policy Review of Industrial Innovation. Paris：OECD

Bollinger L, Hope K, Utterback J M. 1983. A review of literature and hypotheses new technology-based firms. Research Policy, 12(1)：1～14

Bozeman B. 2000. Technology transfer and public policy：a review of research and theory. Research Policy, 29(4-5)：627～655

Bozeman B, et al. 1999. Assessing impacts of basic research. The Research Value Mapping Project Report

Bozeman B , Link A N. 1984. Tax incentive for R&D：a critical evaluation. Research Policy, 13(1)：21～31

Braun E. 1994. Promote or Regulate：the dilemma of innovation policy//Aichholzer G. Schienstock G. Technology Policy. Berlin：Walter de Gruyter

Bromley D A. 2004. Technology policy. Technology in Society, (26)：455～468

Brophy D. 1996. United States Venture Capital Markets：Changes and Challenges. Paris：OECD

Cantner U, Pyka A. 2001. Classifying technology policy from an evolutionary perspective. Research Policy, 30(5)：759～775

Coburn C M, Berglund D R. 1995. Partnerships：A Compendium of State and Federal Cooperative Technology Programs. Columbus：Battelle Press

Cordes J J. 1989. Tax incentive and R&D spending：a review of the evidence. Research Policy, 18(3)：119～133

Dacey G C. 1995. The US needs a national technology policy. Research Technology Management, 38(1)：9～11

Dalpé R, DeBresson C, Xiaoping H. 1992. The public sector as first user of innovation. Research Policy, 21(3)：. 251～263

Dasgupta P, Stoneman P. 1987. Economic policy and technological performance. Cambridge：Cambridge University Press

Diederen P. 1999. Innovation and Research Policies：An International Comparative Analysis. Northampton：Edward Elgar Cheltenham

Diederen P, Stoneman P, 1999, Innovation and research policies : an international comparative analysis. Northampton:Edward Elgar Cheltenham

Dodgson M, Bessant J. 1996. Effective Innovation Policy. London: International Thomson Business Press

Edquist C. 2000. Innovation policy: a systemic approach//Archibugi D, Lundvall B A. The Globalising Learning Economy: Major Socio-Economic Trends and European Innovation Policy. Oxford:Oxford University Press

Ergas H. 1987. The importance of technology policy// Dasgupta P,Stoneman P. Economic Policy and Technological Performance. Cambridge: Cambridge University Press

Fagerberg J, Mowery D C, Nelson R R. 2005. The Oxford Handbook of Innovation. Oxford: Oxford University Press

Florida R L,Kenney M. 1988. Venture capital-financed innovation and technological change in the USA. Research Policy, 17(3): 119～137

Garfield E. 1994. Scientography: mapping the tracks of science. Current Contents:Social & Behavioural Sciences, 45(7):5～10

George T, Willingmyre P E. 2005. 美国制定标准及法规简介 . http://www. nczl. com/vedio/file/jzkj/2005129150948. pdf

Grupp H,Linstone H. 1999. National technology foresight activity around the globe. Technology Forecasting and Social Change, 60(1):85～94

Gutierrez E M. 2001. Technology policies. Dissertation from Boston University

Hahn Y H,Yu P I. 1999. Towards a new technology policy: the integration of generation and diffusion. Technovation, 19(3): 177～186

Hazen R M,Trefil J. 1991. Science Matters: Achieving scientific Literacy. New York: Doubleday

Herbig P A, Palumbo F A. 1996. Innovation Japanese style. Industrial Management & Data Systems, 96(5): 11～20

Houttuin G. 1985a. Demand oriented instruments in innovation policy: government procurement and regulation//Sweeney G. Innovation Policies. Paris: France Pinter Publishers Ltd

Houttuin G. 1985b. Venture capitalism// Sweeney G. Innovation Policies. Paris: Frances Pinter Publishers Ltd.

Johnsen K, Pugh N. 2002. Guidelines for NIST Staff Participating in Voluntary Standards Developing Organizations'Activities. http://webharvest.gov/peth04/20041101220300/http://ts.nist.gov/ts/htdocs/210/nttaa/ir6778.pdf

Justman M, Teubal M. 1986. Innovation policy in an open economic: a normative framework for strategic and tactical innues. Research Policy, (5):121～138

King D M, Tenopir C. 1998. Economic cost models of scientific scholarly journals. http://www.bodley.ox.ac.uk/icsu/kingppr.htm

Kline S, Rosenberg N. 1986. The Positive Sum Strategy, Harnessing Technology for Economics Growth. Washington D C: National Academy Press

Lawler A. 1998. Science catches Clinton's eye. Science Magazine, 279: 794～797

Lundvall B A. 1992. National Systems of Innovation. London: Printer Publishers

Lundvall B A, Borrás S. 2005. Science, technology and innovation policy //Fagerberg J, Nelson R R.

Maienschein J, Boroagh D, Burge I, et al. 1999. Commentary to the future arguments for scientific literacy. Thousand Oaks, 21(1):75～87

Masaya Y. 1996. Venture Capital in Japan Paris: OECD

Meyer-Stamer J. 1997. Technology, competitiveness and radical policy change-the case of Brazil. London: Frank Cass

Mowery D. 1995. The practice of technology policy //Stoneman P. Handbook of the Economics of Innovation and Technological Change

Nelson R R. 1982. Government and Technical Progress: A Cross-Industry Analysis. Oxford: Pergam Press

Nelson R R. 1987. Understanding Technical Change as an Evolutionary Process. Amsterdam: North-Holland

Nelson R R. 1988. Institations supporting technical change in the United States //Dosi G, Freeman C, Nelson R, et al. Technical Change and Economics Theory. London: Printer Publishers

Nelson R R. 1993. National Innovation Systems: A Comparative Analysis. Oxford: Oxford University Press

OECD. 1996. Fiscal Measures to Promote R&D and Innovation. Paris: OECD

OECD. 2000. Science, Technology and Industry Outlook. Paris: OECD

OECD. 2011. Main Science and Engineering Indicator. Paris：OECD

Oshima K. 1984. Technological innovation and industrial research in Japan. Research Policy，13(5)：285～301

Rothwell R. 1983. The difficulties of national innovation policies// Macdonald D，Lamberton，Mandeville T. The Trouble with Technology. London：France Printer

Rothwell R. 1986. Public policy：to have or to have not? R&D Management，16(1)：25～35

Rothwell R. 1994. Towards the fifth-generation innovation process. International Marketing Review，(1)：7～31

Rothwell R，Zegveld W. 1985. Industrialization and technology. London：Longman Group Limited

Schmookler J. 1966：Innovation and Economic Growth. Cambridge：Haroard University Press.

Small H. 1999. Visualizing Science by Citation Mapping：Journal of the American society for Information science，50(9)：799～813

Spence A M. 1984. Cost reduction competition and industry Performance. Econometrica. 52：101～121

Traylor T D. 2001. The PrePRINT Network：a new dynamic in information access from the U. S. Department of Energy. Journal of Government Information，28(3)：249～266

Whitson T L，Davis L. 2001. Best practices in electronic government：comprehensive electronic information dissemination for science and technolog. Government Information Quarterly，18(2)：79～91

Yoon-Hwan H. 1999：Towards a new technology policy ：the Integration of generation and diffusion. Technovation，19(3)：177～186